개정판

B.C.Info

Aircraft Airframe
항공기 기체

이시중 저

머리말

KT-1, T-50 고정익 항공기 개발을 성공적으로 마치고, 회전익 항공기 수리온도 성공적으로 개발함으로써 항공기술의 발전과 더불어 항공 산업도 한 단계 더 성장할 수 있는 발판이 마련되었다. 그러나 우리 산업 전반에서 차지하는 항공 산업의 규모는 아직 미미하다. 자동차의 경우 짧은 산업 경력에도 불구하고 지속적 투자와 연구개발로 세계 자동차 산업에서 괄목할만한 성장을 이루었고 국가 경제에도 엄청난 기여를 하고 있다. 자동차 산업에 이어 항공 산업도 체계적인 정책과 투자, 항공 산업에 종사하는 기술자들의 부단한 노력을 통해 크게 도약할 수 있기를 간절히 바란다.

본 도서는 대학에서 10년 넘게 강의해 온 항공기체 내용을 바탕으로 기체 전반에 대한 내용을 소개하였는데, 일반 항공기체 도서와 비교할 때 기체구조 전반에 대한 내용을 좀 더 비중 있게 다루었다. 항공 산업의 현실을 볼 때, 일부 군용기의 경우 완제기 생산도 이루어지고 있으나 민간 여객기의 경우 국제 공동개발 형태로 수행하는 업무의 특성상 기체구조 분야로 제한될 수밖에 없는 형편이다. 항공기 생산에 종사하는 대부분의 사람이 기체구조와 관련된 업무를 주로 수행하는 현실을 반영하여, 향후 항공 산업에 종사할 학생이나 기존 종사자들로 하여금 기체구조에 대한 이해를 바탕으로 기체구조 설계와 제작 실무에 적용할 수 있도록 서술하려 노력하였다.

민간 여객기 동체 구조와 주익 구조의 개발과 생산, T-50 고등훈련기 구조 개발에 참여하면서 연구하고 습득한 내용을 가능한 이해하기 쉽도록 서술하였으므로 어떤 부분은 가볍게, 어떤 부분은 정독을 통해 모든 독자가 자신의 지식으로 소화할 수 있기를 바란다.

이전에 출간된 도서에서 발견된 오류를 바로 잡기도 하고, 독자의 이해를 쉽게 하기 위해 일부 내용을 수정하고 보완해 출간하는 본 개정판에서도 여전히 존재할 수 있는 부족하거나 잘못된 내용에 대한 독자들의 지도 편달을 바란다. 끝으로 본 책자가 출판될 수 있도록 협조해 주신 복두출판사 여러분께 지면을 통해 감사의 뜻을 전한다.

2021년 8월
저자

목차

1 기체 일반

1.1 항공기 구성

항공기를 이루는 구성 요소는 크게 항공기체, 엔진, 항공장비로 나누어 생각할 수 있다. 엔진은 공기의 저항을 이기고 고속비행을 유지하기 위한 추력을 발생시킨다. 항공장비는 항공기의 조작에 필요한 시스템(계통)과 비행 상황, 엔진과 각종 장비의 작동 상태를 파악할 수 있는 계기류들을 포함한다. 항공장비에는 전기 계통, 계기 계통, 공 · 유압 계통, 여압 계통 및 무선 송 · 수신 장치와 항법 전자 장비 등이 있다. 기체는 항공기를 구성하는 요소 중 엔진과 항공장비를 제외한 모든 것들을 통칭한다.

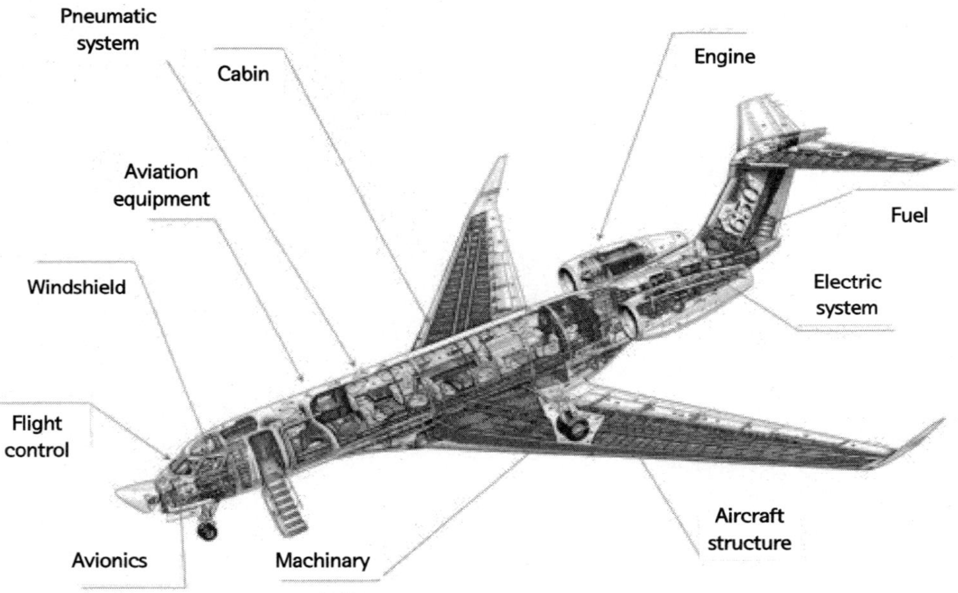

그림 1-1 항공기 구성

1.2 양력(Lift)

항공기가 빠른 속도로 전진하는 동안 날개 주위에는 공기력이 작용하게 된다. 보통 비행 상태에서는 날개 표면에 작용하는 압력의 차이로 발생한 힘이 날개 전체를 위로 밀어 올리는데 이것을 양력이라 한다.

날개의 단면형상은 보통 그림 1-2와 같이 윗부분이 아래 부분보다 두꺼운 상태로 설계된다.

날개의 앞부분을 앞전(leading edge)이라 하고, 뒷부분을 뒷전(trailing edge)이라 하는데, 앞전은 둥근 형태이고 뒷전은 뾰족한 형상이 되도록 설계되어진다. 그림과 같은 날개 주위를 흐르는 공기의 흐름을 살펴보기로 한다. 실제에 있어서는 날개가 공기를 가르고 나아가지만 쉽게 이해하기 위해 정지한 날개 주위를 공기가 흘러간다고 하자. 먼저 공기가 날개를 지나면서 전반적으로 흐름의 방향이 아래쪽으로 기울어지는 것을 볼 수 있다. 공기의 흐름방향을 바꾸기 위해서는 공기를 아래쪽으로 밀어내는 힘이 필요한데 그 힘은 결국 날개로부터 받은 것이 된다. 힘의 작용-반작용 법칙을 적용하면, 역으로 날개는 공기로부터 날개를 위로 밀어 올리는 힘을 받게 됨을 알 수 있다. 이러한 힘이 날개를 위로 떠받치는 양력으로 나타난다고 할 수 있다. 또한, 그림과 같은 날개 주위를 흐르는 공기가 날개 앞전에서 날개 위와 아래로 갈라져서 흐르게 되는데, 실험을 통해 살펴보면 날개 위쪽의 흐름이 아래쪽보다 빠르게 흘러간다. 즉, 날개 주위를 흘러가는 공기의 속도가 위치에 따라 변화하는데 전반적으로 윗면에서의 속도가 아랫면에서의 속도보다 빠르게 나타난다.

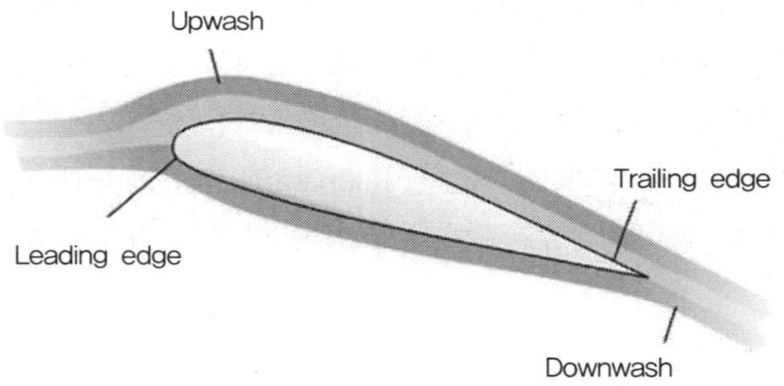

그림 1-2 날개의 형상과 공기의 흐름

한편 날개 주위를 흐르는 공기입자가 가지고 있는 에너지는 운동에너지와 위치에너지, 압력에너지로 구성되는데, 에너지 보존 법칙에 의해 이들 에너지의 합은 항상 같으므로 다음과 같이 표현되는 베르누이 방정식이 성립하게 된다.

$$E = \frac{1}{2}\rho V^2 + \rho g h + p = \text{일정} \tag{1-1}$$

식에서, ρ는 공기의 밀도, V는 비행속도, g는 중력가속도, h는 높이, p는 압력을 말한다. 식의 첫 번째 항은 공기 입자가 가지고 있는 운동에너지, 둘째 항은 위치에너지, 셋째 항은 압력에너지에 해당한다. 결국 위 식의 의미는 날개 주위를 흘러가는 모든 공기 입자가 가지는 총 에너지는 위치에 관계없이 항상 같다는 것을 의미한다. 이 식에서 날개 주위에서의 높이의 차로 결정되는 위치에너지의 차이는 다른 에너지와 비교할 때 그 차이가 매우 미미하므로 무시할 수 있다. 그런데 전반적으로 날개 상부를 흘러가는 공기의 속도가 날개하부를 흘러가는 공기 속도보다 크므로 날개 상부의 공기가 가지고 있는 운동에너지가 하부보다 크게 된다. 전체 에너지는 같아야 하므로 결국 날개 상부의 압력이 날개 하부의 압력보다 적게 되어 날개 상하면의 압력차로 인해 날개 전반에 걸쳐 날개를 위로 밀어 올리는 양력이 발생하게 된다.

날개에서 발생하는 양력은 다음 식으로 구할 수 있다. 식에서 C_L은 양력계수, ρ는 공기의 밀도, V는 항공기 속도, S는 날개의 면적을 나타낸다.

$$L = C_L\left(\frac{1}{2}\rho V^2\right)S \tag{1-2}$$

그림 1-3에 비행자세에 따른 양력의 변화를 나타냈다. 날개의 앞전과 뒷전을 연결한 직선과 공기가 흘러들어오는 방향(비행방향과 정반대)이 이루는 각을 받음각(angle of attack)이라 하는데, 받음각에 따라 양력계수가 변화하는 것을 알 수 있다. 양력계수는 받음각이 증가함에 따라 증가하다가 일정 값 이상이 되면 급격히 감소한다. 이 상황을 실속(stall)이라 하는데 받음각이 일정 값 이상으로 커지면 날개 상부를 흘러가는 공기가 그림 1-4에 보인 것처럼 날개 표면에서 떨어져나가게 된다. 이를 박리(separation)라 하는데 이런 현상이 나타나면 양력은 급속히 감소하고 항력은 크게 증가하게 되어 비행이 지속될 수 없는 상황에 이르게 된다.

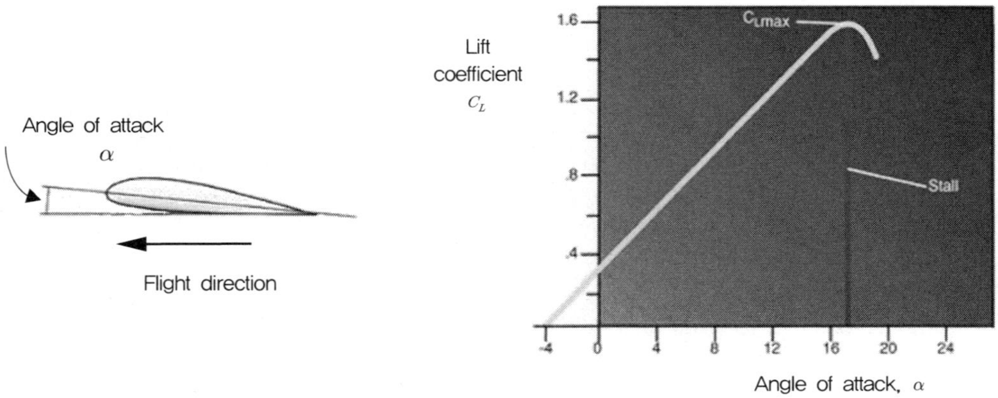

그림 1-3 받음각에 따른 양력의 변화

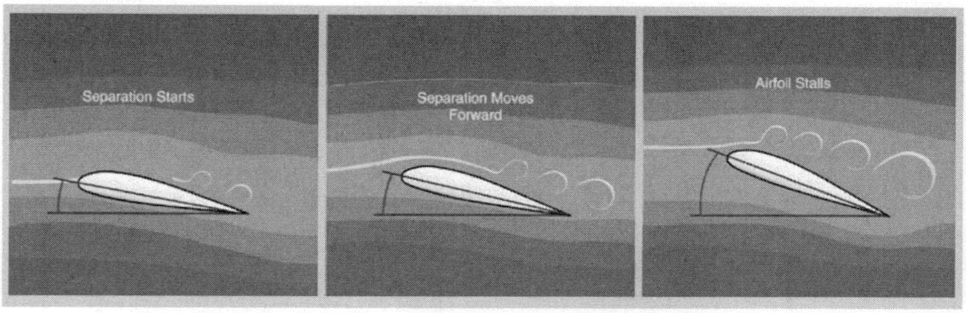

그림 1-4 박리에 따른 실속의 발생

식 1-2에서 알 수 있는 것처럼 받음각, 비행속도, 날개 면적이 변함에 따라 양력의 크기가 달라짐을 알 수 있다. 양력은 원하지 않은 돌풍을 만났을 때도 변하는데 그림 1-5처럼 상승 돌풍(KU)을 만나게 되면 날개를 기준으로 보았을 때, 진입해 들어오는 공기의 방향이 변하게 되어 받음각을 $\Delta\alpha$ 만큼 증가시키는 효과가 나타나 양력이 ΔL 만큼 증가하게 된다.

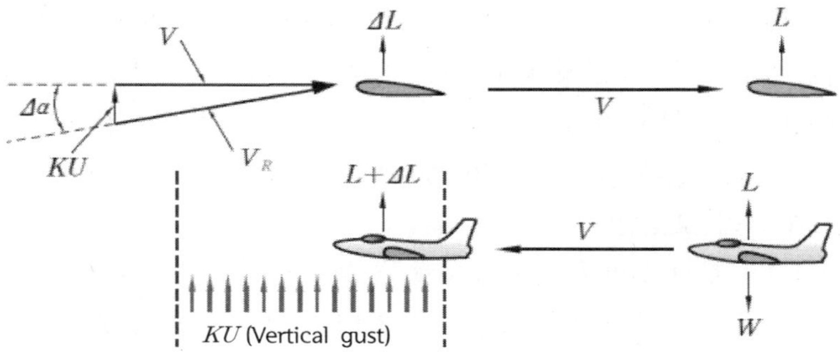

그림 1-5 돌풍에 의한 양력의 변화

1.3 항공기체 구성

항공기체는 동체(fuselage), 주날개(main wing), 꼬리날개(tail wing), 나셀(nacelle)과 엔진 마운트(engine mount), 조종장치(control system), 착륙장치(landing gear) 등으로 구성된다.

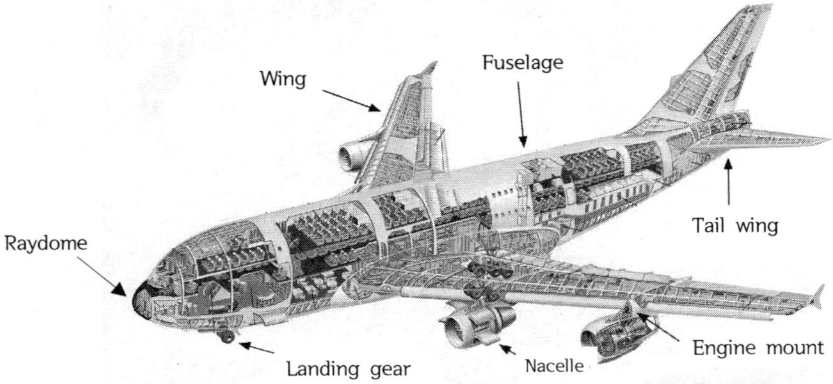

그림 1-6 항공기 기체 구성

1.3.1 동체(Fuselage, Body)

항공기의 몸통에 해당하는 것으로 여객이나 화물을 탑재하기 위한 공간을 제공한다. 동체에는 주날개, 꼬리날개, 조종장치, 착륙장치가 장착되어 있다. 엔진은 항공기에 따라 동체에 장착된 경우도 있고, 날개에 장착된 경우도 있다. 여객기의 경우 동체 내부는 객실 바닥을 기준으로 상하로 분리되어 있어, 상부에는 조종실과 객실이 있고, 하부에는 화물을 실을 수 있는 공간, 착륙장치가 접혔을 때 들어갈 수 있는 공간과 각종 장비가 장착될 수 있는 공간을 제공한다. 동체의 제일 앞쪽에는 레이더(radar)가 장착되고 레이더는 반구 형상의 레이돔(radome) 구조에 의해 보호된다.

동체는 그림 1-7과 같이 전방동체, 중앙동체, 후방동체로 구분할 수 있는데, 이는 설계와 기체 조립 중 발생하는 여러 가지 상황을 고려하여 편의에 따라 구분한 것이다.

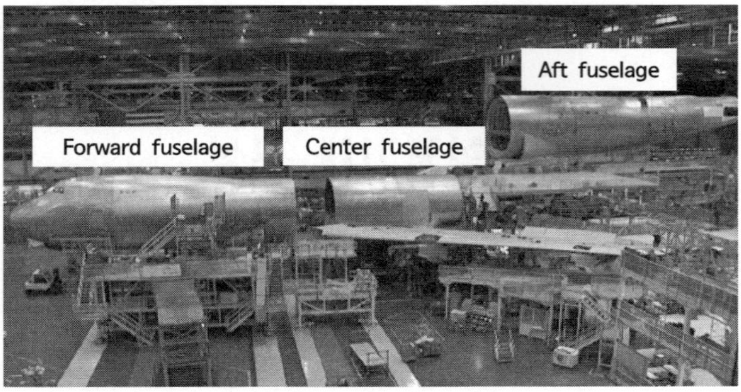

그림 1-7 동체의 구분

1.3.2 주날개(Wing)

주날개는 무거운 항공기를 공중에 띄울 양력을 제공하며, 날개 안의 빈 공간은 보통 연료탱크로 활용된다. 그림 1-8에 보인 것이 전형적인 여객기의 날개 형상이다. 여객기와 같이 큰 항공기의 날개에는 에일러론(aileron), 플랩(flap), 슬랫(slat), 스포일러(spoiler) 등이 부착되어 비행 상황에 알맞게 양력이나 항력이 효과적으로 발생하도록 설계된다.

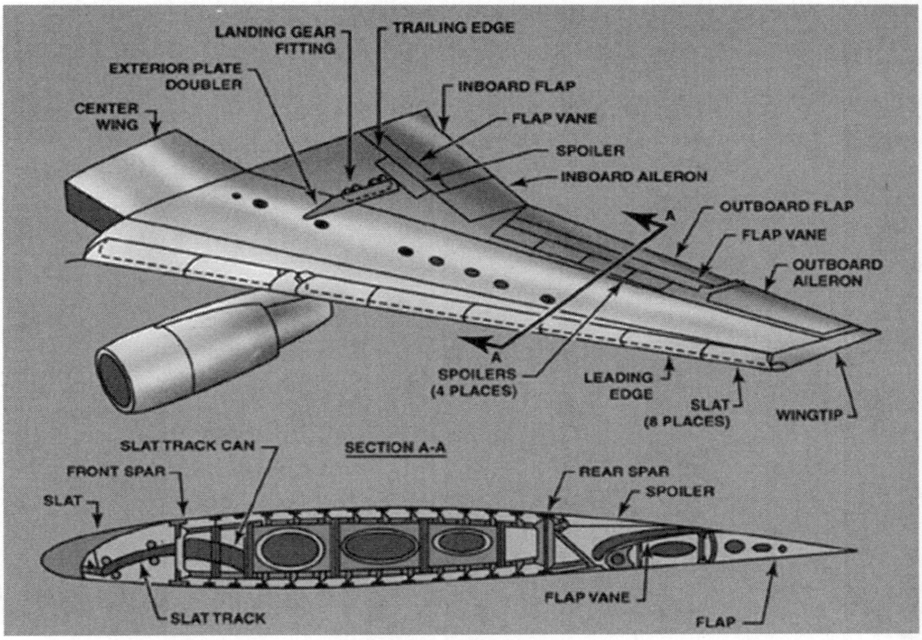

그림 1-8 여객기 주 날개

도움날개 또는 보조익이라 불리는 에일러론의 경우 그림 1-9와 같이 좌우 날개에서 발생하는 양력의 크기가 차이가 나도록 함으로서 기체가 동체 축을 중심으로 회전하도록 한다. 즉, 양력이 큰 날개는 위로, 양력이 작은 날개는 아래로 움직이도록 한다. 이러한 운동을 옆놀이(rolling) 운동이라 한다.

그림 1-9 에일러론의 작동-옆놀이

플랩과 슬랫은 이착륙 시 기체의 속도가 작을 때에도 충분한 양력을 발생시키기 위한 것으로 플랩은 날개의 뒷부분에, 슬랫은 앞부분에 장착되어 있다. 이들은 공중에서 충분한 속도로 비행하는 동안에는 날개 속에 감춰져 있다가 저속에서 슬랫은 전방으로 플랩은 후방으로 펼쳐지면서 날개의 면적을 증가시키는 효과를 얻고, 아울러 날개의 단면형태(airfoil)를 변화시켜 큰 양력을 발생시킨다. 슬랫이 펼쳐지면서 그림 1-10과 같이 슬랫과 날개 사이에 슬롯(slot)이 생기면서 날개 아래 부분의 공기가 윗면으로 흘러 들어가 박리를 지연시키는 효과를 얻는다. 이러한 효과는 더 큰 받음각에 이르기까지 실속을 지연시키면서 양력계수가 증가할 수 있도록 해준다. 그림과 같이 여러 개의 슬롯을 가진 플랩의 경우 펼쳐지면서 날개면적을 증가시키는 효과를 얻을 수 있다. 양력을 증가시키는 플랩과 슬랫을 고양력 장치라 하며, 고양력 장치에 의한 양력의 증가 형태를 그림에 보였으니 참고하기 바란다.

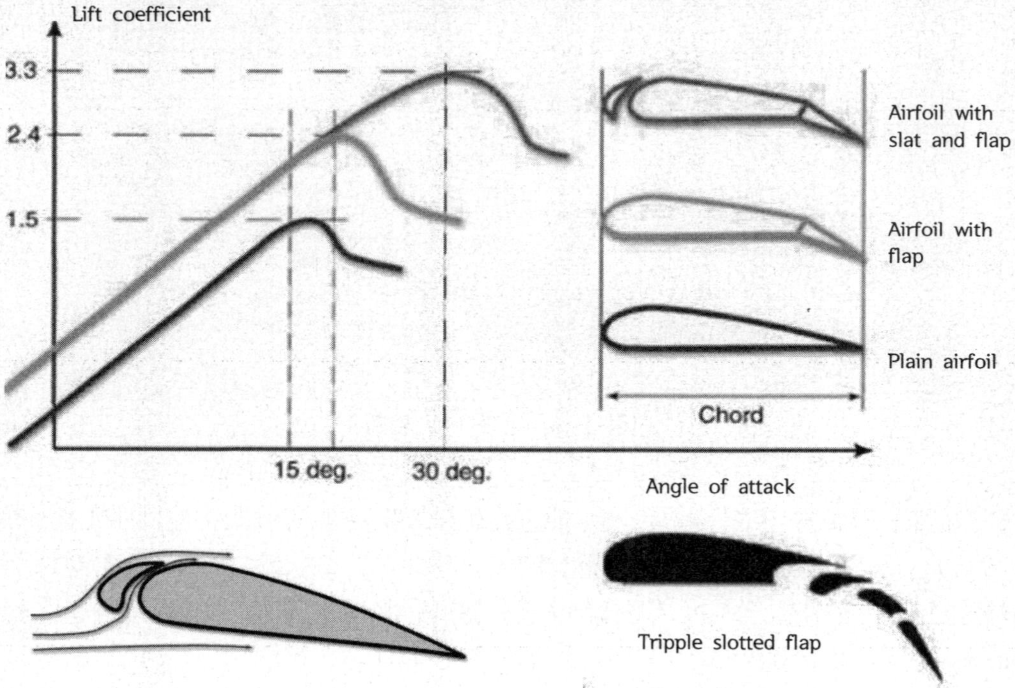

그림 1-10 플랩과 슬랫의 작동-양력의 증가

스포일러는 항력을 증가시켜 비행속도를 줄이기 위해 날개의 윗면에 부착된다. 속도를 줄이고자 할 때 그림 1-11과 같이 날개 위로 솟아나도록 하여 항력이 증가하도록 한 것이다. 고공을 빠른 속도로 비행하던 항공기가 착륙지점에 가까워지면 고도와 속도를 감소시켜야 하는데 고도를 낮추게 되면 위치에너지가 운동에너지로 변화하며 오히려 속도가 증가하게 된다. 이

때 속도를 충분히 낮추기 위해 스포일러를 작동시킨다. 또한 착륙 접지 후 스포일러를 세워 항력을 증가시켜 착륙거리를 단축하기도 한다.

그림 1-11 스포일러의 작동–항력 증가

1.3.3 꼬리날개(Tail Wing)

보통 수평꼬리날개와 수직꼬리날개로 구성되어 있다. 수평꼬리날개와 수직꼬리날개가 부착된 동체 후미와 꼬리날개 부위를 합하여 엠피나지(empennage)라 부른다.

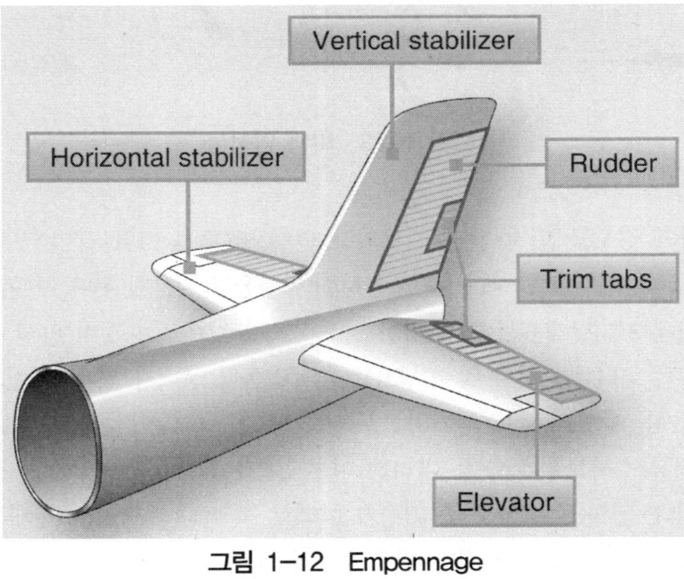

그림 1-12 Empennage

꼬리날개는 비행에 대한 안정성을 확보하고 조종성을 제공하는 중요한 역할을 한다. 지속적인 비행을 유지할 수 있도록 비행안정성을 확보하는 것이기 때문에 안정판(stabilizer)이라고도 부른다. 항공기에 들어오는 공기 흐름의 교란으로 공기 흐름방향에 대해 기수가 상하방향 또는 좌우방향으로 변화가 발생했을 때 꼬리날개로 인해 기수의 방향이 공기의 흐름방향과 일치하도록 함으로써 지속적으로 비행을 유지할 수 있도록 해준다. 그림 1-13 (a)와 같이 모든 힘의 균형이 맞은 상태에서 아무 교란이 없으면 평형 상태의 비행이 지속된다. 평형상태 비행 중 그림 (b)와 같이 기수가 들리는 교란이 들어왔을 때 저절로 기수를 내리는 모멘트가 발생하여 다시 평형상태로 복원되는 것을 안정 상태라 하고, 교란이 들어왔을 때 복원력이 없거나 부족해 그림 (c)처럼 기수가 더 들리는 것을 불안정하다고 말한다.

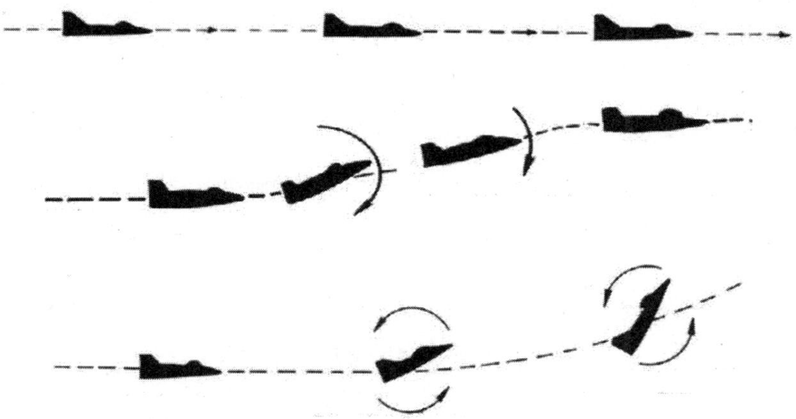

그림 1-13 비행 안정성

수평 꼬리날개의 경우를 먼저 생각해 보기로 한다. 그림 1-14와 같이 기체의 중심이 날개 양력 중심보다 조금 앞에 위치할 때 기체는 안정한 비행을 유지하게 된다. 이런 경우 피칭모멘트 균형을 맞추기 위해 꼬리날개에서 아래 방향 양력이 필요하므로 수평비행 시 주날개(상향 양력 필요)는 (+) 받음각, 꼬리날개(하향 양력 필요)는 (-) 받음각 상태가 된다. 이런 상황에서 기수가 조금 들리면 주날개는 받음각이 더 증가하므로 양력 증가, 꼬리날개는 받음각이 0으로 줄어드는 상태로 하향 양력 감소하므로 기수를 내리는 피칭모멘트가 발생하면서 기수를 내리려 하므로 안정한 상태가 된다. 만약 수평비행 중 기수가 아래로 조금 내려지면, 주날개는 받음각 감소로 양력이 감소하고, 꼬리날개는 (-) 방향 받음각의 증가로 하향 양력이 증가하여 기수를 들어 올리는 피칭모멘트가 발생하면서 원래 자세로 회복하려하므로 안정성이 확보된다.

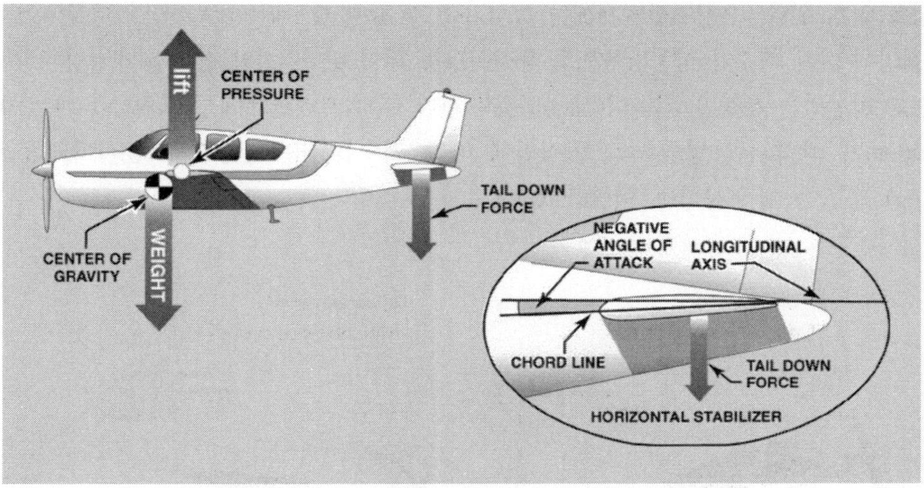

그림 1-14 수평안정판의 역할-키놀이 안정성

이제 수직꼬리날개의 경우를 생각해 보기로 한다. 그림 1-15와 같이 기수가 좌로 향하게 되면 수직꼬리날개에서 왼쪽으로 향하는 양력이 발생하고 이 힘은 기수를 오른쪽으로 돌리려는 모멘트를 발생시켜 기수를 원래 자세로 복원시키려 하므로 안정성을 확보하게 된다.

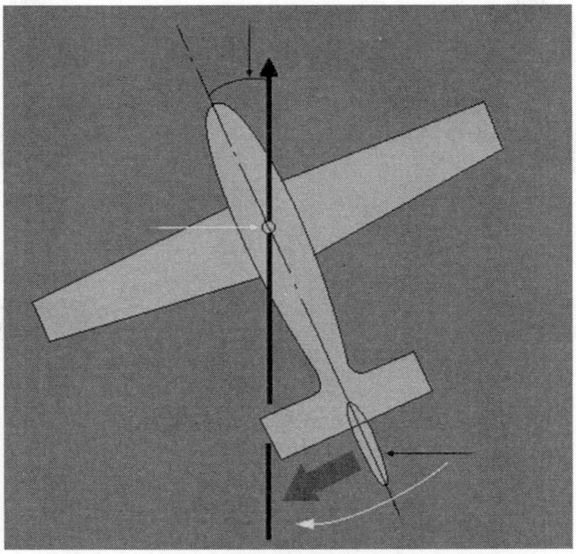

그림 1-15 수직안정판의 역할-빗놀이 안정성

꼬리날개에는 그림 1-12와 같이 승강타(elevator)와 방향타(rudder)가 부착되어 있어 조종사가 원하는 방향으로 비행할 수 있도록 기수의 방향을 바꾸어 주기 때문에 꼬리날개로 비행 조종성을 얻게 된다. 수평꼬리날개에는 그림 1-16과 같이 승강타(elevator)가 부착되어 승강타의 움직임에 따라 기수가 상하방향으로 움직이도록 되어 있다. 이와 같이 날개방향의 가로축을 중심으로 회전하는 운동을 키놀이(pitching)라 한다. 수직꼬리날개에는 그림 1-17과 같이 방향타(rudder)가 장착되어 방향타의 움직임에 따라 기수를 좌우방향으로 움직이도록 빗놀이(yawing) 운동을 발생시키는 역할을 한다.

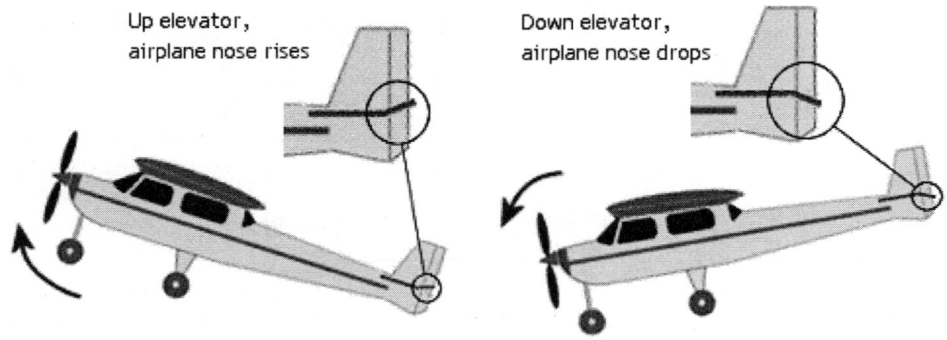

그림 1-16 승강타 역할-키놀이

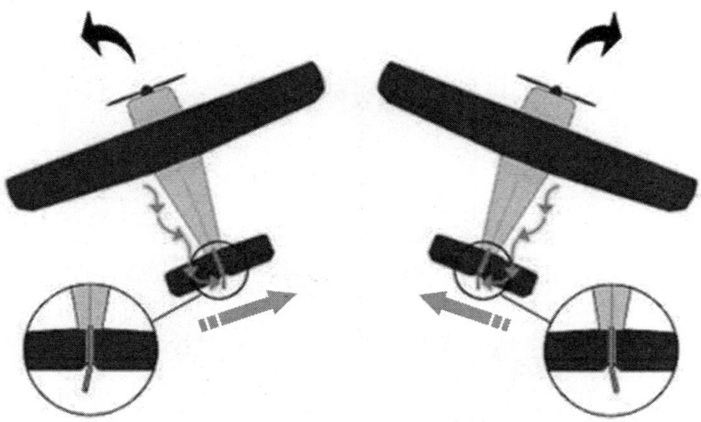

그림 1-17 러더 역할-빗놀이

꼬리날개의 형태는 그림 1-18에 보인 일반형 꼬리날개가 가장 보편적인데 T-형, V-형, +-형과 같은 것도 사용되고 있다. T-형 꼬리날개를 사용하면 수평꼬리날개 주위를 흘러가는 공기가 주익과 동체의 후류의 영향을 받지 않아 꼬리날개에 발생할 수 있는 진동을 감소시키는 효과가 있다. V-형상의 꼬리날개는 수평꼬리날개와 수직꼬리날개의 역할을 겸하도록 설계된 것으로 그림 1-19, 그림 1-20과 같이 조종면(control surface)을 조작하여 승강타와 방향타의 역할을 수행한다. V-형 꼬리날개에 부착된 조종면은 방향타와 승강타의 역할을 겸하므로 러더베이터(ruddervator)라 부른다. 그림 1-19에 보인 것처럼 두 러더베이터를 모두 내리면 꼬리날개에서 위 방향 양력을 발생시켜 기수가 내려가도록 하고, 두 러더베이터를 모두 올리면 꼬리날개에서 아래 방향 양력을 발생시켜 기수가 올라가도록 하는 승강타의 역할을 한다. 그림 1-20에 보이는 것처럼 왼쪽 러더베이터를 올리고 오른쪽 러더베이터를 내리면 꼬리날개에서 왼쪽 방향으로 양력이 발생하여 기수는 우측 방향으로 향하게 되고, 왼쪽 러더베이터를 내리고 오른쪽 러더베이터를 올리면 꼬리날개에서 오른쪽 방향으로 양력이 발생하여 기수는 좌측 방향으로 향하게 되므로 러더의 역할을 할 수 있다.

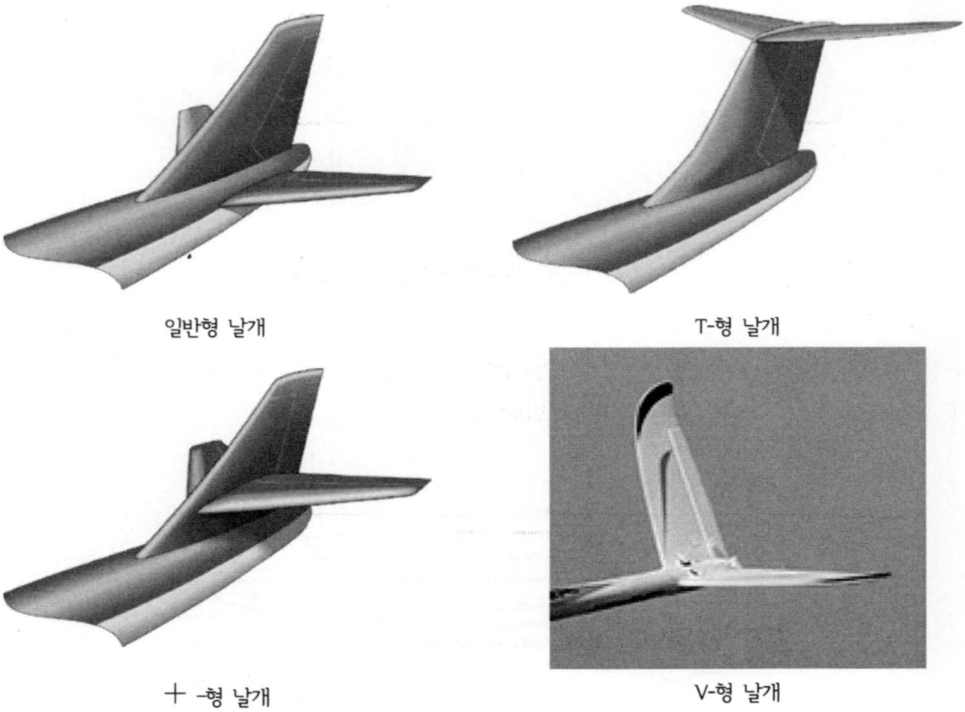

그림 1-18 꼬리날개의 형태

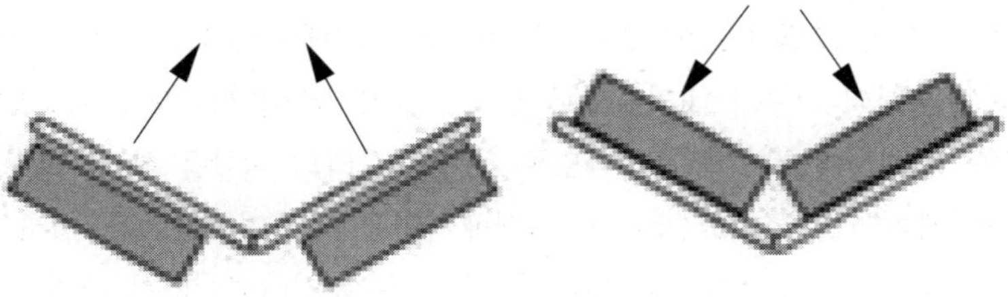

그림 1-19 V-형 날개 - 승강타

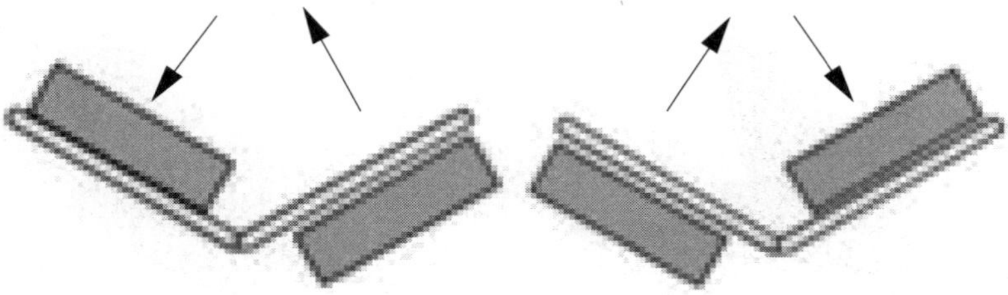

그림 1-20 V-형 날개 - 방향타

수평 안정판의 붙임각은 주날개 후류의 씻어내림(down-wash) 효과를 고려하여 그림 1-21과 같이 보통 수평보다 조금 윗방향으로 되어 있다.

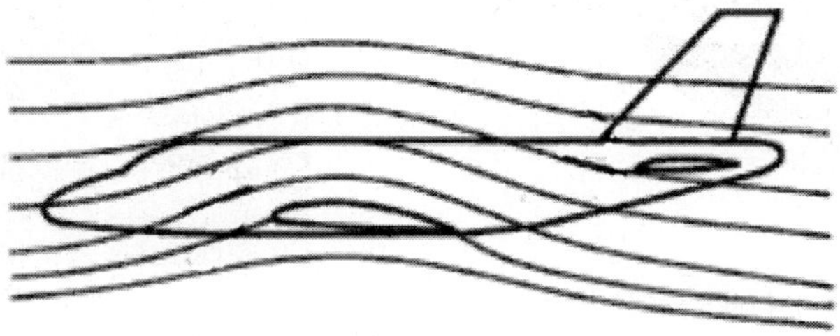

그림 1-21 Down-wash 효과

그림 1-22처럼 비행속도에 따라 수평안정판의 앞전 부분을 위 · 아래로 움직여서 세로안정성에 변화를 주는 항공기도 있다. 그림과 같이 수평 꼬리날개의 후방 스파를 중심으로 수평 꼬리날개의 앞전이 상하로 움직이도록 되어 있다. 전방 스파에 나사부(jackscrew)가 있어 꼬리날개의 앞전을 상하 방향으로 움직이도록 한 것이다. 이와 같은 꼬리날개를 조정식 안정판(adjustable stabilizer)이라고 한다.

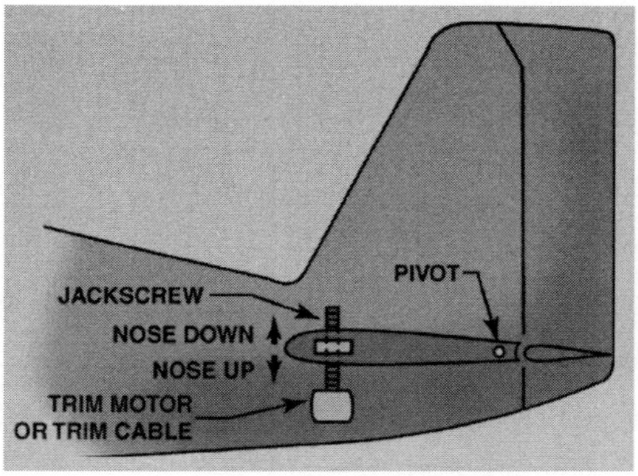

그림 1-22 수평 안정판의 조절

수직 꼬리날개의 경우 동체와 수직 꼬리날개가 만나는 부분에 방향안정성을 높이기 위해 도살핀(dorsal fin)을 적용하기도 하는데 그림 1-23과 같이 꼬리날개의 면적이 증가하여 기체 좌우방향의 양력을 증가시켜 빗놀이 운동에 대한 안정성을 증가시키게 된다.

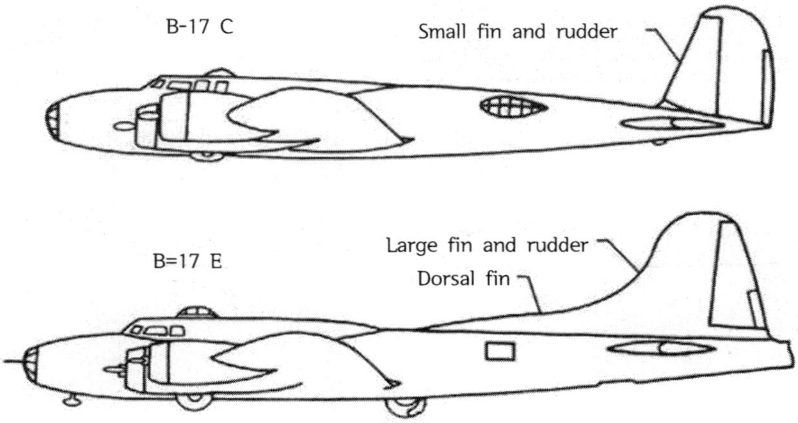

그림 1-23 도살핀

1.3.4 착륙장치(Landing Gear)

고속으로 비행하는 항공기의 경우 비행 중 항력을 감소시키기 위해 비행 중에는 착륙장치를 기체 안으로 접어 넣을 수 있으나 저속항공기의 경우 설계와 제작비용을 줄이기 위해 착륙장치가 날개나 동체에 고정 부착된 형태로 사용되기도 한다. 착륙장치는 항공기에 따라 동체에 장착되는 경우도 있고 날개에 장착되는 경우도 있다. 또한 사용 환경에 따라 육상, 수상, 설상에 맞도록 설계된다.

착륙장치에는 활주 중 방향전환을 위한 조향장치, 회전 주행 중 안쪽바퀴와 바깥쪽 바퀴의 회전수를 다르게 하는 기능, 활주속도를 줄이기 위한 제동장치(brake), 착륙 접지 시 충격을 완화시켜주는 완충장치(shock absorber) 등으로 구성되어 있다.

착륙 중 큰 충격이 착륙장치를 통해 기체에 전달되므로 최대 충격하중을 제한하기 위해 착륙 시 하강속도를 제한하고, 최대 착륙중량을 제한하게 된다. 대형 항공기가 허용 가능한 최대 중량의 연료를 적재하고 이륙 후 항공기의 이상으로 출발지로 회항하거나 예비 비행장으로 급히 착륙할 때, 만일 착륙중량을 초과하면 착륙이 가능하도록 항공기의 중량을 낮추어 주어야 하므로 공중에서 연료를 배출할 수 있는 장치를 갖추도록 하는데 이러한 장치를 연료 방출 장치(fuel jettison system)라 한다.

A-380 착륙장치

747 착륙장치

A330 착륙장치

T-50 착륙장치

그림 1-24 착륙장치의 형태

1.3.5 나셀(Nacelle)과 엔진 마운트(Engine Mount)

나셀은 기체에 매달린 엔진을 둘러싼 부분으로 엔진 주위로 흐르는 공기 저항을 최소화하기 위해 유선형으로 만들어지며, 엔진의 냉각과 연소에 필요한 공기가 흘러 들어가는 흡입구가 마련되어 있다. 나셀은 스킨, 카울링(cowling), 구조부재, 방화벽(fire wall) 등으로 구성되어 있다. 카울링은 기관 주위를 둘러싼 덮개로 정비가 용이하도록 여닫을 수 있도록 되어 있다. 왕복엔진의 나셀을 그림 1-25에, 제트엔진의 나셀을 그림 1-26에 나타냈다.

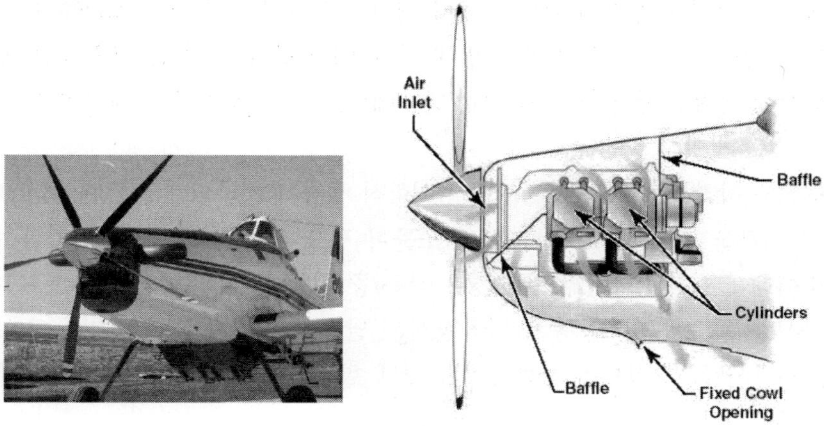

그림 1-25 왕복엔진

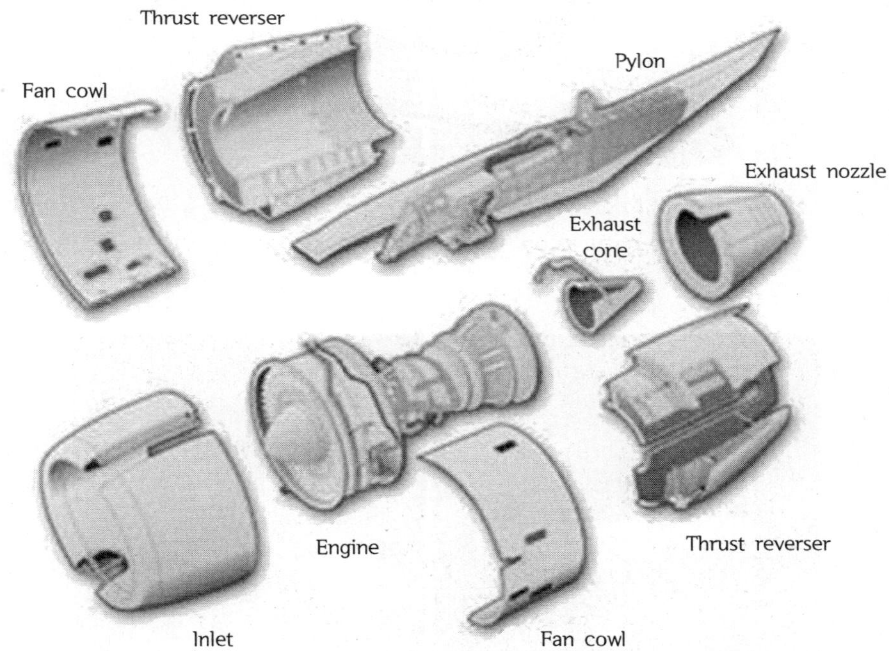

그림 1-26 제트엔진

엔진은 동체나 날개에 장착되는데, 기체에 엔진을 장착하기 위한 구조물을 엔진 마운트라 하며 엔진의 종류나 장착 위치, 장착 방법에 따라 여러 종류가 있다. 그림 1-29에 보잉 747 여객기의 날개에 장착된 엔진을 보였는데, 날개에 파일런을 부착하고 엔진 마운트에 엔진이 장착된 것을 볼 수 있다.

날개에 엔진을 장착하는 경우 날개의 공기역학적 성능이 저하되나 튼튼한 날개보에 파일론을 설치하여 기관을 지지하므로 부수적 구조물이 필요 없게 되어 무게를 줄일 수도 있다. 그러나 날개 아래에 엔진이 매달려 있는 경우 착륙 중 엔진이 활주로에 닿지 않도록 착륙장치의 길이를 증가시킬 필요가 있다. 동체 장착방식은 날개의 성능을 저하시키지 않고 항공기의 비행성능을 개선시킬 수 있으며 착륙장치를 짧게 할 수 있는 장점이 있으나 기체의 중심을 후방으로 이동시킨다.

그림 1-27 보잉 727 - 동체 장착

그림 1-28 A380 - 날개 장착

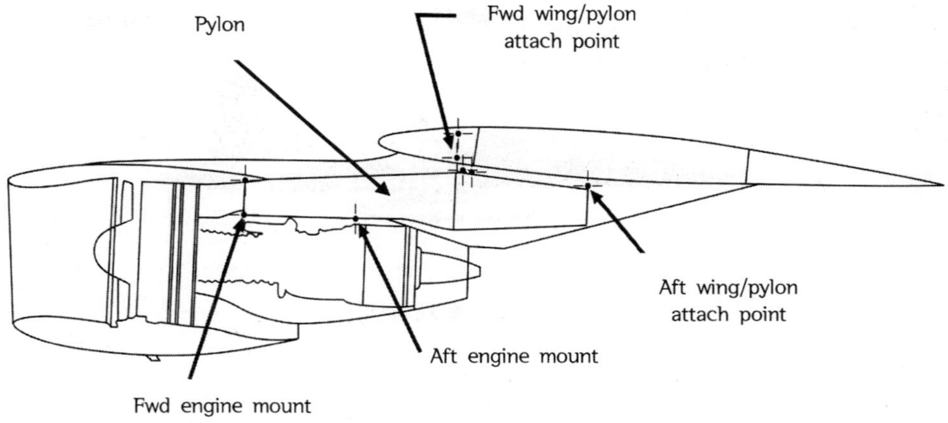

그림 1-29 보잉 747 엔진 마운트

1.4 위치 표시 방법

기체를 구성하는 동체, 날개, 꼬리날개, 나셀, 착륙장치나 여러 구성품들의 특정 위치를 쉽게 알 수 있도록 좌표값을 사용하고 있다. 위치를 표시하는 방법은 특정 위치를 기준으로 삼아 기준점으로부터의 직선거리로 나타내게 된다. 기준점의 위치는 기종에 따라 다르게 설정되므로 어떻게 정의되었는지 확인하면 된다. 3차원 공간 좌표를 이루기 위해서는 기본적으로 3가지 축, 즉 동체 길이방향 축, 기체의 중앙선에서 좌우 날개방향 축, 높이를 나타내는 수직방향 축이 기본적으로 필요하다. 이러한 기본 축은 기종에 따라 다르게 사용될 수 있는데, 어떤 항공기에서는 동체길이방향에 대한 것을 동체위치선(fuselage station, body station)이라 지칭하고, 좌우 날개 방향을 버턱선(buttock line or butt line), 수직방향으로는 수위선(water line)이라 칭하기도 한다. 어떤 항공기는 x, y, z 축을 사용하는데, 동체길이방향을 x, 좌우방향을 y, 높이방향을 z 축으로 정하여 사용하기도 하고, 다른 어떤 항공기는 좌우방향을 x, 전후방향을 y, 높이방향을 z 축으로 정하여 사용하기도 한다.

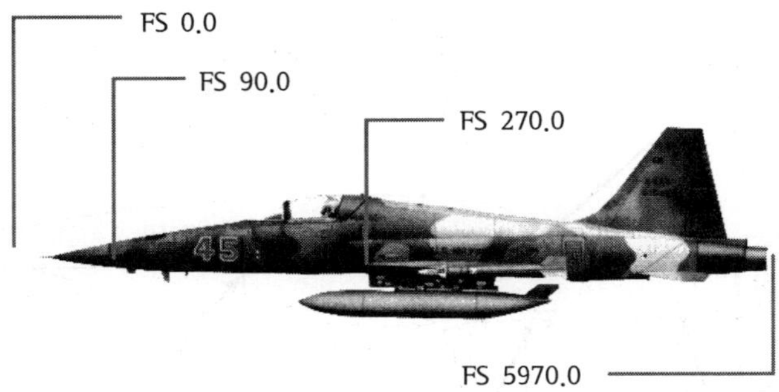

그림 1-30 동체 위치선

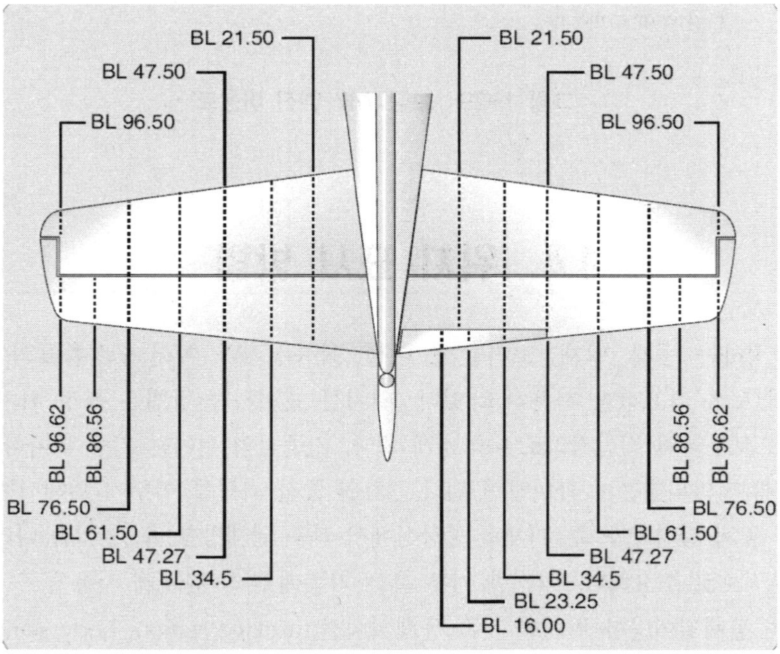

그림 1-31 버텍선

그림 1-32 수위선

기본 축만을 사용하여 위치를 지정하는 경우 불편할 수가 있는데, 그림 1-33과 같이 뒤로 젖혀진 날개의 경우 날개 길이방향에 맞춘 국부좌표축을 사용하면 매우 편리하므로 그림과 같이 날개위치선(wing station)이라는 것을 사용할 수 있다. 그림에서 하첨자 W는 wing, CW는 center wing, RS는 rear spar를 의미하는데, 날개 위치에 따라 특성에 맞게 편리한 좌표를 지정하여 사용하는 것을 알 수 있다. 엔진 주위에서는 그림 1-34와 같이 나셀위치선(nacelle station)을 사용할 수도 있고 필요에 따라 부위별로 정의하여 제한된 영역에서 사용한다.

대형여객기의 경우 그림 1-35와 같이 특정 영역을 나타내는 방법으로 섹션번호(section number)를 사용하기도 한다. 그림과 같이 부위별로 섹션번호를 부여하고 각 섹션별로 설계나 제작할 업체를 할당한 것을 볼 수 있다.

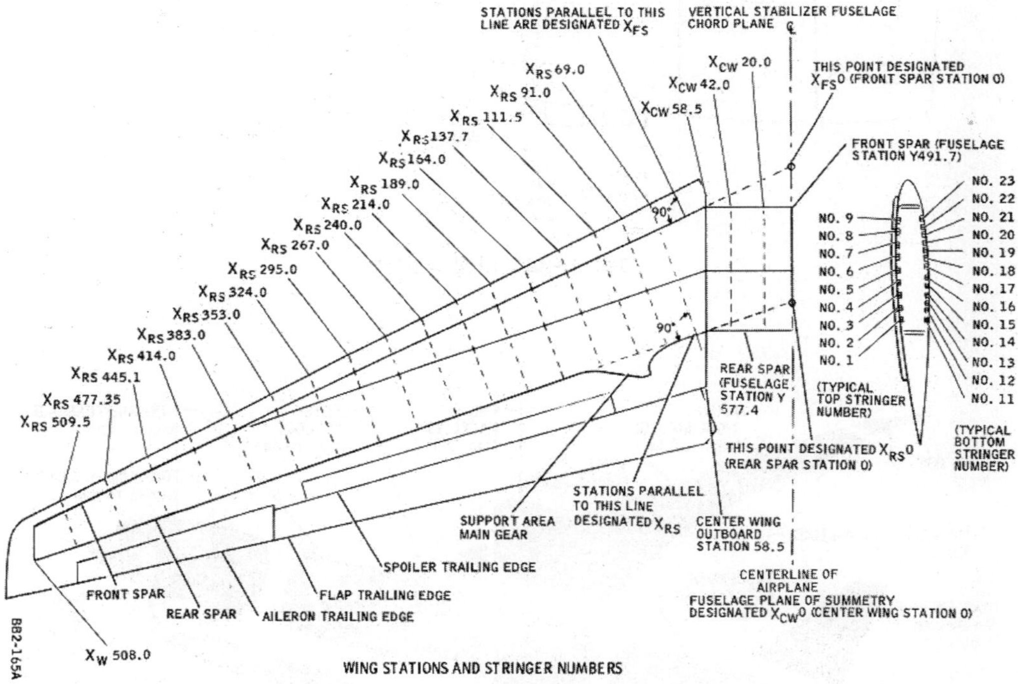

그림 1-33 DC-9 날개 위치선

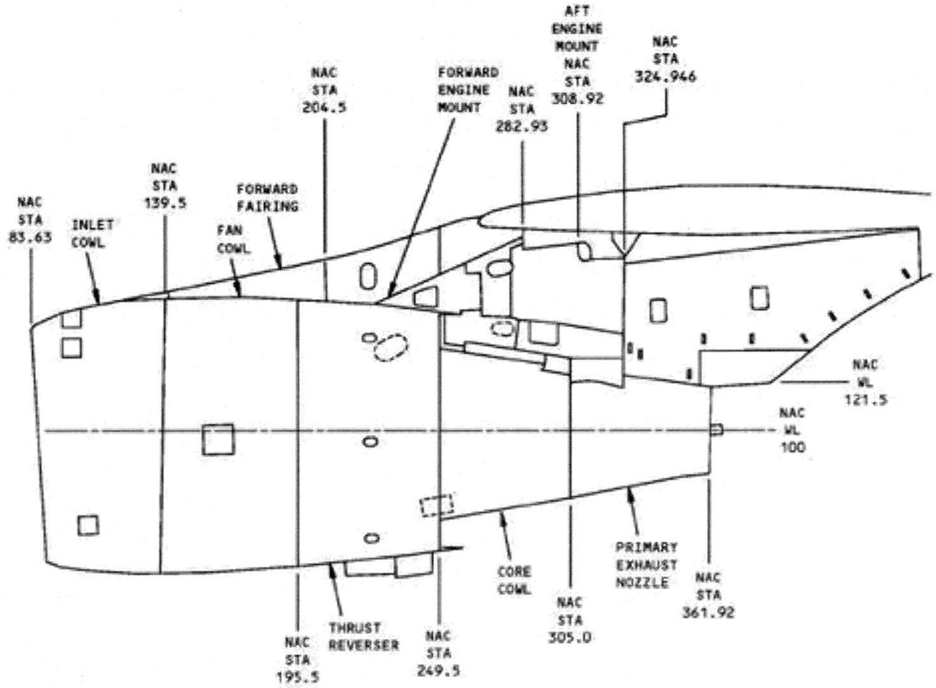

그림 1-34 나셀 위치선

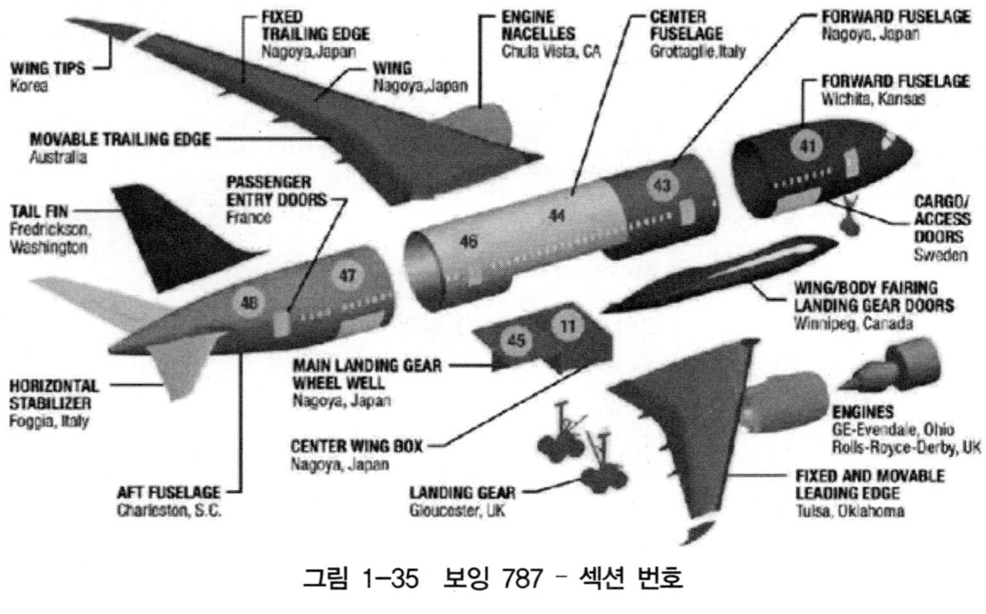

그림 1-35 보잉 787 - 섹션 번호

2 조종 계통

소형 비행기나 초기에 개발된 항공기의 조종은 조종사의 조종력이 기계적인 연결 장치를 통하여 조종간에서 조종면까지 전달되었으나, 현대 항공기의 조종 계통은 기술의 발달로 인력 대신 전기동력이나 유압 등으로 조종면을 작동시키고 있다.

조종석에는 조종을 위하여 항공기의 자세를 조종하는 조종간(control stick) 또는 조종핸들(control handle)과 방향을 바꾸어주는 방향키 페달(rudder pedal), 항공기의 출력을 조절하는 스로틀(throttle)이 있다.

그림 2-1 조종실

2.1 1차 조종면

2.1.1 기체의 회전 운동

1차 조종면은 에일러론(aileron, 보조날개 또는 도움날개), 승강타(elevator), 방향타(rudder)로 구성되며, 3가지 기본 축에 대한 회전운동을 발생시키는 역할을 한다.

그림 2-2와 같이 동체 길이 방향의 세로축을 중심으로 회전하는 옆놀이 운동(rolling)은 주익에 장착된 에일러론에 의해 작동되고, 날개 길이 방향의 가로축을 중심으로 회전하는 키놀이 운동(pitching)은 수평꼬리날개에 장착된 승강타(elevator)에 의해 작동된다. 상하 방향의 수직축을 중심으로 회전하는 빗놀이 운동(yawing)은 수직꼬리날개에 장착된 방향타(rudder)에 의해 작동된다. 이와 같이 항공기의 세 기본 축에 대한 회전운동을 발생시키는 조종면을 1차 조종면이라 부른다.

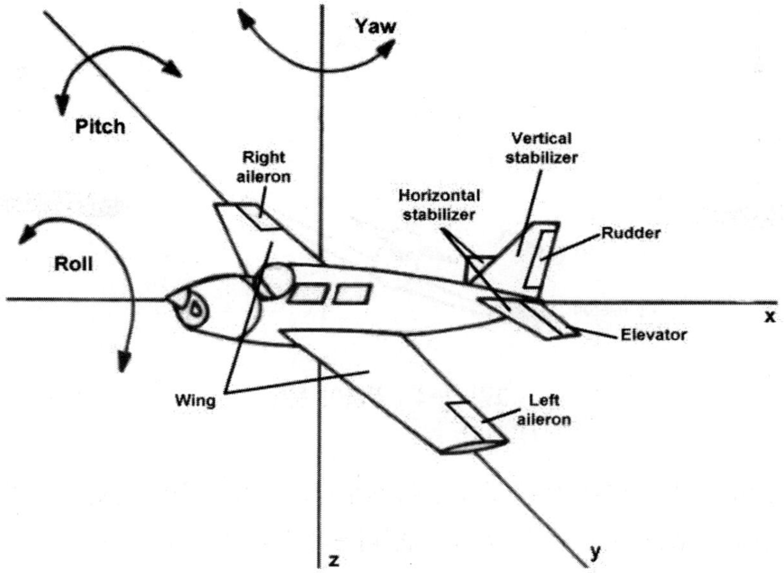

그림 2-2 1차 조종면과 기체의 회전운동

2.1.2 에일러론(Aileron)

그림 2-3과 같이 옆놀이 조종계통의 기본 구조는, 조종간을 오른쪽으로 젖히면 오른쪽 에일러론이 올라가고 왼쪽 에일러론은 내려가도록 되어 있다. 에일러론을 들어 올린 오른쪽 날개는 양력이 감소하게 되고, 에일러론이 내려진 왼쪽 날개는 양력이 증가하게 되어 좌우 날개의 양력이 균형이 깨지면서, 오른쪽 날개는 내려가고 왼쪽 날개는 올라가면서 항공기를 회전시키게 된다.

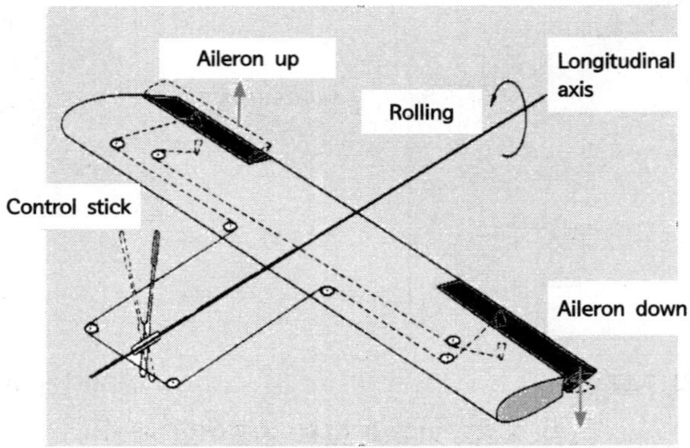

그림 2-3 에일러론의 작동

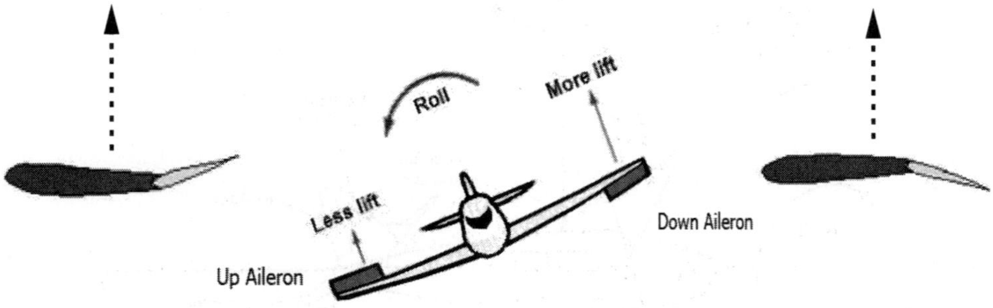

그림 2-4 옆놀이 운동

주익의 뒷전에는 그림 2-5에 보인 것과 같이 에일러론(도움날개)과 플랩이 장착되는데, 에일러론은 바깥쪽에, 플랩은 안쪽에 장착된다. 에일러론의 경우 기체를 회전시키는 모멘트를 발생시켜야 하므로 동일한 양력의 증가량이 기체의 중심에서 먼 곳에서 발생할수록 더욱 큰 회전력을 발생시킬 수 있으므로 동체에서 멀수록 유리하다. 그러나 플랩의 경우는 좌우 날개의 양력을 함께 증가시켜 동체를 떠받치는 역할만을 하게 되므로 동일한 크기의 양력이 증가한다고 할 때 가능한 동체와 가까운 곳에서 발생할수록 유리하기 때문이다. 이유는 날개에서 발생한 양력이 동체와 가까울수록 날개에 발생하는 굽힘모멘트가 작으므로 날개가 감당할 하중이 작게 되어 날개구조물을 좀 더 가볍게 설계할 수 있기 때문이다.

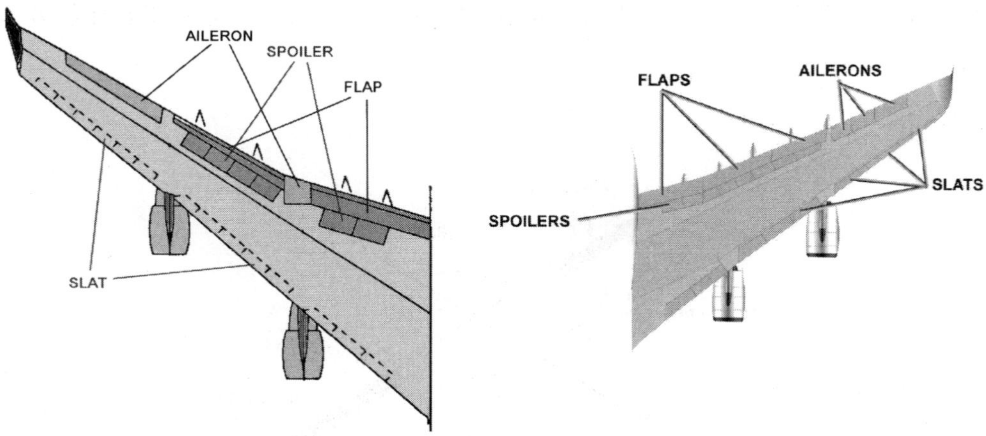

보잉 747 에어버스 A380

그림 2-5 기종에 따른 조종면의 배치

그림 2-5에 보잉 747 여객기와 A380 여객기의 조종면 형태를 보였다. 747의 경우 내측(inboard) 에일러론과 외측(outboard) 에일러론으로 분리되었는데 바깥 측 에일러론의 경우 저속에서는 사용하지만 고속에서는 사용하지 않는다. 고속비행 시 바깥 측 에일러론을 사용했을 때, 날개의 과도한 비틀림 변형으로 에일러론 역작용(aileron reversal)이 발생할 수 있기 때문이다. 그림 2-6에 보인 것처럼 에일러론을 내리는 것은 날개의 양력을 증가시키기 위함이다. 그런데 에일러론이 내려가면 에일러론에서 발생한 양력이 그림처럼 날개를 비틀게 되는데, 비트는 힘이 내측에서 작용하는 경우보다 동체에서 멀리 떨어진 바깥 측에서 작용할 때 날개가 더 많이 비틀리게 된다. 날개가 충분한 강성을 가진 경우는 비틀림 변형이 작아 별 문제가 없지만 비틀림 강성이 부족한 날개는 비틀림 변형이 커져 그림에 보인 것처럼 앞전이 오히려 내려가 날개의 받음각이 작아지므로 양력이 오히려 감소하는 현상이 나타날 수 있다. 이 결과는 양력을 증가시키려던 본래의 목적과 정반대의 결과를 얻는 역효과가 발생한 것이다. 이런 현상을 에일러론 역작용이라 한다.

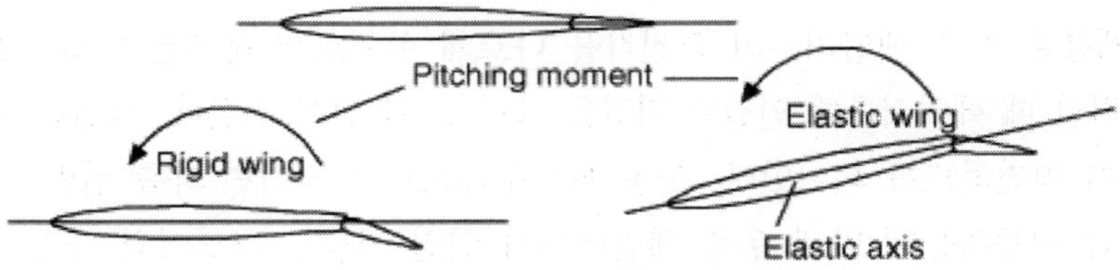

그림 2-6 에일러론 역작용

또한 에일러론의 작동 시 역요(adverse yaw)라는 좋지 않은 현상이 나타나는데 이를 방지하기 위해 차동조종계통(differential flight control system)이라는 기능이 작동하게 되어 있다. 그림 2-7과 같이 왼쪽 에일러론이 내려가고 오른쪽 에일러론이 위로 올라가도록 조종간을 오른쪽으로 기울이면, 왼쪽 날개는 양력이 증가하고 오른쪽 날개는 양력이 감소하므로 기체가 오른쪽으로 기울어지는 옆놀이 운동이 일어나게 된다. 이러한 옆놀이 운동은 기체가 우선회하는 경우인데, 이를 위해서는 기수가 오른 쪽으로 향해야 한다. 그런데 에일러론이 아래로 내려가면 양력의 증가와 더불어 항력도 크게 증가하는데 반해, 에일러론이 위로 올라가는 경우에는 항력은 조금만 증가하거나 오히려 감소할 수도 있다. 이러한 항력의 변화로 왼쪽 날개의 항력이 오른쪽보다 훨씬 크게 되어 기수가 왼쪽으로 향하도록 기체를 회전시킨다. 이것은 우선회하고자 하는 의도와 상반되는 방향으로 기수를 움직이도록 하는 바람직하지 못한 현상이므로 이를 역요라 한다.

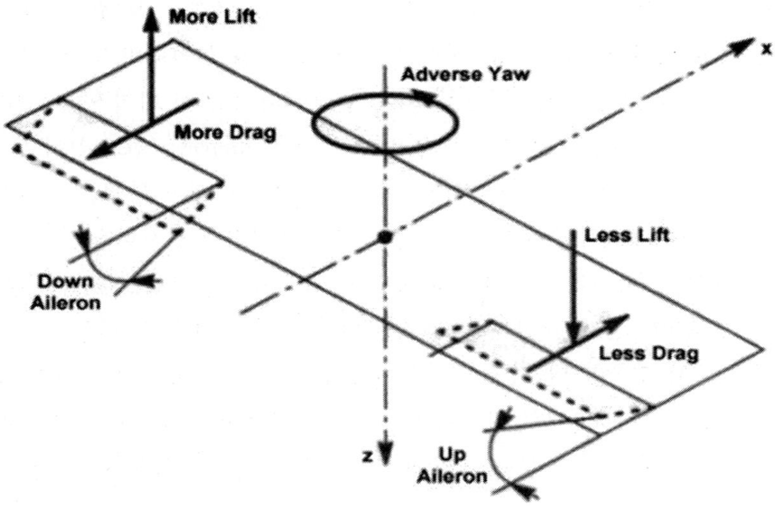

그림 2-7 역요

차동조종계통은 좌우 에일러론의 회전각을 다르게 함으로써 문제를 완화시킬 수 있는데, 조종간이 중립일 때 에일러론에 연결된 지점을 그림 2-8과 같이 취한다. 에일러론 연결 지점은 원판으로 되어 회전하도록 되어있다. 조종간을 우측으로 움직이면 좌측 원반의 연결 지점은 전방으로 조금 이동하는데 반해 우측 에일러론의 연결 지점은 그림처럼 좌측 이동거리보다 훨씬 크게 뒤로 이동한다. 이동거리에 차이가 있는 만큼 좌우 에일러론의 회전각에 변화가 발생하여 그림처럼 좌측 에일러론은 조금 내려가고 우측 에일러론은 많이 올라가게 된다. 결국 그림 2-9와 같이 조금만 내려간 왼쪽 에일러론의 항력은 조금 증가하고 많이 들려올라간 우측 에일러론의 항력은 크게 증가하므로 역요를 완화시킬 수 있게 된다.

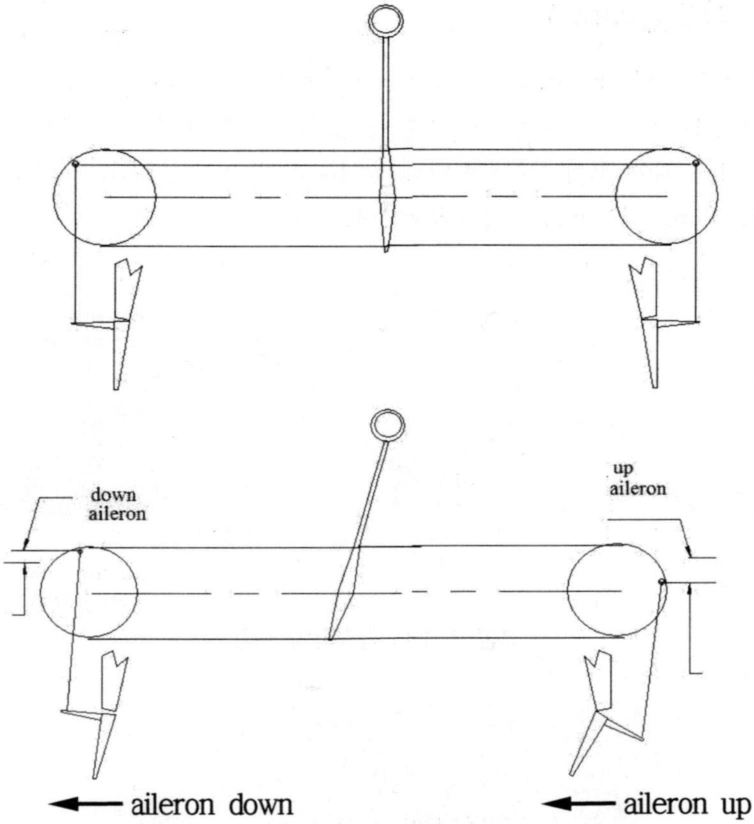

그림 2-8 차동조종계통

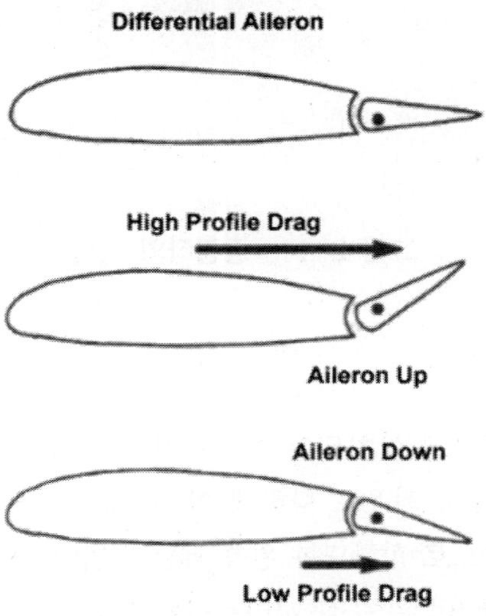

그림 2-9 차동조종계통 작동에 따른 항력의 변화

2.1.3 승강타(Elevator)

승강타는 날개 방향의 가로축(lateral axis)을 회전축으로 하는 기체의 키놀이 운동(pitching)을 발생시켜 기수를 올리거나 내릴 수 있게 한다. 그림 2-10과 같이 조종간을 당기게 되면, 승강타가 올라가게 되어 꼬리날개에서 아래 방향의 양력이 발생되고, 이 힘은 기수를 들어 올리는 회전력(pitching moment)으로 작용한다.

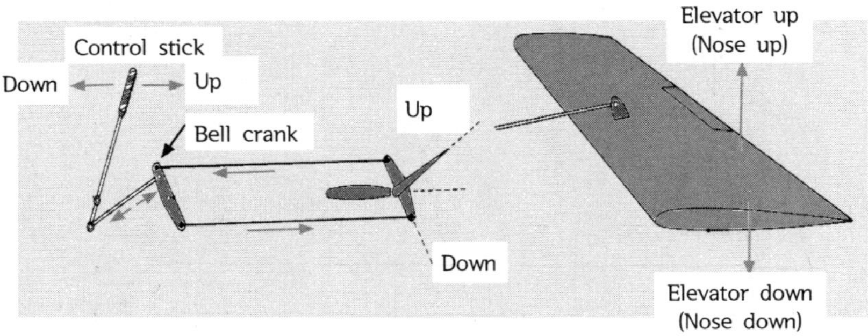

그림 2-10 승강타의 작동

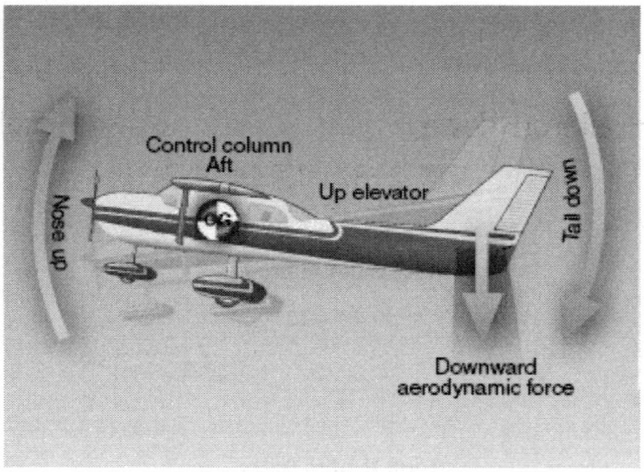

그림 2-11 승강타의 역할

2.1.4 방향타(Rudder)

방향타는 수직안정판의 후방에 설치되어 항공기가 수직축을 중심으로 회전하도록 빗놀이 운동(yawing)을 발생시켜 기수를 좌우로 향하게 할 수 있다. 방향키의 조종은 페달로 하는데, 그림 2-12와 같이 기수를 왼쪽으로 향하도록 왼쪽 페달을 밟아 주면, 방향키가 왼쪽으로 움직이게 되고, 공기 흐름에 의한 공기력은 수직 꼬리날개에서 오른쪽으로 작용하고, 이 힘은 수직축을 중심으로 회전하는 회전력(yawing moment)이 되어 기수는 왼쪽으로 움직이게 된다.

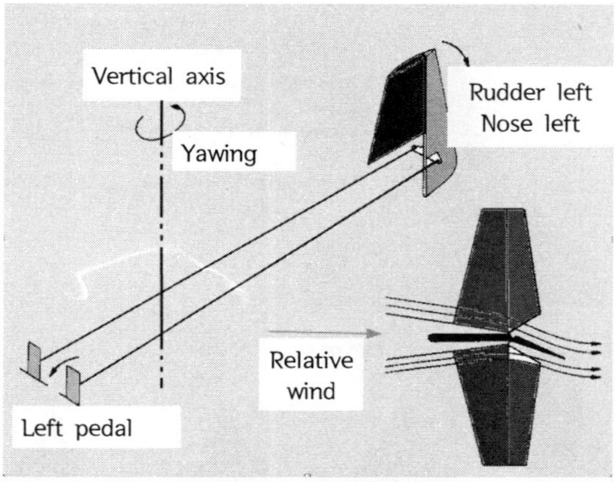

그림 2-12 방향타의 작동

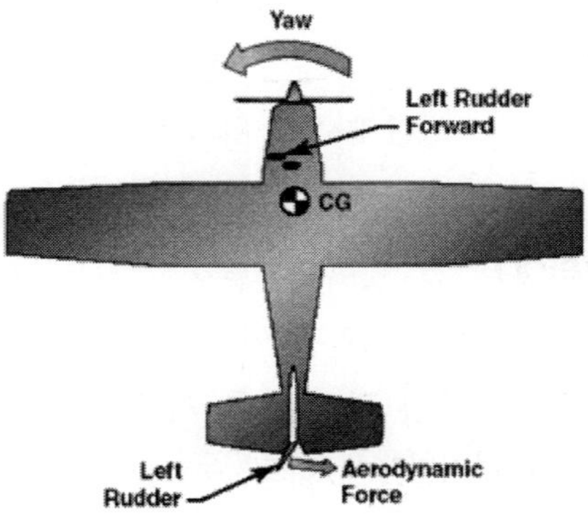

그림 2-13 방향타의 역할

2.1.5 복합 형태 조종면

두 개의 조종면이 하나의 조종면으로 결합된 형태로 하나의 조종면이 두 가지 조종면의 역할을 수행하는 것을 말한다.

(1) 엘레본(Elevon)

승강타(elevator)와 에일러론이 결합된 형태의 조종면으로 그림 2-14와 같이 삼각형 날개의 뒷부분에 장착되어 있다. 그림에 보인 것처럼 좌우측 엘레본이 동시에 위로 들려지면 승강타가 들려진 것과 같은 효과를 얻어 기수가 올라가고, 두 개를 동시에 내리면 승강타를 내린 것과 같은 효과를 얻어 기수가 내려가게 된다. 좌우 두 엘레본이 서로 다른 방향으로 움직이면 에일러론의 역할을 수행하게 된다. 그림과 같이 왼쪽 엘레본이 올라가고 오른쪽 엘레본이 내려가면 왼쪽 날개가 아래 방향으로 내려가는 옆놀이(rolling) 운동을 하게 된다.

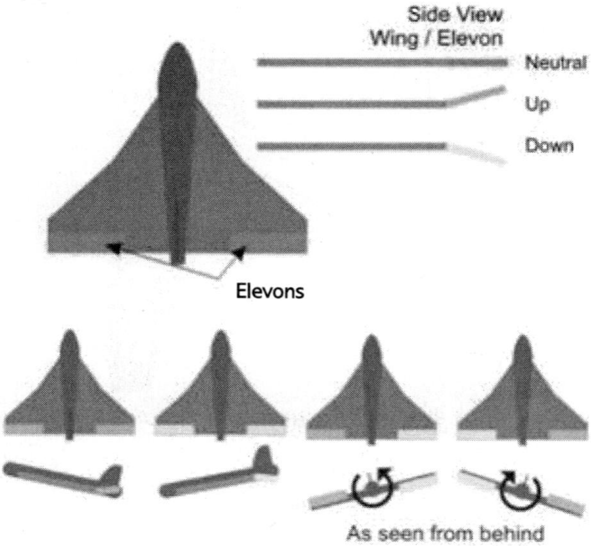

그림 2-14 Elevon

(2) 러더베이터(Ruddervator)

방향타(rudder)와 승강타(elevator)의 역할을 함께하는 조종면으로 V-자형 꼬리날개의 조종면이 이에 해당한다. 그림 2-15에 보인 것처럼 두 러더베이터를 모두 내리면 꼬리날개에서 위 방향 양력을 발생시켜 기수가 내려가도록 하고, 두 러더베이터를 모두 올리면 꼬리날개에서 아래 방향 양력을 발생시켜 기수가 올라가도록 하는 승강타의 역할을 한다. 그림에 보이는 것처럼 왼쪽 러더베이터를 올리고 오른쪽 러더베이터를 내리면 꼬리날개에서 왼쪽 방향으로 양력이 발생하여 기수는 우측 방향으로 향하게 되고, 왼쪽 러더베이터를 내리고 오른쪽 러더베이터를 올리면 꼬리날개에서 오른쪽 방향으로 양력이 발생하여 기수는 좌측 방향으로 향하게 되므로 러더의 역할을 할 수 있다.

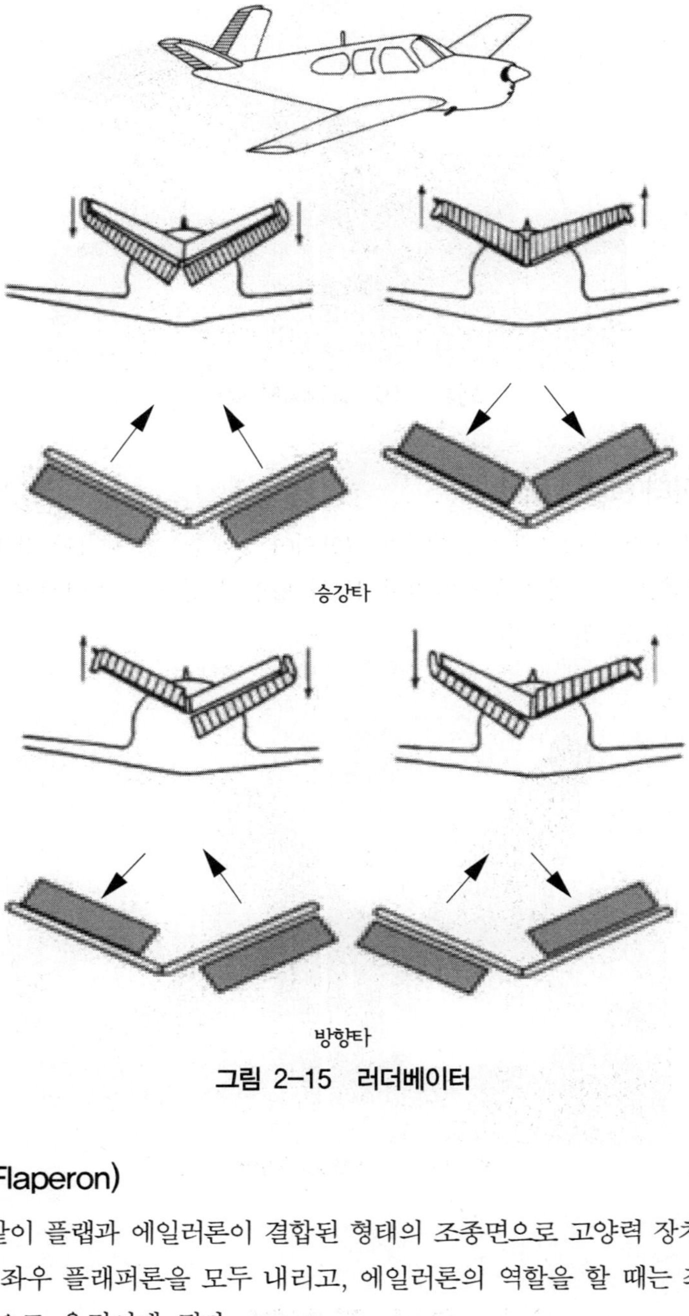

그림 2-15 러더베이터

(3) 플래퍼론(Flaperon)

그림 2-16과 같이 플랩과 에일러론이 결합된 형태의 조종면으로 고양력 장치인 플랩의 역할을 수행할 때는 좌우 플래퍼론을 모두 내리고, 에일러론의 역할을 할 때는 좌우 플래퍼론이 서로 다른 방향으로 움직이게 된다.

그림 2-16 플래퍼론(Kitfox)

(4) 스테빌레이터(Stabilator)

그림 2-17처럼 수평 꼬리날개와 승강타가 결합되어 일체형으로 제작된 것을 스테빌레이터라 하는데 수평 꼬리날개 전체가 회전하면서 상/하 방향의 양력을 발생시켜 기수를 내리거나 올리는 역할을 하도록 한 것이다.

그림 2-17 스테빌레이터(F-22)

2.2 2차 조종면

주조종면(1차 조종면)을 제외한 보조 조종 계통에 속하는 모든 조종면을 지칭하며 플랩, 스포일러, 탭 등이 해당된다.

2.2.1 고양력 장치(High lift device)

(1) 양력의 증가

날개에서 발생하는 양력, L은 다음과 같이 구해진다.

$$L = C_L\left(\frac{1}{2}\rho V^2\right)S \tag{2-1}$$

식에서, C_L은 양력계수, ρ는 공기의 밀도, V는 비행속도, S는 날개의 면적을 말한다. 양력계수는 그림 2-18과 같이 받음각이 증가함에 따라 증가하다가 임계점에 다다르면 갑작스레 양력이 떨어지는 실속(stall)이 발생하는 것을 알 수 있다. 괄호 안의 값은 동압이라고 불리는 물리량으로 공기의 밀도와 비행속도에 따라 달라진다.

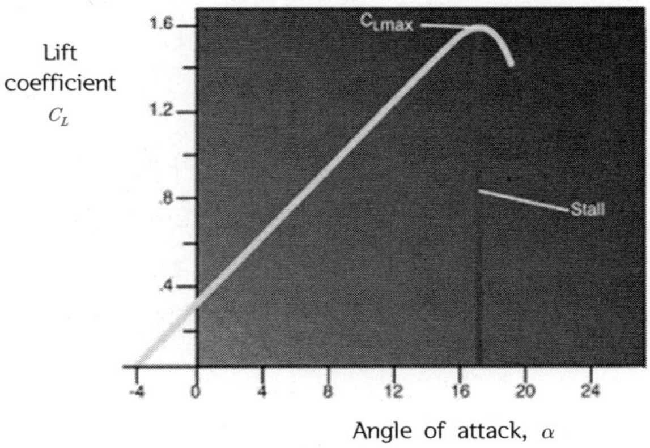

그림 2-18 받음각에 따른 양력계수의 변화

이륙하거나 착륙을 할 때의 비행속도는 순항속도에 비해 매우 적은 값을 가지게 된다. 적은 속도라도 빨리 이륙하면, 지면과의 마찰력이 제거되어 빨리 가속할 수 있고, 착륙 시에는 착륙속도를 작게 함으로써 착륙 중 발생하는 충격을 줄여 기체의 안전성을 높일 수 있기 때문에 이착륙 속도는 충분히 낮아야 한다. 이착륙 시 모두 양력은 크게 발생할수록 적은 속도에서 이착륙이 가능하게 되어 좋을 것이다. 이륙 시에는 항력이 적을수록 빨리 가속되고, 착륙 시에는 항력이 클수록 빨리 감속되어 좋을 것이다. 이착륙 속도가 순항속도의 1/3이라고 가정할 때, 위 식에서 동압은 1/9로 감소하게 된다. 여객기의 경우 순항 고도에서의 대기압이 적으므로 이때의 공기 밀도가 지상의 1/3이라 가정하면 순항 시 양력과 이착륙 시 양력의 비는 결국 다음과 같다.

$$\frac{L_C}{L_L}=\frac{\rho_C}{\rho_L}\frac{V_C^2}{V_L^2}=\frac{1}{3}\left(\frac{3}{1}\right)^2=3$$

식에서 하첨자 C는 순항(cruise), L은 착륙(landing) 시에 대한 값이다. 결국 이착륙 시 양력은 순항 시 양력의 1/3에 불과하다는 것을 알게 된다. 항공기의 무게에 큰 변화가 없다면 비행속도의 차이에 따른 양력의 차를 효율적으로 극복하는데 문제가 발생한다. 순항속도에 맞춘 날개의 경우 이착륙 속도의 증가가 불가피하고, 이착륙속도에 맞춘 날개의 경우 순항 시 필요 이상으로 큰 날개를 가지게 되고 큰 날개로 인한 무게의 증가와 항력의 증가로 효율적이지 못하다. 이러한 문제를 극복하기 위해서는 오랜 시간 비행하는 순항속도에 맞추어 날개의 형상을 결정하고, 이착륙 시와 같은 저속에서도 충분한 양력을 발생시킬 수 있는 방법을 찾아야 한다. 양력에 대한 식에서 볼 수 있는 것처럼 동압은 어쩔 수 없는 양이므로 결국 양력계수나 날개의 면적을 변화시킬 수 있는 방법을 찾아야 한다. 이들을 변화시키는 다양한 방법이 결국 고양력 장치라는 것으로 해결되는데 다양한 방법이 적용되고 있다.

(2) 뒷전 플랩(Trailing edge flap)

뒷전 플랩은 날개 뒷전에 위치하는 움직이는 면을 아래로 휘게 해 캠버(camber)를 크게 하거나, 플랩을 뒤로 쭉 빼면서 날개 면적이 증가하는 효과를 얻어 양력을 증가시키는 장치이다. 그 종류로는 그림 2-19와 같이 단순 플랩(plain flap), 스플릿 플랩(split flap), 슬롯 플랩(slot flap), 파울러 플랩(fowler flap) 등이 있다. 각종 플랩에 따른 양력계수와 항력계수의 변화를 그림에 보였다.

단순 플랩은 그림 2-20처럼 플랩이 전개되지 않은 상태(flap up)의 받음각과 캠버에 비해 플랩이 작동된 상태(flap down)에서는 캠버가 변화하면서 받음각도 변화하여 저속에서도 더 큰 양력을 발생시킬 수 있게 된다.

파울러 플랩의 경우는 플랩을 뒤로 잡아 뺌으로써 날개의 면적을 크게 하는 효과를 아울러 누릴 수 있으므로 더욱 효과적임을 알 수 있다. 또한 파울러플랩처럼 플랩과 주익 사이에 틈새(slot)를 만들어 줌으로써 박리로 인한 실속이 발생하는 것을 지연시키는 효과도 얻게 되어 더욱 양력을 높일 수 있게 된다.

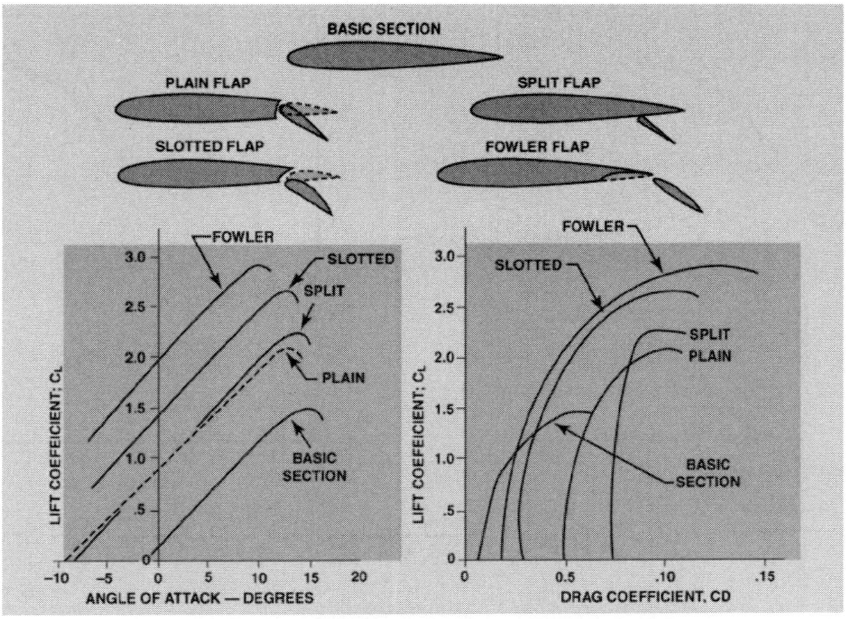

그림 2-19 플랩의 형태에 따른 양력계수의 변화

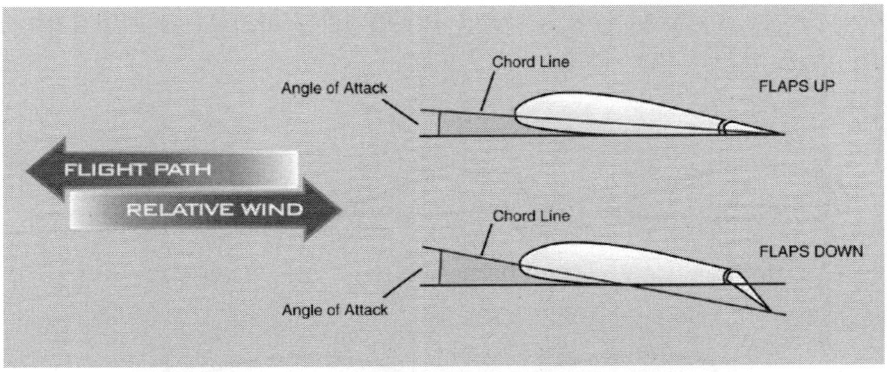

그림 2-20 플랩의 작동에 따른 캠버와 받음각의 변화

현재 대형 항공기에서는 2중 혹은 3중 파울러 플랩(double or triple fowler flap)을 사용하여 강한 플랩 효과를 얻는다. 그림 2-21에 보인 것처럼 2중 슬롯이 있는 플랩의 경우 양력이 크게 상승함을 알 수 있다.

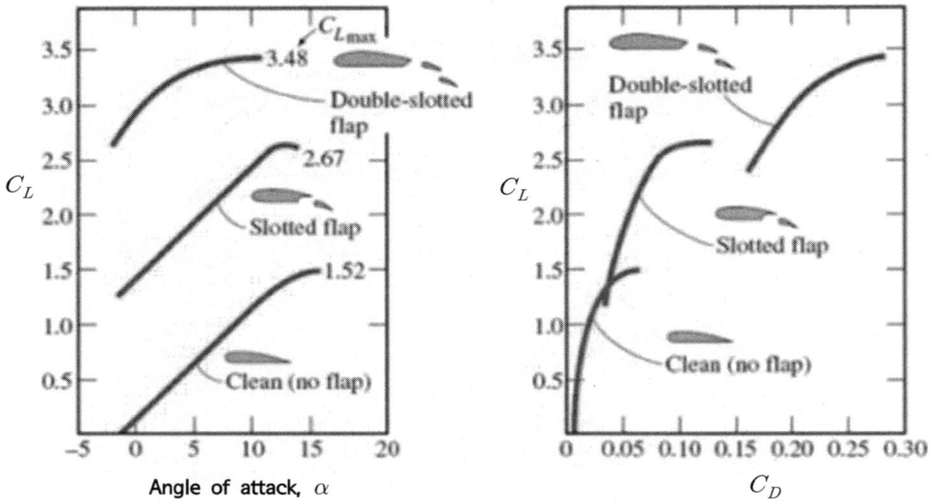

그림 2-21 이중 슬롯 플랩의 효과

(3) 앞전 플랩(Leading edge flap)

그림 2-22에 보인 것처럼 다양한 형태의 플랩이 적용되는데, 날개의 캠버를 증가시켜 양력을 증가시키기도 하고, 슬롯을 만들어 고 받음각에서 발생하는 박리현상을 지연시킴으로서 양력을 증가시키기도 한다.

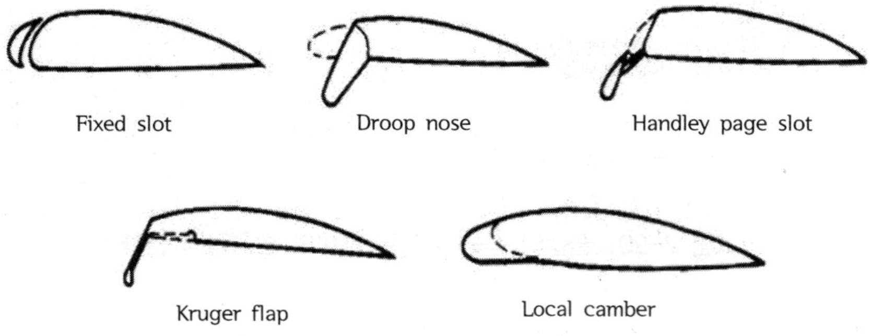

그림 2-22 앞전 플랩

그림 2-23은 앞전에 장착된 슬랫의 작동 형태를 보여주며 그림 2-24는 앞전에 장착된 크루거 플랩과 뒷전에 장착된 3중 파울러 플랩이 펼쳐진 형태를 보여주고 있다.

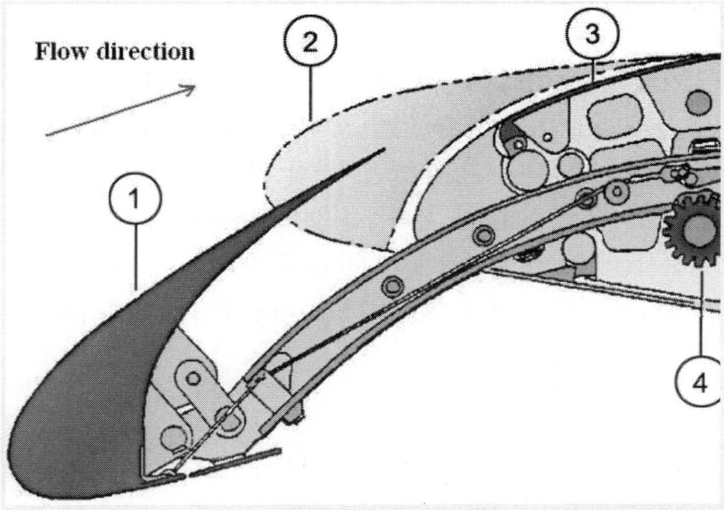

그림 2-23 앞전 슬랫(Leading edge slat)의 작동

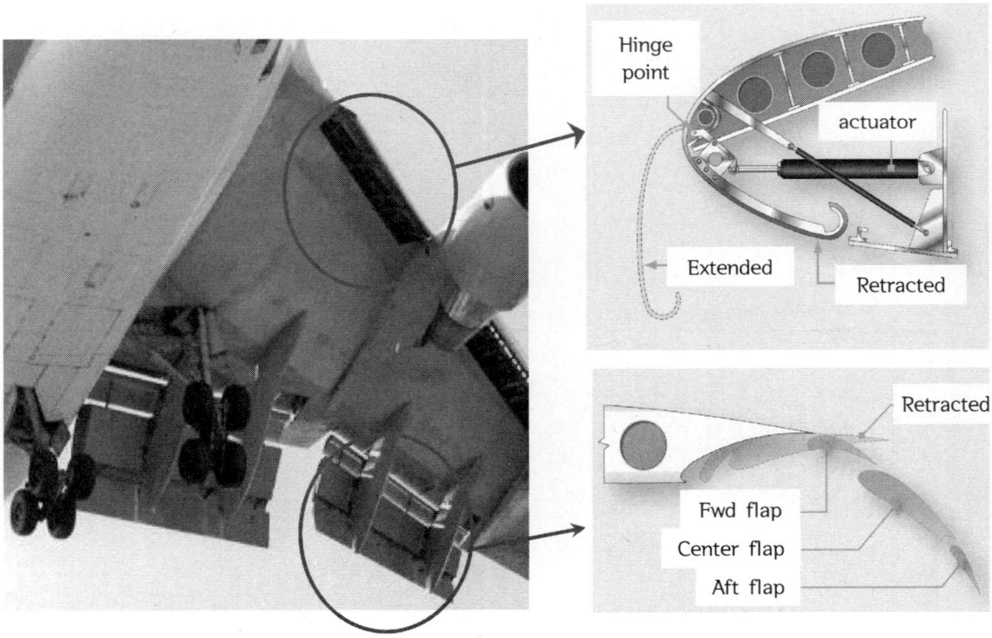

그림 2-24 플랩을 펼친 모양

2.2.2 스포일러(Spoiler)

비행 중인 항공기의 속도를 감소시키기 위한 장치(스피드 브레이크의 역할)로 그림 2-25와 같이 날개 윗면에 장착되어 있는 2차 조종면(secondary control surface)을 스포일러라 한다.

항공기가 착륙을 위해 하강하는 경우 고공에서의 위치에너지가 하강 중에 운동에너지로 변화하면서 비행속도는 더욱 증가하게 된다. 그러나 착륙을 위해서는 속도를 최대한 줄여야 하므로 속도를 저하시킬 장치가 필요하게 된다. 날개 윗면에 설치된 스포일러를 작동시키면 그림 2-26처럼 스포일러 뒤쪽 끝이 위로 솟아나게 되어 항력을 증가시키면서 속도가 줄도록 되어 있다.

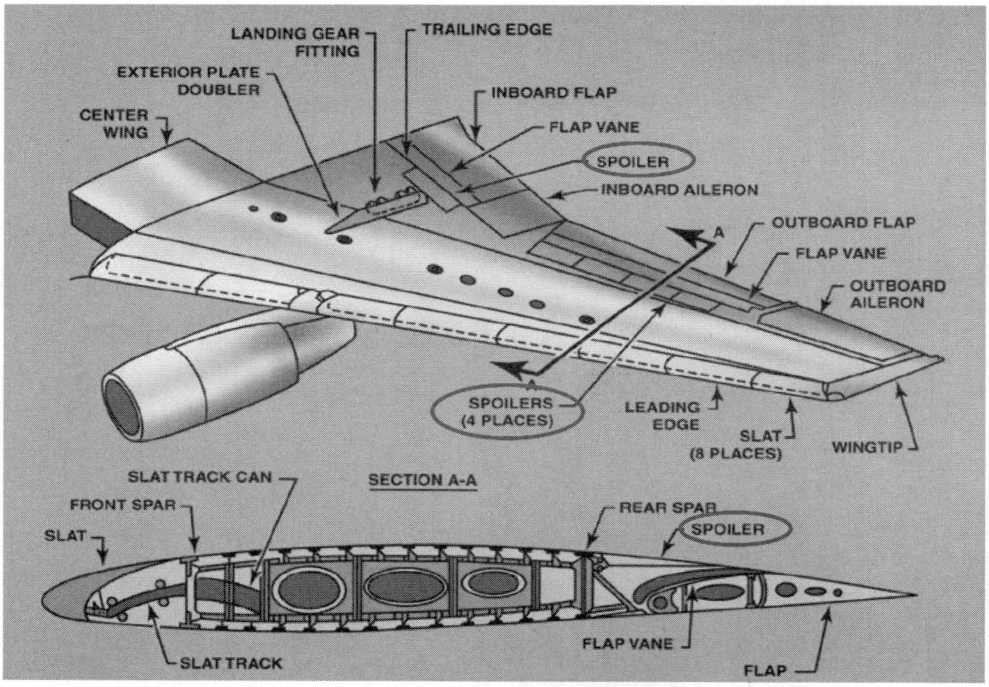

그림 2-25 주 날개와 조종면

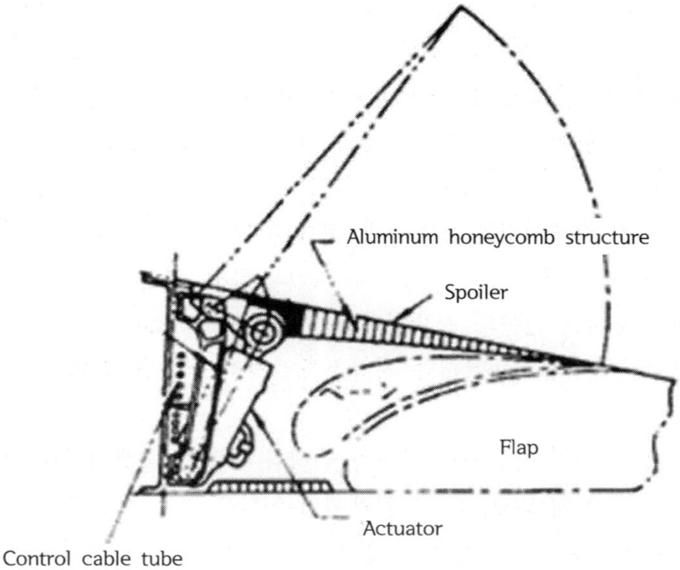

그림 2-26 스포일러의 구조와 작동

스포일러를 작동시킬 때 항력의 증가와 더불어 양력이 감소하게 되는데, 이 특성을 이용해 스포일러를 에일러론 대용으로 사용할 수 있다. 에일러론을 사용하는 경우 역요로 인한 비능률적 현상이 수반되었는데, 에일러론 대신 스포일러를 작동시키면 역요가 발생하지 않는다.

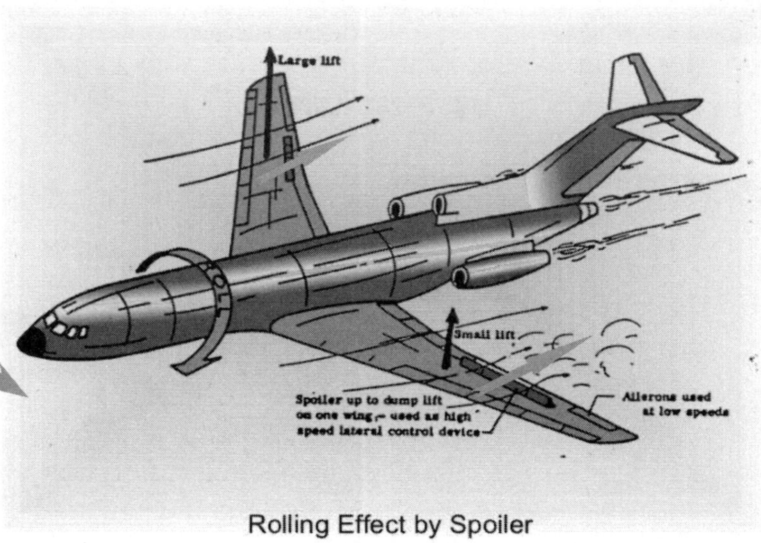

Rolling Effect by Spoiler

그림 2-27 스포일러-에일러론 대용

예를 들어 그림 2-27처럼 왼쪽 날개의 스포일러만 작동시키면 왼쪽 날개의 양력이 감소하여 좌우 날개의 양력에 차이가 발생되고, 왼쪽 날개가 아래로 기울어지는 옆놀이 운동이 발생한다. 이때 왼쪽 날개의 항력도 함께 증가하므로 좌우날개의 항력에 차이가 발생하여 기수가 왼쪽으로 향하도록 빗놀이 운동이 함께 나타난다. 날개를 왼쪽으로 기울이는 목적은 좌선회하기 위함인데 이에 맞도록 기수가 왼쪽으로 돌아가므로 역요는 발생하지 않는다.

그림 2-28에 두 가지 스포일러를 보였는데, 고속 비행 중에는 바깥쪽 스포일러를 에일러론 대신에 사용하므로 이를 비행스포일러(flight spoiler)라 하고, 착륙 활주 중 속도를 줄여 활주거리를 줄이기 위해 사용하는 안쪽의 스포일러를 지상스포일러(ground spoiler)라 부르기도 한다. 항공기에 따라서는 비행스포일러와 지상스포일러의 역할을 함께 수행하도록 설계하여 사용하기도 한다.

비행스포일러로 사용하는 경우에는 비대칭 양력과 항력을 발생시켜야 하므로 좌우날개의 스포일러가 별도로 작동하게 되고, 스피드브레이커 역할을 하는 경우에는 좌우 날개에 설치된 스포일러가 동시에 작동하여 좌우날개의 항력에 차이가 없도록 한다.

비행 스포일러

지상 스포일러

그림 2-28 스포일러

순항 중

착륙 중

그림 2-29 비행 상황에 따른 조종면의 작동

2.2.3 탭(Tab)

조종면을 구동시키기 위해서는 구동력이 필요한데, 조종면이 클수록 큰 힘이 필요하게 된다. 조종력이 증가하면 조종사가 쉽게 피로해지므로 조종력을 경감시킬 목적으로 조종면의 뒷전(trailing edge)에 설치하여 작은 힘으로 조종면을 작동시키거나 조종면의 균형을 잡아주는 것을 탭이라 한다.

그림 2-30처럼 조종면과 탭은 서로 반대방향으로 회전하도록 되어 있다. 탭이 회전하면 탭에 발생한 양력이 조종면을 탭의 반대방향으로 회전시키고, 조종면이 회전함에 따라 날개의 양력이 변화된다. 조종면을 직접 구동하기 위해서는 조종면의 크기에 맞는 힘이 필요한데, 크기가 작은 탭만을 구동시킬 정도의 작은 힘으로 탭이 구동되고, 탭에서 발생한 양력이 조종면을 쉽게 작동시킬 수 있다.

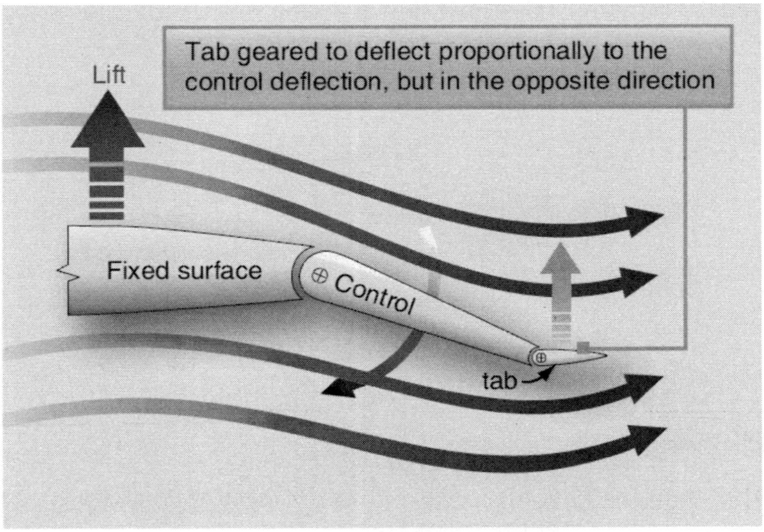

그림 2-30 탭의 역할-조종면 회전

사용목적과 구동방식에 따라 다음과 같이 여러 종류의 탭이 개발되어 적용되고 있다.

(1) 조종탭(Control tab, Servo tab)

그림 2-31과 같이 조종면을 직접 조작하지 않고 탭을 회전시키면 탭에 발생한 공기력이 조종면의 힌지를 축으로 하는 모멘트를 조종면에 발생시켜 조종면을 움직이는 방식이다.

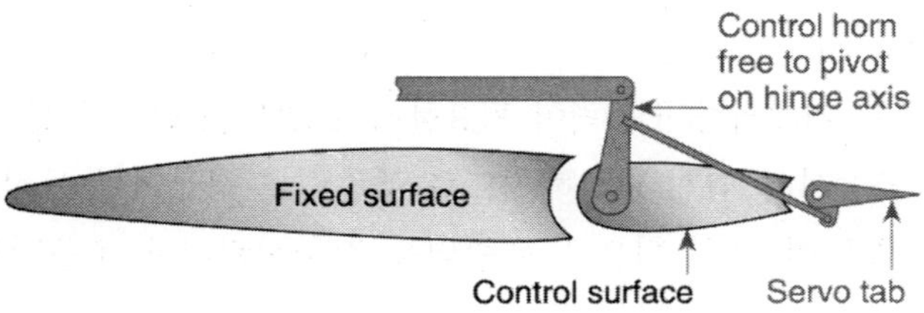

그림 2-31 조종탭

(2) 밸런스탭(Balance tab)

그림 2-32처럼 직접 구동되는 것은 조종면인데, 조종간의 움직임에 맞춰 조종면이 회전하게 되고, 조종면이 회전하는 것에 대응하여 탭이 반대 방향으로 회전하도록 장착되어 있다. 조종력을 경감시키는 것은 콘트롤 탭과 같은 이치이나 콘트롤 탭은 조종력에 의해 직접 탭이 구동되는 것이고 밸런스탭은 조종면을 직접 구동시키고 조종면의 움직임과는 반대 방향으로 탭이 움직이도록 한 것이다.

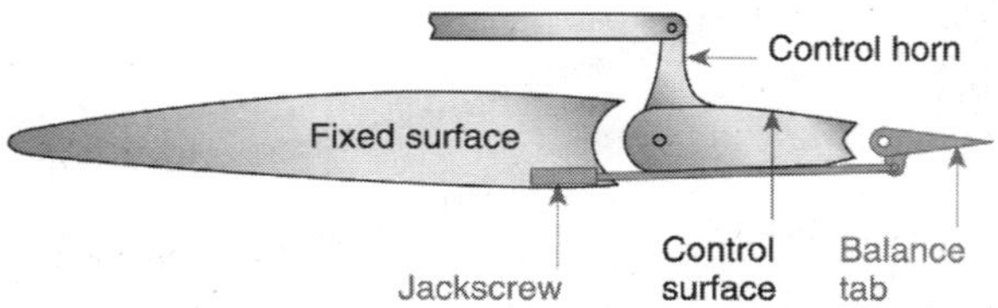

그림 2-32 밸런스탭

(3) 스프링탭(Spring tab)

그림 2-33처럼 조종면과 탭 사이에 스프링을 삽입한 서보 탭의 일종으로 저속에서는 탭이 작동하지 않고, 비행속도가 빨라지면 공기력이 증가하여 조종면을 작동시키는데 큰 힘이 필요하므로 고속에서만 작동하도록 한 것이다.

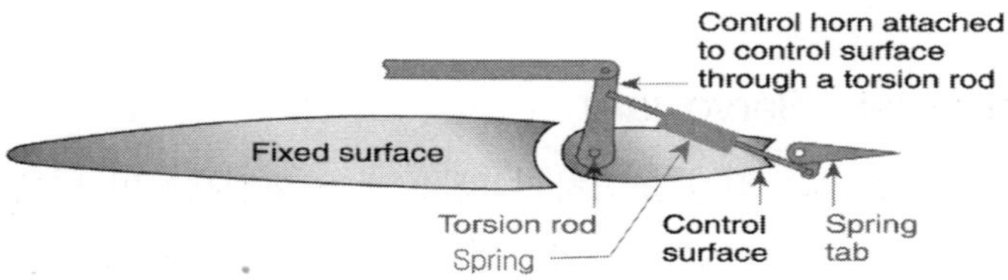

그림 2-33 스프링탭

(4) 트림탭(Trim tab)

트림 상태란 항공기에 작용하는 힘들이 평형상태가 되어 조종간이 중립인 상태에서 자세 변화 없이 일정한 비행자세가 유지되는 상태를 말한다. 트림 상태가 되지 않으면 기체는 어느 한 방향으로 계속 움직이려 하므로 이를 방지하기 위해 조종사는 조종면을 움직여야 한다. 즉, 균형이 맞지 않는 상태로 비행하는 경우 조종간을 계속 붙잡고 있는 상태가 되므로 쉽게 피로하게 된다. 그림 2-34와 같이 트림탭을 조정해 균형을 맞추면 조종간이 중립인 상태에서 일정한 자세의 비행이 유지될 수 있으므로 장시간 비행 시 조종사의 피로를 방지할 수 있다.

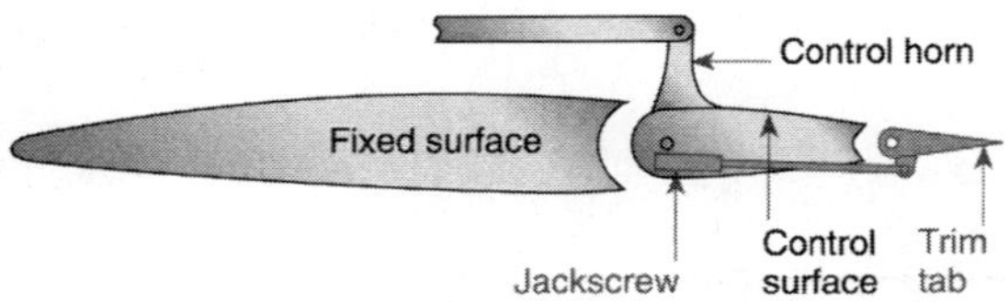

그림 2-34 트림탭

(5) 고정탭(Fixed tab)

트림탭과 유사한 기능을 수행하는 것으로 지상에서 정비 시 적절히 구부려서 비행자세를 조정하는 것이다. 트림탭은 비행 중 조종사가 미세하게 조정하는 것이고, 고정탭은 지상에서 셋팅하는 것으로 그림 2-35에 나타냈다. 주로 항공기 제작 시나 기체 수리 후에 세팅한다.

동일한 기종의 항공기라 하더라도 호기별로 기체의 중심과 조종면의 특성에는 조금씩 차이가 있을 수밖에 없다. 이러한 차이로 인해 호기별로 미세하게 다른 비행 특성이 나타나게 된다. 예를 들어 1호기의 경우 시험비행에서 기수가 조금씩 들리는 경향이 있다고 하면 승강타의 고정탭을 살짝 위로 구부려 놓는 것이다. 이렇게 하면 승강타는 미소량 아래로 움직이게 되고, 움직인 만큼 기수를 아래로 향하게 하는 특성을 얻게 되어 애초에 있었던 기수 상향 특성을 제거해주는 것이다. 트림탭의 경우는 매 비행마다 기체의 중심 위치가 다르고, 비행 중에도 연료의 소진에 따라 중심 위치가 변화하므로 기수의 방향이 조금씩 변화할 때, 이러한 특성을 제거할 목적으로 조종사가 비행 중에 미세하게 조정하는 것이다.

그림 2-35 고정탭

2.3 조종 계통 부품

2.3.1 조종 장치

(1) 수동 조종장치(Manual control system)

조종사가 인력으로 조종면을 작동시키는 방식으로 조종력이 작은 소형기에 적용된다.

(2) 동력 조종장치(Power control system)

유압, 공압, 전기 등을 이용해 조종면을 조작하는 방식으로 큰 조종력을 필요로 하는 중/대형 항공기에 적합하다.

(3) 플라이 바이 와이어(Fly-by-wire, FBW)

그림 2-36에 보인 기계적 조종 시스템(mechanical control system)은 조종력이 조종실에서 조종면까지 직접 전달되므로 그림과 같이 조종 동력 전달 계통이 필요하다. 그러나 플라이 바이 와이어 시스템은 그림 2-37과 같이 조종간이나 페달의 움직임을 전기적 신호로 변환하여 컴퓨터에 입력시키고, 조종면을 구동할 명령 신호만 보내면 신호에 따라 전기나 유압 등을 이용해 조종면을 움직이는 방식으로 전기신호만 주고받게 되어 조종실에서 조종면에 이르는 조종 동력 전달 계통이 필요 없다. 이 방식의 장점은 기계적인 연결 장치의 진동으로 인한 유격 조정이나 조종 케이블에서 나타나는 장력의 변화가 없으며, 설치공간의 제한을 받지 않아 조종 성능의 향상과 무게 감소로 항공기 효율을 높일 수 있어 최근에는 대부분 대형 항공기에서 사용되고 있다. FBW Control System을 사용한 최초의 항공기는 F-16전투기와 A320 여객기이다.

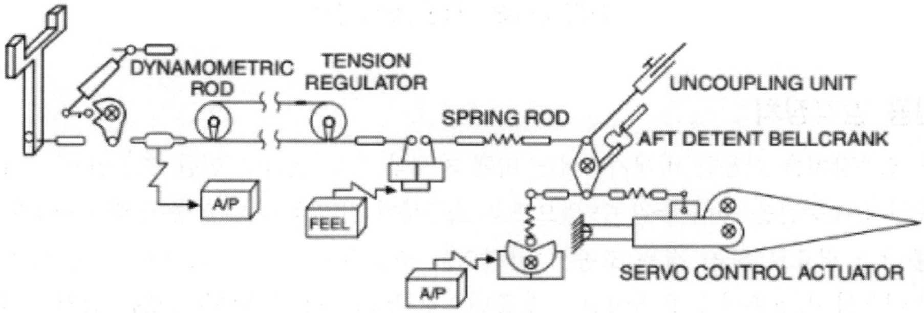

그림 2-36 기계적 조종 시스템(Mechanical control system)

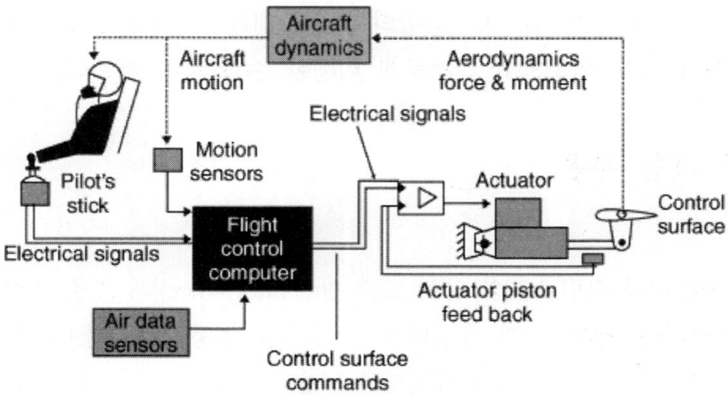

그림 2-37 Fly-by-wire control system

(4) 자동 조종장치(Automatic pilot system)

자동 비행장치로서 조종사의 피로를 경감시키고, 경제적인 비행을 실현시키는데 목적이 있으며, 항공기의 자세가 변화된 경우 자이로스코프를 이용하여 기체의 비행 자세를 인지하고 적절한 조종 신호를 출력시켜 항공기가 안정한 상태로 비행을 유지하도록 함으로서, 이륙에서 착륙까지 항공기를 자동적으로 제어하는 장치이다.

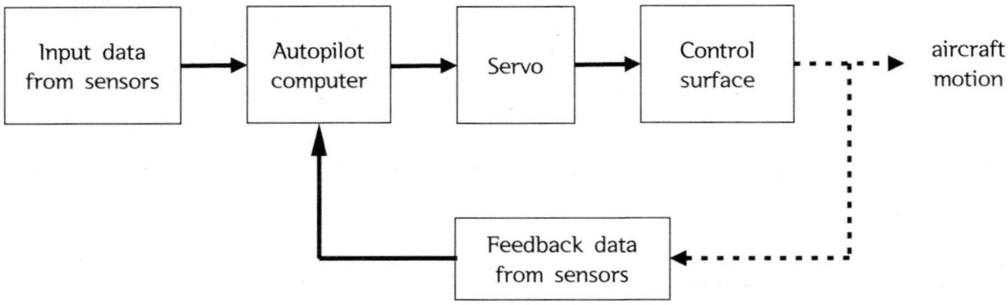

그림 2-38 자동 조종 장치

(5) 인공 감각장치

수동 조종장치를 적용한 비행기에서는 비행 자세와 속도 변화로 인한 조종면의 공기력 변화를 조종사가 조종간을 통해 느낄 수 있으므로 조종사가 감각에 따른 조종을 할 수 있다. 그러나 큰 조종력을 필요로 하는 경우 조종사 인력으로 조종면을 컨트롤하는데 어려움이 있으므로 동력을 이용하여 조종면을 움직이면서 조종면으로 부터 직접 전달되어 오는 감각을 조종사가 느낄 수 없게 된다. 이것을 극복하고자 조종면에서 발생하는 공력의 변화를 인공적으로 발생시켜 조종사가 조종간을 통해 느낄 수 있도록 하는 장치를 인공감각장치라 한다. 비행기 속도와 조종면의 변위에 따라 다르게 나타나는 동압의 변화에 대한 조종력을 조종사가 느낄 수 있도록 함으로서 조종사가 더욱 원활하고 적절하게 비행할 수 있도록 해준다.

2.3.2 조종 계통 부품

(1) 조종간

조종간은 모양에 따라 그림 2-39와 같이 조종 휠(control wheel)과 조종 스틱(control stick)으로 구분되며 항공기의 에일러론과 승강타를 움직인다. 조종 휠은 전·후로 밀거나 당겨서 승강타를 움직이고, 좌우로 회전시켜 에일러론을 움직일 수 있으며, 조종 스틱은 전, 후, 좌, 우로 움직이도록 되어 있다.

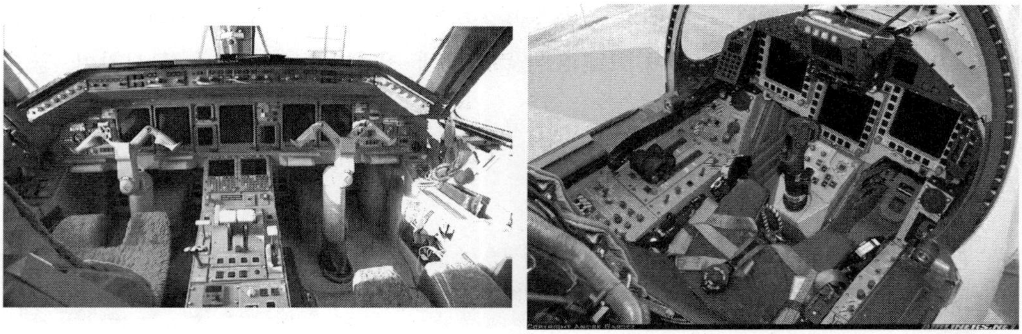

조종 휠　　　　조종 스틱

그림 2-39　조종간

(2) 방향키 페달

방향키 페달(rudder pedal)은 한 쌍이 기본 구성이며, 비행 중에는 방향키를 움직이고, 지상에서는 조향장치(steering system)와 제동장치(brake system)를 움직인다. 그림 2-40은 항공기의 방향키 페달을 보여준다. 방향키 페달의 좌측이나 우측 페달을 밀면, 케이블에 의해 방향키가 움직인다. 지상에서 방향키 페달을 작동하면, 방향키 페달에 연결된 조향장치(steering system) 푸시로드(push rod)로 조향장치를 움직일 수 있다. 방향키 페달의 윗부분을 누르면 제동장치를 작동시키는 역할도 한다.

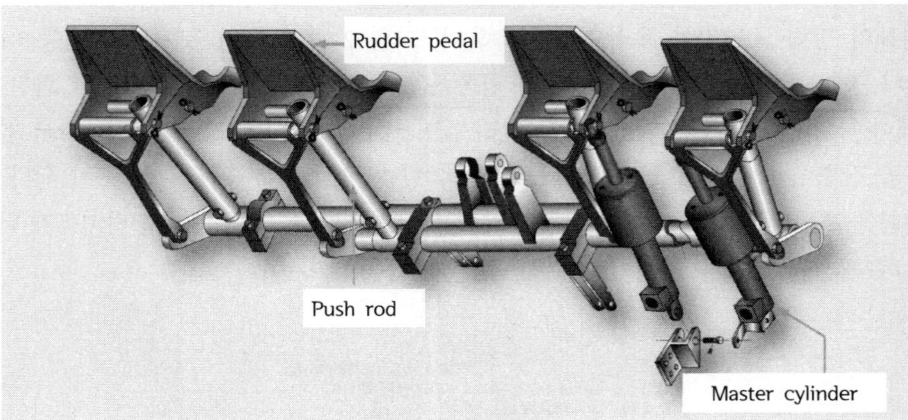

그림 2-40　방향키 페달

(3) 푸시풀 로드(Push-pull rod)

푸시풀로드는 그림 2-41과 같이 직선방향으로 힘을 전달하며, 양 끝단은 길이를 조절할 수 있도록 나사산으로 되어 있고 잠금 너트(check nut)를 사용하여 진동에 의한 풀림을 방지한다. 푸시풀로드는 압축력에 의한 휨과 진동을 방지하기 위하여 길이가 제한된다. 푸시풀로드로 연결된 항공기는 조종면의 떨림이 그대로 조종사에게 전달되어 피로를 누적시키며, 공간을 활용하기 어려운 단점이 있다.

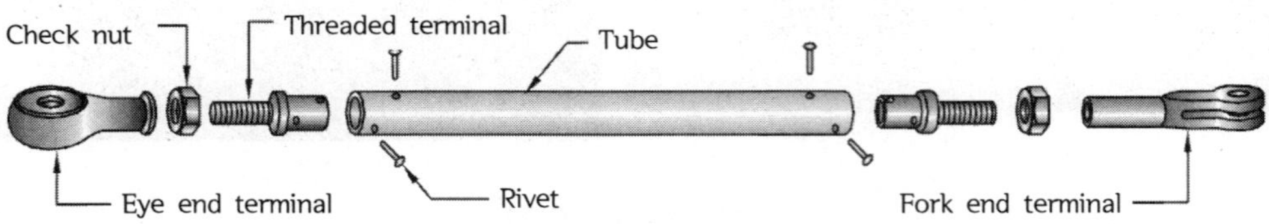

그림 2-41 푸시풀 로드

(4) 조종 케이블(Control cable)

조종 케이블은 푸시 풀 로드로 연결된 조종 계통의 단점을 해소하기 위하여 사용한다. 조종 케이블은 설치 공간과 힘의 전달 방향을 유연하게 선택할 수 있으므로, 대부분의 푸시풀로드 역할을 대행할 수 있다. 조종 케이블은 무게를 줄일 수 있는 장점이 있으나, 동체의 압축, 팽창력과 온도 변화에 따르는 장력의 변화를 고려하여야 한다.

(5) 턴버클(Turnbuckle)

케이블의 장력을 조절할 목적으로 사용하며, 그림 2-42에 보인 것처럼 케이블 터미널과 연결된다. 턴버클의 한쪽은 왼나사, 다른 한쪽은 오른 나사로 되어 있어 배럴의 회전 방향에 따라 케이블 단자가 턴버클 배럴 안으로 딸려 들어가거나 배럴 밖으로 밀려 나가도록 함으로서 케이블의 장력이 증가하거나 감소한다. 배럴의 원주 방향으로 홈이 파인 곳이 왼나사이다.

턴버클을 조종 케이블에 체결한 경우는 케이블 장력을 맞춘 다음 반드시 턴버클과 터미널이 풀려 느슨해지지 않도록 풀림방지 안전 결선 작업을 해야 한다.

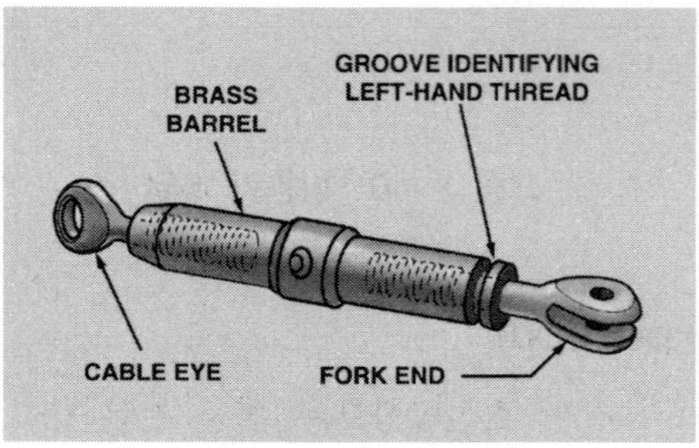

그림 2-42 턴버클

(6) 케이블 가이드(Cable guide)

케이블 가이드는 조종 케이블이 기체의 구조물을 관통하는 곳이나 케이블 방향을 바꾸기 위하여 장착한다. 대표적인 것으로 그림 2-43과 같이 페어리드(fairlead), 에어씰(air seal), 풀리(pulley)가 있다.

① **풀리(Pully)**

케이블을 유도하고 케이블의 방향을 바꾸는데 사용하는 것으로 케이블의 걸림이나 온도변화에 따른 케이블 길이의 변화로 케이블이 느슨해져 풀리에서 벗어나는 것을 막기 위해 케이블 가드 핀(cable guard pin)을 설치하기도 한다.

② **에어씰(Air seal)**

기체구조의 여압 부위를 관통하는 격벽에 장착하여 압력이 빠져 나가지 않도록 하는 것으로 압력 씰(pressure seal)이라고도 한다. 에어씰은 압력의 감소는 막지만 케이블의 움직임을 방해하지 않을 정도의 기밀성이 있는 씰이 사용된다.

③ **페어리드(Fairlead)**

케이블과 구조와의 접촉으로 인한 부품의 손상을 막아주고, 케이블의 마찰력을 최소화하기 위해 사용한다. 페어리드가 설치된 곳에서는 3°이내의 범위에서 케이블의 방향을 바꿀 수 있다.

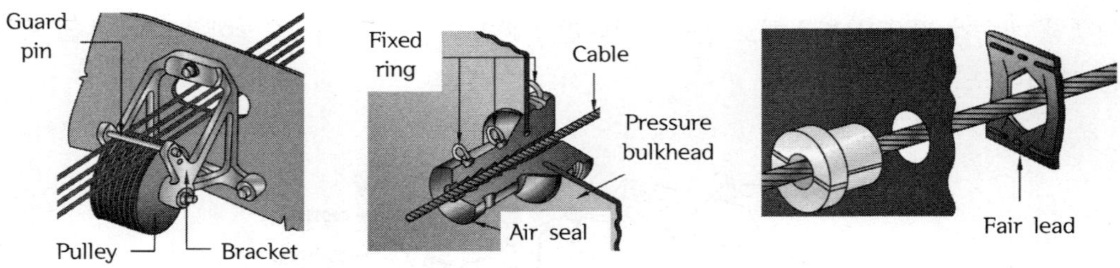

풀리 에어 실 페어리드

그림 2-43 케이블 가이드

(7) 쿼드란트(Quadrant)

그림 2-44는 쿼드란트와 토크튜브를 사용하여 케이블의 조종력을 푸시풀 로드로 전달하고 있다. 그림에서 쿼드란트는 조종 케이블의 직선운동을 토크 튜브의 회전운동으로 변환시킨다.

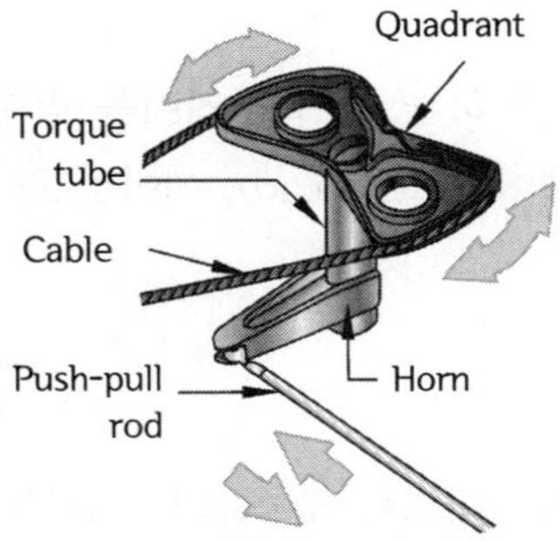

그림 2-44 쿼드란트와 토크튜브

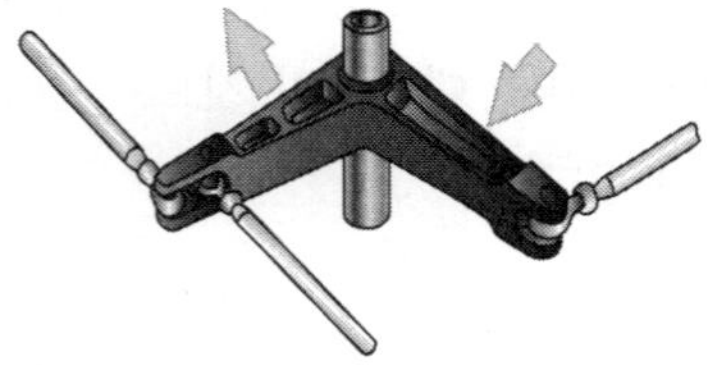

그림 2-45 벨크랭크

(8) 벨 크랭크(Bell crank)

그림 2-45와 같이 힘의 방향 (운동방향)을 전환하여 전달하는데 사용된다.

(9) 케이블 장력조절기(Cable tension regulator)

온도가 변함에 따라 기체구조를 이루는 알루미늄 합금의 열팽창과 케이블을 구성하는 강선의 열팽창의 차이로 인해 지상이나 하절기 같이 온도가 증가하는 경우에는 케이블의 장력이 증가하고 동절기나 고공에서처럼 온도가 감소하는 경우 장력이 줄어드는 현상을 방지하여 항상 일정한 케이블 장력이 유지되도록 조종케이블 계통에 설치한다. 이해를 돕기 위해 다시 설명하기로 한다. 주위 온도가 상승하게 되면 금속은 열팽창으로 길이가 증가하게 된다. 이때 보통 알루미늄으로 제작된 항공기 기체의 늘어난 길이가 강선으로 만들어진 케이블의 늘어난 길이보다 커지게 되어 결국 케이블의 장력이 증가하게 된다. 만일, 기체의 소재가 케이블보다 열팽창 계수가 작은 복합소재로 만들어졌다면 기체보다 케이블이 더 많이 늘어나므로 케이블은 장력이 느슨해질 것이다.

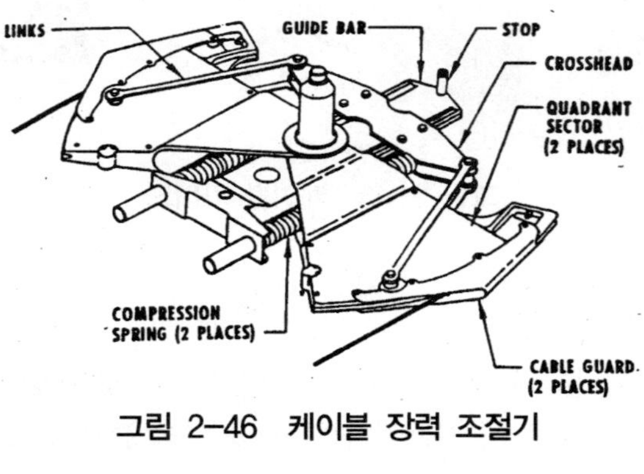

그림 2-46 케이블 장력 조절기

그림 2-46에서 케이블의 장력이 느슨해지면 압축 스프링(compression spring)에 의해 크로스헤드(cross head)가 밀려나고 가이드 바(guide bar)에 링크로 연결된 쿼드란트가 바깥 쪽으로 밀려나게 되어 장력이 증가한다.

케이블의 장력이 너무 크면 스프링이 수축되면서 쿼드란트가 안쪽으로 이동하며 장력이 감소한다.

(10) 토크 튜브(Torque tube)

파이프 형태의 속이 빈 축으로 케이블 또는 푸시풀 로드의 직선운동을 회전운동으로 변경하여 조종면을 회전시키는 역할을 한다. 그림 2-47과 같이 조종면 힌지 축의 역할을 하며 비틀림(토크)을 받는 튜브 형상이므로 토크 튜브라 부른다.

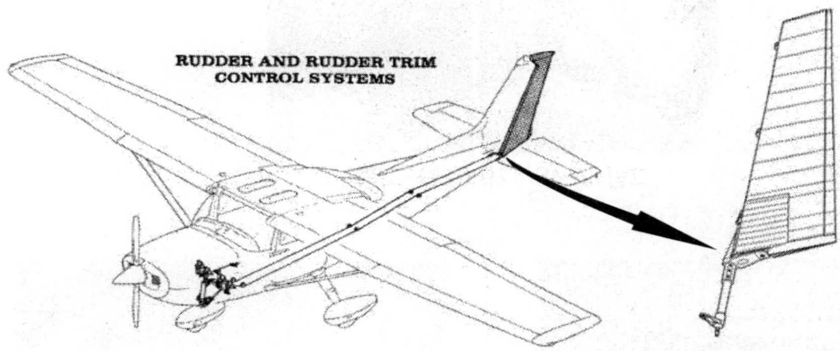

그림 2-47 토크 튜브

2.3.3 거스트락(Gust lock)

거스트락은 지상 계류 중인 항공기가 돌풍으로 인해 조종면이 덜컹거리거나 이로 인해 파손되지 않도록 하기 위해 설치한다. 소형항공기의 경우 그림 2-48, 그림 2-49처럼 조종간이나 방향타, 페달을 고정하여 조종면이 움직이지 않도록 조치를 한다. 중/대형 항공기의 경우 조종면을 직접 락(lock) 기구로 고정하거나 적당한 곳을 움직이지 않도록 고정한다. 유압으로 작동되는 조종면의 경우 유압실린더가 댐퍼의 역할을 하므로 거스트락이 반드시 필요한 것은 아니다.

그림 2-48 거스트락-조종실

거스트락-방향타

거스트락-승강타

그림 2-49 거스트락-조종면

2.4 조종면의 균형

조종면은 힌지를 중심으로 회전하도록 되어 있고 힌지 축의 위치가 조종면의 탄성축보다 전방에 위치하므로 조종면은 자연스럽게 힌지 후방이 전방보다 무겁게 된다. 이런 상태에서는 조종간이 중립 상태일 때, 조종면이 뒤로 기울어지려 한다. 원활한 비행을 유지하기 위해서는 조종면이 균형이 잡혀 있어야 하는데, 지상에서 정지해 있는 상태에서의 균형을 정적 균형, 비행 중인 상태에서의 균형을 동적 균형이라 한다.

조종간이 중립 상태에서 비행하는 동안 조종면이 중립 위치에 있지 못한 경우 비행이 안정되지 못하고, 심한 경우 플러터(flutter)와 같은 이상 진동현상이 발생하기도 한다.

2.4.1 정적 평형(Static balance)

지상에 정지하고 있는 상태에서 조종면이 외부에서 어떤 힘도 받지 않고 조종면 자체 무게만으로 그림 2-50과 같이 조종면이 힌지를 중심으로 수평 상태일 때 평형상태(balance condition)에 있다고 한다.

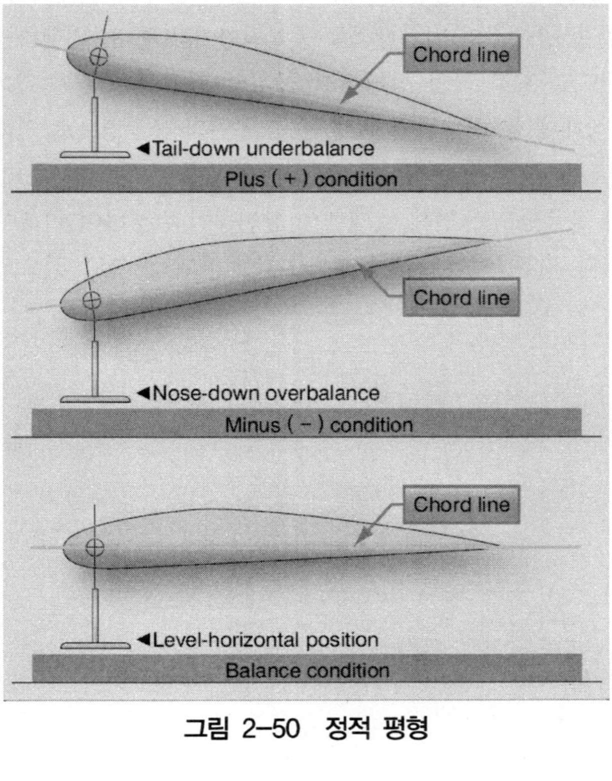

그림 2-50 정적 평형

조종면이 힌지를 중심으로 수평면에 대하여 평행이 되어있지 않고 뒤쪽으로 기울어져 있는 불평형 상태인 경우 평형이 되도록 힌지 전방에 평형 무게(mass balance weight)를 설치해서 균형을 맞춘다.

그림과 같이 정적 평형 상태를 벗어나는 경우, 과소평형(under balance)이나 과대평형(over balance) 상태가 된다. 과소 평형 상태는 평형을 맞추기 위해 추가하는 평형무게가 부족해 조종면 뒤쪽이 무거워 조종면 뒷전이 아래로 처진 상태를 말한다. 이러한 상태를 어떤 제작회사에서는 플러스(+)의 부호로 표시하기도 한다. 이와 반대로 힌지 전방에 추가되는 평형무게가 너무 과하여 힌지 전방이 무거운 상태가 되어 뒷전이 위로 들려지는 상태를 과대평형이라 하고, 제작사에 따라서는 이 상태를 마이너스(-)의 부호로 표시하기도 한다.

효율적인 비행을 위해 조종면은 약간 과대평형 상태로 유지되는 것이 좋다.

사용 도중 조종면을 수리하는 경우 대부분의 수리는 힌지 중심선의 뒤쪽인 경우가 많으므로 수리가 완료되면 힌지 후방의 무게가 증가하여 조종면 뒷전이 내려가는 상태가 되므로 힌지 중심선의 전방에 평형무게를 추가하게 된다.

2.4.2 동적 평형(Dynamic balance)

물체에 작용하는 모든 힘들이 평형을 이루게 되면 그 물체는 원래의 운동 상태를 유지하게 되는데, 이와 같이 운동 중에서의 평형상태를 동적평형이라 한다. 비행하는 상태에서는 조종면에 공기력이 작용하므로 정적 균형 상태에서 공기력에 의한 균형을 추가로 고려하게 된다.

조종면이 불균형 상태에 놓이면 중립 비행 중 조종면의 불평형으로 인해 움직이며 조종면이 중립상태에서 벗어나게 된다. 조종면이 움직이면서 조종면의 질량에 의한 관성력이 추가로 결부되었을 때, 동적 불균형으로 인해 날개에 이상진동이 발생하여 비행이 어려워지기도 하고 심각한 경우 플러터와 같은 이상 진동으로 기체가 파괴될 수도 있으므로 유의해야 한다.

3 착륙 계통

착륙장치는 지상에서 항공기를 지지하고, 활주 중 방향전환 및 속도 감소를 위한 제동 기능을 제공한다. 또한 착륙 중에 발생하는 충격하중을 완화시켜 기체가 받는 충격을 완화시켜 주고 진동을 흡수해준다. 이러한 착륙장치는 비행 중에는 불필요하고 항력만 증가시키므로 기체 안에 접어들이거나 소형기의 경우 그림 3-2와 같이 유선형 덮개를 씌워 항력을 줄이기도 한다.

그림 3-1 착륙장치-보잉 737

그림 3-2 착륙장치-세스나

3.1 착륙장치의 종류

3.1.1 사용처에 따른 분류

(1) 육상용

가장 일반적인 형태의 착륙장치로 바퀴가 장착되어 육상에서의 이동이 용이하도록 되어 있다.

(2) 수상용

그림 3-3과 같이 물 위에 뜰 수 있도록 부력을 발생시키는 플로트(float)가 장착된 형태의 착륙장치를 말한다.

그림 3-3 수상용 착륙장치

(3) 설상용

그림 3-4와 같이 눈 위에서 이착륙이 가능한 스키 형태로 만들어진 착륙장치를 말한다.

그림 3-4 설상용 착륙장치

3.1.2 타이어 수에 따른 분류

그림 3-5에 보인 것처럼 착륙장치에 장착된 타이어 수량에 따라 단일식, 이중식, 보기식으로 구분할 수 있다.

(1) 단일식(single type)

완충장치에 바퀴가 1개만 연결된 형태로 충격하중이 적은 소형 항공기에 적용된다.

(2) 이중식(dual type)

하나의 완충장치에 바퀴 2개가 결합된 형식으로 대형 여객기의 전방착륙장치에 적용된다.

(3) 보기식(Bogie)

하나의 완충장치에 바퀴가 4개 이상으로 1개조가 되어 결합된 형식으로 대형 여객기의 주 착륙장치에 적용되며 트럭식(truck type)이라고도 한다.

착륙장치-단일식

착륙장치-이중식

착륙장치-보기식

그림 3-5 타이어 수에 따른 착륙장치 분류

3.1.3 조향바퀴(Steering wheel) 장착 위치에 따른 분류

조향장치(steering system)란 지상 활주 중 항공기의 진행방향을 바꾸기 위하여 사용하는 장치를 말하는데 조향바퀴가 앞바퀴인 경우와 뒷바퀴인 경우로 나누어 생각할 수 있다. 그림 3-6에서 전방 착륙장치와 주 착륙장치로 구성된 항공기의 경우 전방 착륙장치로 주행 방향을 조절하는 앞바퀴형 착륙장치라 말하고, 주 착륙장치와 후방 착륙장치로 구성되어 후방 착륙장치로 방향을 조절하는 것을 뒷바퀴형 착륙장치라 한다.

그림 3-6 착륙장치-조향장치의 위치

조향장치의 구동 방법은 기계식과 유압식이 있다. 기계식은 주로 소형기에 사용되며, 방향키의 페달을 밟으면 페달과 연결된 링크기구를 통해 힘이 전달되어 바퀴가 좌우로 방향이 바뀌는 방식이다. 유압식은 주로 대형기에 사용되는 방식으로 유압으로 조향작동 실린더가 작동됨으로써 바퀴의 방향을 전환할 수 있다.

(1) 앞바퀴 형 (Nose Gear Type. Tri-cycle Gear)

앞바퀴를 움직여 진행 방향을 변경할 수 있는 형태로 앞바퀴식 착륙장치는 기체의 무게중심이 주 착륙장치(main landing gear, MLG) 전방에 위치하고 동체 후방이 들려 있는 형태로 다음과 같은 장점이 있다.

i) 이륙 시 저항이 적고 착륙 성능이 좋으며, 지상 활주 시 항공기의 자세가 수평이므로 조종사의 시계가 넓다.

ii) 앞바퀴가 동체 앞부분을 받쳐 주므로 브레이크를 밟을 때 항공기가 앞으로 기울어져서 프로펠러 등을 손상시킬 염려가 없다.

iii) 터보 제트기인 경우 배기가스의 배출을 용이하게 한다.

iv) 무게중심이 주 착륙장치 앞에 있어 지상 전복(ground loop)의 위험이 적다. 그림 3-7에서 보는 것처럼 활주 중 브레이크를 밟으면 주 착륙장치에 제동력이 걸린다. 주 착륙장치에서 발생하는 제동력은 후방으로 작용하고 감속으로 인한 기체의 관성력은 전방을 향하는데 관성력의 합력이 제동력보다 전방에 위치하고 있다. 제동 중 기수의 좌우 방향으로 교란이 발생하더라도 전방으로 향한 관성력과 후방을 향한 제동력이 기체를 다시 직진 방향으로 회복시키므로 안정된 활주를 할 수 있게 된다.

앞 바퀴식의 경우 조향장치는 보통 앞바퀴에만 설치되는데, 보잉 747 항공기는 너무 길어 지상에서 특정한 회전각도 이상으로 회전할 때에는 동체에 부착된 착륙장치가 회전하도록 되어 있다.

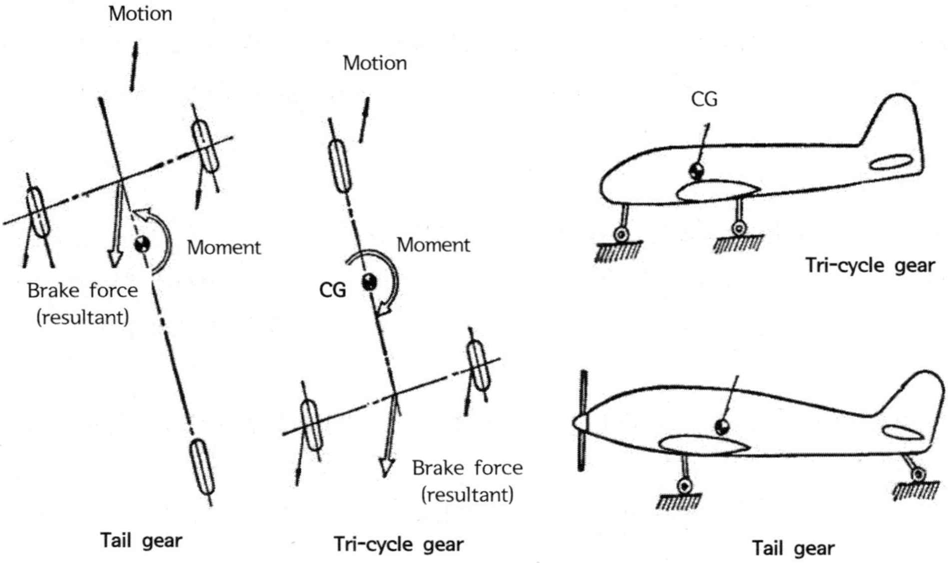

그림 3-7 지상전복(Ground loop)

(2) 뒷바퀴형(Tail Gear Type)

뒷바퀴를 움직여 진행 방향을 변경할 수 있는 형태로 뒷바퀴식 착륙장치는 기체의 무게중심이 주 착륙장치 후방에 위치하고 동체 전방이 들려 있는 형태로 다음과 같은 특성이 있다.

i) 앞바퀴식보다 구조가 간단하며 유지비가 적게 든다.

ii) 강력한 제동 시 관성력으로 기수가 내려가면서 전방 프로펠러가 지면에 닿아 손상을 받을 위험성이 있고, 지상전복이 발생할 수 있다. 활주 중 제동력은 주 착륙장치에서 기체 후방으로 발생하고 속도가 감소하는 동안 기체중량에 의한 관성력은 기체중심에서 앞쪽으로 작용하게 된다. 그림 3-7에서처럼 제동력이 기체의 관성력보다 앞쪽에 위치한 상태에서 뒤로 작용하고, 기체의 관성력은 후방에서 전방으로 작용하게 된다. 활주 중 교란으로 인해 기수의 방향이 조금 틀어지면 제동력과 관성력이 기수의 방향이 더욱 틀어지는 방향으로 모멘트를 발생시켜 기수가 더 틀어지면서 전복하게 된다.

3.2 착륙장치의 구성

주 착륙 장치의 구조는 그림 3-8과 같이 일반적으로 대형 항공기의 경우에는 완충 스트럿(shock absorber strut, 버팀대)과 항력 스트럿(drag strut), 사이드 스트럿(side strut), 접개들이

기구 어셈블리, 작동 실린더, 제동장치, 바퀴 및 타이어, 그 밖의 보조 장치들로 구성되어 있다.

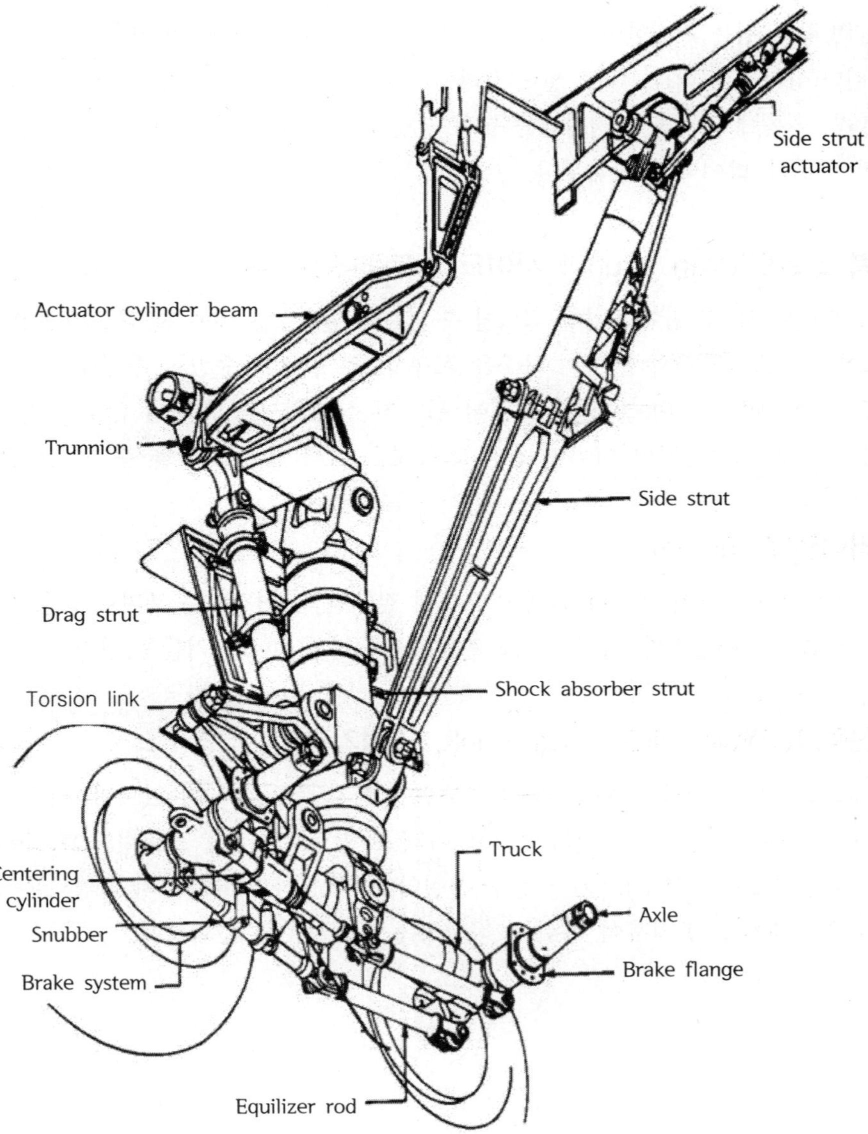

그림 3-8 착륙장치 구조

3.2.1 구성 부품

(1) 완충 스트럿(Shock absorber strut)

완충 스트럿은 공기와 작동유의 완충작용으로 충격을 흡수하는 장치로 기체의 무게로 발생하는 수직방향의 힘을 지지한다. 착륙 시 충격을 흡수할 수 있도록 실린더 구조로 되어 있고, 외부 실린더(상부 실린더)와 내부 실린더(하부 실린더, 피스톤)는 토션링크로 연결되어 있다. 상부 실린더 위쪽에 위치한 트러니언을 통해 기체와 결합되고, 하부 실린더(피스톤)가 차축에 연결되어 바퀴와 타이어가 장착된다.

(2) 항력 스트럿(Drag strut)과 사이드 스트럿(Side strut)

항력 스트럿은 전, 후 방향 하중을 감당할 수 있도록 완충 스트럿에 전, 후 방향으로 결합되어 있다. 사이드 스트럿은 좌우 방향의 하중을 효과적으로 감당할 수 있도록 완충 스트럿에 측면 방향으로 결합되어 있으며, 완충 스트럿이 펼쳐진 상태에서는 접히지 않도록 잠금 역할을 하고, 접힐 경우는 관절처럼 꺾이며 완충 스트럿을 기체 안으로 넣을 수 있도록 도와준다.

(3) 트러니언(Trunnion)

트러니언은 착륙장치가 동체나 날개 구조물에 결합될 때 연결되는 부위로 양끝이 베어링으로 되어 있고, 착륙 장치가 접혀지거나 펼쳐질 때 피봇(pivot) 역할을 한다.

(4) 토션링크(Torsion link, torque link, 관절기구)

토션 링크는 그림 3-9와 같이 중앙 연결 부위가 힌지 축으로 되어 있으며, 위 토션 링크는 완충 스트럿의 외부 실린더에 체결되어 있고, 아래 토션 링크는 완충 스트럿의 피스톤과 연결되어 있다. 토션링크는 하부 피스톤이 상부 실런더로 부터 과도하게 빠지지 않도록 잡아주고, 피스톤의 좌우회전을 방지하여 바퀴가 직진성을 유지하도록 도와준다.

그림 3-9 토션링크

(5) 트럭(Truck)

완충스트럿 하부에 힌지 형태로 결합된 빔 구조물로 착륙 시 지면에서 전달되어 오는 충격을 흡수하여 완충 스트럿에 전달하며 이륙 후 착륙장치를 접어들일 때 수납공간이 최소화 되도록 한다. 센터링 실린더, 스너버, 제동평형로드 등이 부착되어 있으며 여러 개의 바퀴를 부착할 수 있도록 되어 있다.

(6) 센터링 실린더(Centering cylinder)

착륙장치가 펼쳐진 상태에서 완충 스트럿이 항상 트럭에 대해 수직이 되도록 하는 장치이다.

(7) 제동평형 로드(Equalizer rod)

제동 시에 항공기의 무게가 앞바퀴로 많이 쏠리는 것을 방지하기 위해 하중 일부를 뒷바퀴로 옮겨가도록 함으로써 앞, 뒤 바퀴가 동일한 하중을 받도록 해주는 역할을 한다.

(8) 번지 스프링(Bungee spring)

접개식 착륙장치(retractable type)의 경우 작동실린더의 힘으로 링크(link)를 신장시킬 때 번지 스프링도 링크를 신장시키는 방향으로 작용함으로써 링크가 일직선으로 뻗는 작용을 확실히 한다. 기체가 지상 접지 중 작동 유압력이 없는 경우 링크를 일직선으로 유지시켜줌으로써 착륙장치가 접히는 것을 방지하는 다운락의 기능을 수행한다. 고정식 착륙장치가 부착된 소형항공기에 설치된 번지코드(bungee cord)는 착륙 시 바퀴에서 기체로 전해지는 충격을 완화시켜 준다.

(9) 래치 시스템(Latch system)

착륙장치를 정해진 위치에 안전하게 고정시키는 장치로 업 래치(up latch)는 착륙장치를 접어들인 상태에서 내려가지 않도록 하는 것이고, 다운래치(down latch)는 착륙장치가 펼쳐진 상태에서 고정시켜 접히지 않도록 한 것이다.

3.2.2 완충장치

완충 장치는 착륙 시 항공기의 충격을 흡수 또는 완화하여 항공기 구조물의 손상을 방지하는 역할을 한다.

(1) 완충효율

착륙 시 충격으로 인해 착륙장치는 변형을 일으키게 되는데 이때 충격력과 변형량 사이의 관계가 그림 3-10과 같다고 하였을 때 완충효율은 다음과 같이 구한 값을 사용한다.

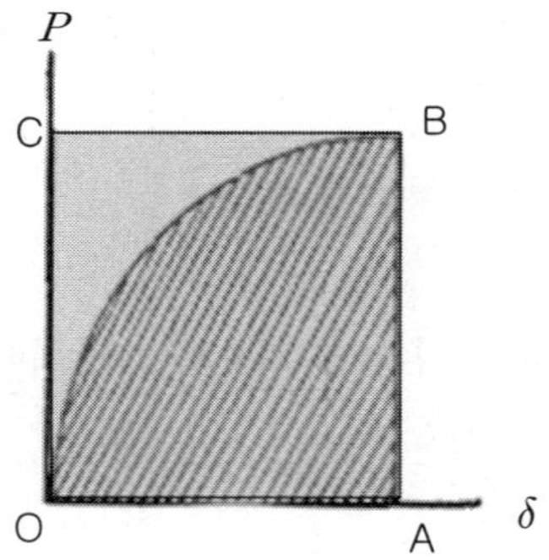

$$\text{완충효율} = \frac{\text{빗금친부분면적}}{\text{사각형 }OABC\text{면적}} \tag{3-1}$$

그림 3-10 완충장치 효율

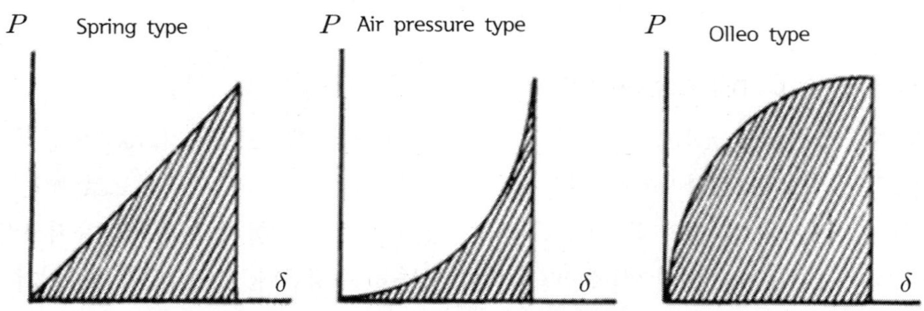

그림 3-11 완충 장치 별 완충 효율

그림 3-11에 완충장치의 종류에 따른 충격력과 변형 사이의 관계를 나타냈다. 스프링식의 경우 50% 정도, 공기 압축식의 경우 50% 미만, 올레오식의 경우 50%를 초과하는 완충효율을 알 수 있다.

(2) 완충장치의 종류

항공기의 규모에 따라 그림 3-12와 같이 여러 가지 완충장치가 있다.

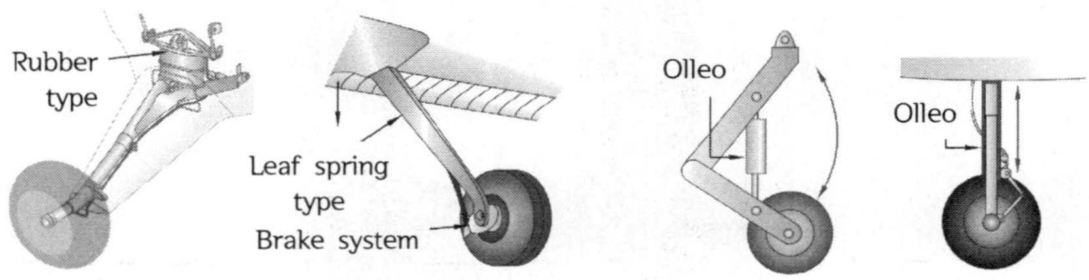

그림 3-12 완충장치의 종류

① 고무 완충 장치

고무의 탄성을 이용한 것으로, 고무를 다리 덮개 안에 설치한다. 고무는 감쇠성은 좋으나, 내구성이 좋지 않아 주기적으로 교환해 주어야 한다. 구조가 간단하며, 주로 경비행기에 사용한다. 일반적으로 완충 효율은 50% 정도다.

② 평판 스프링 완충장치

강철판의 탄성을 이용한 것으로, 충격을 완충시키는 작용은 있으나 감쇠성이 부족해 반동이 크게 작용하므로 댐퍼(damper)를 같이 사용하고 있다. 주로 경비행기에 사용하고 있다. 완충효율은 50% 이다.

③ 공기 압축식

공기의 압축성을 이용한 장치로 완충효율이 45%이다. 다소의 감쇠성은 있으나 스프링식과 거의 유사한 특성을 가진다. 공기의 누설을 막기가 어렵고 공기의 압축비가 적고, 기온 및 비행기의 무게에 따라 완충장치의 길이가 현저하게 변화하는 결점이 있다.

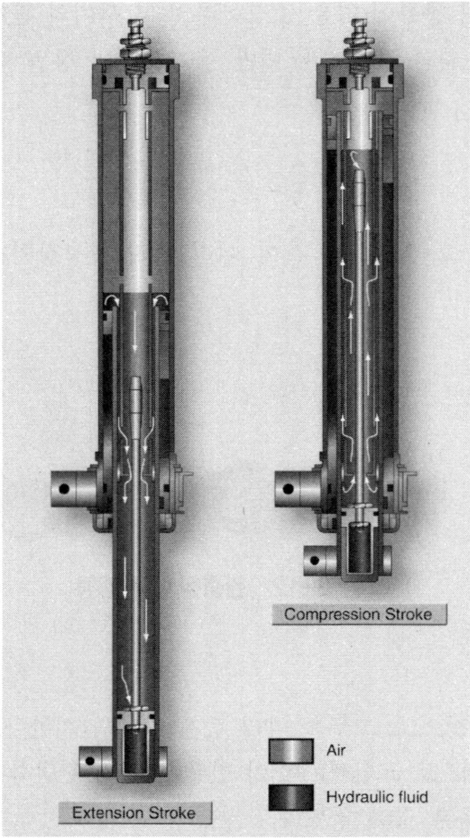

그림 3-13 올레오식 완충장치의 작동

④ **올레오식 완충장치**

올레오 완충 장치는 그림 3-13과 같으며, 항공기가 착륙 시 받는 충격으로 공기가 수축되는 동안 충격에너지가 유체의 운동 에너지로 변환되고 오리피스를 통과하면서 소실됨으로서 충격을 완화시키는 방식으로 완충효율이 70~80%로 효율적이어서 현대 항공기 대부분에 채택되고 있다.

(3) 올레오식 완충장치의 작동 원리

① **구조**

그림 3-14와 같이 상부의 바깥쪽 실린더와 하부의 피스톤(안쪽 실린더)이 결합된 상태로 구성되어 있다. 실린더 상부에는 질소 압축공기가 채워져 있고 하부는 작동유로 채워져 있다.

실린더 내부에 오리피스가 있고 유체가 오리피스를 통해 이동할 수 있도록 되어 있으며, 미터링 핀이 오리피스를 관통하도록 설치되어 있다. 미터링 핀은 테이퍼 진 형태로 위치마다 단면적이 변화되도록 제작되어 있어 오리피스를 통과하는 동안 오리피스와 미터링 사이의 틈을 조절함으로서 오리피스를 통과하는 유량을 조절할 수 있다. 착륙 초기 충격 시에는 공기가 빠르게 수축하므로 안쪽 실린더가 빠르게 이동할 수 있도록 하고 점차 속도가 감소되도록 미터링 핀의 단면이 변화되어 있다.

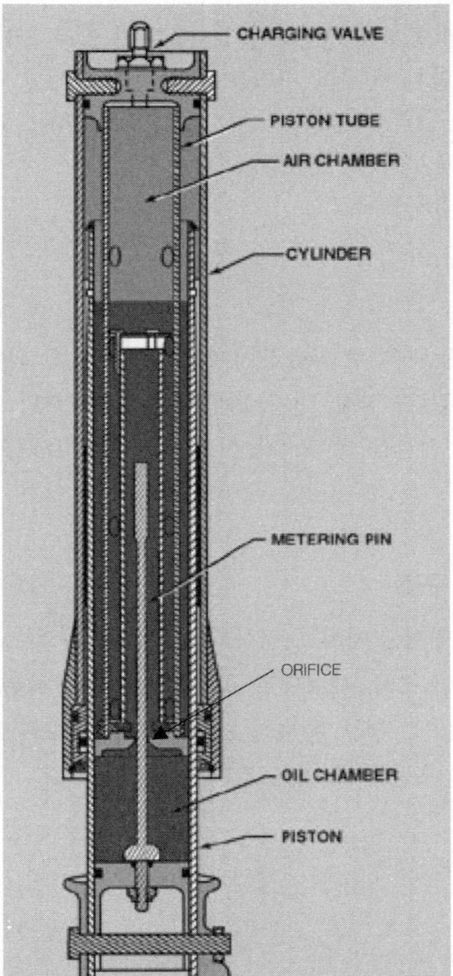

그림 3-14 올레오식 완충장치

② **작동원리**

i) 항공기 착륙 시 실린더 아래 부분으로부터 충격하중이 전달되어 상부 압축 공기가 수축되면서 피스톤이 상부 실린더 안으로 밀려 올라가는 동안 작동유는 미터링 핀에 의해 형성되는 오리피스를 통과하여 위 챔버로 밀려들어가게 된다.

ii) 유체가 오리피스를 통과하면서 유체의 마찰에 의해 에너지가 소실되면서 충격 에너지가 감소된다.

iii) 충분히 압축된 후 압축된 공기가 팽창하면서 피스톤이 밀려나가는 동안 작동유가 오리피스를 통과해 밀려 내려가면서 유체의 마찰로 에너지가 추가로 감소한다.

iv) 위 과정을 반복하면서 충격에너지는 모두 없어지게 된다.

v) 항공기가 지상 활주할 때, 활주로 노면의 굴곡으로 인한 미세한 진동은 위쪽에 들어있는 공기의 압축성에 의해 흡수된다.

3.2.3 제동장치

활주 중 감속을 위한 제동력은 주 착륙장치에서 발생하도록 되어 있다. 주 바퀴의 회전을 제동하는 것으로 항공기의 감속, 정지, 대기, 방향전환에 사용한다. 브레이크는 주 착륙장치의 바퀴에 장착되고 브레이크 페달을 밟아 작동시키거나 오토 브레이크 제어장치에 의해 자동 작동되는 것도 있다.

(1) 브레이크의 종류와 구조

브레이크의 종류는 구조 형식에 따라 드럼식, 팽창 튜브식과 디스크식으로 나뉘며, 디스크식은 싱글 디스크식, 멀티 디스크식, 세그먼트 로터식으로 세분화된다. 제동력이 작아도 되는 소형 항공기에는 주로 드럼식, 팽창 튜브식 또는 싱글 디스크 브레이크가 사용되고, 대형 항공기에는 멀티 디스크식 또는 세그먼트 로터식이 사용된다.

① **드럼 브레이크(Drum brake or Shoe brake)**

슈 브레이크라고도 하며 그림 3-15와 같이 휠의 안쪽에 드럼을 장착하고 슈를 드럼 쪽으로 팽창시켜 제동력을 얻는다. 제동력이 적은 소형 항공기에 적용된다.

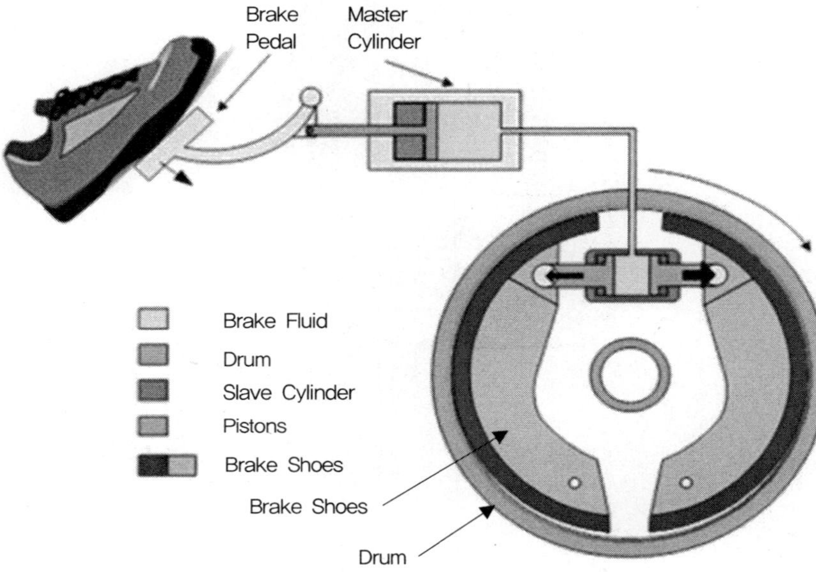

그림 3-15 드럼 브레이크

② **팽창 튜브 브레이크**

1930~1950년대에 널리 사용되던 것으로 그림 3-16과 같이 제동 시 팽창튜브(expander tube)가 팽창하면서 브레이크 블록(brake block)을 밀어내 바퀴의 드럼에 접촉하며 마찰력이 발생하면서 제동력을 얻는 방식이다. 디스크식 제동장치를 더 선호하면서 지금은 거의 사용되지 않는다.

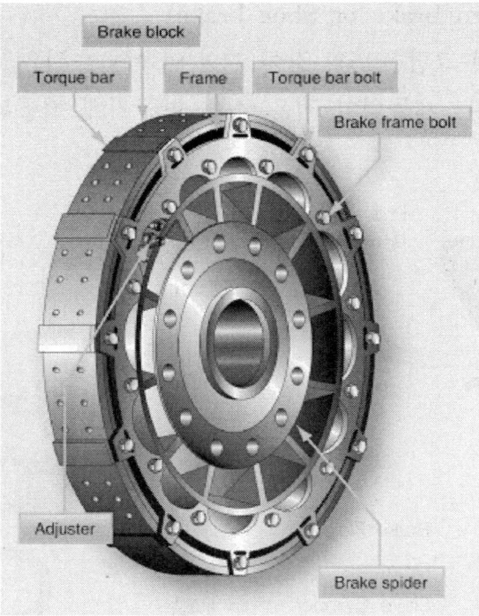

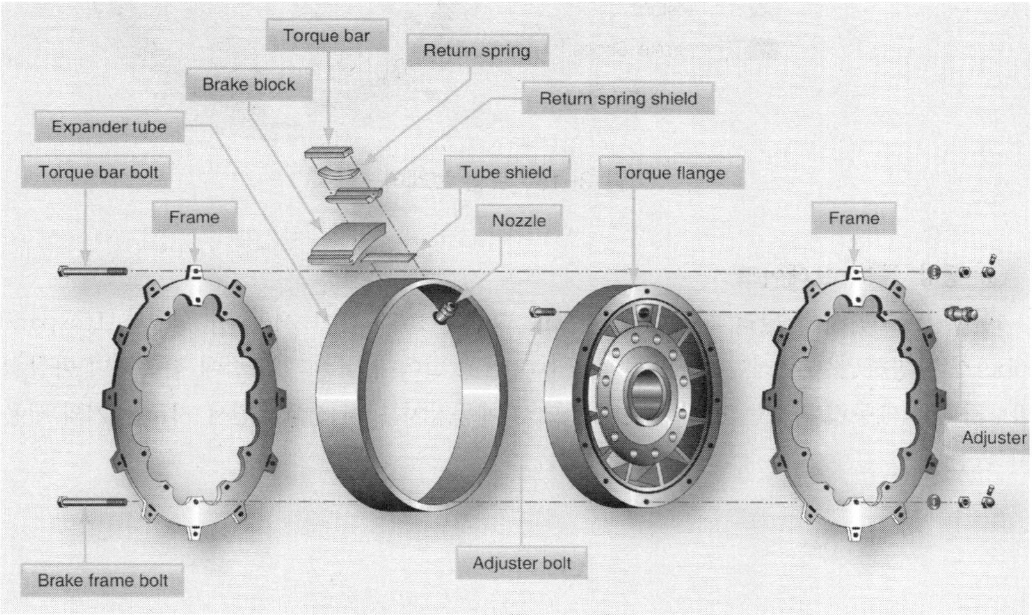

그림 3-16 팽창 튜브 브레이크

③ **싱글 디스크 브레이크**(Single disk brake)

그림 3-17에 보인 싱글 디스크 브레이크는 소형 항공기에 가장 많이 사용되는 브레이크로서 바퀴와 함께 회전하는 로터 디스크(rotor disk)의 양 쪽에 있던 라이닝이 브레이크 유압에 의하여 디스크에 접촉하면서 로터 디스크와 라이닝 간의 마찰력으로 제동이 된다. 브레이크의 구조를 살펴보면 그림 3-18과 같은 데 바퀴에 부착되어 회전하는 브레이크 디스크가 정지 상태로 있는 두 개의 라이닝이 부착된 플레이트 사이에 위치하고 있다. 브레이크 페달을 밟으면 압력이 증가하고 정지상태의 라이닝이 회전하는 디스크에 접촉되면서 마찰 제동력이 발생하게 된다.

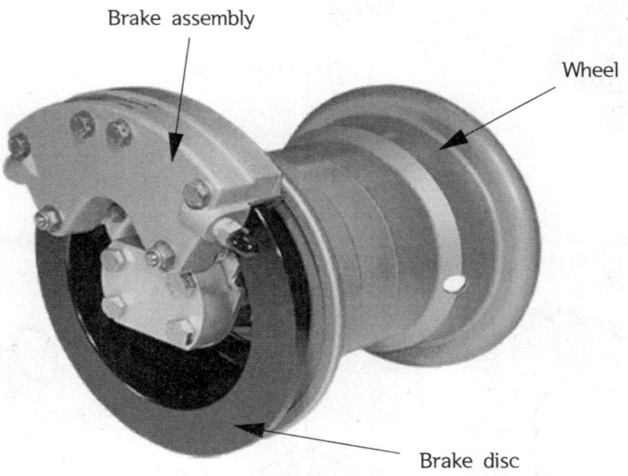

그림 3-17　싱글 디스크 브레이크

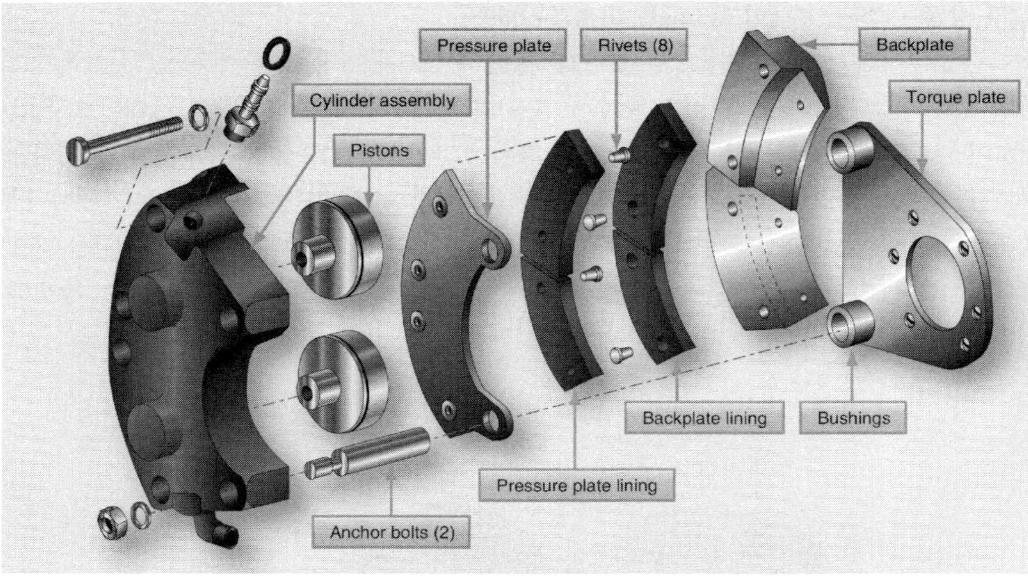

Cleveland brake

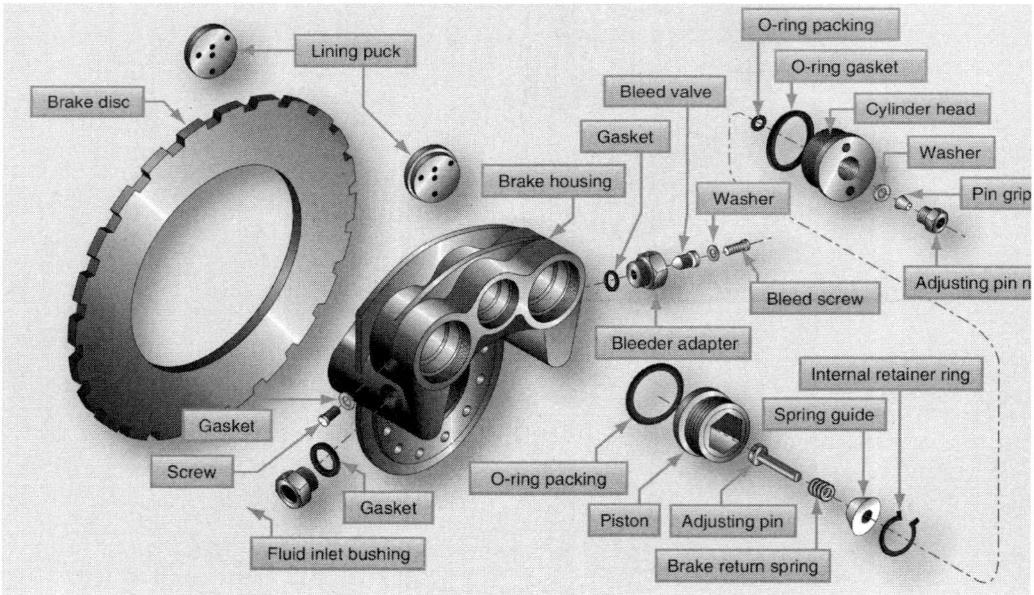

Goodyear brake

그림 3-18 싱글 디스크 브레이크 내부 구조

④ **멀티 디스크 브레이크 (Multi-disk brake)**

멀티디스크 브레이크는 그림 3-19와 같이 매우 큰 제동력이 요구되는 대형 항공기에 사용된다. 그림의 경우 2개의 원판(disk)으로 된 스테이터(stator)가 축에 고정되어 있고, 이들 원판 양쪽에 라이닝 역할을 하는 패드(pad)가 부착되어 있으며, 스테이터 양쪽에는 3개의 로터(rotor)가 바퀴와 함께 회전하도록 되어 있다. 브레이크 페달을 밟게 되면, 실린더를 통해서 작동유가 압력판을 밀게 되므로, 스테이터 양쪽의 패드는 로터와 접촉하면서 발생한 마찰력에 의해서 제동을 해준다.

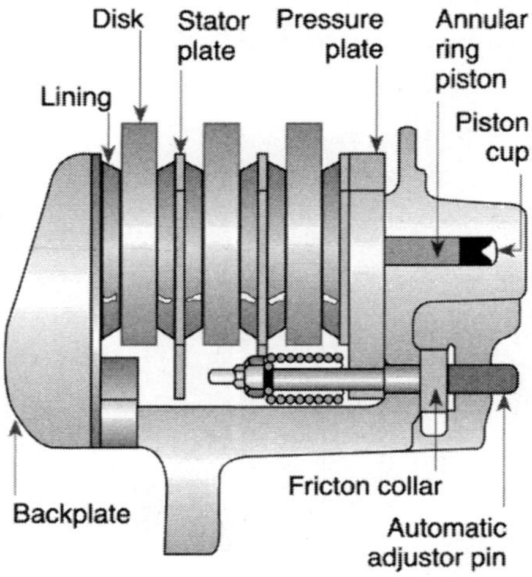

그림 3-19 멀티 디스크 브레이크

⑤ **세그먼트 로터 브레이크(Segment rotor brake)**

그림 3-20에 보인 세그먼트 로터 브레이크는 제동 시 발생하는 열을 효과적으로 발산하기 위해 개발된 것이다. 로터가 여러 개의 조각으로 나뉘어져 있고, 스테이터 둘레에는 여러 개의 마찰형 라이닝 디스크를 가지고 있다.

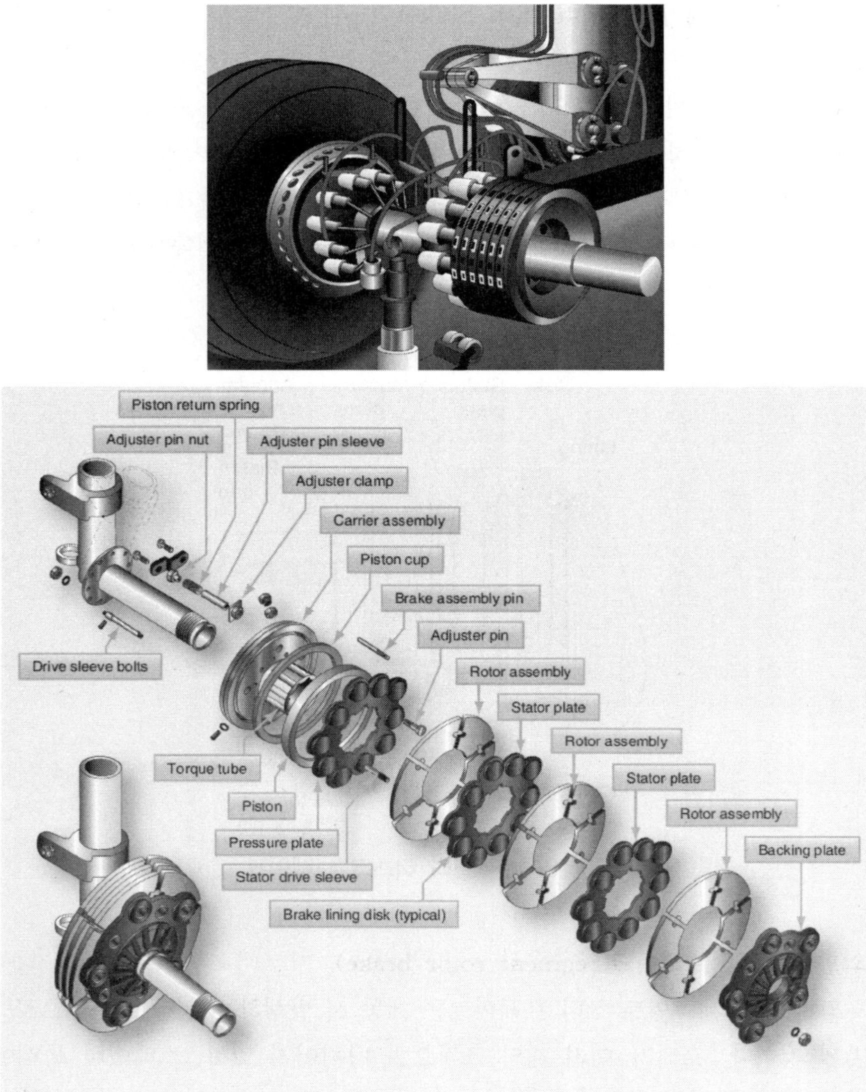

그림 3-20 세그먼트 로터 브레이크

(2) 안티 스키드 시스템(Anti-skid system)

항공기가 착륙, 접지하여, 활주 중에 브레이크를 세게 밟으면 바퀴에 제동이 걸려 바퀴는 회전하지 않고 지면과 마찰을 일으키면서 타이어가 미끄러지는 현상이 나타나는데 이를 스키드(skid) 현상이라 한다. 스키드 현상이 발생하면 타이어가 파열될 수 있으며 제동 성능이 급격히 저하되고 타이어의 일부분만 마모되므로 이를 방지하기 위해 안티 스키드 시스템을 적용한다.

안티 스키드 감지장치는 스키드 현상 발생 여부를 감지하는 역할을 한다. 스키드 현상이 없을 때에는 바퀴가 회전하여 진행한 거리와 비행기 활주속도에 의한 이동거리에 차이가 없다. 스키드가 생기면 바퀴가 회전하여 진행한 거리와 비행기 활주속도에 의한 이동거리에 차이가 발생하는데, 바퀴의 회전 속도가 안티스키드 감지장치에 규정된 회전 속도보다 작아지므로 서로 차이가 생기게 된다. 이때 회전수 차이를 감지하여 안티스키드 제어 밸브로 하여금 브레이크 계통으로 들어가는 작동유의 압력을 감소시키고, 제동력을 감소시켜 바퀴의 회전속도를 증가시킴으로서 스키드 현상을 방지할 수 있다.
안티 스키드 시스템이 갖추어야 하는 기능은 다음과 같다.

① **노말 스키드 콘트롤**(normal skid control)
바퀴의 회전이 항공기의 진행 속도에 비해 줄어들면 미끄러지는 상태가 되는데, 이러한 경우 스키드 콘트롤 밸브(skid control valve)는 유압을 줄여 제동력을 감소시킴으로써 바퀴의 회전속도를 증가시켜 항공기 속도와 일치시켜 미끄러짐을 방지하도록 하는 역할을 말하며 안티 스키드 시스템이 정상적으로 작동하는 상황을 말한다.

② **락 휠 프로텍션**(locked wheel protection)
바퀴가 제동된 상태에서 미끄러짐이 있을 때, 제동력(brake)이 완전히 풀리도록 하여 바퀴가 미끄러지는 상황에서 빠져 나오도록 하는 것으로 기체 속도가 15~20mph 이하로 떨어질 때는 작동하지 않는다. 얼음판과 같이 마찰력이 작은 상태에서 잘 발생한다. 함께 장착된 여러 개의 바퀴 중에 한 바퀴의 회전속도가 느리면 이 바퀴는 미끄러지는 상태이므로 해당 바퀴의 제동력을 풀어 미끄러짐 상태에서 벗어나도록 하는 것을 말한다.

③ **터치 다운 프로텍션**(touchdown protection)
착륙 접근 중 조종사가 브레이크 페달을 밟더라도 브레이크가 작동하지 못하도록 하는 것으로. 타이어가 활주로에 접지하기 전에 브레이크가 작동하면 접지 시 매우 큰 충격이 바퀴에 가해지는 데, 이것을 피하기 위함이다. 바퀴가 항공기의 전체 하중을 받기 전에 회전할 수 있는 여유를 가지도록 한다.

④ **페일 세이프 프로텍션**(fail safe protection)
페일 세이프 보호회로가 스키드 콘트롤 시스템의 작동을 모니터링하여 시스템이 고장일 때, 자동적으로 브레이크 시스템이 완전 수동으로 작동하도록 하고 경고등을 통해 조종사가 알도록 한다.

3.2.4 조향장치

앞바퀴식 착륙장치의 경우 전방 착륙장치를 사용하여, 활주 중에 항공기의 진행방향을 조절한다.

(1) 조향장치(Steering system)

조향 장치는 지상에서 항공기의 진행 방향을 바꾸기 위하여 사용하는 장치이며, 일반적으로 앞 착륙 장치(nose landing gear)가 담당한다. 소형 항공기는 방향키 페달을 이용하여 앞 착륙 장치에 케이블과 푸시풀로드를 기계적으로 연결하여 조향 역할을 하며, 대부분의 대형 항공기에서는 그림 3-21과 같은 유압 작동기를 이용한 조향 장치로 구성된다. 조향장치는 방향키 페달(rudder pedal)과 스티어링 휠(steering wheel), 스티어링 미터링 밸브(steering metering valve), 스티어링 액튜에이터(steering actuator), 토션 링크(torsion link) 등으로 구성된다.

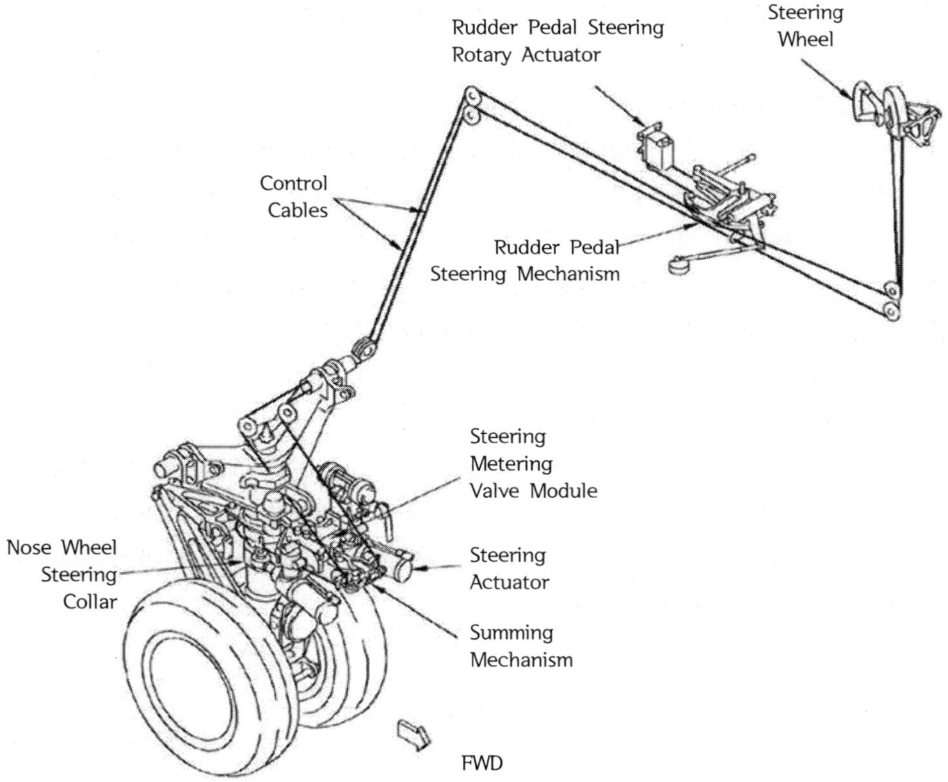

그림 3-21 조향장치

착륙 시 조향장치는 반드시 중립 상태를 유지해야 한다. 착륙장치가 중립위치를 유지하지 않은 상태에서 착륙을 하면 매우 위험한 상황이 발생할 수 있으므로 조향장치를 중립으로 유지시키기 위해 그림과 같은 센터링 캠을 설치한다. 그림 3-22에서 피스톤(내부 실린더)이 외부 실린더 안에서 상하로 움직일 수 있도록 되어 있으며 외부 실린더에 고정된 하부 캠과 피스톤에 장착된 상부 캠은 서로 맞물릴 수 있도록 되어 있다. 두 캠이 맞물려 있을 때는 착륙장치의 중심이 잘 맞는 중립 상태(align)가 되고, 두 캠이 분리되었을 때는 바퀴와 연결된 피스톤이 회전할 수 있도록 되어 있다. 이륙 후 착륙장치를 기체의 착륙장치 수납공간(wheel well)으로 접어들일 때도 착륙장치가 중립 위치에 있도록(align) 하여 착륙장치가 기체와 접촉하지 않도록 해야 한다.

착륙 후 활주 중에는 기체의 무게로 인해 피스톤이 상부 실린더 안으로 밀려 올라가면서 상부 캠과 하부 캠이 분리되어 활주 중 방향을 변경할 수 있다.

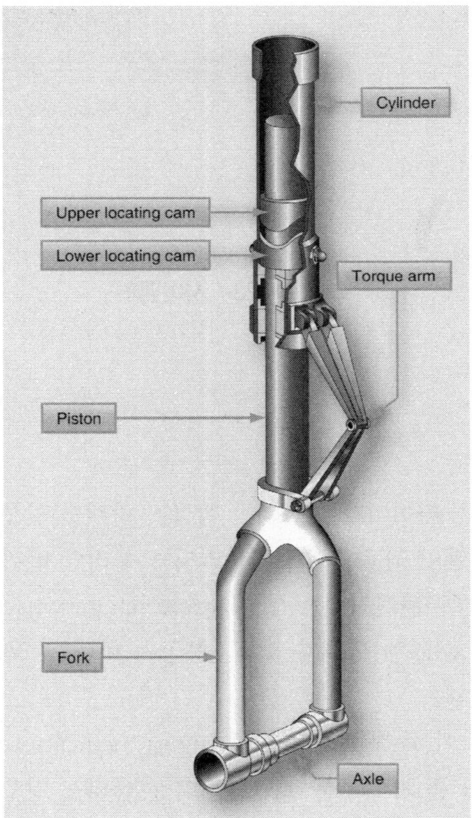

그림 3-22 센터링 캠 – 조향장치의 중립 유지

(2) 시미댐퍼(Shimmy damper)

항공기가 지상 활주 중 타이어의 변형과 바퀴의 진동이 합성되어 나타나는 바퀴의 이상 진동을 시미라 하며 조향 바퀴에서 발생하기 쉽다. 이와 같은 시미 현상을 감쇠시키거나 방지하기 위한 장치가 그림 3-23과 같은 시미 댐퍼로 완충장치에 장착되어 있다. 시미 현상에 의해 앞 착륙장치가 좌우로 진동하면, 댐퍼의 피스톤이 왕복 운동을 하게 되는데, 피스톤이 움직이는 동안 실린더 내의 오리피스(블리드 홀)를 통해 작동유가 강제로 통과되면서 에너지를 소실시키는 방식으로 시미현상을 감쇠시킨다.

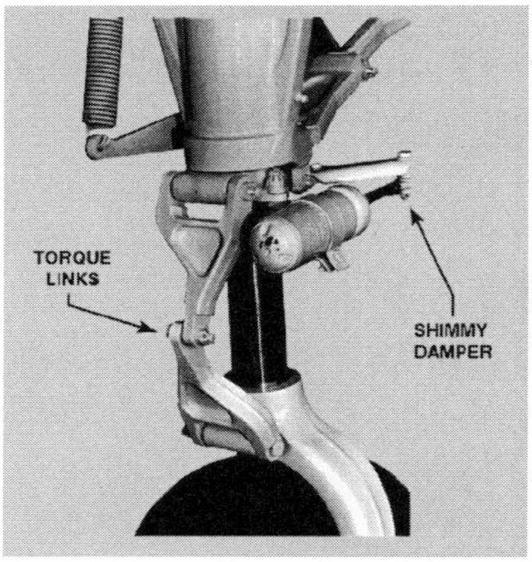

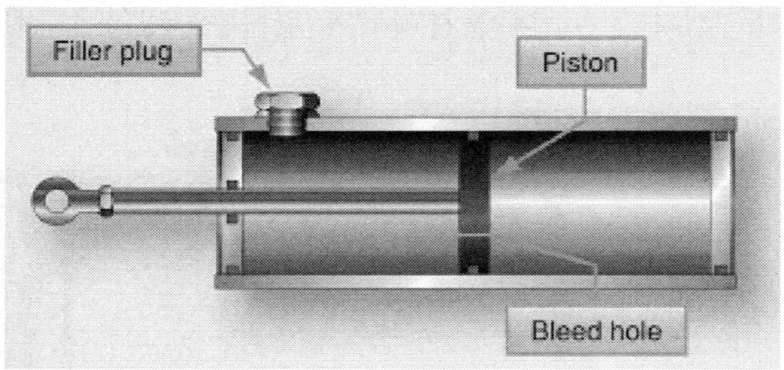

그림 3-23 시미댐퍼

3.2.5 바퀴

(1) 바퀴(Wheel)

착륙 시 충격을 흡수하는 타이어가 장착되는 항공기 바퀴는 알루미늄이나 마그네슘 합금으로 제작되며 그림 3-24와 같이 좌우 두 개로 분리되는 분리형 바퀴(split wheel), 그림 3-25에 보인 것과 같은 장탈 가능한 플랜지 바퀴(removable flange wheel), 그림 3-26과 같은 고정 플랜지 바퀴(fixed flange wheel) 형태가 있다. 항공기 바퀴는 일반적으로 양쪽으로 분리할 수 있는 분리형을 사용한다.

바퀴에는 그림 3-27과 같이 퓨즈 플러그(fuse plug or thermal relief plug)가 장착되어 있는데 타이어가 과팽창하면서 휠 플랜지 부분이 변형되며 손상되는 것을 방지한다. 퓨즈 플러그의 내부 코어는 용융점이 낮은 가용성 재질로 되어 있어, 브레이크를 무리하게 사용하는 경우 타이어 내의 온도 및 압력이 과도하게 상승할 때 퓨즈 플러그(fuse plug)가 녹아 공기 압력을 외부로 방출하여 과팽창으로 타이어가 터지는 것을 방지한다.

그림 3-24 분리형 바퀴

그림 3-25 장탈 가능한 플랜지 바퀴

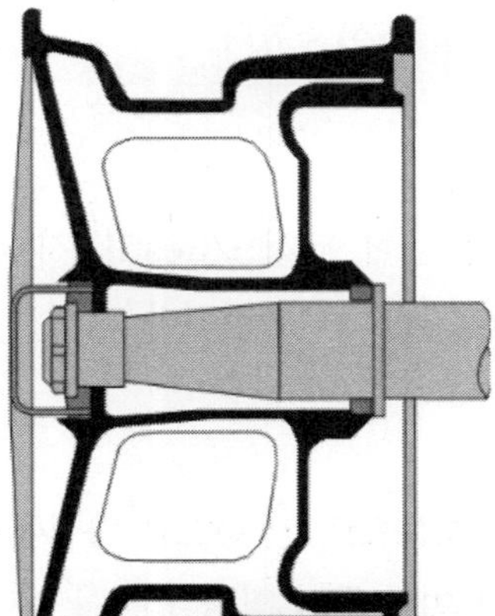

그림 3-26 고정 플랜지 바퀴

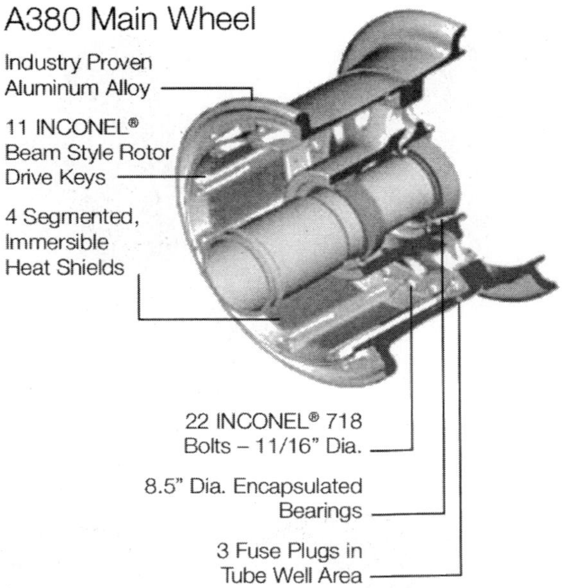

그림 3-27 퓨즈 플러그 - A380

(2) 타이어(Tire)

착륙이나 이륙 시의 충격을 흡수하고 활주 중 제동 및 정지 시 필요한 마찰 작용을 하는 항공기 타이어는 튜브 형식과 튜브리스(tubeless) 형식이 있는데, 대부분의 타이어는 튜브리스형이다.

항공기 타이어는 충격을 흡수하는 능력이 있어야 하므로 탄성이 좋아야 하고, 고속, 큰 하중 및 광범위한 주위 온도의 변화 등에 강해야 하므로 접착성 및 열 발산성이 좋고, 강도가 높은 천연고무 또는 나일론 재료를 사용한다.

① 타이어 구조

항공기 타이어는 그림 3-28과 같이 트레드(tread), 사이드 월(side wall), 코어 보디(core body), 와이어 비드(wire bead) 등으로 구성된다.

i) 트레드(Tread)

타이어 바깥 원주의 합성 고무성분으로 된 층으로 타이어가 마모되는 부분이며, 방향 유지성, 코너링, 제동성을 높이기 위해 여러 무늬 형태의 홈이 있다. 이러한 트레드 홈의 잔여 깊이로 타이어의 마모 정도를 측정한다.

ii) 코어 보디(Core body or Carcass ply)

나일론 섬유에 고무를 입힌 나일론 섬유층으로 여러 겹의 플라이가 겹쳐져 있다. 타이어 형태를 유지하며 내압을 견디는 골격에 해당하는 중요 부분으로 타이어의 강도를 확보하며, 트레드와 접합되는 곳에 브레이커(breaker)를 부착하여 타이어의 강도를 보강해 준다. 와이어 비드와 연결된 부분에 차퍼(chafer)를 부착하여 제동장치로부터 오는 열을 차단한다.

iii) 와이어 비드(Wire Bead)

타이어의 골격으로서 타이어의 강도를 유지하고 타이어를 바퀴에 단단히 고정시킬 수 있는 구조로 코어 보디의 플라이가 와이어비드를 감싸고 있다. 바퀴에 직접 접촉되는 부분으로 양질의 강선이 와이어 비드부의 늘어남을 방지하고 타이어가 바퀴에 밀착되도록 하여 공기가 새어 나가지 못하도록 밀폐작용을 한다.

iv) 차퍼(Chafer)

타이어의 장탈착 시 코어 바디의 손상을 방지해 주고 제동 시 발생하는 열로부터 코어 바디를 보호한다.

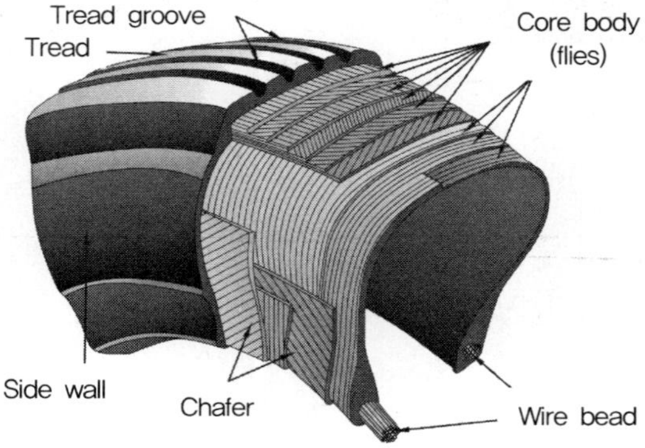

그림 3-28 타이어의 구조

② **타이어 규격 표시**

타이어 내부는 공기보다 안정적인 질소 가스를 주입하며 항공기별로 정비 교범에 정해진 압력을 유지하여야 한다. 타이어의 규격은 여러 형태가 쓰이는데 그림 3-29에 나타낸 것처럼 18×4.25-10으로 표시된 것은 10인치 지름의 바퀴에 장착해야 하는 타이어의 지름이 18인치이고 단면의 폭이 4.25인치임을 나타낸다.

다음과 같이 압력에 따라 분류하여 표시하는 방식을 사용하기도 한다.

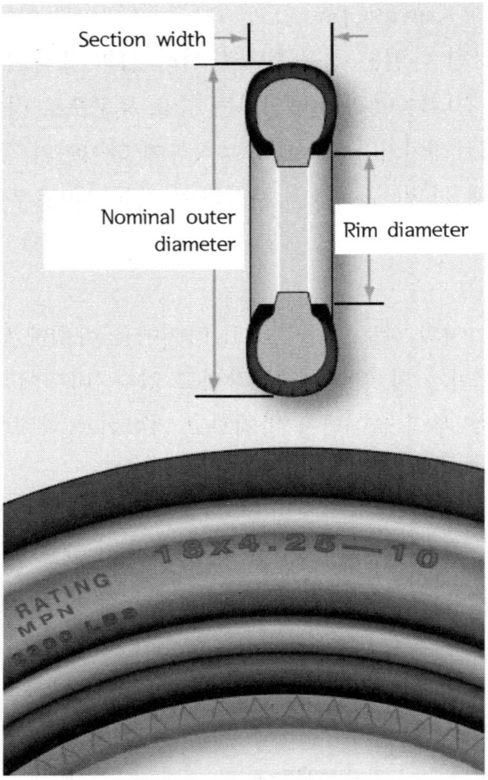

그림 3-29 타이어 규격

i) 저압 타이어

타이어 너비×타이어 안지름, 코어 바디의 층 수

7.00×6, 4 플라이 ; 폭 7인치, 내경 6인치, 4 플라이

ii) 고압 타이어

타이어 바깥지름×타이어 너비-림(바퀴)의 직경, 플라이 수 재생회수

46×18-20, 32 R2 ; 외경 46인치, 폭 18인치, 휠 직경 20인치, 32 플라이, 2회 재생

4 하드웨어 (Hardware)

항공기에 사용되는 기계적인 단위 부품을 총칭해서 하드웨어라 하며, 기계요소라 칭하기도 한다. 대표적인 기계요소로 볼트와 너트, 스크루와 와셔, 리벳, 특수 고정부품, 케이블과 턴버클, 배관용 튜브와 호스 및 접합 기구 등이 있다.

규격에 따라 엄격하게 분류되고 정확한 사용 범위가 제시되어야 하며, 항공기에 적용되는 규격으로는 다음과 같은 것들이 있다.

AMS : Aeronautical Material Specification

AN : Air Force-Navy

ASTM : American Society for Testing Materials

MIL : Military Specification

MS : Military Standard

NAS : National Aerospace Standard

SAE : Society of Automotive Engineers

AA : Aluminium Association of America

4.1 패스너(Fastener)

항공기에는 다양한 패스너가 적용되는데, 설계자가 어떤 패스너를 사용하여 결합할 것인가를 결정할 때 다음과 같은 사항들이 고려된다. 첫째로, 부재들의 결합이 영구결합인가? 제작이나 사용 중에 분해할 필요가 있는가? 리벳이나 락볼트(lockbolt)와 같은 영구결합용 패스너를 적용할 것인가? 분리와 결합이 가능한 볼트를 사용할 것인가? 판단해야 한다. 둘째로, 결합부의 체결 강도가 얼마나 필요한가를 고려하게 된다. 부재가 결합되면서 부재 사이에서 전달해야 할 하중의 크기에 따라 패스너의 수량이 결정되겠지만 패스너의 수량이 많아지면 무게가 증가하므로 작업성과 시간 등을 고려하여 가능한 적은 수량으로 결합하는 것이 좋을 것이다. 통상 하나의 패스너가 전달할 하중의 크기에 맞추어 적은 하중의 경우 알루미늄 리벳을 적용하고, 큰 하중이 전달되는 부위에는 강도가 큰 타이타늄 합금이나 철강으로 된 패스너를 사용하게 된다.

4.1.1 나사 등급

여러 종류의 나사식 체결 부품들을 사용함으로서 항공기 부품을 신속하게 분해, 조립, 교환이 가능하다.

항공기용 볼트, 스크루, 너트 등은 NC(American National Coarse) 나사계열, NF(American National Fine) 나사계열, UNC(American Standard Unified Coarse) 나사계열 또는 UNF (American Standard Unified Fine) 나사계열 등으로 나사산을 만든다.

지름이 1인치인 경우, NF계열은 1인치 길이 당 14개 나사산(1-14NF)을 가지고 있고, UNF 계열은 1인치 길이 당 12개 나사산(1-12 UNF)을 가지고 있다. 이들 계열의 나사는 볼트(bolt)나 스크루(screw)의 지름과 1인치 길이 당 나사산의 수로 표시한다. 예를 들어, 4-28 나사는 볼트 지름이 4/16인치이고 1인치 당 28개의 나사산을 갖는다는 것을 의미한다.

나사는 끼워 맞춤의 등급으로도 구분한다. 나사의 등급은 제작과정에 적용되는 허용공차를 제한한다. 등급 1은 헐거운 끼워 맞춤(loose fit), 등급 2는 느슨한 끼워 맞춤(free fit), 등급 3은 중간 끼워 맞춤(medium fit), 그리고 등급 4는 억지 끼워 맞춤(close fit)이다. 항공기용 볼트는 대개 등급 3인 중간 끼워 맞춤으로 제작한다. 나사부의 외경, 내경, 유효지름, 골 지름의 공차가 어느 정도인가? 즉, 나사의 조임 정도에 따라 등급이 결정된다. 항공기용 나사는 숫자가 높을수록 정밀도가 높으며, 등급에 따른 특성은 다음과 같다.

i) class 1 (1등급) : loose fit(헐거운 끼워 맞춤), 강도 필요치 않는 곳에 사용하며, 공구를 사용하지 않고 손으로 직접 결합할 수 있다.

ii) class 2 (2등급) : free fit(느슨한 끼워 맞춤), 강도 필요치 않는 곳에 사용하며, 드라이버를 사용하여 결합하는 스크루가 해당한다.

iii) class 3 (3등급) : medium fit(중간 끼워 맞춤), 강도를 필요로 하는 곳에 사용하는데 보통 볼트가 이에 해당한다.

iv) class 4 (4등급) : close fit(억지 끼워 맞춤), 너트를 볼트에 끼우기 위해서는 렌치를 사용해야 하는 경우에 해당한다.

항공기용 볼트는 대개 등급 3인 중간 끼워 맞춤으로 제작하고, 항공기용 스크루는 조립이 용이하도록 등급 2인 나사산으로 제작한다.

4.1.2 볼트(Bolt)

볼트는 결합에 요구되는 안전성과 강성을 줄 수 있는 체결장치의 대표적인 종류로 큰 강도가 요구되는 곳에 사용한다. 볼트는 사용 중 반복해서 분해/조립이 필요한 곳, 리벳 체결이 부적당한 곳에 적용된다.

볼트의 각 부 명칭은 그림 4-1과 같이, 볼트의 길이와 지름, 그립(grip), 생크(shank) 등으로 나타낸다. 그립은 나사가 있지 않은 부분의 길이로 체결해야 할 부재의 두께와 일치하도록 한다. 볼트의 호칭과 치수는 볼트의 길이와 지름으로 나타낸다.

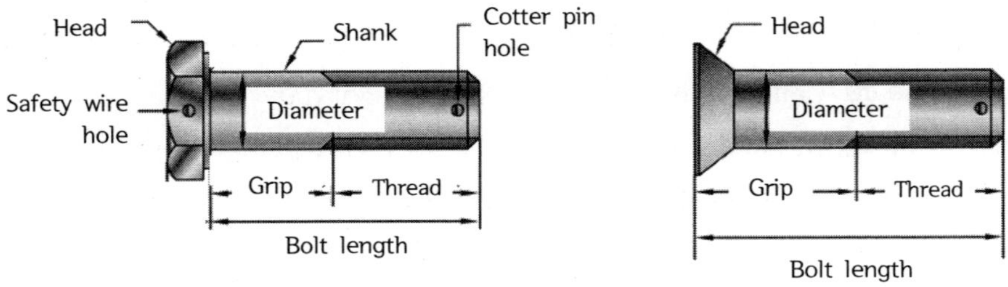

그림 4-1 볼트 각 부 명칭

(1) 항공용 볼트의 종류

항공기에 사용되는 볼트의 종류를 머리 모양에 따라 분류한 것을 표에 나타냈다.

표 4-1 항공기용 볼트

명칭	형태	규격
표준 육각머리 볼트		AN 3~AN 20
클레비스 볼트	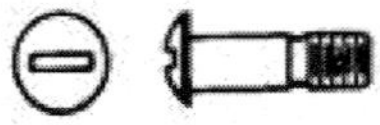	AN 21~AN 36
아이 볼트		AN 42~AN 49
드릴 헤드 볼트	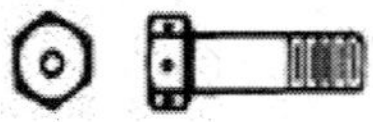	AN 73~AN 81
정밀공차 볼트 (100° 접시머리)	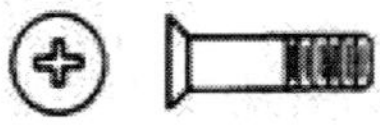	NAS 663~NAS 668
정밀공차 볼트 (육각 머리)		NAS 673~NAS 678
정밀공차 볼트		NAS 4104~NAS 4116
내부 렌치 볼트		NAS 144~NAS 158
외부 렌치 볼트		MS 9033~MS 9039

① **표준머리 볼트(Standard head bolt, AN 3~AN 20)**

표준 머리 볼트는 일반적으로 인장하중과 전단하중을 담당하는 구조용 볼트로 사용된다. 볼트의 머리에는 볼트의 재질을 나타내는 표시가 있다.

② **드릴 헤드 볼트(Drilled head bolt, AN 73~AN 81)**

볼트 머리에 안전결선을 위한 구멍이 있는 것이다.

③ **정밀공차 볼트(close tolerance bolt, AN 173~AN 186, NAS 673~NAS 678)**

일반 볼트보다 정밀하게 가공되어 있으며, 심한 반복 운동이나 진동이 발생하는 부분에 사용한다.

④ **내부 렌치 볼트(Internal wrench bolt, NAS 144~NAS 158)**

내부 렌치볼트는 고강도 합금강으로 만들어져 있으며, 비교적 큰 인장력과 전단력이 작용하는 곳에 사용된다. L-렌치를 이용하여 풀고 조인다.

⑤ **외부 렌치 볼트(External wrench bolt, MS 9033~MS 9039)**

합금강으로 만든 것으로 높은 인장하중이 작용하는 곳에 사용되며, 12각 머리 볼트라고도 한다.

⑥ **클레비스 볼트(Clevis bolt, AN 21~AN 36)**

클레비스 볼트는 전단하중만 걸리고 인장하중이 작용하지 않는 부분에 사용된다. 조종계통의 장착용 핀으로 사용되며 코터 핀을 장착할 수 있도록 생크에 구멍이 나 있다. 스크루 드라이버를 사용하여 풀고 조인다.

⑦ **아이볼트(Eye bolt, AN 42~AN 49)**

아이볼트는 외부에서 인장하중이 작용되는 곳에 사용된다. 머리에 나 있는 구멍에는 일반적으로 조종계통의 턴버클이나 조종케이블이 연결된다.

(2) 볼트의 머리 기호에 의한 식별(AN 볼트의 식별)

그림 4-2와 같이 머리에 표시된 기호를 보고 분별할 수 있다.

그림 4-2 항공용 볼트 식별 기호

(3) 볼트의 식별 방법

규격에 따른 코드 체계를 통해 식별할 수 있는데, 볼트의 지름과 그립 길이를 쉽게 파악할 수 있다.

① MS 볼트의 식별

MS 20004 H 10

MS ; 규격

20004 ; 계열번호

04 ; 지름(4/16″)

H ; 볼트 머리의 구멍 유무 표시(H ; 구멍 유, - ; 구멍 무)

10 ; 볼트 그립(10/16″)

② AN 볼트의 식별

AN 3 DD H 5 A

AN ; 규격

3 ; 계열번호 및 지름(3/16″)

DD ; 볼트 재질, 2024 알루미늄(C ; 내식강, - ; 합금강)

H ; 머리에 구멍 유무(H ; 구멍 유, 무 표시 ; 구멍 무)

5 ; 볼트 그립 길이(5/8″)
A ; 나사 끝에 구멍 유무(A ; 구멍 무, 무 표시 ; 구멍 유)

AN 12 - 17
12 ; 볼트 직경(12/16″)
17 ; 볼트 길이(17/8″)

AN 3 DD - 6
AN 3 ; 표준 육각머리 볼트
3 ; 볼트 지름(3/16″)
DD ; 재질(2024)
6 ; 볼트 길이(6/8″)

③ **NAS 볼트의 식별**

NAS 6603 D H 10
NAS ; 규격
6603 ; 계열번호
03 ; 지름(3/16″)
D ; 나사 끝 구멍의 유무(D ; 구멍 유, 무 표시 ; 구멍 무)
H ; 볼트 머리의 구멍 유무 표시(H ; 구멍 유, 무 표시 ; 구멍 무)
10 ; 볼트 그립(10/16″)

NAS 144 DH - 22
NAS ; NAS 규격
14 ; 계열번호로 내부렌칭볼트를 의미
4 ; 볼트 직경이 4/16″
DH ; 머리 부분에 구멍(drill head)이 있음을 의미
22 ; 그립의 길이가 22/16″ 임을 의미

4.1.3 너트(Nut)

항공기용 너트의 모양과 크기는 다양하다. 너트는 카드뮴도금 탄소강, 스테인리스강, 또는 양극산화 처리한 2024 알루미늄합금 등으로 제작된다. 너트는 사용되는 부위에 따라 강도,

내식, 내열에 적합한 지정된 부품을 사용한다.

일반적으로 항공기용 너트는 두 가지 그룹으로 분류할 수 있는데, 비자동고정너트(nonself-locking nut)와 자동고정너트(self-locking nut)이다. 비자동고정너트는 코터핀, 안전결선, 또 다른 고정너트와 같은 별도의 안전장치를 이용해서 풀림 방지를 해야 한다. 자동고정너트는 중요한 부분을 고정시키는 기능을 가지고 있다.

항공기용 너트는 다양한 모양과 치수를 가지고 있으며, 종류는 크게 다음과 같다.

(1) 비자동 고정너트(Nonself-locking nut)

비자동 고정 너트는 너트 자체에 고정 장치가 없으므로 체크너트, 코터 핀, 고정와서, 안전결선 등으로 고정하여야 하는 너트를 말하며, 종류로 평 너트(plain nut), 캐슬 너트(castle nut), 캐슬 전단 너트(castellated shear nut), 체크너트(check nut), 나비너트(wing nut) 등이 있다.

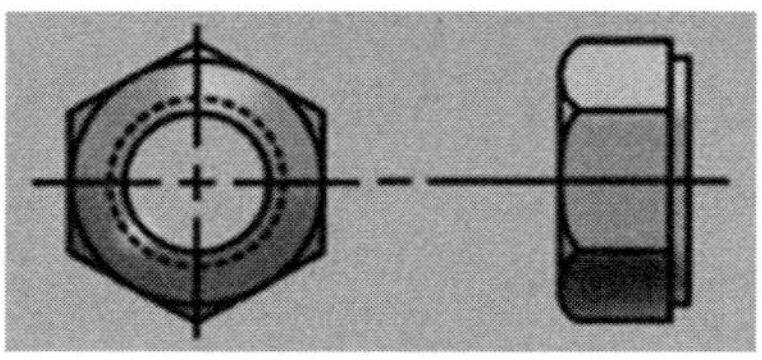

그림 4-3 평너트

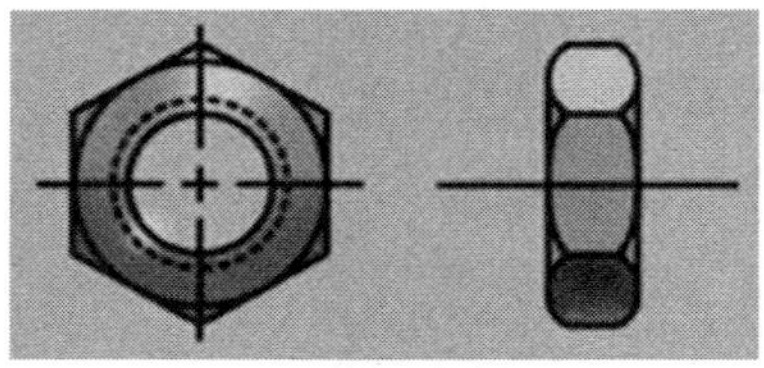

그림 4-4 체크 너트

① **평너트(plain nut, AN 315, AN 355)**

항공기 구조부재에는 잘 사용하지 않고 비구조 부재의 체결용으로 주로 사용되며, 인장하중을 받는 곳에 사용한다.

② **평체크 너트(plain check nut, AN 316)**

잼 너트(jam nut)라고도 하며 두께가 얇다. 볼트에 두 개의 너트를 결합하면 풀림을 방지할 수 있기 때문에 다른 너트나 조종로드 끝 부분에 풀림방지용으로 사용된다.

③ **캐슬너트(castle nut, AN 310)**

나사 끝에 구멍이 있는 볼트와 함께 사용하는 것으로 사용 중 너트가 풀리지 않도록 코터핀으로 고정한다. 구조용 캐슬너트는 나사 끝에 구멍이 있는 볼트 또는 나사에 구멍이 있는 스터드와 함께 사용되는 인장용의 홈이 있는 너트로 장착 부품과 상대운동을 하는 볼트에 사용한다.

④ **캐슬전단너트(AN 320)**

전단하중이 주로 작용하는 곳에 사용하는 캐슬형 너트로 인장용과 비교할 때 높이가 작다.

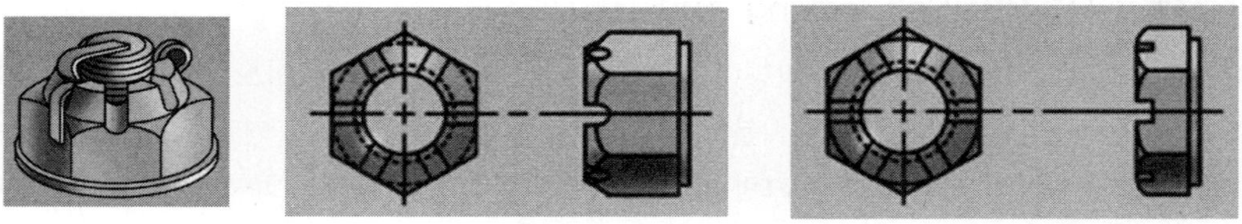

인장용　　　　　　　　전단용

그림 4-5 캐슬너트

⑤ **나비너트**(wing nut, AN 350)

맨손으로 죌 수 있는 정도의 죔이 요구되는 부분에 사용되며, 자주 장탈착을 하는 곳에 간편하게 사용할 수 있다.

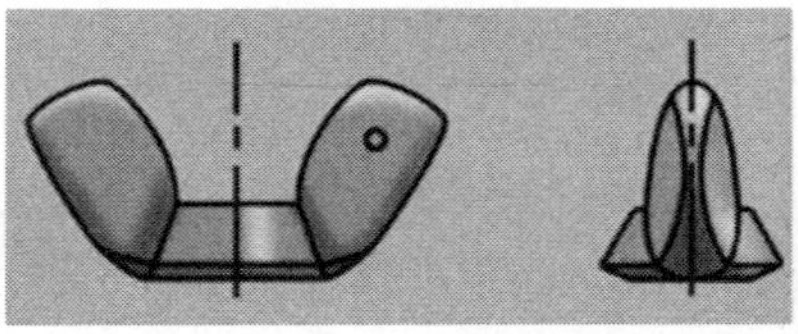

그림 4-6 나비너트

(2) 특수 너트

① **앵커 너트**(anchor nut, **플레이트 너트 또는 너트 플레이트**)

얇은 패널(panel)에 너트를 부착하여 사용할 수 있도록 한 것으로 체결 시 너트 쪽에서 접근이 어려운 경우에 사용한다.

② **채널너트**(channel nut)

여러 개의 앵커 너트가 결합된 형태로 갱채널(gang channel)이라고도 한다.

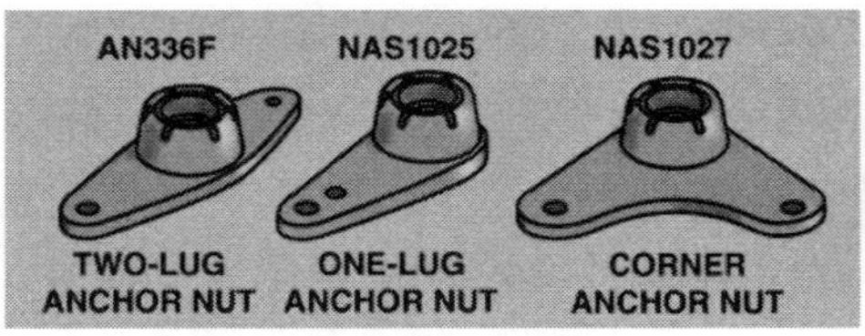

그림 4-7 앵커너트

그림 4-8 채널너트

(3) 자동 고정 너트(Self locking nut)

자동 고정 너트는 자체 잠금 기능이 있는 너트로 과도한 진동에서도 쉽게 풀리지 않는 강도를 요구하는 부위에 사용한다. 볼트 또는 너트가 회전력을 받는 연결 부분에는 사용할 수 없다. 고정 장치의 형식에 따라 그림 4-9와 같이 전 금속형과 비금속 화이버형으로 구분된다. 이 너트는 코터 핀이나 안전결선 작업에 의해 고정을 하지 않아도 되기 때문에 작업속도가 빠르다.

보통의 경우 자동고정너트는 120℃(250°F) 이하에서 제한된 횟수만큼 사용할 수 있게 되어 있으나 경우에 따라서 650℃(1200°F)까지 사용할 수 있는 것도 있다.

모든 자동 고정너트는 너트의 고정력이 해당 너트의 최소분리 회전력(minimum break away torque) 이하일 경우에는 사용하지 말아야 한다. 최소 분리 회전력이란 너트를 볼트에 완전히 끼웠을 때, 축 방향 하중이 전혀 없는 상태에서 너트를 회전시키는데 필요한 최소 회전력을 말한다.

전 금속 너트

비금속 화이버형 너트

그림 4-9 자동 고정 너트

① **전 금속형 너트(All metal type nut)**

전 금속형 너트는 고정 장치가 금속으로 되어 있는 형식으로 120℃(250°F) 이상의 고온에서 사용된다. 볼트와 체결할 때 자동으로 고정되는 원리는 너트의 나사 입구부와 출구부의 나사 형태를 달리 하여 금속의 탄성과 마찰력으로 고정된다.

i) 홈이 있는 형(Segment beam self lock type) ; 너트의 일부에 홈을 만들고 그 부분의 나사부는 내경을 작게 한 것이다. 볼트가 너트의 홈 부위를 통과할 때 너트가 팽창하면서 밖으로 벌어지는데, 복원력이 증가하여 볼트와 너트 나사면의 마찰력을 높여 잠금 기능을 갖도록 한 것이다.

ii) 변형 셀프 락크형(Elliptical self lock type) ; 너트 꼭대기의 나사부가 타원형으로 되어 있다. 수나사를 끼우면 원형으로 변형되면서 마찰력이 증가하여 고정된다.

iii) 분할 나사산형(Interrupted thread type self lock nut) ; 나사부를 2개로 분할하여 위쪽과 아래쪽 나사부의 산과 골을 어긋나게 하여 볼트가 끼워질 때 두 나사부 연결 부위가 늘어나면서 스프링 작용을 하여 마찰력을 증가시켜 잠금 기능을 갖게 한 것이다.

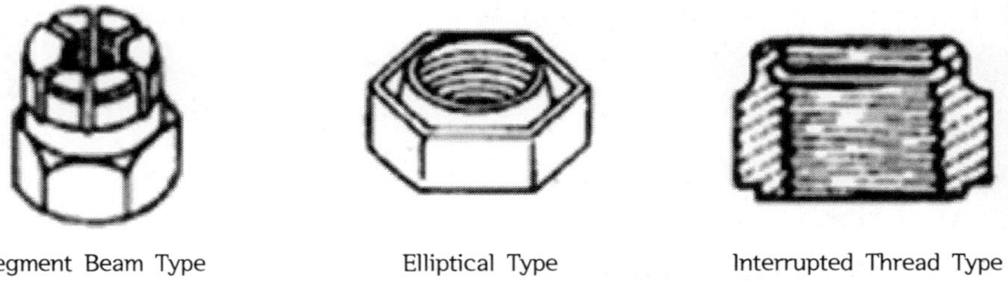

그림 4-10 자동 고정 너트 - 전금속형

② **비금속 화이버형 너트(Non metallic fiber type nut)**

비금속 화이버형 너트는 제작 회사에 따라 다양한 종류가 사용되지만, 일반적으로 너트의 내부에 화이버 칼라(collar)를 끼워 넣어 탄성을 이용하므로 탄성 고정너트라고도 부른다. 그림 4-11과 같이 너트 출구부에 나사부가 없는 화이버 칼라가 내장된 것이다. 화이버 칼라의 내경은 결합되는 볼트의 외경보다 작아 볼트가 결합되면서 볼트가 화이버 칼라를 출구부로 밀어내는 힘이 발생하게 된다. 이 힘으로 인해 볼트와 너트의 나사부 접촉면에 큰 마찰력이 발생하면서 잠금 기능을 갖게 된다. 아울러 볼트 나사부가 직경이 작은 화이버 칼라를 팽창시키면서 장착되므로 장착 후 화이버 칼라가 볼트와 결합하면서 잠금 기능을 증가시킬 수 있다.

열에 약한 플라스틱이나 비금속 화이버가 내장되어 사용온도 한계는 120℃(250°F)이내이며, 오래 사용하면 탄성 변형과 기계적 마모가 크게 되어 사용 횟수를 제한하는 것이 일반적이다. 나일론 계통은 200회 정도, 화이버 계통은 약 15회 정도 사용한다.

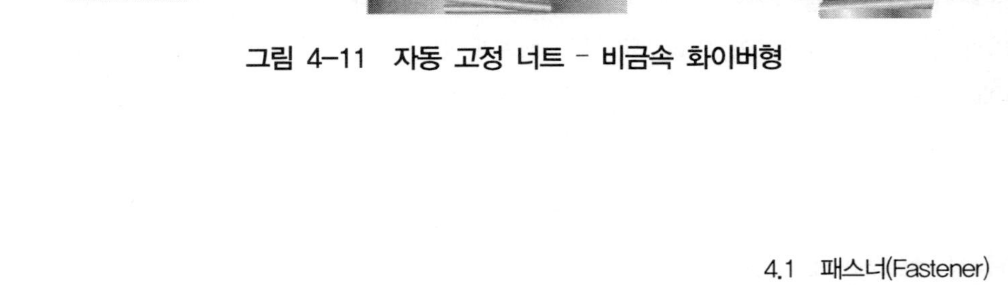

그림 4-11 자동 고정 너트 - 비금속 화이버형

(4) 너트의 식별

볼트와 달리 너트에는 식별기호나 문자가 쓰인 경우는 드물며, 알루미늄이나 황동의 색깔, 보통 금속 특유의 광택, 자동 고정 너트의 고정 형태나 너트 내부에 삽입된 물질의 종류 등으로 식별한다.

다음과 같이 규격에 따른 코드 체계를 통해 식별할 수 있으며, 너트의 지름을 쉽게 알 수 있다.

AN 310 D - 5 R
AN ; 규격
310 ; 너트 종류(캐슬너트)
D ; 재질, 2017 알루미늄(F ; 강, B ; 황동, DD ; 2024 알루미늄, C ; 스테인리스강)
5 ; 사용 볼트 지름(5/16″)
R ; 오른 나사

AN 350 B - 1032
350 ; 너트 종류(나비너트)
B ; 재질, 황동
10 ; 너트 지름(10/16″)
32 ; 1인치 당 나사산의 개수

4.1.4 스크루(Screw)

스크루는 강도가 그다지 중요하지 않은 곳에 사용한다. 볼트와 다른 점은 재질의 강도가 낮고, 나사가 비교적 헐거우며, 명확한 그립의 길이를 갖추고 있지 않다는 것이다.

(1) 스크루 종류

① **구조용 스크루(structural screw)**

일정 길이의 그립을 갖고 있으며 볼트와 같은 정도의 강도가 요구되는 구조부에 사용되는 것으로 다음과 같은 특성이 있다.

* 볼트와 같이 그립을 가지고 있으나 머리 형태만 다르다.
* 볼트와 같은 재질로 되어 있고 강도도 볼트와 같다.
* 머리모양은 둥근 머리, 와셔 머리, 접시 머리(countersink) 등으로 되어 있다.

② **기계용 스크루(machine screw)**

가장 널리 사용되는 스크루로 확실한 그립 길이가 없고, 강도가 낮다.

③ **자동 태핑 스크루(self tapping screw)**

스스로 암나사를 만들면서 고정되는 스크루로 구조부의 일시적 결합용이나 비구조 부재의 영구결합용으로 사용한다.

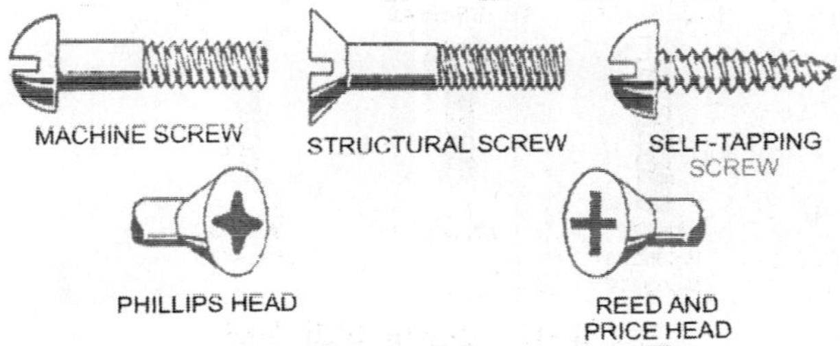

그림 4-12 항공기용 스크루의 종류

(2) 스크루 식별 방법

AN 501 P 458-6

AN 501 ; 규격 이름, 납작 둥근머리 스크루(필리스터 머리 기계나사)

P ; 머리의 홈(필립스)　　6 ; 스크루의 길이가 6/16″

458 ; 스크루의 지름이 4/16″, 나사산의 수가 1″에 58개

AN 501 A B P 416 8

A ; 나사 구멍 유무(A ; 구멍 유, 무표시 ; 구멍 무)

B ; 재질(B ; 황동, C ; 내식강, DD ; 2024, D ; 2017)

P ; 머리의 홈(필립스)　　8 ; 나사 길이

416 ; 나사 지름(4/16″)

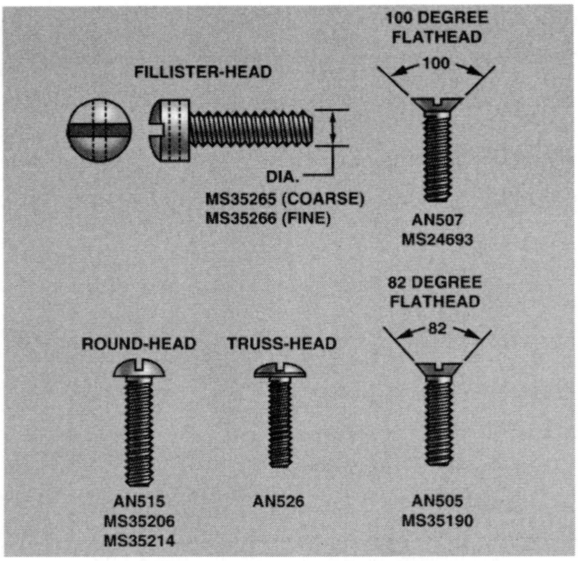

그림 4-13 스크루 머리 형태

4.1.5 와셔(Washer)

항공기에 사용되는 와셔는 볼트의 머리나 너트 쪽에 넣어 볼트나 너트를 체결할 때 작용하는 압력을 분산시키거나, 볼트의 그립 길이를 조정하는데 사용된다. 그리고 볼트나 너트를 조일 때에 구조물과 장착부품 사이의 충격과 부식에서 보호하며, 고정 와셔의 경우 풀림을 방지하는 역할을 한다. 알루미늄 합금와셔는 강으로 만들어진 볼트나 너트 밑에 사용하여 알루미늄 합금이나 마그네슘 합금으로 된 구조부재를 부식으로부터 보호한다. 이질금속 간 부식 시 구조부재보다 와셔가 먼저 부식이 발생하므로 구조부재를 보호할 수 있다. 와셔는 볼트와 같은 재질의 것을 사용하며, 볼트 하나에 끼울 수 있는 와셔는 최대 3개까지 허용된다. 이때 고정와셔(lock washer)나 특수와셔는 사용 개수에 포함되지 않는다.

(1) 와셔의 종류

항공기에 사용되는 와셔의 종류는 그림 4-14와 같다.

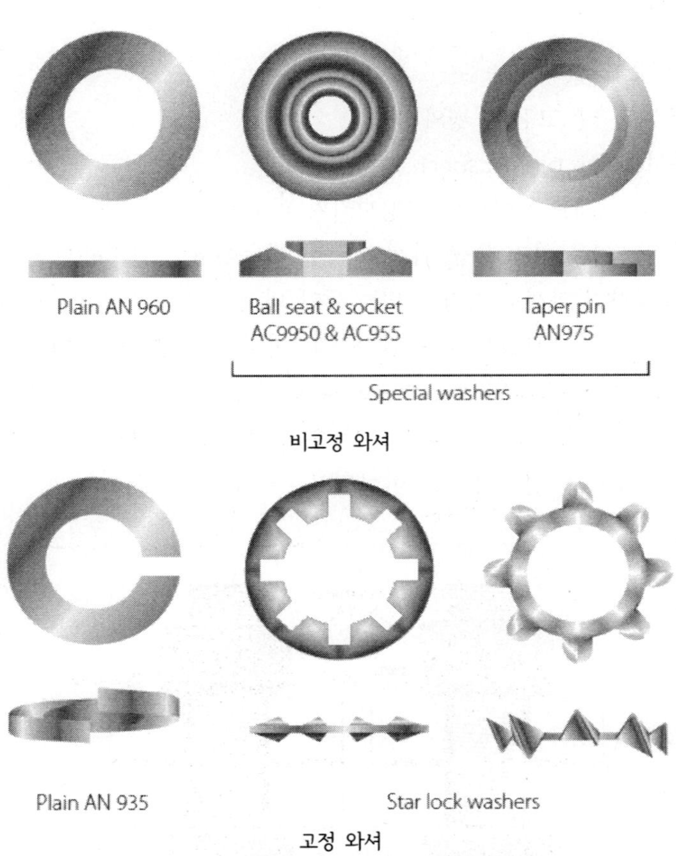

그림 4-14 항공기용 와셔의 종류

① 평와셔

평 와셔는 매끄러운 접촉면을 제공하고 볼트와 너트 조립을 위해 정확한 그립길이를 맞추기 위해 심(shim)처럼 사용한다. 평 와셔는 부품 표면의 손상을 방지하기 위해 고정와셔 아래에 사용한다.

② 고정 와셔

그림 4-14에 보인 스프링 와셔(AN 935)의 스프링 작용에 의해 진동으로 인한 볼트와 너트의 풀림을 방지하기 위한 것으로 자동 고정 너트나 캐슬 너트가 적합하지 않은 곳에 기계용 스크류나 볼트와 함께 사용된다. 와셔가 결합되는 부재의 표면에 손상을 주기 쉬우므로 구조부재에 사용하면 부재 표면의 손상으로 내구성이 저하되므로 주 구조부재 및 2차 구조부재 또는 내식성이 요구되고 자주 장탈착하는 곳에는 사용할 수 없다.

③ **특수 와셔**

다음과 같은 것들이 있다.

i) 고강도 카운터싱크 및 고강도 평와셔

ii) 테이퍼 핀 와셔(taper pin washer)

iii) shake proof lock washer ; 너트를 고정시키기 위하여 볼트나 육각너트 외측에 상방향으로 구부린 탭이나 립(lip)을 가진 둥근 와셔로 심한 진동에서도 안전하게 사용할 수 있다. 그림 4-14에 보인 별 모양의 와셔로 장착이 되는 동안 와셔의 형태가 변형하면서 너트를 밀어내는 힘이 발생하여 볼트와 너트의 나사 접촉부의 마찰력을 증가시킨다.

iv) 프리로드 지시 와셔(preload indicating washer) ; 토크렌치보다 더 정확한 조임이 필요한 곳에 사용하며, 한번 사용한 것은 재사용할 수 없다. 그림 4-15와 같이 너트가 체결되면서 갭(gap) 부분의 와셔가 영구적으로 변형된다.

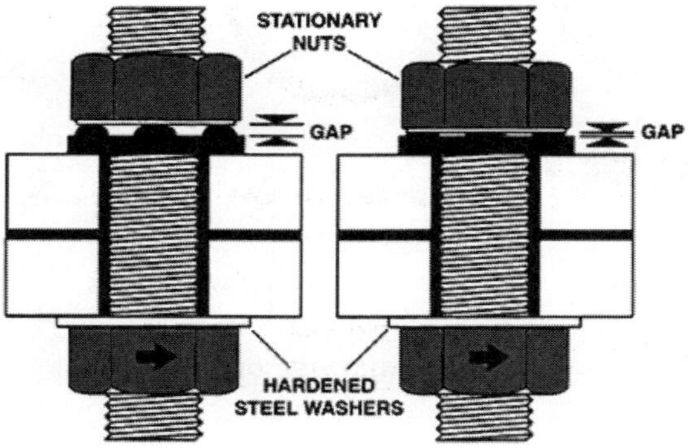

그림 4-15 프리로드 지시 와셔

(2) 와셔의 식별 방법

AN 960 J D 716 L

AN 960 ; 계열	J ; 표면 처리
D ; 재질	716 ; 적용 볼트 지름
L ; 두께	

4.1.6 리벳(Rivet)

리벳은 금속 판재를 영구 결합시키는데 사용하는 부품으로 결합 작업이 용이하고, 강도를 크게 유지할 수 있다는 면에서 널리 사용하고 있다.

솔리드 생크 리벳은 항공기 구조 부재에 사용되는 가장 일반적인 리벳으로 머리 형태에 따라 둥근머리(round head), 접시머리(countersunk head), 납작머리(flat head), 브래지어머리(brazier head), 유니버설머리(universal head) 등으로 구분한다. 항공기에는 유니버설 머리 리벳과 접시머리 리벳을 주로 사용한다. 솔리드 생크 리벳의 호칭과 규격은 그림 4-16과 같다.

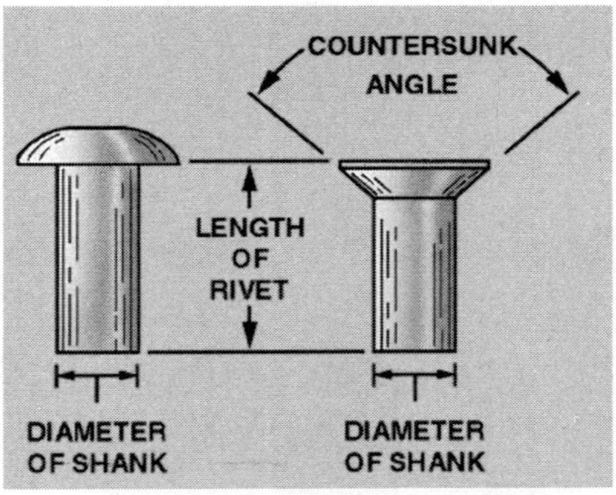

그림 4-16 리벳의 호칭과 규격

(1) 리벳의 종류

① 머리 형태에 따른 분류

그림 4-17과 같이 머리 모양에 따라 다음과 같이 분류된다.

i) 유니버셜 머리(universal head) 리벳(AN 470, MS 20470)

기체 내외부의 구조부에 가장 널리 사용된다.

ii) 접시머리(countersink head, flush head) 리벳(AN 420, AN 426, MS 20426)

바깥 공기에 노출된 기체 부위에 장착하여 기체 표면에서 발생하는 공기의 저항을 줄이기 위해 사용한다.

iii) 둥근머리(round head) 리벳(AN 430, AN 435, MS 20435)

두꺼운 판재나 강도를 필요로 하는 내부 구조물을 연결하는데 사용한다.

iv) 납작머리(flat head) 리벳(AN 441, AN 442)

기체 내부의 구조부재 결합에 사용된다.

v) 납작 둥근머리(brazier head) 리벳(AN 455, AN 456)

바깥 공기에 노출되는 얇은 판재의 결합에 사용된다.

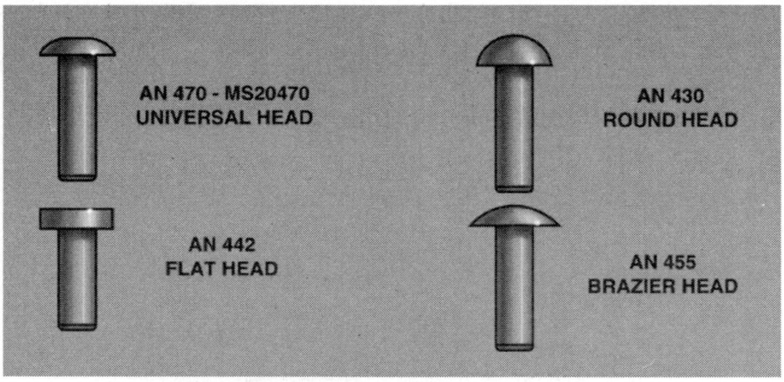

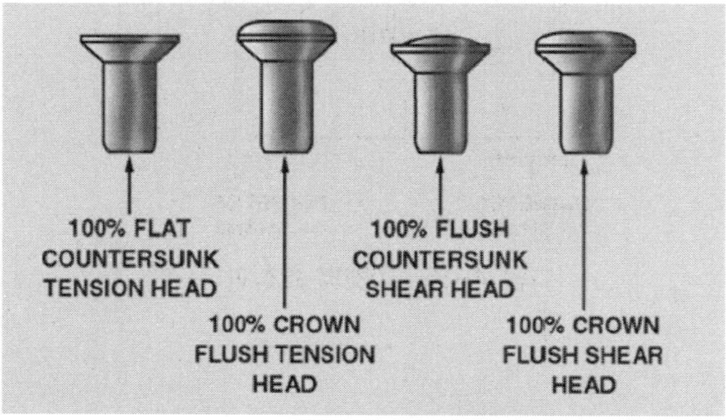

그림 4-17 리벳 머리 형태의 종류

② 재질에 따른 분류

리벳의 재료에 따라 다음과 같이 분류할 수 있으며 그림 4-18에 보인 것처럼 재질에 따라 머리 모양이 다르다.

i) 1100 리벳(A)

순수 알루미늄 리벳으로 비구조용으로 사용한다.

ii) 2117-T 리벳(AD)

항공기에 가장 많이 사용되며, 열처리 없이 상온에서 작업할 수 있다.

iii) 2017-T 리벳(D)

2117-T 리벳보다 높은 강도가 요구되는 곳에 사용되며 상온에서 너무 강해 풀림 처리 후 사용한다. 상온 노출 후 1시간 경과되면 50% 정도 경화되며 4일쯤 지나면 100% 경화된다. 냉장고에서 보관하고, 냉장고에서 꺼낸 후 1시간 이내에 사용한다. 경화된 리벳은 재 열처리하여 사용할 수 있으나 열처리 횟수와 방법은 리벳의 상태에 따라 결정된다.

iv) 2024-T 리벳(DD)

비교적 강도가 높은 구조부재에 사용되며 열처리 후 냉장고에 보관하다가 상온에 노출된

후 10-20분 이내에 사용한다. 알루미늄합금 리벳 중 가장 강도가 높다

v) 5056 리벳(B)

내식성이 강하므로 마그네슘 합금구조에 주로 사용한다.

vi) 모넬 리벳(M)

니켈강이나 니켈 합금강 구조에 사용하며, 내식강 리벳과 호환하여 사용할 수 있고 리벳작업이 내식강 리벳보다 쉽다.

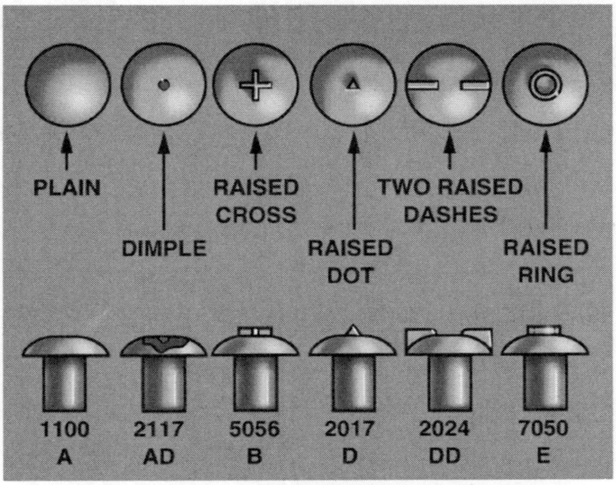

그림 4-18 리벳 재질에 따른 머리 모양

(2) 특수 리벳

일반 리벳을 사용하기에 부적당한 곳이나 한쪽이 접근하기 어려운 경우에 사용되는 리벳으로 블라인드 리벳(blind rivet)이라 한다. 강도가 비교적 약한 곳에 사용하며, 1차 구조부재에는 사용하지 않는다.

블라인드 리벳은 작업 공간이 좁은 한정된 공간이나, 접근이 불가능한 폐쇄된 공간은 뒷면에 버킹 바(bucking bar)를 댈 수 없어, 한쪽 면에서만 체결작업을 할 수 밖에 없는데, 이런 곳에 사용되는 특수 리벳이다. 제작사별로 각각의 독특한 특성을 가지고 있어, 장착공구, 절차, 제거절차 등이 다르다. 그림 4-20은 대표적인 블라인드 리벳인 체리리벳을 나타낸 것이다. 리벳의 머리를 누르면서 스템을 잡아당기면 스템의 돌출 부위가 리벳 생크를 확장시켜 구조판재를 고정시키며, 스템에 작용하는 인장력이 한계점에 이르면 스템이 끊어지도록 홈이 패어 있다.

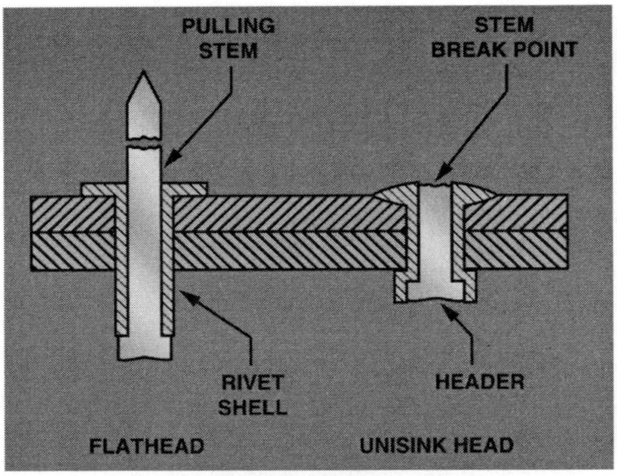

그림 4-19 블라인드 리벳

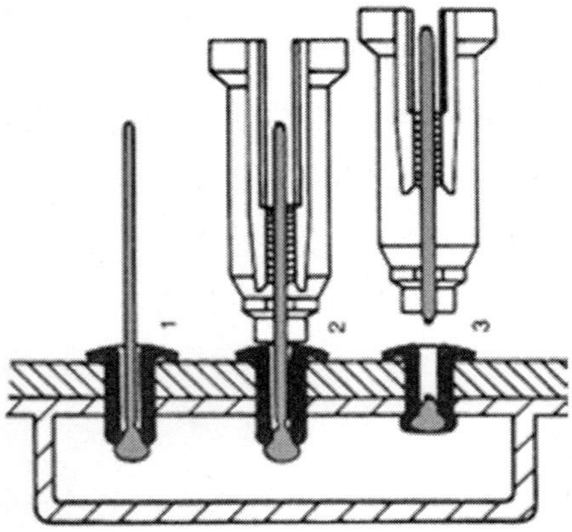

그림 4-20 체리 리벳 - 중공식

① **체리 리벳(cherry rivet)**

i) 중공식 리벳

체결 후 스템이 리벳 슬리브를 빠져 나감으로서 가운데가 비어 있는 형태로 체결된다.

ii) 고정식 리벳

고정 칼라(locking collar)가 있어 스템이 리벳 슬리브의 마찰력에 의해 기계적으로 고정되는 리벳이다.

② **폭발 리벳**

그림 4-22에 보인 것처럼 리벳 생크(shank) 끝에 화약을 넣고 머리를 가열하여 폭발시킴으로서 체결이 되는 것으로 연료탱크나 화재의 위험이 있는 곳에는 사용을 금한다.

③ **리브 너트(rivnut)**

그림 4-23과 같이 생크 내부에 암나사가 있는 것으로 공구를 끼워 시계방향으로 돌리면 생크가 압축을 받아 오그라들면서 돌출부위를 만든다. 항공기의 날개나 테일 표면에 고무 소재 제빙부츠를 장착하는데 사용한다.

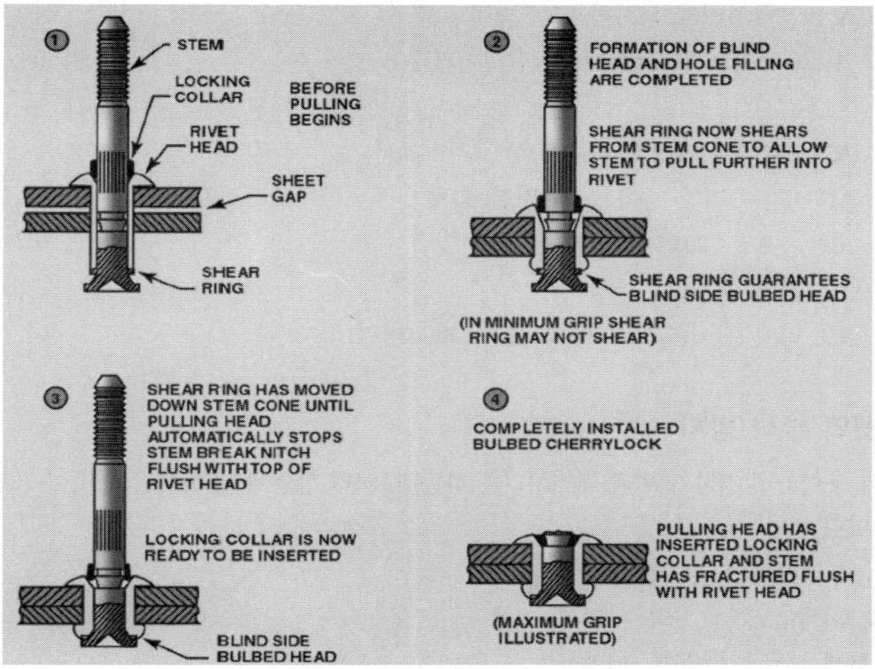

그림 4-21 체리 리벳 - 고정식

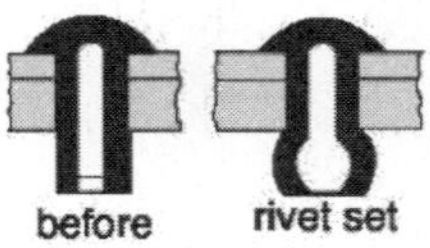

그림 4-22 폭발리벳

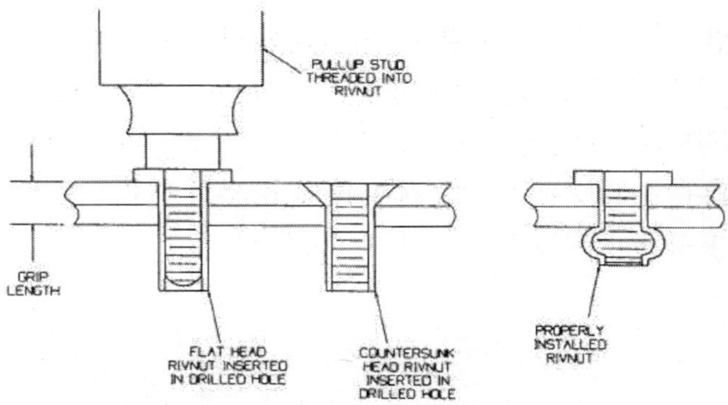

그림 4-23 리브 너트

(3) 리벳의 식별

MS 20470 D 6 - 16 A

MS ; 규격　　　　　　　20470 ; 리벳의 종류(유니버셜 리벳)

D ; 재질(2017-T),　　　6 ; 리벳 지름(6/32″)

16 ; 리벳 길이(16/16″)

A ; 양극처리(C : 화학피막처리)
20426 ; 100° Countersunk(접시머리)

AN 470 AD-3-5
AN 470 ; 리벳 종류, 유니버셜 리벳
AD ; 재질, 2017 알루미늄
3 ; 리벳 직경(3/32″)
5 ; 리벳 길이(5/16″) 426 ; 접시머리

(4) 리벳의 부식 방지

리벳의 부식을 방지하기 위해 표면처리를 하는데, 처리 방법에 따라 다음과 같이 표면 색깔에 차이가 있다.

* 황색 ; 크롬산아연을 칠한 리벳
* 진주빛 회색 ; 양극 산화 처리한 리벳
* 은빛 회색 ; 금속 분무한 리벳

4.1.7 고전단 리벳(Hi-shear rivet or pin rivet)

그림 4-24와 같이 핀과 칼라로 구성되어 있고, 나사부가 없는 볼트로 한번 체결하면 분리할 수 없게 되어 있다. 영구 결합용으로 사용되는데 장착 소요시간이 일반 볼트의 1/5 정도이다. 볼트 정도의 전단강도를 가지면서 무게는 볼트의 40% 정도로 높은 전단강도가 필요한 곳에 사용된다. 솔리드 생크 리벳(solid shank rivet)의 강도보다 3배 정도 큰 강도를 가진다. 그립의 길이가 몸체의 지름보다 큰 곳에 사용한다.

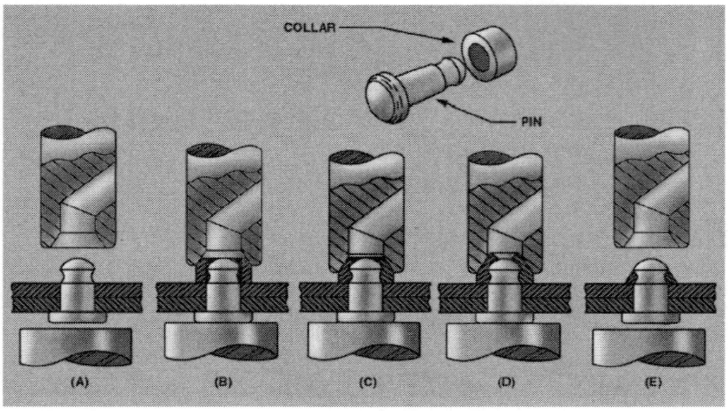

그림 4-24 고전단 리벳

4.1.8 락볼트(Lockbolt, 고정볼트)

고전단 리벳처럼 높은 전단강도가 요구되는데 사용하는 것으로 고전단 리벳보다 진동에 강한 특성을 가지고 있으며 피로에 강하다. 홈이 패인 핀(grooved pin)과 칼라(collar)로 구성되어 있으며, 장착 방법에 따라 특수 공기총을 사용하여 혼자서 작업이 가능한 풀형(pull type), 공간이 좁은 경우에 사용할 수 있는 스텀프형(stump type), 한 쪽 면에서만 접근이 가능한 경우 사용할 수 있는 블라인드형(blind type)으로 분류된다. 패스너가 감당하는 주 하중에 따라 인장용(tension)과 전단용(shear)으로 나뉠 수 있는데 인장하중을 받는 것이 머리 두께가 두껍다. 전통적인 리벳(rivet)이나 볼트보다 더 쉽고 빠르게 장착할 수 있으며, 고정 와셔(Lock-washer), 코터핀(cotter pin), 특수너트 등을 필요로 하지 않는다.

그림 4-25 락볼트

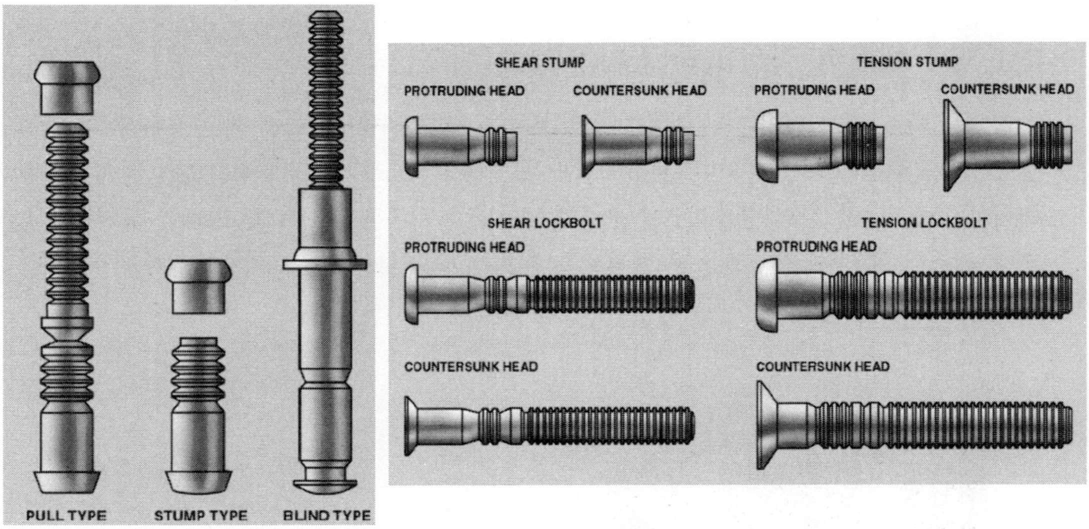

그림 4-26 락볼트 종류

4.1.9 하이락(Hi-lok)

육각 드라이브 파스너(hex drive fastener)라고 하며, 고전단 리벳(hi-shear rivet)을 개량하여 만든 것으로 알루미늄, 합금강, 티타늄과 같은 다른 합금 성분에 적용할 수 있다는 장점 때문에 고전단 리벳을 대체하여 많이 사용된다. 높은 전단응력이 발생하는 부위에 영구적인 결합용으로 사용하는데, 그림 4-27과 같이 나사산이 있는 핀(pin)과 칼라(collar) 두 부분으로 구성이 되어 있다. 알렌 렌치(allen wrench)로 핀을 고정하고 칼라를 조여 장착하는데, 미리 정해진 토크(torque)값에 도달하면 렌칭 헤드(wrenching head)가 떨어져 나간다.

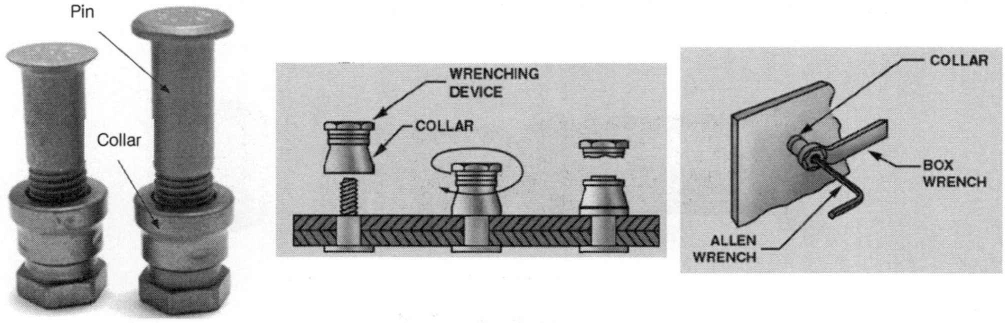

그림 4-27 하이락

4.1.10 테이퍼 락(Taper lock)

응력이 아주 크게 걸리는 날개보와 같은 부분을 결합하거나 수리할 때 사용한다. 높은 피로강도가 요구되는 곳에 사용되며 균열이 쉽게 발생되지 않도록 한다. 그림 4-28과 같이 미세하게 테이퍼진 패스너를 끼워 넣음으로서 구멍과 패스너가 최대한 꽉 끼워진 상태를 유지하게 함으로서 패스너 주위에 발생하는 응력집중을 완화시켜 피로 파손을 예방해준다.

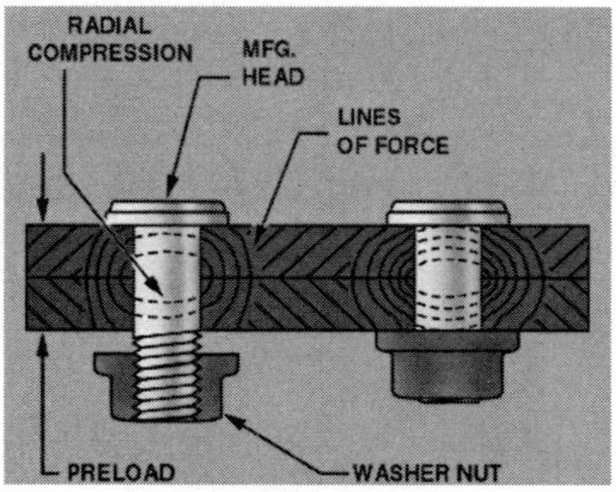

그림 4-28 테이퍼 락

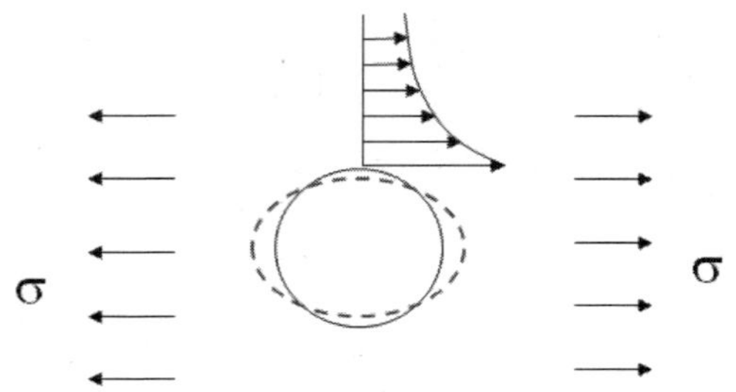

그림 4-29 응력집중

패스너와 구멍 사이의 틈새가 어느 정도인가에 따라 구조부재의 내구성에 큰 차이가 발생한다. 구멍이 패스너보다 커 틈새가 존재하는 결합 조건을 클리어런스 핏 조건(clearance fit fastener condition, CFF), 패스너가 구멍보다 커 억지로 끼워지는 상태를 인터퍼런스 핏 조건(interference fit fastener condition, IFF)이라 하는데, IFF 결합인 경우가 CFF 결합보다 내구성이 월등히 좋다. 그림 4-29와 같이 구멍이 있는 평판이 하중을 받으면 원형 구멍이 타원형상으로 변형된다. 이때 그림과 같이 구멍 주위에 힘의 집중(응력집중)이 발생하게 되는데, 타원형상으로 변형이 커질수록 주위에 더 큰 응력이 발생하게 된다. 그런데 만일 구멍 내부가 무엇인가로 채워져 있다면, 타원형상으로 변형되는 것을 제한하게 되므로 구멍 주위에 응력집중 정도가 완화된다. 이러한 현상은 구멍이 메꿔진 정도에 의존하게 되는데, 구멍이 꽉 메워질수록, 메꿔지는 소재가 강할수록 더 크게 나타난다. 이러한 현상을 극대화 시킨 것이 테이퍼 락으로 구멍 주위의 모든 곳에서 패스너가 확실히 밀착되도록 함으로서 응력집중을 최소화시켜 피로균열의 생성과 성장을 억제하여 구조부재의 내구성을 향상시키게 된다.

4.1.11 조볼트(Jo bolt)

고강도 구조용 조임장치로 높은 강도가 요구되는 곳의 정밀 공차 구멍에 사용한다. 조볼트는 높은 전단강도와 인장강도를 가지기 때문에 다른 블라인드 리벳을 사용할 수 없는 고응력 발생 부분에 적합하다. 조볼트는 항공기 구조물을 영구적으로 고정하기 위해 사용하며, 교환 또는 수리를 자주 하지 않는 곳에 사용한다. 이것은 세 부분으로 구성된 체결부품이기 때문에, 부품이 풀려서 엔진 흡입구 안으로 끌려 들어갈 수 있는 곳에 사용해서는 안 된다. 조볼트를 사용하는 또 다른 이유는 진동에 탁월한 저항력이 있고, 무게가 가벼우며, 혼자서도 빠르게 장착할 수 있다는 장점이 있기 때문이다. 조볼트의 장착과정과 제거과정을 그림에 보였다.

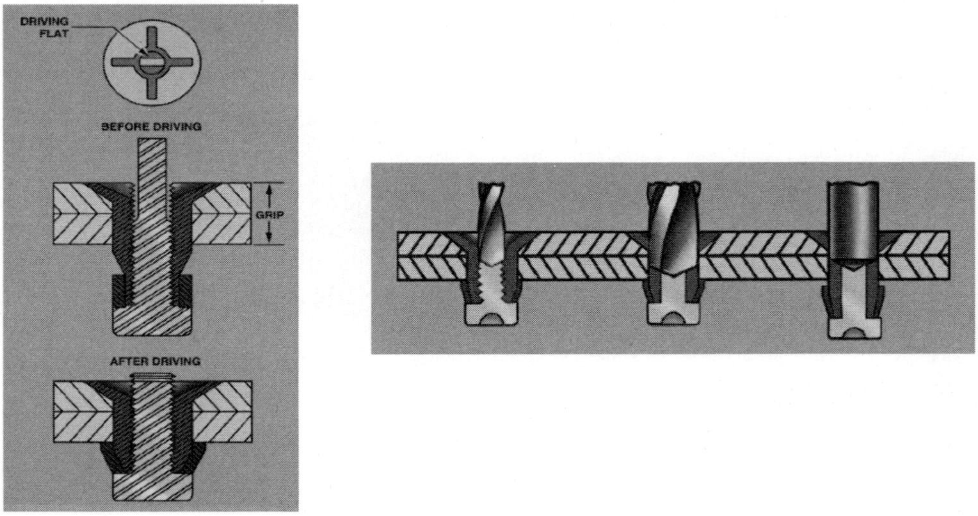

그림 4-30 조볼트의 장착과 제거

4.1.12 턴락(Turn lock)

정비와 검사를 목적으로 쉽고 신속하게 점검창을 장탈착할 수 있도록 만들어진 부품이다. 드라이버를 이용하여 1/4 회전시키면 풀어지고, 시계방향으로 회전시키면 고정된다.

(1) 주스패스너(dzus fastener)

스터드, 그로밋, 리셉터클로 구성되며 반시계방향으로 1/4회전시키면 풀어지고 시계방향으로 회전시키면 고정된다.

(2) 캠록패스너(cam lock fastener)

스터드, 그로밋, 리셉터클로 구성되며 항공기 카울링, 페어링(fairing)을 장착하는데 쓰인다.

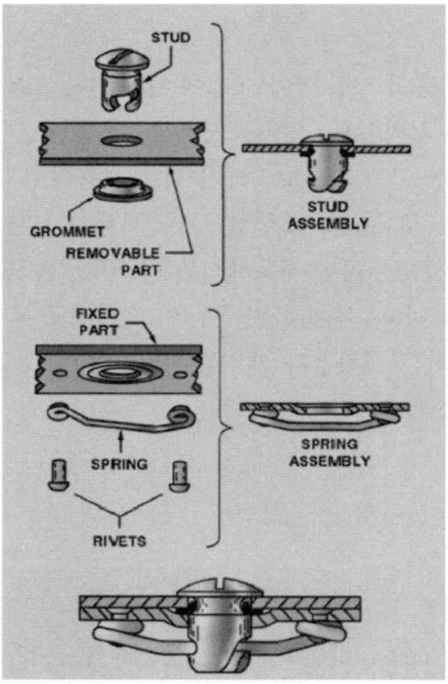

그림 4-31 쥬스 패스너

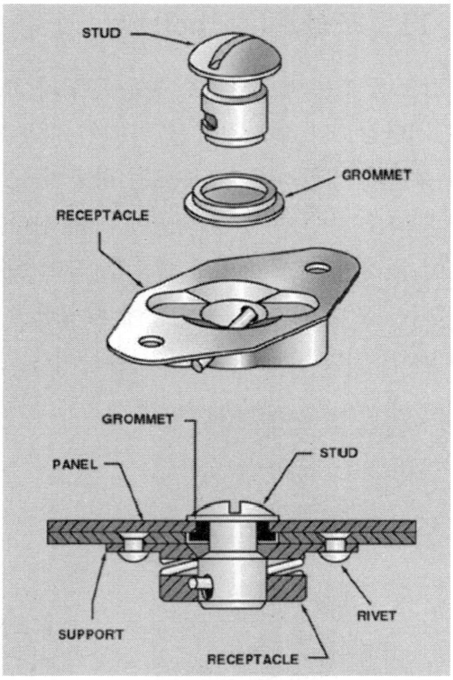

그림 4-32 캠록 패스너

(3) 에어록패스너(air lock fastener)

스터드, 크로스핀, 리셉터클로 구성되어 있으며 신속하게 조이거나 풀 수 있다.

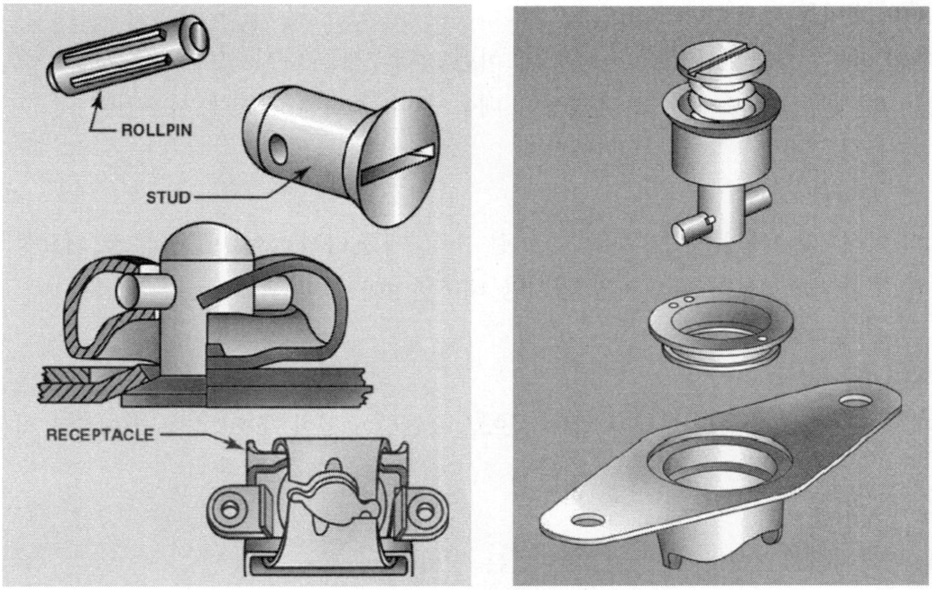

그림 4-33 에어록 패스너

4.2 조종 케이블(Control cable)

케이블(cable)은 항공기의 작동 계통을 조작하기 위한 동력을 전달하는 역할을 한다. 운동 전달거리가 길 때에는 조종 케이블을 사용하고, 운동 전달거리가 짧을 때에는 조종 로드를 사용한다. 항공기용 조종 케이블은 조종계통의 조종 변위를 전달하는 부품으로서, 가는 와이어를 꼬아 만든 케이블과, 케이블 양끝의 고정 부품인 케이블 단자로 구성되어 있다.

케이블의 크기는 지름으로 표시한다. 항공기에 적용하는 케이블 치수는 1/32~3/8인치이며 (1/32인치 간격으로 증가), 1/8인치보다 적은 것은 주 조종케이블(main control system)에 사용할 수 없다.

4.2.1 구성에 따른 분류

조종 케이블은 고탄소강이나 스테인리스강으로 된 와이어 여러 가닥을 그림 4-34와 같이 꼬아서 만들어진 것을 사용하는데, 다음과 같이 와이어의 꼬아진 형태에 따라 나누어 생각할 수 있다.

1) 7×19 **케이블**

19개의 와이어로 1개의 가닥을 만들고, 이런 가닥 7개를 다시 꼬아 만든 것으로 초가요성 케이블이라 한다. 강도가 높고 유연성이 매우 좋아 주조종 계통에 사용된다.

2) 7×7 **케이블**

7개의 와이어로 1개의 가닥을 만들고, 이런 가닥 7개를 다시 꼬아 만든 것으로 가요성 케이블이라 하고 초가요성보다 유연성은 없지만 내마멸성이 크다.

3) 1×19 **케이블**

19개의 와이어로 하나의 가닥을 만든 것으로 유연성이 없어 구조보강용 케이블로 사용된다.

4) 1×7 **케이블**

7개의 와이어로 1개의 가닥을 꼬아 만든 것이다.

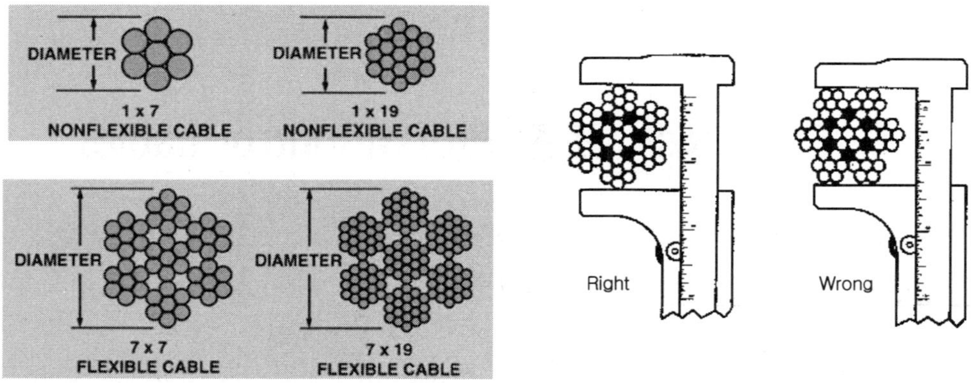

그림 4-34 케이블 종류와 크기 측정

4.2.2 유연성에 따른 분류

1) **가요성 케이블**(flexible cable)

항공기의 조종계통에 주로 쓰이며 조종 케이블이나 컨트롤 케이블이라 불린다. 유연성이 높고 굽힘 피로에 잘 견딘다. 7×19 케이블, 7×7 케이블이 이에 해당한다.

2) **비가요성 케이블**(non-flexible cable)

쉽게 구부러지지 않는 강성이 강한 와이어로프의 일종으로 유연성이 없어 풀리를 거치지 않는 직선운동 방향에만 사용된다. 1×7 케이블, 1×19 케이블이 이에 해당한다.

4.2.3 관련 부품

케이블 끝이 풀리지 않도록 케이블 단자를 사용하는데, 그림 4-35에 보인 것과 같이 여러 형태의 단자가 있으며 다음과 같이 분류하기도 한다.

i) 직선형 ; 스터드 터미널, 포크 엔드 터미널, 아이 엔드 터미널
ii) 볼형 ; 싱글 섕크 볼 엔드 터미널, 더블 섕크 볼 에드 터미널
iii) 베어링 엔드

그림 4-35 케이블 단자의 종류

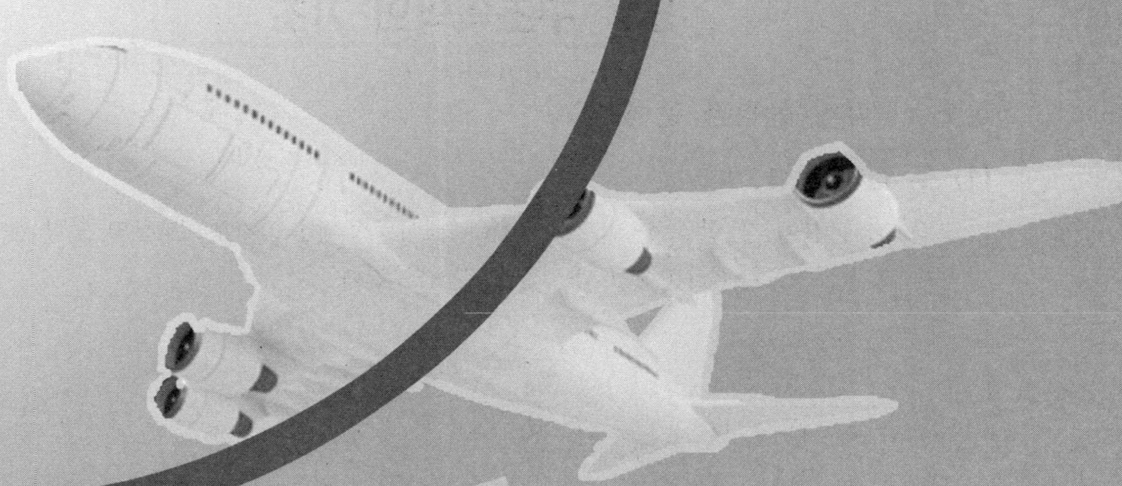

5 기체구조의 이해

효율적 비행을 위한 항공기의 적절한 외곽형상이 결정되면 구조설계자들은 기체의 외곽형상을 유지하기 위한 구조물을 설계·제작하게 된다. 기체를 구성하는 구조부재의 기본적인 역할은 구조물의 형상 유지와 사용 중 기체에 발생하는 모든 힘을 감당하도록 함으로써 구조물의 안전성을 확보하는 것이다. 아울러, 구조물의 변형으로 인해 공기역학적 효율을 저하시키거나 비행성능에 문제가 발생하지 않도록 비행 중 구조물의 변형을 적절히 억제할 필요가 있다. 구조물의 안전은 구조부재의 강도를 확보함으로서 지킬 수 있고, 구조물의 변형은 구조물의 적절한 강성을 확보함으로서 억제할 수 있다.

5.1 구조역학의 기초

5.1.1 힘의 합력과 분력

(1) 두 힘의 합력

그림 5-1과 같이 각 힘을 한 변으로 하는 평행사변형이나 삼각형으로부터 구할 수 있다. 합력의 크기(R)는 평행사변형의 대각선의 길이와 같다.

$$P+Q=R \tag{5-1}$$

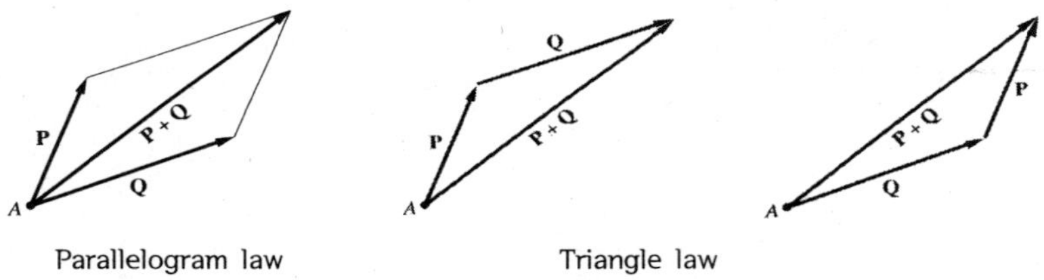

그림 5-1 두 힘의 합력

(2) 힘의 분력

평행사변형 법칙을 이용하면 하나의 힘을 원하는 방향 성분을 갖는 두 개의 힘으로 분해할 수 있다. 그림 5-2와 같이 F를 F_1, F_2나 F_1', F_2' 또는 F_1'', F_2''로 분해할 수 있다. 이와 같이 얻은 힘을 분력이라 한다.

2차원 평면인 경우 하나의 힘을 그림 5-2와 같이 직각좌표계의 성분으로 표시할 수 있으며 그 크기는 다음과 같다.

$$F_x = F\cos\theta \tag{5-2}$$

$$F_y = F\sin\theta \tag{5-3}$$

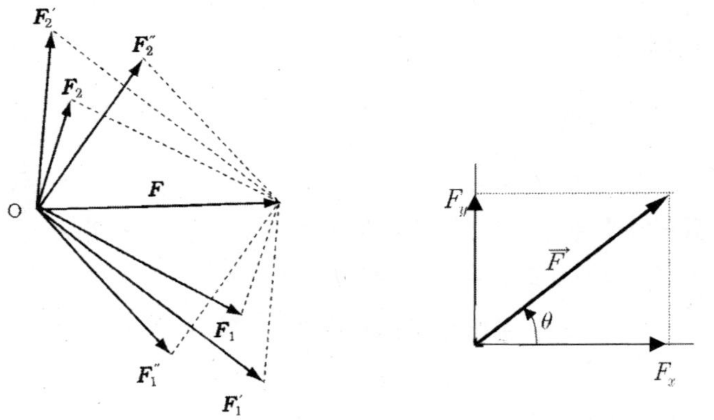

그림 5-2 힘의 분력

5.1.2 모멘트(Moment)

물체를 회전시키려는 힘을 모멘트라 한다. 즉, 그림 5-3과 같이 볼트를 조이기 위해 렌치에 힘을 주었을 때 볼트에 작용하는 회전력을 모멘트라 한다. 모멘트(M)의 크기는 다음과 같이 계산된다. 렌치에 가한 힘의 크기와, 힘과 볼트 사이의 수직 거리(d)에 따라 달라지며 다음 식으로 구한다.

$$M = Fd \tag{5-4}$$

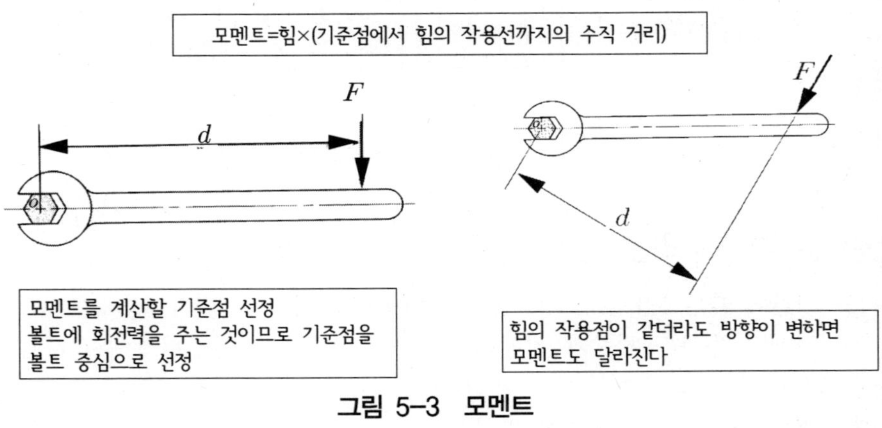

그림 5-3 모멘트

힘에 의해 발생하는 모멘트의 크기를 구할 때는 먼저 기준점을 정하고 기준점에 대한 모멘트를 계산한다. 그림과 같이 볼트를 조이고자 할 때는 볼트 중심에 작용하는 회전력이 중요하므로 볼트의 중심이 모멘트 기준점이 되고 이를 모멘트 중심이라 한다.

5.1.3 하중의 종류

(1) 작용영역에 따른 분류

하중은 어디에 작용하는가에 따라 다음 표와 같이 구분할 수 있다. 외부로부터 구조물의 표면에 작용하는 표면하중과 구조물의 질량에 의해 발생하는 무게와 관성력 같은 체적하중으로 구분할 수 있다. 물체에 작용하는 모든 힘의 합이 0이 아닌 상태, 즉 무게를 포함한 모든 힘이 균형을 맞추지 못해 알짜 힘(net force)이 있는 경우 물체는 뉴톤의 운동법칙에 따라 가속운동을 하게 된다. 이때 속도의 변화로 나타나는 가속도의 크기에 맞추어 물체의 질량 분포에 따른 관성력이 발생하게 된다.

표 5-1 작용 영역에 따른 하중의 분류

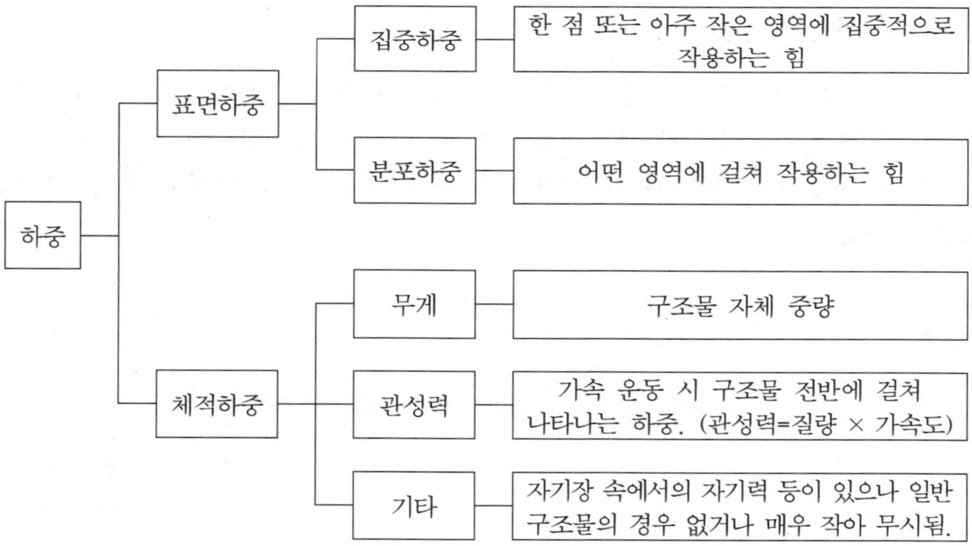

(2) 작용하는 시간에 따른 분류

작용하는 시간에 따른 분류로서 정하중과 동하중으로 나눌 수 있다. 정하중에는 오랜 시간 크기가 일정하게 작용하는 하중과 천천히 크기가 변화하는 하중, 반복해서 나타나는 정적 반복 하중 등이 있다. 동하중은 짧은 시간 동안 변화하는 하중을 말하며, 특히 아주 짧은 시간에 가해지는 하중을 충격하중이라 한다.

(3) 내력(internal force)과 외력(external load)

구조물 전반에 걸쳐 외부에서 가해진 하중을 외력이라 한다. 이러한 힘은 각 구조부재를 통해 전달되는데, 구조부재를 통해 전달되어지는 힘을 내력이라 한다.

그림 5-4와 같이 날개에 양력이 작용하면 날개는 양 끝이 위로 구부러지려고 한다. 날개를 구부리려는 힘은 날개 내부에 굽힘모멘트(M)가 발생했기 때문이다. 그림에서 양력(L)과 무게(W)는 외력에 해당하고 날개 단면을 통해 전달되는 굽힘모멘트와 전단력(V)을 내력이라 하며, 내력에는 다음과 같은 것들이 있다.

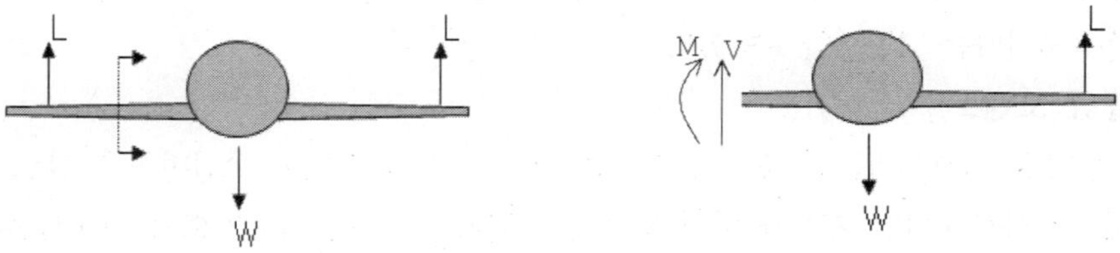

L, W ; 외력 V, M ; 내력

그림 5-4 외력과 내력

표 5-2 내력의 분류

하중	축 하중(수직하중)	인장하중	부재의 길이 증가	
		압축 하중	부재의 길이 감소	
	전단하중(접선하중)	전단하중	각 변형 발생	
모멘트	굽힘모멘트	굽힘 변형 발생	길이의 증가	인장하중
			길이의 감소	압축 하중
	비틀림 모멘트	비틀림 변형 발생	각 변형 발생	전단하중

① **축 하중**

그림 5-5에서 인장하중과 압축 하중을 말하며, 하중 방향으로 길이의 변화가 나타난다. 부재의 단면에 수직한 방향의 하중이므로 수직하중이라 부른다.

② **전단하중**

부재의 수직단면과 나란한 접선 방향의 힘으로 두 부재를 결합하는 볼트의 중앙 단면에 잘 발생하고 그림과 같이 각 변형을 일으킨다.

③ **굽힘모멘트**

그림에 보인 것처럼 부재를 구부리는 모멘트로 부재에 굽힘 변형이 발생하는데, 단면의 한쪽은 길이가 증가하고 다른 쪽은 길이가 감소하는 것이므로 부재 내부에 인장하중과 압축 하중을 발생시킨다는 것을 알 수 있다.

④ **비틀림 모멘트**

비틀림 변형을 발생시키는 하중으로 부재는 그림과 같이 단면이 회전변형을 일으키게 된다. 변형 전에는 직사각형이던 요소가 변형 후에는 그림처럼 각 변형을 일으켜 평행사변형 모양으로 변화하는 것으로부터 전단하중이 발생한다는 것을 알 수 있다.

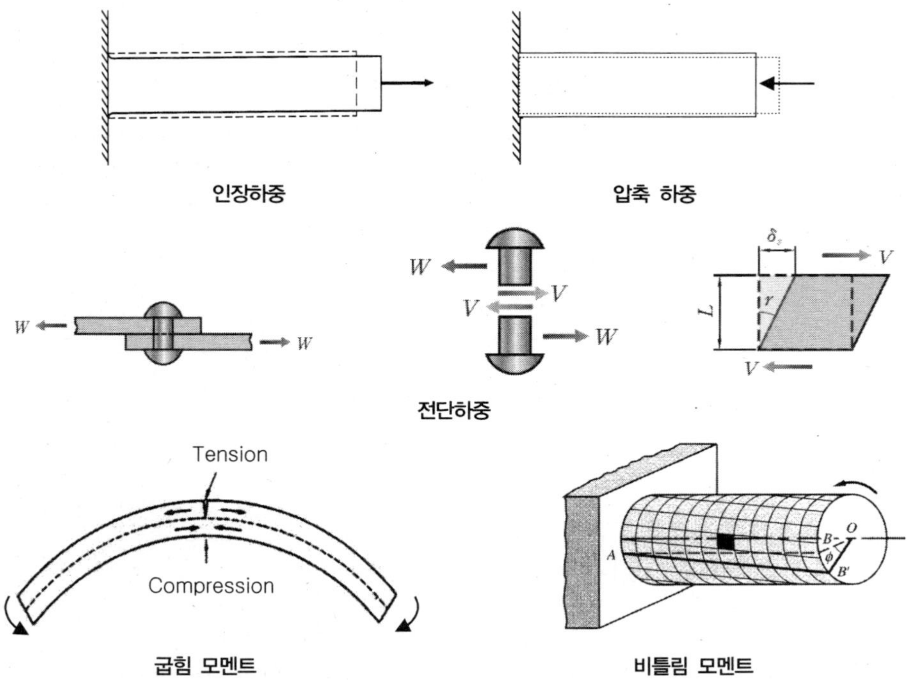

그림 5-5 내력의 종류와 변형

5.1.4 응력과 변형률

(1) 응력(Stress)

부재가 하중을 받으면 부재 내부에 저항 내력이 발생하여 외력과 평형을 이루게 된다. 구조 부재에 발생한 내력의 크기만으로는 위험한 정도를 쉽게 알 수가 없다. 힘이 크게 걸리는 부재는 단면적이 크도록 설계하기 때문에 단위 면적에 얼마만한 크기의 힘이 작용하는가가 더욱 중요하게 된다. 응력이란 단위 면적당 내력의 세기를 말하며, 단면에 작용하는 하중의 방향에 따라 수직응력과 전단응력으로 나누어 생각할 수 있다. 응력의 종류는 그림 5-6과 같다.

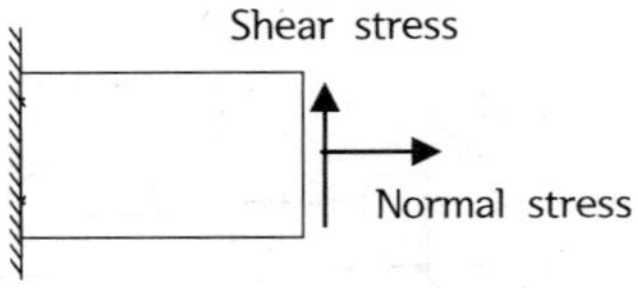

그림 5-6 응력의 종류

① **수직응력(Normal stress)**

인장력을 받는 부재에서는 인장응력이 발생하고, 압축력을 받는 부재에서는 압축응력이 생긴다. 이러한 응력은 단면에 수직인 방향으로 작용하므로 수직응력이라 하고 힘의 방향으로 부재의 길이가 변화하는 변형을 수반한다. 응력을 σ, 내력을 P, 단면적을 A라 할 때 응력의 크기는 다음 식으로 계산된다.

$$\sigma = \frac{P}{A} \tag{5-5}$$

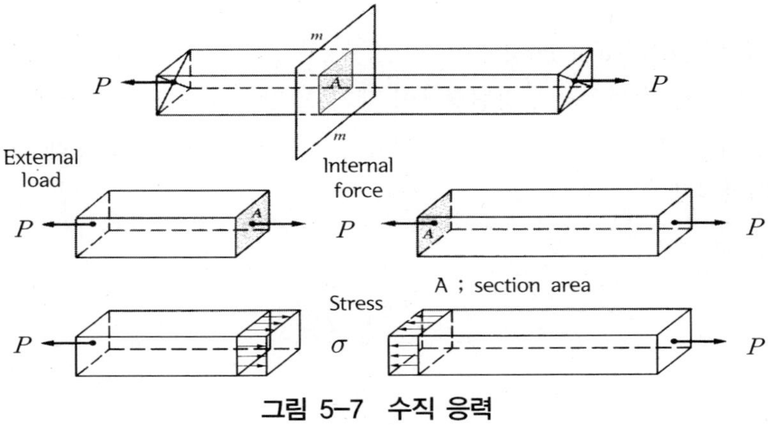

그림 5-7 수직 응력

② **전단응력(Shear stress)**

접선방향 하중에 대한 응력으로 접선응력이라고도 하며 전단하중의 크기를 τ라 할 때, 다음 식으로 구한다.

$$\tau = \frac{P}{A} \tag{5-6}$$

응력의 단위는 압력과 같이 MPa, kg/mm^2 등이 사용된다.

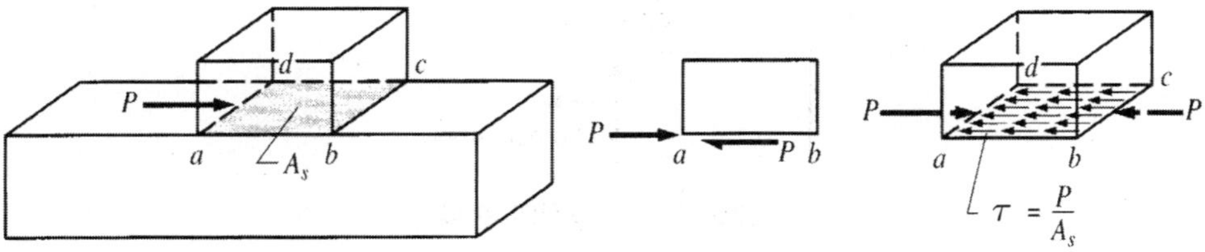

그림 5-8 전단응력

(2) 변형률(Strain)

변형률이란 단위길이 당 변형된 길이를 의미하는 것으로 그림 5-9에 보인 변형량(δ)을 원래 길이로 나눈 값을 말한다. 앞에서 언급한 것처럼 단면에 수직한 하중은 길이의 변화를 유발하고 전단하중은 각 변형의 형태로 나타난다. 두 변형의 형태가 다르기 때문에 응력을 수직응력과 전단응력으로 구분한 것처럼 변형률도 수직변형률과 전단변형률로 구분하여 다룬다.

① **수직변형률(Normal strain)**

인장력을 받는 곳에서는 인장변형률이 생기고, 압축력을 받는 부재에서는 압축 변형률이 생긴다. 부재의 변형 전 길이를 L, 길이의 변화량을 δ, 변형률을 ϵ라 하면 변형률은 다음 식으로 계산된다.

$$\epsilon = \frac{\delta}{L} \tag{5-7}$$

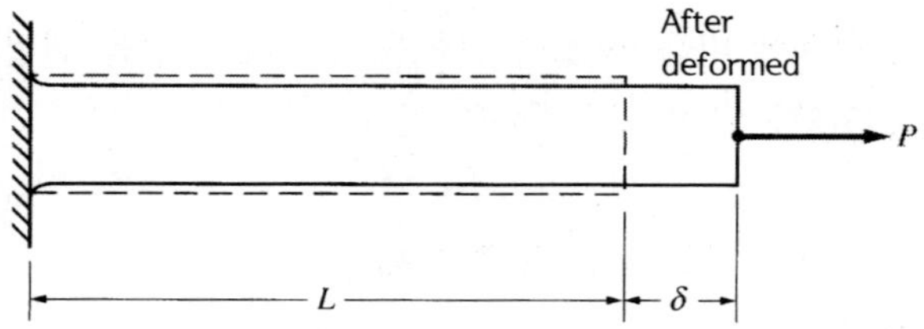

그림 5-9 변형률

② **전단변형률(Shear strain)**

그림 5-10과 같이 전단력을 받고 있는 부재가 δ_s 만큼 찌그러지는 변형이 나타나고, 그 사이의 거리를 L이라고 하면, 전단변형률 γ는 다음과 같이 계산된다.

$$\gamma = \frac{\delta_s}{L} \tag{5-8}$$

금속의 경우, 전단변형량은 매우 작으므로 $\gamma \ll 1$ 이고, $\tan\gamma \approx \gamma = \frac{\delta_s}{L}$ 이므로 전단변형률은 결국 그림에서 찌그러진 각의 크기와 같게 되는데, 이를 전단각이라 한다.

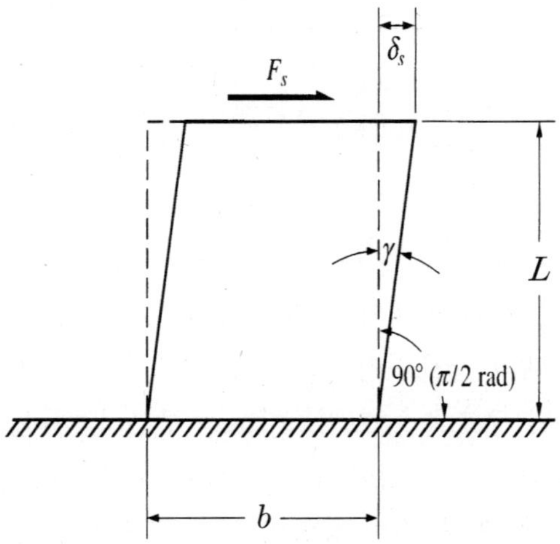

그림 5-10 전단변형률

5.1.5 구조 부재

구조부재들은 크기와 형태에 따라 적절히 변형을 수반하며 힘을 전달하게 되고 감당하는 하중의 형태에 따라 표 5-3과 같이 분류할 수 있다.

표 5-3 구조 부재의 분류

구조부재	분류	부재	설명
구조부재	봉재	축력 부재 (rod)	길이 방향의 축력만 감당하는 부재 인장 또는 압축 하중만 감당 동체의 스트링거
		보 (beam)	축력과 전단력, 굽힘 하중을 함께 감당하는 부재 날개의 스파, 굽힘강성이 큰 론저론
		기둥 (column)	압축 하중을 감당하는 부재
	판재	막 (membrane)	두께가 매우 얇아 굽힘에 전혀 저항하지 못하는 부재 풍선
		쉘 (shell)	구부러진 형태의 판재로 굽힘에 어느 정도 저항하는 부재 동체나 날개 스킨
		판재 (plate)	평평한 형태의 부재로 두께가 있어 굽힘에도 저항

(1) 봉재

길이가 폭이나 두께에 비하여 긴 형태의 부재로, 굽힘 강성이 작아 구부러지기 쉬운 구조부재를 축력부재라 하며, 동체의 스트링거, 굽힘 강성이 작은 론저론 등이 이에 해당한다. 특별히 축력 부재로만 구성된 구조물을 트러스(truss) 구조라 한다. 여객기 동체의 형상을 유지시키는 프레임(frame)이나 굽힘강성이 큰 론저론, 날개를 구성하는 스파(spar)는 보(beam)의 특성을 잘 보인다. 봉재 중 길이 방향의 압축 하중을 받는 부재로 특정 값 이상의 압축 하중을 받을 때 갑작스럽게 구부러지는 부재를 기둥(column)이라 한다.

(2) 판재

가로와 세로의 길이가 두께에 비해 상당히 큰 부재를 말한다. 두께가 비교적 두꺼운 부재는 굽힘에 대하여 저항하므로 두께에 따라 힘의 분포가 일정하지 않게 되는데 이러한 부재를 판재 또는 쉘이라 한다. 쉘은 곡률을 가지는 구부러진 형태를 말하고, 판재는 곡률이 없는 평평한 형태의 부재를 말한다. 두께가 상대적으로 매우 얇아 굽힘에 거의 저항을 하지 못하는 부재를 막(membrane) 부재라 한다.

5.2 기체구조 형식

기체구조는 트러스 구조와 응력-스킨 구조로 나누어 생각할 수 있다. 골격(트러스)이 모든 하중을 감당하고, 골격을 감싸는 스킨은 기체 내부와 외부를 차단하는 막으로 하중을 감당하지 않고 기체 주위를 흘러가는 공기의 흐름이 원활하도록 하는 기능을 하도록 설계한 것이 트러스(truss) 구조이다. 응력-스킨 구조에서는 기체를 구성하는 스킨도 하중의 일부 또는 전부를 감당하도록 설계되는데, 스킨이 모든 하중을 전담하도록 하는 모노코크(monocoque) 구조와 스킨과 골격이 함께 하중을 분담하는 세미 모노코크(semi-monocoque) 구조의 형태가 있다.

5.2.1 트러스 구조

그림 5-11 트러스 구조

그림 5-11에 보인 에펠탑과 같이 골격을 이루는 부재의 양 끝을 볼트로 연결하여 구조 부재가 축 하중만을 감당하도록 만들어진 구조를 트러스 구조라 한다.

트러스 구조 형식의 항공기는 트러스 골격 위에 천이나 얇은 금속판 형태의 스킨(skin)을 덧씌우는 형태로 제작된다. 운용 중 감당해야 할 하중은 트러스 골격이 모두 감당하고, 스킨은 비행 중 기체 주위로 흐르는 공기의 흐름을 원활하게 하는 정도의 역할을 감당하도록 한다. 스킨의 내부와 외부의 압력차로 인한 힘은 일차적으로 스킨이 받아서 인접한 트러스 골격에 전달하는 것으로 임무를 다하게 된다. 트러스 구조는 간단한 형태로 설계되며, 구조가 간단하고 제작이 용이하며 제작비용도 적다는 장점이 있다.

그림 5-12 라이트 형제가 제작한 플라이어

그림 5-12에 보인 라이트 형제가 개발한 항공기가 트러스 구조 형식을 따르고 있다.

이상적인 트러스 구조의 부재는 인장이나 압축 하중만을 감당하게 되므로 사용 중 구조물의 변형을 억제하기 위해서는 그림 5-13과 같이 삼각형 형태로 트러스 구조가 만들어져야 한다. 그림과 같이 사각형 링크 형태로 제작된 상태에서 힘을 받으면 구조물 형상이 쉽게 변형되므로 구조물로서의 역할을 감당하기 어려우므로 그림과 같이 대각선 부재를 추가하여 삼각형 형태로 트러스 구조를 이루도록 함으로서 변형을 억제시키게 된다. 그림에 보여준 것처럼 에펠탑의 경우 대각선 방향의 부재를 배치하다 보니 구조물 내부에 텅 빈 공간을 확보하는데 어려움이 있다.

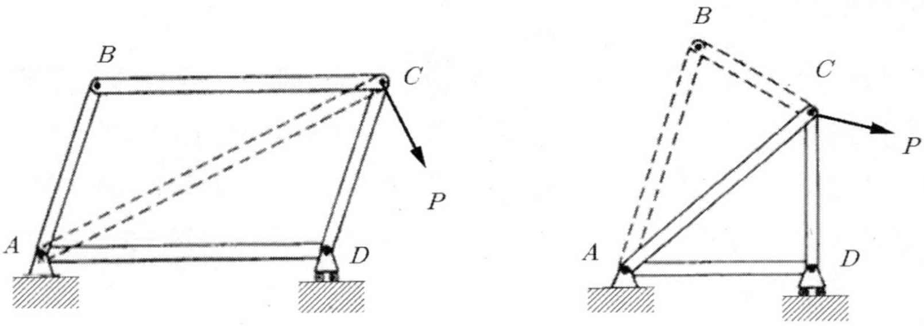

그림 5-13 트러스 구조의 형태

그림 5-14와 같이 일부 부재가 축 방향 하중과 더불어 굽힘에도 저항할 수 있는 부재를 포함한 형태의 트러스 구조로 설계/제작되더라도 변형을 억제하기 위한 대각선 부재를 모두 없애기는 어려운 상태가 된다. 따라서 승객이나 화물을 탑재하기 위한 넓은 공간을 확보해야 하는 기체구조물의 특성상 트러스 구조 형태는 적용하기가 어려우므로 트러스 구조형식의 기체구조물은 일부 소형기에 제한적으로 적용되고 있다.

항공기에 적용되는 트러스의 형태로는 그림과 같이 프랫 트러스(Pratt truss)와 워렌 트러스(Warren truss)가 있다. 프렛 트러스는 구조 골격의 변형을 억제하기 위해 대각선 방향의 보강선을 설치한 것으로 론저론(longeron)이 주하중을 감당하고 수직부재는 압축 하중을, 보강선(대각선 부재)은 인장하중을 감당하도록 제작된다. 워렌 트러스의 경우 주하중을 감당하는 론저론에 직각방향인 부재와 대각선부재(인장 또는 압축 하중을 감당)를 용접하여 결합한 형태로 제작된다.

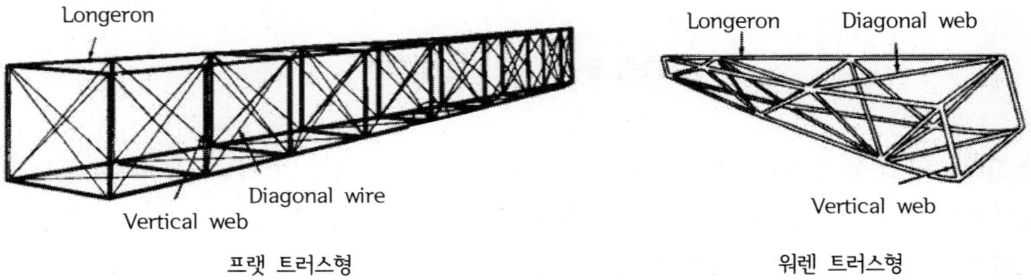

프랫 트러스형 워렌 트러스형

그림 5-14 트러스 구조의 형태

트러스 골격에 얇은 스킨을 씌우는 경우 스킨이 골격이 닿는 곳을 기준으로 이웃하는 두 면이 꺾이므로 기체의 외형에 각진 부분이 발생하기 쉬워 유선형의 기체를 제작하는 것이 곤란할 수 있다.

5.2.2 모노코크 구조

모노코크 구조는 튜브나 원통형의 구조로 만들어진 것인데, 구조물의 형상을 유지하기 위한 골격인 정형재(former) 외부에 스킨이 부착된 형식을 취하고 있다. 이러한 형식으로 제작된 기체구조에서 정형재는 그림 5-15에서와 같이 일정한 간격으로 배치돼 있어 동체 길이 방향으로 하중이 전달되는데 아무 역할을 할 수 없으므로 사용 중 발생하는 모든 하중을 스킨이 감당하게 된다. 스킨에 발생하는 하중은 동체의 경우 보통 비행 중 굽힘하중으로 인해 상부에는 동체 길이 방향으로 인장하중이, 하부에는 압축 하중이 발생하므로 모노코크 구조의 스킨이 인장하중과 압축 하중을 모두 감당해야 한다.

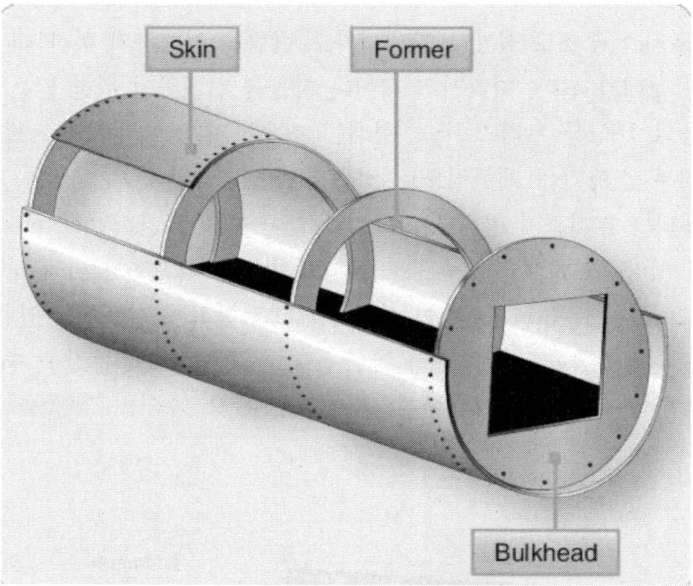

그림 5-15 모노코크 구조

스킨이 인장하중을 받는 경우 소재의 강도에 상응하는 하중을 받기까지는 아무런 문제없이 파손되지 않고 감당할 수 있다. 그러나 압축 하중을 받는 경우는 문제가 다르다. 스킨이 압축을 받으면 압축에 따른 길이의 축소변형이 아니라 압축에 의한 좌굴(buckling) 형태로 파손된다. 가늘고 긴 막대가 압축 하중을 받으면 길이가 축소되는 형태의 변형이 증가하다 파괴되는 것이 아니고, 구부러지는 형태의 변형이 나타나며 파괴되는 데, 이러한 현상을 좌굴이라 한다. 좌굴을 피하기 위해서는 스킨의 두께를 매우 크게 증가시켜야 하는데 무게도 함께 증가하므로 최대한 가볍게 설계되어져야 한다는 조건에 상반되므로 스킨의 두께는 함부로 증가시킬 수 없게 되므로 모노코크 구조 형태는 인장하중만을 받거나 아주 작은 압축 하중을 감당하는 기체 구조에 제한적으로 적용할 수 있게 된다. 인장과 압축이 크게 발생하는 항공기 동체로는 부적당하고 압축 하중이 적게 나타나는 미사일 구조나 소형 헬기의 테일붐(tail boom) 구조 등에 일부 적용이 가능하다.

5.2.3 세미 모노코크 구조

모노코크 구조의 단점을 보완하여 가벼우면서도 큰 압축 하중도 감당할 수 있도록 설계된 구조물이 세미 모노코크 구조이다.

두께가 얇은 평평한 판은 쉽게 좌굴이 되지만, 그림 5-16과 같이 얇은 판을 단면이 구부러진 형태로 만들면 단면의 2차 모멘트가 증가하여 좌굴이 쉽게 발생하지 않는다. 단면적의 증가 없이 단면의 형태를 변화시킴으로서 무게의 증가가 수반되지 않는 상태에서 더 큰 압축 하중을 좌굴 없이 감당할 수 있게 된다.

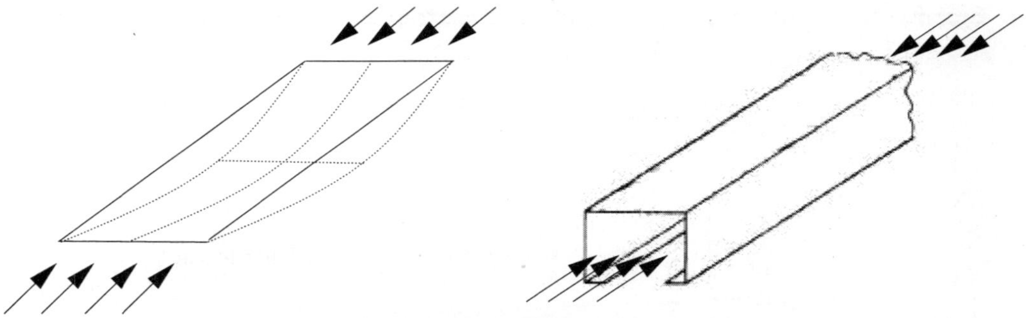

그림 5-16 단면의 변화에 따른 좌굴 강도

이러한 특성을 이용하여 그림 5-17에 보인 것과 같이 여러 단면 형상의 골격을 만들어 얇은 스킨에 덧붙이면, 골격이 감당할 수 있는 힘이 증가하여 골격이 좌굴에 이르기까지는 스킨의 형태가 크게 변형되지 않고 견딜 수 있게 된다. 기체구조에서는 스킨을 보강하기 위해 부착된 스트링거나 론저론이라 불리는 부재가 골격의 역할을 감당하게 된다. 그림 5-18에 보인 것처럼 세미 모노코크 구조는 모노코크 부재에 스트링거(stringer)나 론저론(longeron)이 추가되어 동체 길이방향의 하중을 보강재와 스킨이 함께 감당할 수 있도록 한 것이다.

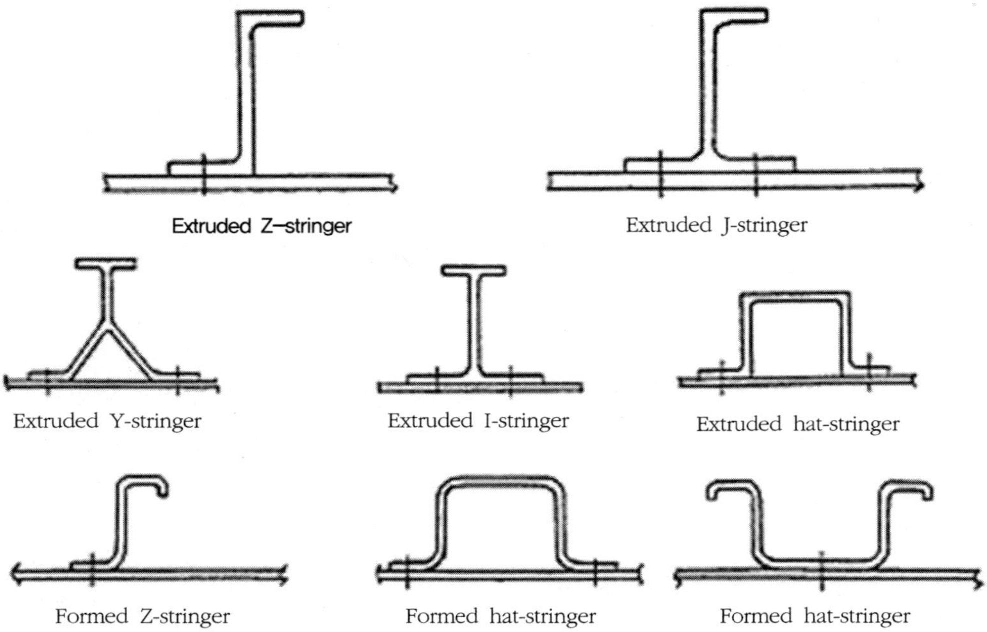

그림 5–17 스트링거의 형상

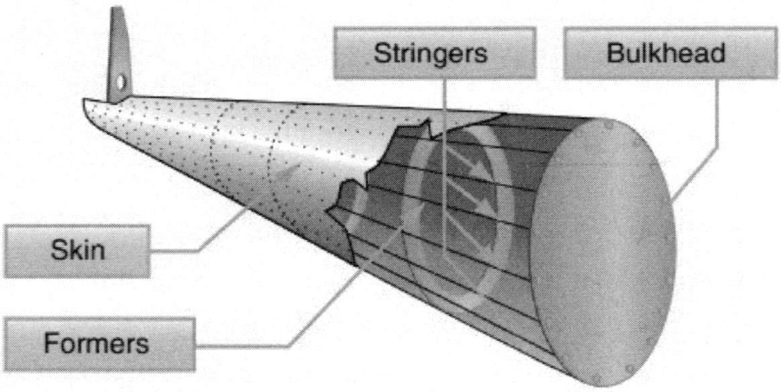

그림 5–18 세미 모노코크 구조

5.2.4 샌드위치(Sandwich) 구조

그림 5-19에 보인 것과 같이 두 장의 외판 사이에 무게가 가벼운 코어(core)를 넣어 접착제로 접착시킨 구조 형태를 샌드위치 구조라 한다. 내부 공간이 작은 스포일러나 규모가 작은 조종면의 경우 스킨 내부에 내부 골격을 장착하는 형태의 제작보다는 내부 공간을 무게가 가벼운 소재로 채우는 샌드위치 구조 형태의 제작이 효과적일 수 있다. 조종면에 발생하는 하중은

스킨이 감당하고, 코어는 상부 스킨과 하부 스킨의 간격을 일정하게 유지시키는 역할을 감당하게 된다. 내부에 삽입하는 코어의 형태로는 그림과 같이 벌집형(honeycomb type), 거품형(foam type), 파형(wave type)이 있다.

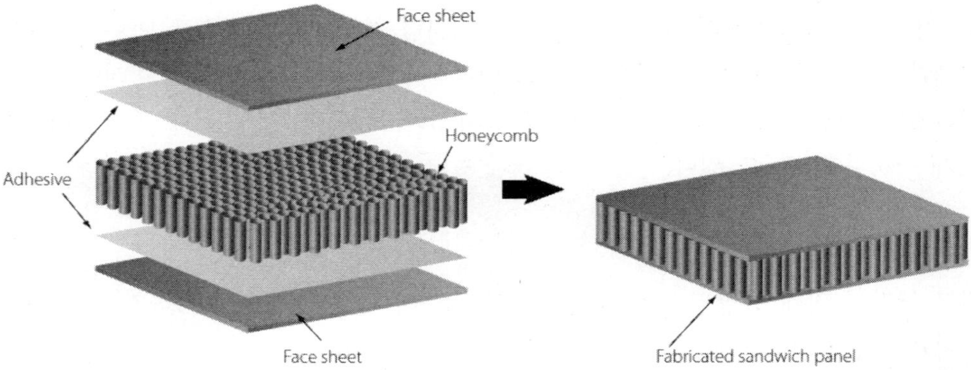

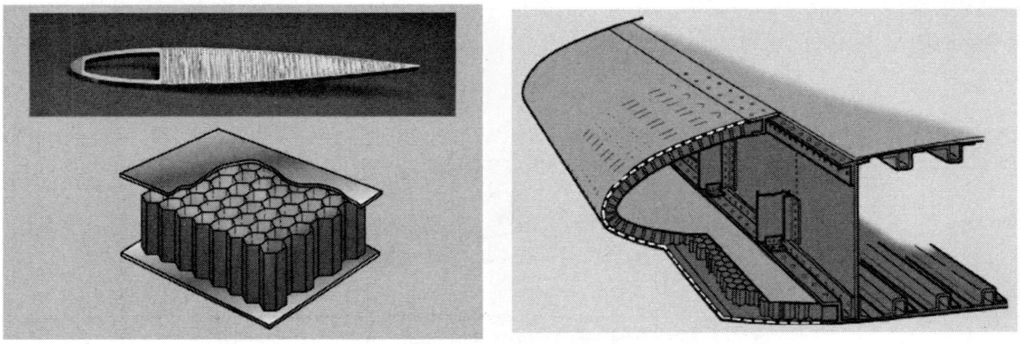

그림 5-19 샌드위치 구조-벌집형 코어

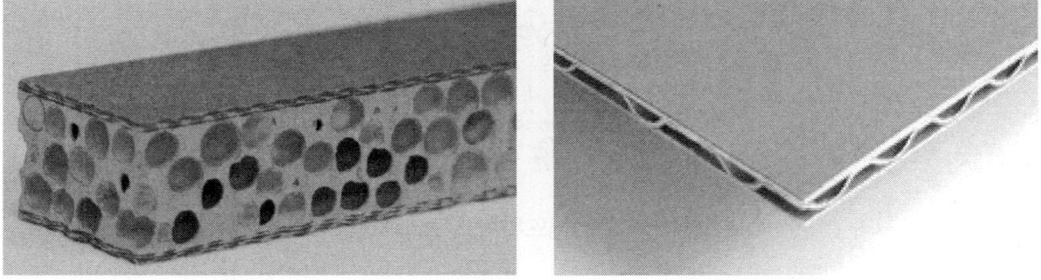

거품형 코어

파형 코어

그림 5-20 샌드위치 구조-코어

샌드위치 구조의 장단점은 다음과 같다.

1) **장점**

* 무게에 비해 강도 및 강성이 크고 가볍다.
* 보온 방습성이 우수하고, 진동에 대한 감쇄성이 크다.
* 부분적으로 충격에 강하다. 그림 5-21에 보인 것처럼 스파와 리브 등으로 보강된 구조에서는 보강재가 장착된 곳은 충분히 강하지만 보강재 사이 중간 지점은 내부가 비어 있어 스킨이 취약하지만, 샌드위치 구조는 전체 영역에 걸쳐 코어가 내부에서 지탱해 주기 때문에 스킨 전체가 강하다고 할 수 있다.

2) **단점**

* 내부 공간이 작게 분할되고 밀폐되어 있어 내부의 손상 상태를 파악하기 곤란하다.
* 코어와 스킨을 접착제로 붙인 형태이므로 고온에 약하다.
* 스킨이 얇아 우그러지기 쉽다. 접착부를 통해 코어 내부로 습기가 스며들면 코어가 부식되거나 붕괴되는 현상이 생길 수 있다.

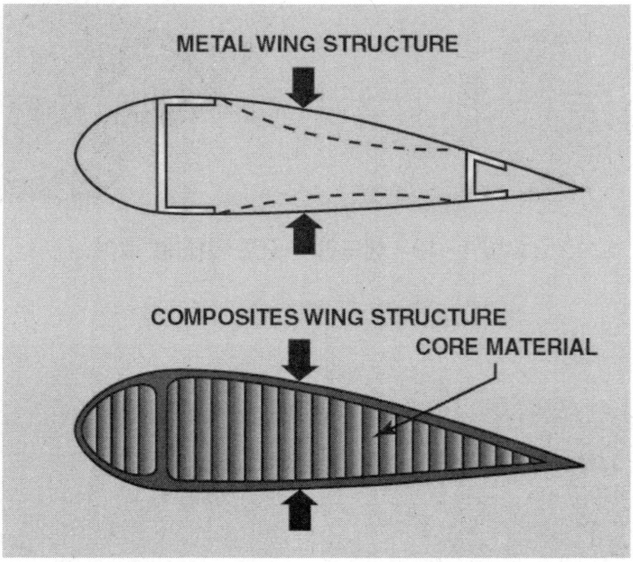

그림 5-21 샌드위치 구조의 특성

5.2.5 담당 하중에 의한 분류

구조부재가 감당하는 하중이 구조안전에 얼마나 영향을 미치느냐에 따라 1차 구조(primary structure) 부재와 2차 구조(secondary structure) 부재로 분류한다.

1차 구조 부재는 항공기 기체의 중요한 하중을 담당하는 구조 부재로 비행 중 파손되면, 항공기 기체 구조에 심각한 영향을 끼쳐 기체의 안전성 확보에 심각한 위협을 미칠 수 있는 구조부재이다. 날개의 스파, 스트링거, 스킨, 동체의 스킨, 론저론, 벌크헤드 등이 이에 해당한다. 동체의 형상을 유지하는 프레임, 날개의 형상을 유지하는 리브는 보통 큰 하중을 받고 있지는 않지만 스트링거나 론저론과 같은 종방향 부재의 좌굴 강도를 높여주는 역할을 하기 때문에 1차 구조 부재로 취급할 수 있다. 2차 구조 부재는 비교적 적은 하중을 담당하는 구조로서, 파손되더라도 구조적 안전성은 확보되어 있는 상태이다. 2개의 스파를 가진 날개에서 앞전 부분 구조부재나, 엔진이나 파일런을 감싸 공기의 저항을 줄여주는 역할을 하는 페어링 등이 2차 구조 부재에 속하며, 이 부분이 파손되면 항공역학적인 성능 저하를 초래하지만 곧바로 기체구조 전반의 파괴로 인한 사고로 이어지지는 않는다. 객실 선반, 문고리, 칸막이 등은 구조부재로 취급하지 않는다.

5.2.6 파손안전(Fail-safe) 구조

구조부재의 일부가 파손되더라도 비행 중에는 잔여 구조부재가 파손된 부재가 받던 하중을 감당하도록 설계하여 구조적 안전성을 확보하는 구조형식이다. 구조부재의 일부가 파손된 것을 인지하면 최대한 빨리 착륙하여 사고를 예방할 수 있도록 해야 한다. 지상에 복귀 후 파손 부위에 대한 보수를 한 다음 계속 사용할 수도 있고, 기체를 폐기 처분할 수도 있다. 그림에 4가지 방식의 파손안전 구조설계 개념을 보였다.

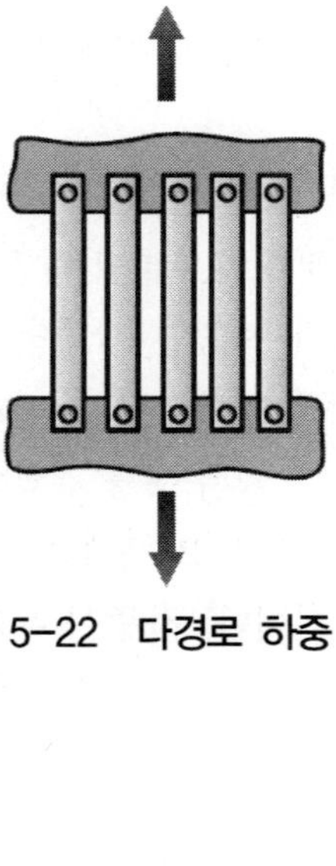

그림 5-22 다경로 하중 구조

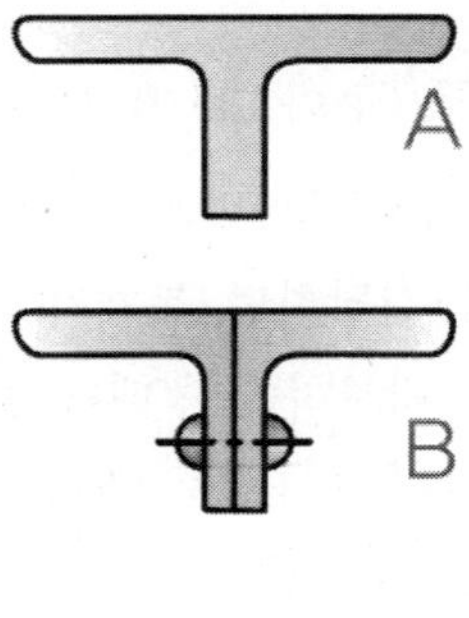

그림 5-23 이중 구조

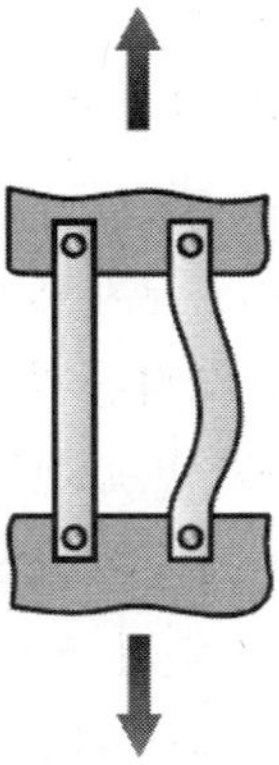

그림 5-24 대치 구조

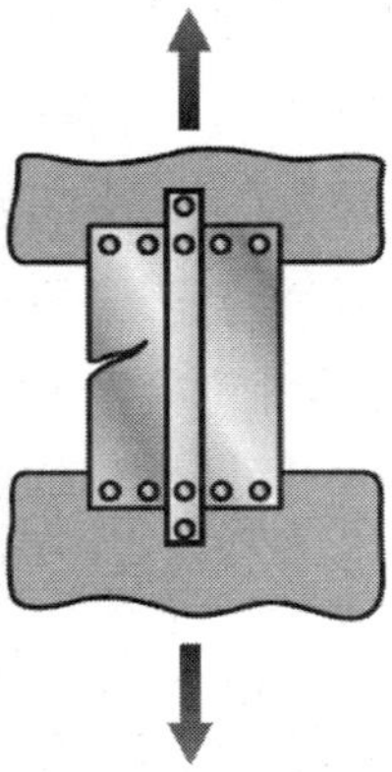

그림 5-25 하중 경감 구조

(1) 다경로 하중 구조(Multi-load path structure)

그림 5-22에 보인 것처럼 여러 개의 하중 경로가 설정돼 있어, 그 중 일부 부재가 파괴되더라도 그 부재가 담당하던 하중을 이웃의 다른 부재가 분담할 수 있도록 함으로서 구조 전체로는 치명적인 사고까지 이르지 않도록 한 구조형식이다.

(2) 이중 구조(Double structure)

하나의 큰 부재 대신 2개 이상의 작은 부재를 결합시킨 형태로 충분한 강도를 갖게 한 구조 방식이다. 하나의 부재만으로 결합된 경우 부재에 균열이 발생하면 빠른 시간 안에 균열이 성장하여 파괴에 이를 수 있지만, 두 개의 부재로 연결되어 있는 상태에서 하나의 부재에 균열이 발생하여 파괴되더라도 다른 부재에 균열이 발생하여 완전한 파괴에 이르기까지 시간이 소요되므로 그 기간 중에는 큰 사고로 이어지지 않도록 하는 구조형태이다.

(3) 대치 구조(Backup structure)

그림 5-24와 같이 두 개의 부재로 연결되었지만, 하나의 부재가 대부분의 하중을 감당하도록 하다가 하중을 감당하던 부재가 파손되었을 때, 다른 부재가 하중을 감당하도록 함으로서 구조적 안전을 확보하는 형태다. 그림은 이해를 돕기 위한 구조 형태이고, 실제에 있어서는 그림 5-26과 같이 A, B, 두 개의 부재로 연결된 구조라 할 때, A 부재를 결합하는 패스너는 패스너와 구멍의 틈새가 적거나 억지 끼워 맞춤 형태로 결합되고, B 부재는 그 틈새를 크게 하여 헐거운 끼워 맞춤 형태로 결합되도록 설계할 수 있을 것이다. 하중이 부가되면 틈새가

적은 A 부재가 하중을 감당하는 동안 B 부재는 넓은 틈새로 인해 패스너와 부재의 구멍이 접촉이 되지 않아 하중을 감당하지 않는 상태로 놓여있게 된다. 사용 중 A 부재가 파손에 이르게 되면, B 부재의 패스너가 접촉하게 되면서 B 부재가 하중을 감당하는 예비 부재의 성격을 가지도록 한 구조 형식이다.

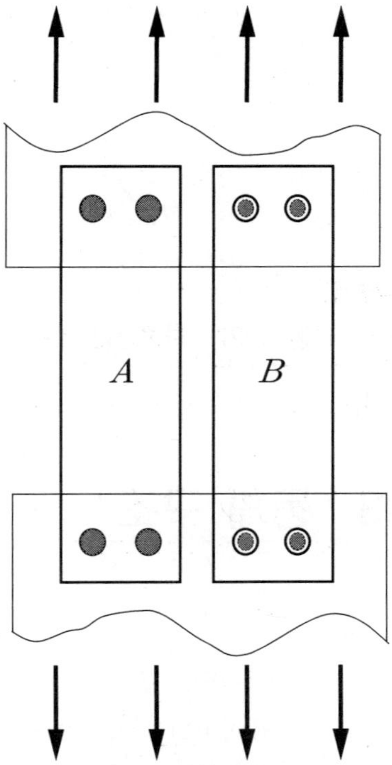

그림 5-26 대치구조

(4) 하중경감 구조(Load dropping structure)

그림 5-25와 같이 보강재가 부착된 스킨이 하중을 감당하다 스킨에 균열이 발생하여 균열이 보강재 근처로 성장하는 동안 스킨이 감당하던 하중이 점차로 보강재로 흘러가도록 하여 균열의 갑작스런 성장을 지연시키는 형식이다. 그림에 보강재가 있는 경우와 없는 경우의 균열성장 형태를 보였다. 그림 5-27에 보인 것처럼 보강재가 없는 경우에는 균열 성장이 계속 가속화되다 파괴에 이르게 되는데 반해, 보강재가 부착된 경우 스킨의 균열이 성장하면서 균열 선단이 보강재 근처에 이르면 스킨이 감당하던 하중을 점차로 보강재가 담당하면서 보강재가 감당하는 하중이 증가하여 보강재가 파손이 되기까지 균열의 성장이 지연되다 보강재가 파손되면서 스킨 균열이 급속히 성장하여 파괴에 이르는 형태가 된다.

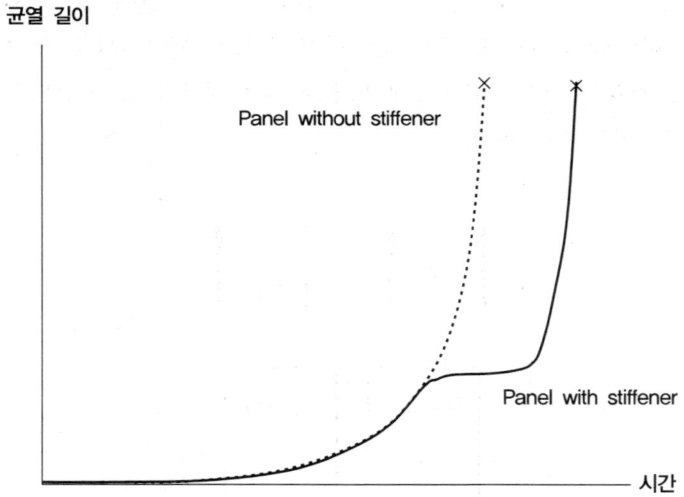

그림 5-27 하중경감구조

5.3 동체 구조

5.3.1 동체구조 형식

항공기 동체에 사용되는 구조로 그림 5-28과 같이 트러스 형 동체와 응력 스킨형 동체가 있다. 트러스형 동체는 설계와 제작이 용이하나 내부 공간의 마련이 용이하지 못하여 주로 소형 항공기에 국한되어 적용된다. 트러스 구조의 스킨은 하중을 감당하지 않고 기체 내부와 외부의 압력차에 의한 힘만 받아서 주위의 골격에 전달하는 역할만 감당하면 되므로 천이나 얇은 금속을 사용하게 된다. 이러한 스킨은 골격 주위에서 꺾이는 형태가 되어 동체를 유선으로 만들기 어려운 단점을 가지고 있다. 반면에 응력스킨형 동체는 스킨이 하중을 감당하도록 설계되므로 스킨의 두께가 증가해 스킨의 형상을 유선형으로 제작하기 쉽고 내부 공간을 마련하기 쉽다는 장점이 있으며 모노코크 구조 형식과 세미 모노코크 구조 형식으로 나누어 생각할 수 있다. 모노코크 구조 형식의 스킨은 파손안전구조에서 서술한 하중경감구조에서 보강재가 없는 형태이므로 균열과 같은 작은 손상이 성장하면서 그 속도가 가속화되다 마침내 파괴에 이르는 형태이므로 구조적 안전성을 확보하는데 어려움이 있을 수 있다는 단점을 가지고 있다. 이러한 단점을 보완한 것이 세미 모노코크 구조 형식으로 현대 항공기는 대부분 이런 형식을 채택하고 있다.

그림 5-28 트러스 구조 형식의 동체

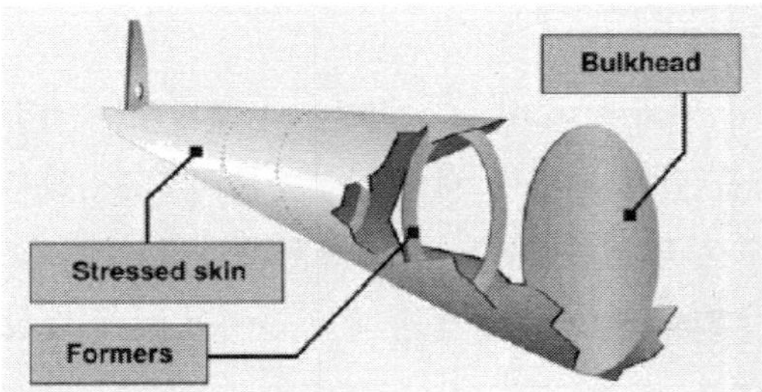

그림 5-29 모노코크 구조 동체

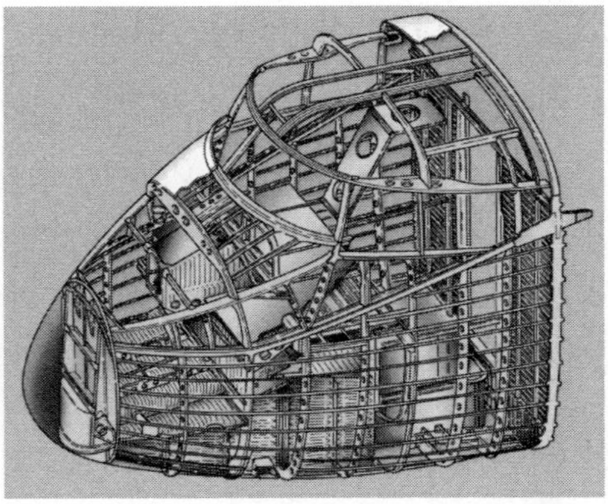

그림 5-30 세미 모노코크 구조 동체

(1) 트러스 구조 형식의 동체

트러스 형태의 골격에 우포 또는 얇은 금속판을 씌운 것으로 대표적 형태는 강관을 용접한 골격을 가진 동체이며, 강관의 재료로는 용접성이 좋은 저탄소강이나 니켈-크롬-몰리브덴강 등을 사용한다.

(2) 모노코크 구조 형식의 동체

스킨(skin), 벌크헤드(bulkhead), 포머(former) 등으로 구성된다. 포머(정형재 또는 프레임)

는 동체의 형상을 유지하는 역할을 하고 벌크헤드는 동체 앞과 뒤의 벽을 형성하거나 외부하중이 집중해서 들어오는 부위에 설치되어 외부하중을 스킨에 분산시키는 역할을 한다. 연속된 하나의 스킨으로 이루어진 경우 대부분 하중을 스킨이 감당하는 상황에서 균열과 같은 작은 손상이 발생했을 때 균열의 성장을 억제하는 부재가 없으므로 기체구조 전체의 파괴로 쉽게 이어질 수 있다.

(3) 세미 모노코크 구조 형식의 동체

세미 모노코크 구조는 프레임(frame 또는 정형재) 및 벌크헤드가 동체의 형태를 만들고 동체의 길이 방향으로 론저론(longeron), 스트링거(stringer)를 보강하여 그 위에 스킨(skin)를 입히는 구조이다. 스킨이 하중의 일부를 담당하고, 스킨을 보강하는 골격이 함께 하중을 감당하는 구조로 현대 항공기의 기체구조로 많이 사용된다. 효율적인 구조강도를 가지게 되어 기체구조의 무게를 경감시킬 수 있고 파손안전설계가 가능하나, 구조가 복잡하게 되어 설계 및 제작이 어려운 단점이 있다.

5.3.2 동체에 작용하는 하중

(1) 비행 하중

순항 상태에서 동체는 날개가 결합된 부위에서 동체를 떠받치고, 전방부와 후방부는 자중으로 인해 아래 방향으로 구부러지는 형태의 하중을 받게 되어 동체의 상부는 인장하중, 하부는 압축 하중을 받는 상태가 된다. 동체의 자중으로 발생한 굽힘 하중이 동체가 감당해야 할 큰 하중이 된다. 아울러 자중에 의한 전단하중이 그림 5-31과 같이 동체 단면에서 아래 방향으로 발생한다.

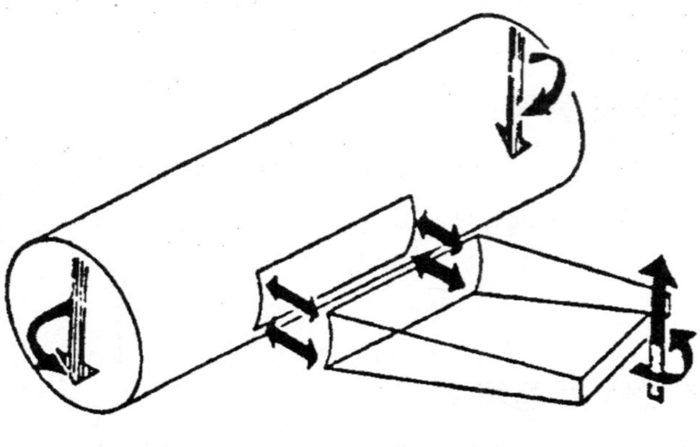

그림 5-31 동체와 날개의 굽힘과 전단

기체가 선회를 하는 경우 방향타를 움직여 기수를 좌 또는 우로 전환하고자 할 때 수직꼬리날개에서 기체의 횡 방향으로 양력이 발생하게 되는데 이 힘은 동체의 중심에서 위로 편위되어 있어 동체에는 그림 5-32와 같이 비틀림 하중이 발생하게 된다.

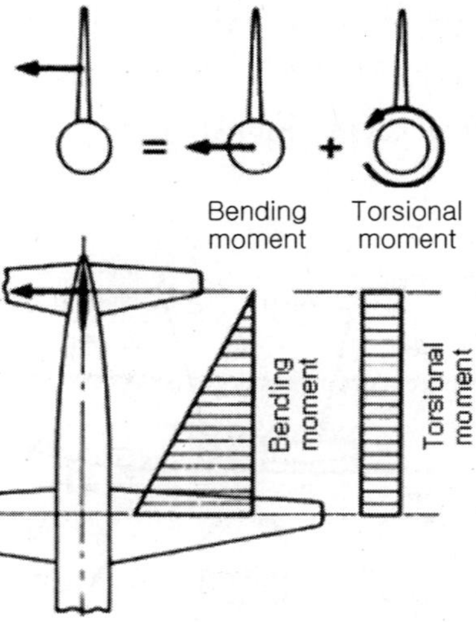

그림 5-32 동체의 비틀림 하중

그리고 엔진이 동체에 장착된 항공기의 경우 엔진의 추력으로 인해 동체는 그림 5-33과 같이 동체 길이방향의 축력을 받게 된다.

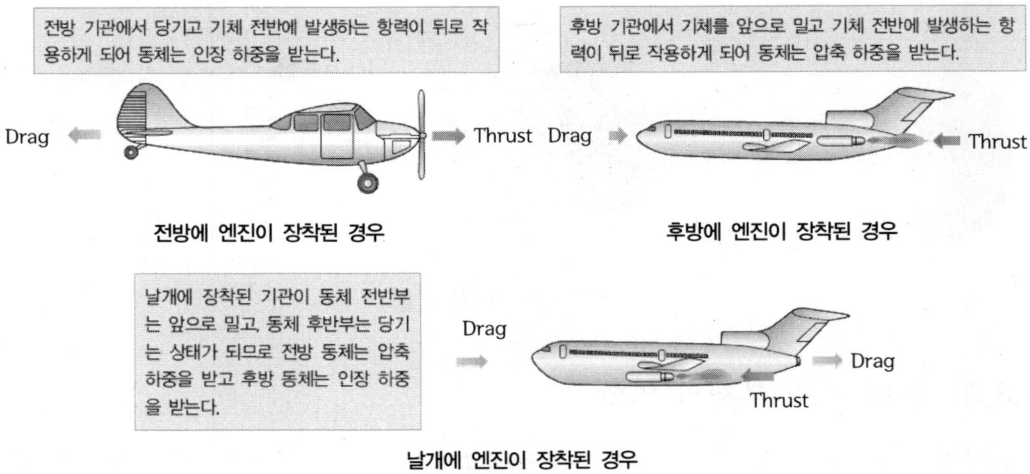

그림 5-33 추력으로 인해 발생하는 내력

(2) 여압에 의한 하중

고공비행 시 고고도에서는 대기 압력이 지상보다 낮기 때문에 압력과 온도를 적절하게 유지해 기내에 있는 생명체가 안전하게 비행을 할 수 있도록 해야 한다. 쾌적한 객실 환경을 갖추기 위해서는 객실의 압력을 지상의 대기압과 동일하게 하는 것이 좋으나, 기내와 외부의 압력차만큼 기체가 힘을 받게 되므로 기체 구조가 감당할 힘을 낮추기 위해 통상 여객기의 기내 압력은 해발 8,000 피트 고도에서의 대기압에 맞춘다. 이 정도 기압을 유지하더라도 사람이 활동하는 데 지장이 없기 때문이다. 그림 5-34는 여압이 공급되는 영역을 보여준다.

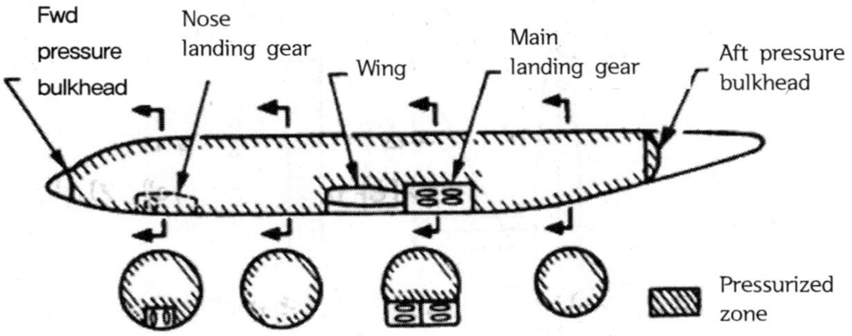

그림 5-34 여압에 의한 하중

여압은 동체에 작용하는 큰 하중으로, 동체 내부의 압력이 외부의 압력보다 큰 상태가 되어 동체 스킨은 그림 5-35와 같이 원주방향으로 큰 인장하중을 받게 되고 동체 길이 방향으로도 인장하중을 받게 된다.

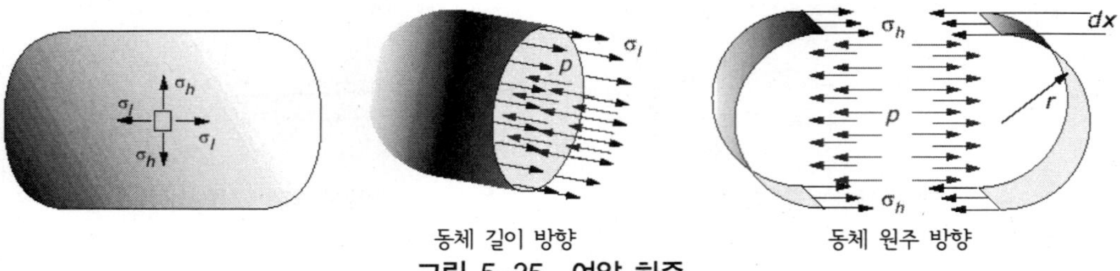

그림 5-35 여압 하중

5.3.3 동체 구조 부재의 역할

동체에 발생한 여러 가지 힘을 감당할 부재가 필요한데, 어떤 부재가 어떤 힘을 감당해야 하는지를 이해하기 위해서는 동체에 발생한 각 힘이 어떻게 발생하여 어디로 전달되는지를 알아야 한다.

동체 자중으로 인한 굽힘모멘트에 의한 동체 축 방향 힘은 동체의 앞과 뒤에서 동체 중앙의 날개 결합부로 계속 누적되면서 전달되어 온다. 이러한 힘을 감당할 수 있는 부재는 당연히 동체 길이방향으로 연속된 부재여야 하는데, 그림 5-36에서 알 수 있는 것과 같이 동체를 구성하는 스킨과 종방향 보강재인 스트링거와 론저론이 감당하게 된다. 프레임이나 벌크헤드의 경우 종방향으로 연속된 구조부재가 아니기 때문에 굽힘 하중을 감당할 수 없다. 다만, 스킨의 두께가 너무 얇은 경우에는 트러스 구조와 같이 스킨이 하중을 감당하지 못하고 스트링거나 론저론이 모두 감당할 수도 있다.

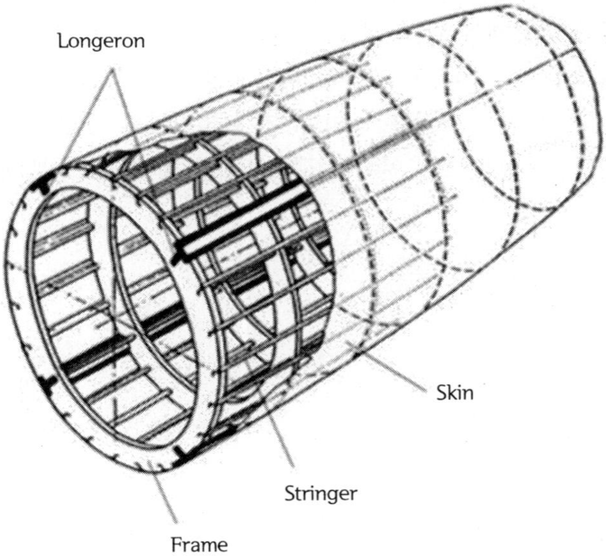

그림 5-36 동체 구조 부재

그림 5-37에 보인 동체 자중에 의한 전단하중은 동체 스킨이 감당하게 된다. 전단 하중 역시 동체 전방과 후방에서 누적되면서 동체 중앙으로 흘러오므로 종방향으로 연속인 스킨이나 종방향 보강재가 감당해야 하는데, 대부분의 하중을 스킨이 담당하게 된다. 이러한 전단하중의 방향이 상하 방향이므로 동체를 구성하는 스킨 중에서도 단면이 상하 방향인 좌우 측면 스킨이 대부분 감당하게 되고 상부와 하부 스킨은 별로 감당하지 않는다. 그런데 대부분의 항공기에서 전단하중의 크기에 비해 스킨의 단면적이 충분히 크기 때문에 전단하중으로 인한 동체 스킨의 하중은 크게 신경 쓰지 않아도 된다.

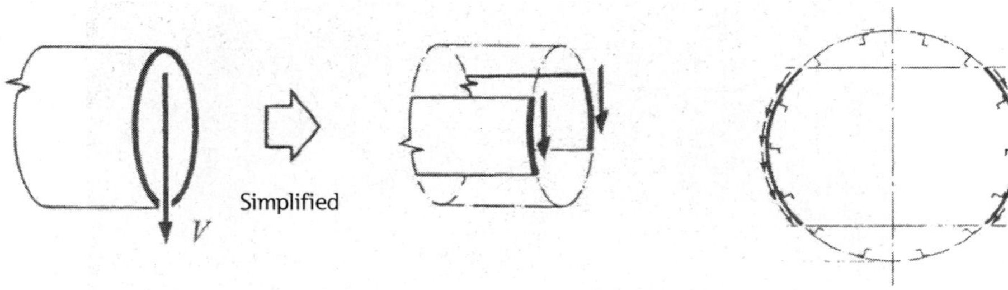

그림 5-37 동체 구조 부재

동체에 발생한 비틀림 하중은 그림 5-38에 나타난 동체 단면으로 이루어지는 폐곡선을 형성하는 부재가 감당하게 된다. 폐곡선 내부 면적의 크기에 비례해서 비틀림 강성이 결정되고 비틀림 강성이 큰 부재가 비틀림 하중을 감당하게 된다. 비틀림 하중은 동체 후미에서 전방으로 전달되므로 이 하중을 감당해야 할 부재 역시 동체 길이 방향으로 연속된 부재이어야 한다. 폐곡선을 이루며 종방향으로 연속된 구조부재는 동체의 스킨이므로 결국 동체의 비틀림은 스킨이 전담하게 된다. 론저론과 같은 종방향 부재는 비틀림 강성이 작아 감당하기 어렵고 프레임이나 벌크헤드는 종방향으로 연속한 구조부재가 아니므로 비틀림을 감당할 수 없다.

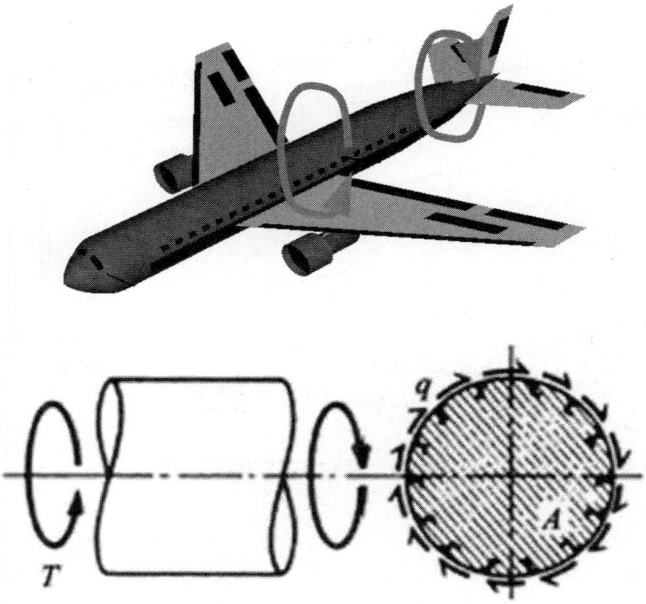

그림 5-38 동체의 비틀림 하중

엔진이 동체에 장착되어 발생하는 하중은 동체 길이방향의 하중이므로 스킨과 종방향 보강재가 충분한 축강성을 가지고 감당하게 되고, 추력의 크기에 비해 동체의 스킨이나 종방향 보강재의 단면적이 충분히 커서 추력은 동체 구조부재에 큰 영향을 미치지는 못한다. 다만, 엔진을 잡아주는 지지부에서는 집중하중의 형태로 들어오기 때문에 효과적으로 감당할 수 있도록 설계하기 위해 주의가 필요하다.

여압으로 인한 하중은 동체의 종방향 하중과 원주 방향하중으로 나누어 생각할 수 있는데 대부분의 하중을 스킨이 감당하는 것으로 생각할 수 있다. 물론 종방향 보강재인 론저론과 스트링거도 일부 감당할 수 있고, 원주 방향 보강재인 프레임도 일부 감당할 수 있지만, 일차적으로 스킨이 감당하고 보강재는 하중경감구조 형식의 파손안전 개념을 위한 부재로 이해할 수 있을 것이다. 그림에 동체 스킨에 부착된 스트링거(또는 론저론)와 프레임의 부착 형태를 보였다. 그림에서 티타늄 합금으로 만들어진 스트립이 스킨에 발생한 균열의 급격한 성장을 막아주는 크랙 스토퍼(crack stopper, tear strip)이다. 동체 스킨에 원주 방향의 균열이 발생하여 성장하는 경우에는 스트링거나 론저론이 균열의 성장을 지연시키는 역할을 수행하고, 동체 길이 방향의 균열이 발생하여 성장하는 경우에는 크랙 스토퍼가 역할을 감당한다. 동체에 설치된 프레임의 경우 그림에서 알 수 있는 것처럼 론저론과 겹쳐지는 곳에서는 스킨에 연속적으로 부착되지 않아 크랙 스토퍼의 역할을 감당할 수 없어 얇은 띠 모양의 크랙 스토퍼를 부착한 것이다.

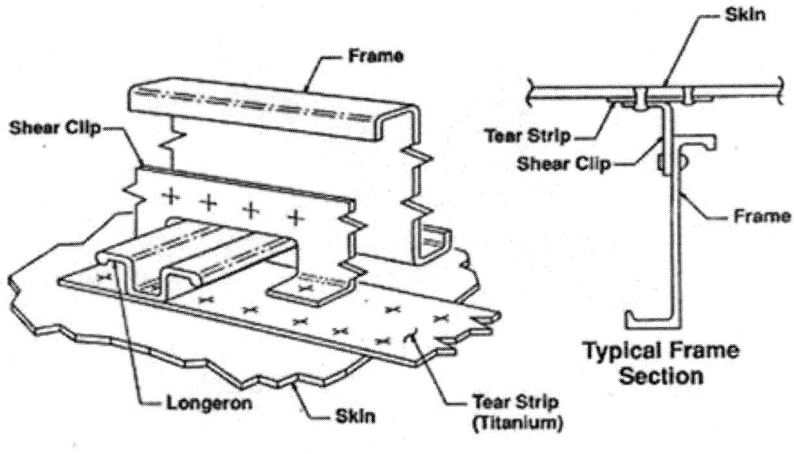

그림 5-39 동체 구조부재의 연결

(1) 스킨(skin)

스킨은 알루미늄 합금판을 비롯한 다양한 복합소재 등으로 제작되며, 스트링거, 론저론, 프레임, 링, 정형재(former) 등이 결합된다. 주로 항공기에 작용하는 전단력(shear)과 비틀림(torsion)을 감당한다. 동체의 굽힘에 의한 축 하중의 경우 인장하중은 충분히 감당하나 압축하중의 경우 론저론이나 스트링거의 도움으로 좌굴이 발생하지 않는 범위에서 일부 감당할 수 있다. 그림 5-40은 가공된 동체 스킨을 보여주고 있다.

그림 5-40 여객기 동체의 스킨

(2) 종방향 부재

동체 길이 방향의 부재를 말한다. 순항 상태에서 동체는 날개가 결합된 부위에서 동체를 떠받치고, 전방부와 후방부는 자중으로 인해 아래 방향으로 구부러지는 형태의 하중을 받게 되어 동체의 상부는 인장하중, 하부는 압축 하중을 받는 상태가 된다. 압축을 받는 동체 하부의 스킨은 쉽게 좌굴이 되므로 이를 막기 위해 비슷한 간격을 두고 길이 방향의 보강재를 부착하게 된다. 동체 길이방향의 보강재로 스트링거와 론저론이 있으며 이들은 동체의 비틀림이나 전단을 받는 스킨의 전단 좌굴을 억제하는 역할도 겸하도록 설계된다.

① 론저론과 스트링거

론저론과 스트링거는 동체의 길이 방향으로 배치되는 부재로서 동체에 작용하는 굽힘 모멘트(bending moment)에 의한 인장하중과 압축 하중을 담당하며, 이들 하중에 충분한 강도를 가지기 위하여, 그림 5-41과 같이 여러 가지 단면 형태로 설계되며, 그림 5-42와 같이 굽힘 성형이나 압출 성형으로 제작된다. 그림에서 모서리가 동그스름하게 된 스트링거는 알루미늄 쉬트(sheet)를 포밍(forming, 성형 가공)하여 제작한 것이고, 모서리가 각이 진 것은 압출(extrusion) 형식으로 제작된 것이다. 근래에는 절삭가공 장비의 발달로 판재를 절삭가공하여 제작하기도 한다. 이들 부재는 압축 하중이나 전단하중을 받는 스킨의 좌굴을 예방하고, 스킨도 압축 하중을 일부 감당할 수 있게 한다.

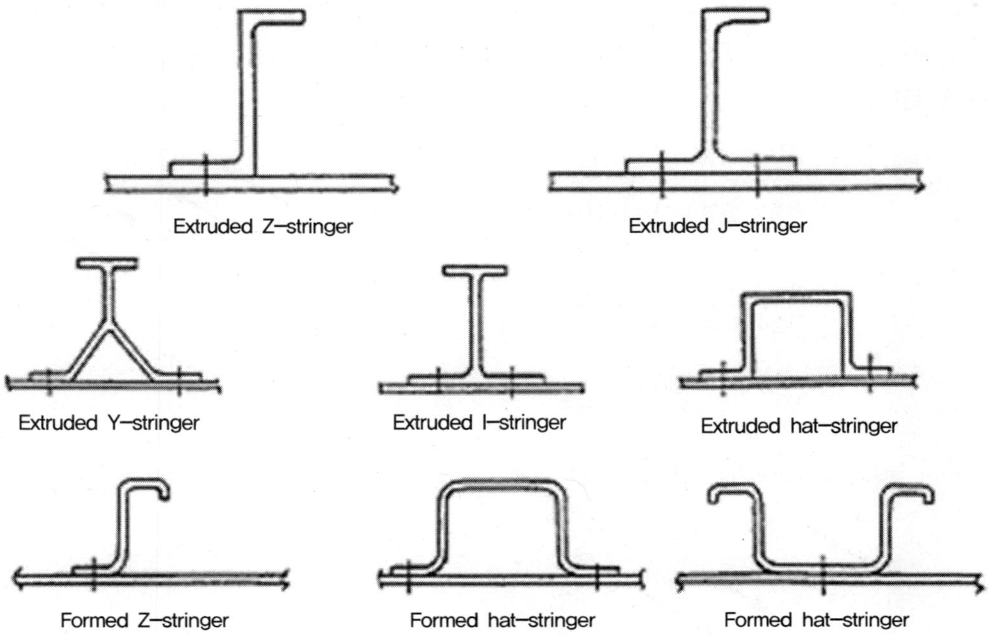

그림 5-41 론저론, 스트링거의 단면 형상

그림 5-42 론저론, 스트링거의 제작

기종에 따라 굽힘에 의한 축 하중을 론저론과 스트링거가 함께 부담하는 경우도 있고, 굽힘에 의한 축 하중을 론저론이 대부분 감당하고 스트링거는 스킨의 좌굴을 억제하는 역할 정도만 하도록 설계하기도 한다. 종방향 부재가 종방향 축 하중을 감당하느냐 못하느냐는 부재의 길이와 관계가 있다. 인장하중을 받는 스킨에 하중 방향의 보강재가 그림 5-43과 같이 길이가 짧은 보강재 A와 길이가 긴 보강재 B가 부착된 경우를 생각해 보기로 한다. 보강재와 스킨은 리벳과 같은 패스너로 결합되어 있으므로 스킨 내부의 힘은 패스너를 통해서만 보강재로 흘러갈 수 있게 된다. 보강재의 길이가 충분히 길어 스킨의 하중이 다수의 패스너를 통해 충분히 흘러 들어올 수 있는 경우(그림의 B 보강재에서 진한 색으로 표시된 실선 구간과 점선 구간)에는 보강재도 스킨과 함께 하중을 감당하기가 용이하다. 그러나 보강재의 길이가 짧은 경우에는 사정이 다르다. 두 부재의 결합에 사용된 패스너의 절반은 하중을 보강재로 흘려보내는 역할(그림에서 A 보강재의 진한색 실선 구간)을 하고 절반은 보강재에서 스킨으로 흘려보내는 역할(그림에서 A 보강재의 진한 색 점선 구간)을 하게 된다. 패스너를 통해 전달되는 하중의 크기는 스킨과 보강재, 패스너의 강성에 따라 결정되지만 보강재가 감당할 정도의 하중이 충분히 흘러갈 수 있는 정도의 패스너가 장착되지 않으면 보강재는 하중을 충분히 감당하지 못하게 된다.

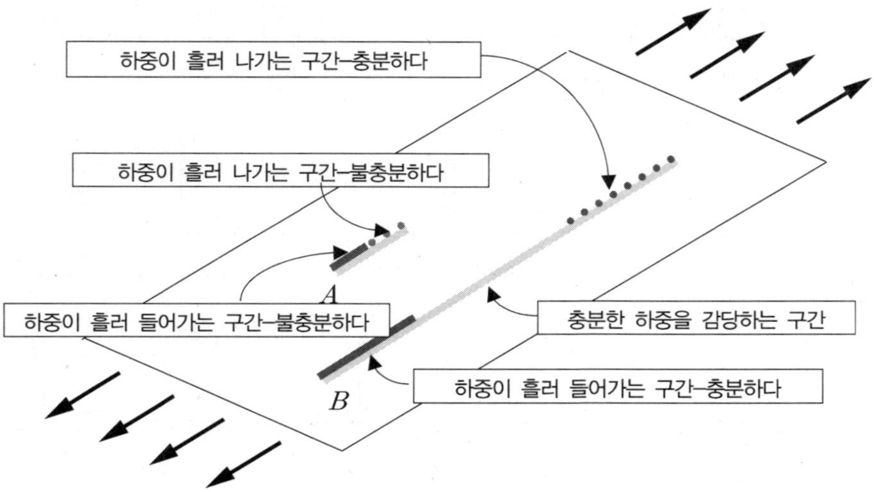

그림 5-43 스트링거–하중

그림 5-44에 보인 론저론과 스트링거는 충분히 긴 종방향 보강재이므로 동체 길이방향 하중을 감당하는 부재가 된다. 그림 5-45에 보인 론저론 역시 충분히 긴 부재이므로 종방향 하중을 감당하나 스트링거는 길이가 짧아 종방향 하중을 제대로 감당하기 어렵다. 이런 스트링거는 압축이나 전단을 받는 스킨의 좌굴을 억제하여 동체 스킨의 외부 형상을 유지하는 정도의 역할을 수행하는 것으로 이해하면 좋을 것이다.

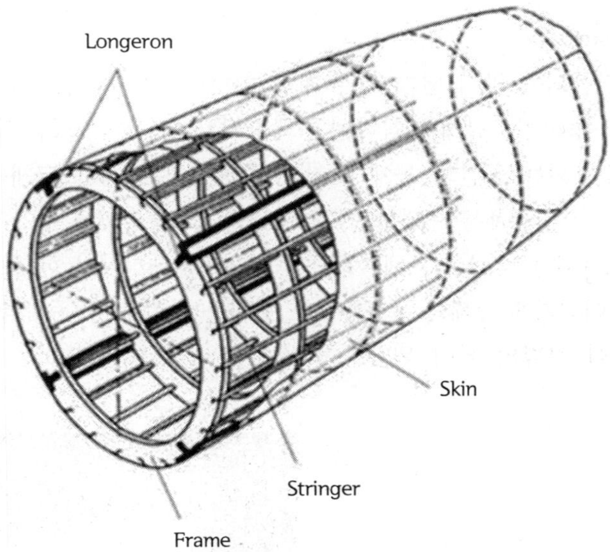

그림 5-44 굽힘 하중을 감당하는 론저론과 스트링거

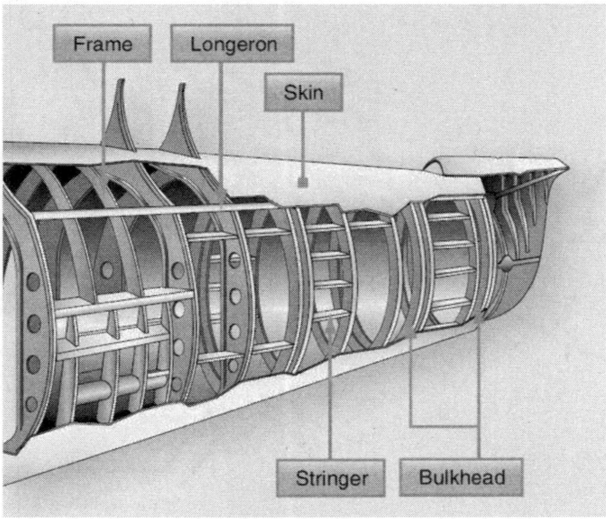

그림 5-45 스킨의 좌굴 방지만을 위한 스트링거

스트링거와 론저론의 차이를 확연하게 구분하는 것은 애매한 측면이 있다. 동일한 역할을 수행하는 동체 길이 방향의 부재를 어떤 기종에서는 론저론, 어떤 기종에서는 스트링거라 부르기도 한다. 한 기종 내에서 굳이 두 부재를 구별한다면, 스트링거는 론저론 보다 상대적으로 단면적이 적어 무게가 가볍고 굽힘강성이 작아 주로 축 하중을 감당하게 되고, 굽힘강성이 큰 론저론은 축 하중은 물론 전단하중과 이로 인한 굽힘하중을 함께 감당하는 역할을 가지는 부재라 생각할 수 있다.

② **킬빔(Keel beam)**

동체와 날개가 결합되는 곳의 날개 하부에 있는 동체 구조물은 전방 동체와 후방동체를 연결하는 지역이다. 이곳에는 날개에 장착된 착륙장치가 수납되는 공간도 있어 날개 하부에서부터 착륙장치가 수납되는 공간의 동체 스킨과 종방향 보강재가 크게 도려내어진(cut-out) 영역으로 전방동체와 후방동체를 연결하는 동체구조는 그림 5-46에 보인 바와 같이 동체 중앙 하부에만 일부 구조부재가 남게 되는데 이를 킬빔(keel beam)이라 한다. 킬빔을 제외한 동체 부위는 모두 도려내어졌기에 동체의 종방향으로 발생한 압축 하중(동체의 굽힘 하중으로 발생한 하중)은 고스란히 킬빔의 몫이 된다.

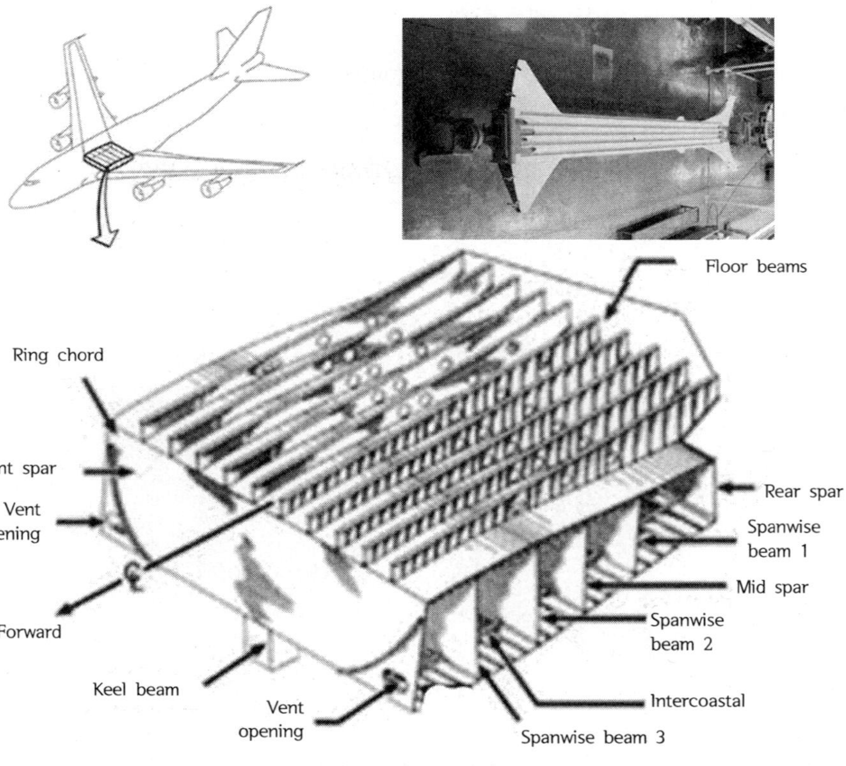

그림 5-46 킬빔

(3) 횡방향 부재

동체 종방향에 대해서 수직한 방향의 부재로 동체의 외곽 형상을 유지하도록 하는 정형재(former) 또는 프레임, 벌크헤드가 이에 해당된다.

① 프레임(Frame)

기종에 따라서 링(ring)이나 포머(former)로 불리기도 하는 부재로 동체의 단면 형태를 유지하고 론저론이나 스트링거의 좌굴을 방지하는 역할을 한다. 동체 스킨이 좌굴하지 않도록 스트링거를 부착했으나 스트링거도 그 길이가 매우 길어 좌굴이 쉽게 발생하므로 이를 방지해야 한다. 기둥의 경우 좌굴이 발생하는 임계하중, P_{cr} 은 식과 같이 나타난다.

$$P_{cr} = \frac{\pi^2 EI}{L^2} \tag{5-9}$$

식에서, E는 탄성계수, I는 관성모멘트, L은 부재의 길이, π는 원주율을 말한다.

그림 5-47은 종방향 보강재를 부착한 원통형 구조물이 굽힘 하중으로 인해 좌굴이 발생하는 것을 보여준 것인데, 그림처럼 굽힘모멘트로 인해 상부에 압축 하중이 발생되고 이로 인해 좌굴된 형태를 보여준 것이다. 그림에서와 같이 원주 방향의 보강재를 일정한 간격으로 보강해, 보강 지점에서 반지름 방향 변형을 억제할 수 있다면 위 그림처럼 좌굴이 나타나게 된다. 만일 보강재의 강성이 부족해 반지름 방향의 변형을 충분히 억제하지 못하면 아래 그림처럼 좌굴이 발생할 것이다. 두 그림에서의 좌굴 형상을 살펴보면 좌굴에 대한 임계강도 식에서 부재의 길이가 다른 형태의 좌굴로 간주할 수 있다. 상부 그림의 경우 원주 방향 보강재의 간격이 부재의 길이에 해당하나, 하부 그림에서는 부재의 길이가 상부 그림의 3배에 해당하는 형태로 좌굴이 발생한 것으로 볼 수 있다. 결국 충분한 강성을 확보한 보강재의 간격을 조정함으로써 원통형 구조물에 부착된 보강재의 좌굴 강도를 원하는 값으로 맞출 수 있게 된다. 항공기 동체에서 프레임(frame)의 강성과 간격을 적절하게 설계함으로써 동체 스킨이나 스트링거의 좌굴을 예방할 수 있게 된다. 날개 구조물의 경우 리브의 강성과 간격을 조절하여 날개 스킨이나 스트링거의 좌굴을 예방할 수 있다.

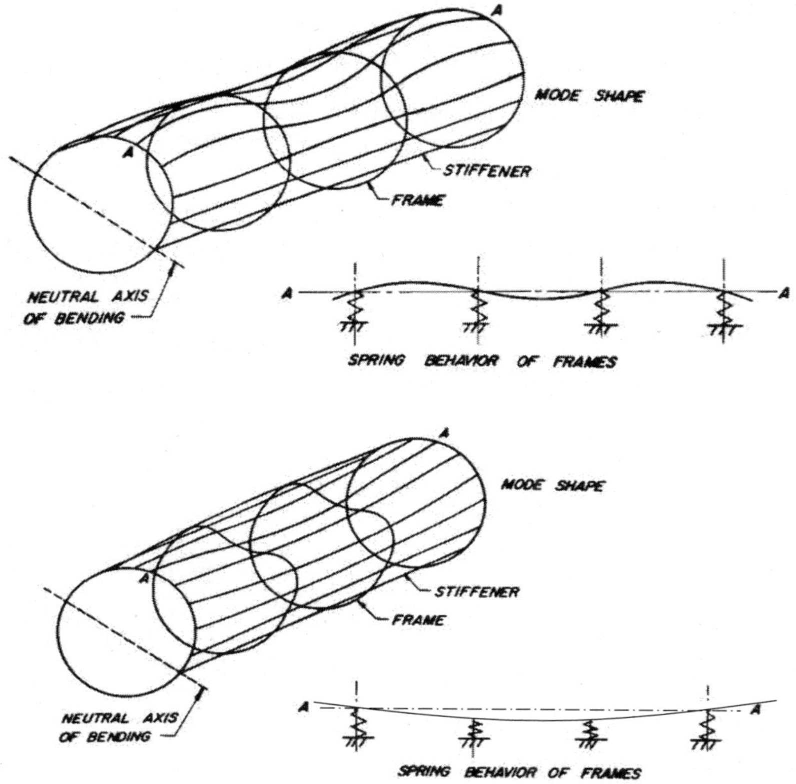

그림 5-47 굽힘을 받는 원통 구조물의 좌굴

프레임은 보통 얇은 알루미늄 합금판으로 성형 조립되며, 축 하중과 굽힘 하중에 견디도록 제작된다. 그러나 보통의 프레임은 앞에서 서술한 것처럼 동체가 감당해야 하는 주요 하중을 감당하는 구조부재가 아니고 단지 종방향 보강재의 좌굴강도를 확보하기 위한 굽힘 강성을 확보하면 되는 부재다. 굽힘 강성을 가진 프레임이 일정 간격으로 배치되나 감당하는 하중이 적으므로 중량 절감을 위해 그림 5-48처럼 프레임의 중앙 부위에 중량경감 홀(lightening hole)을 뚫기도 한다.

그림 5-48 프레임-중량 경감 홀

② **벌크헤드(bulkhead)**

격벽 형태의 구조부재로 벌크헤드는 여객기의 경우 그림 5-49와 같이 보통 동체 앞과 뒤의 끝 부분에 각각 1개씩 배치되어 여압에 의한 하중을 감당하도록 한다. 여객기 전방에 설치된 벌크헤드의 전방에는 레이더를 장착하기 위해 평면 형태의 벌크헤드가 설치되고, 후방 벌크헤드는 여압을 효과적으로 감당할 수 있도록 반구(dome) 형상으로 설계된다. 돔 형상의 후방 벌크헤드는 여압을 인장하중으로 받으므로 보강재의 크기와 형태가 작으나, 전방에 설치된 평면 형상의 벌크헤드에 장착된 보강재는 여압에 의한 굽힘변형을 억제하기 위해 상당히 큰 보강재가 장착된 것을 알 수 있다.

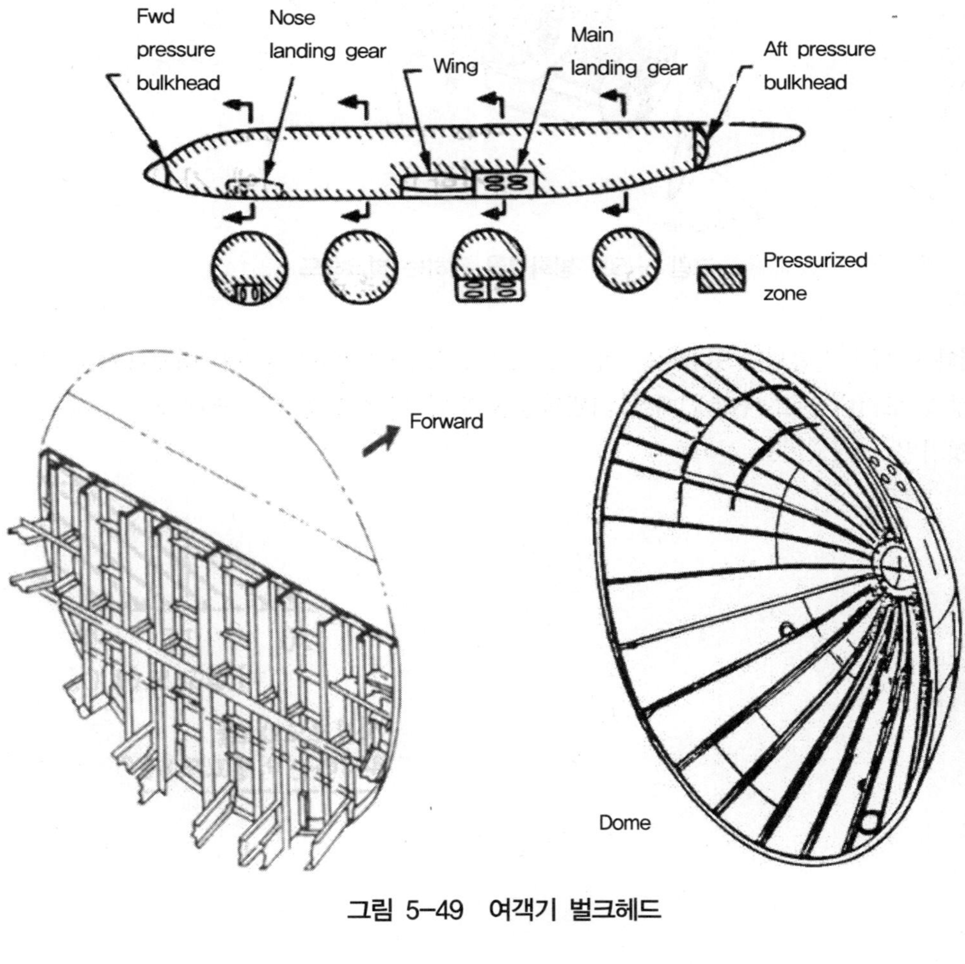

그림 5-49 여객기 벌크헤드

왕복엔진이 동체 전방에 장착된 항공기의 경우, 그림 5-50과 같이 동체 앞의 벌크헤드는 엔진을 잡아주고 엔진의 화염이 기체로 전달되지 않도록 예방하는 방화벽(firewall) 역할을 하기도 한다.

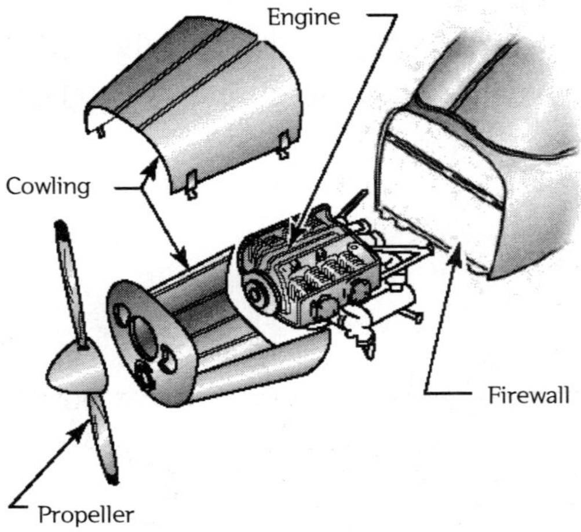

그림 5-50 방화벽을 겸하는 벌크헤드

동체와 날개가 결합되는 곳에서는 비행 중 착륙장치를 수납하는 공간을 확보하기 위해 동체의 일부를 도려내므로 여압에 대한 기밀작용을 위한 반달 모양의 벌크헤드가 그림 5-51에 보인 것처럼 설치되기도 한다.

그림 5–51 벌크헤드–여압

여객기 동체의 단면 형상은 둥그런 형상이므로 스킨 내부에 일정한 간격으로 프레임을 설치하는 것으로 동체의 변형을 억제하여 동체 형상을 유지할 수 있지만, 그림 5-52에 보인 전투기와 같이 압력이나 비틀림을 받아 변형되기 쉬운 형태의 단면을 가진 동체에는 훨씬 강성이 큰 프레임이 설치되어야 동체 형상이 유지될 수 있다. 또한 전투기의 경우 동체 후방에 엔진이 장착되고 엔진에 필요한 공기 흡입 통로(air duct)가 그림 5-53처럼 전방의 기체 외부에서 동체 내부로 흘러들어와 동체 내부를 관통해서 후방에 위치한 엔진으로 연결된다. 공기 흡입 통로를 둘러싼 덕트의 형상을 유지하기 위한 횡방향 보강재가 일정한 간격으로 설치되어야 한다. 동체 외부 스킨 형상 유지를 위한 횡방향 보강재와 공기 흡입 통로 형상 유지를 위한 횡방향 보강재를 결합시켜 하나의 부재로 만들어 설치하다 보니 격벽의 형태가 되므로 벌크헤드가 되었다. 자연스레 전투기에는 다수의 벌크헤드가 설치되는데, 이러한 벌크헤드는 동체를 격벽으로 분리해 일부 칸은 연료 탱크로 다른 칸에는 필요한 장비를 탑재할 수 있는 공간으로 분리해주는 역할도 한다. 그림 5-54는 F-22에 장착된 벌크헤드의 형태를 보인 것인데 그림에서 보이는 벌크헤드는 좌우 날개에 연결되어 있어 좌우 방향으로 매우 큰 하중을 감당해야 한다. 그림 5-55에 동체 위치에 따른 다양한 형태의 벌크헤드를 보였는데 전방이나 후방에 있는 벌크헤드의 경우, 착륙장치나 엔진과 결합되지 않는 것은 기체의 형상 유지 정도의 역할만 하므로 구조역학적으로 의미있는 하중을 감당하지 않게 된다.

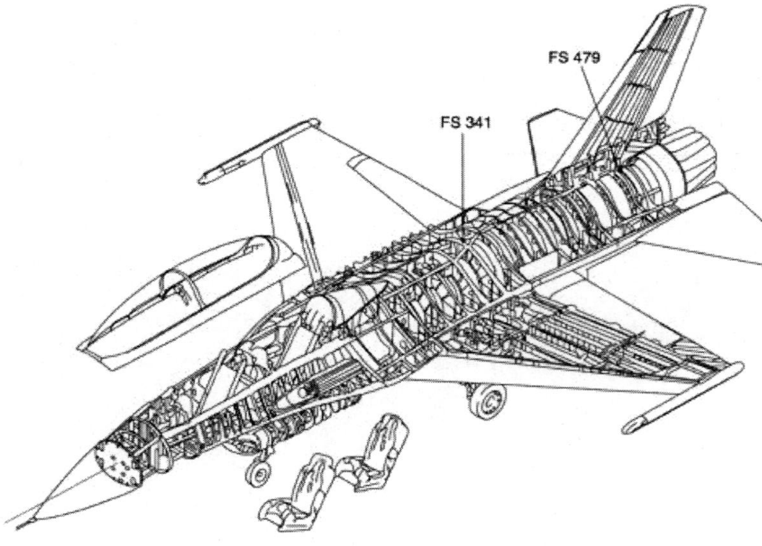

그림 5-52 벌크헤드-전투기(F-16)

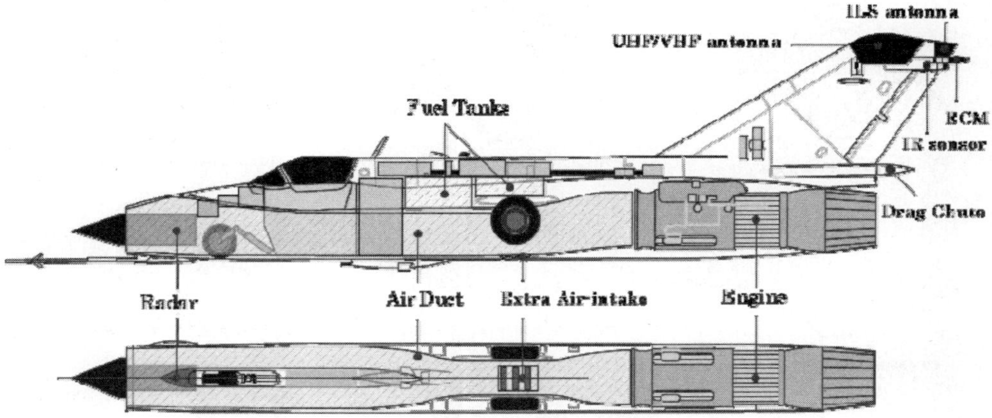

그림 5-53 에어 덕트(air duct)

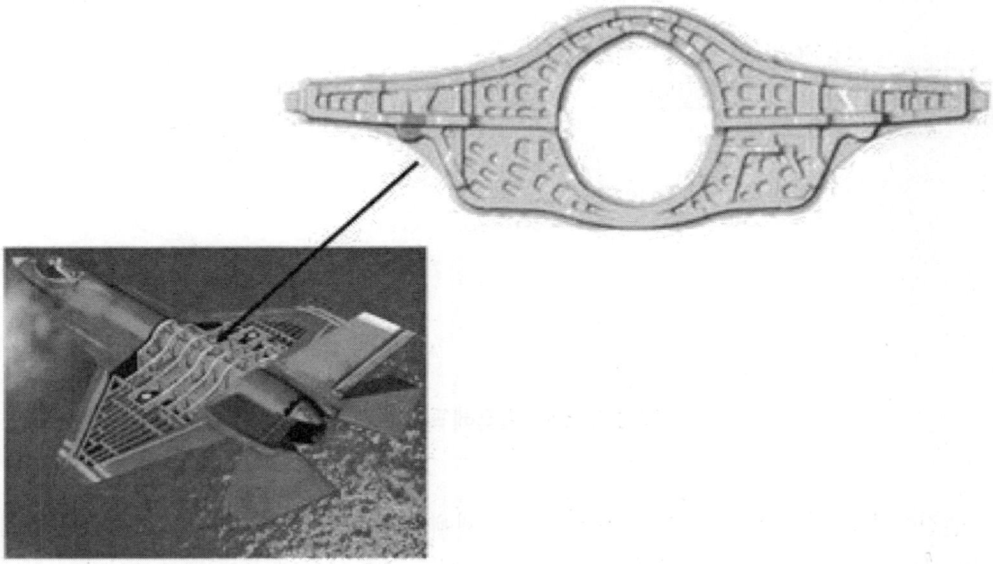

그림 5-54 벌크헤드-전투기(F-22)

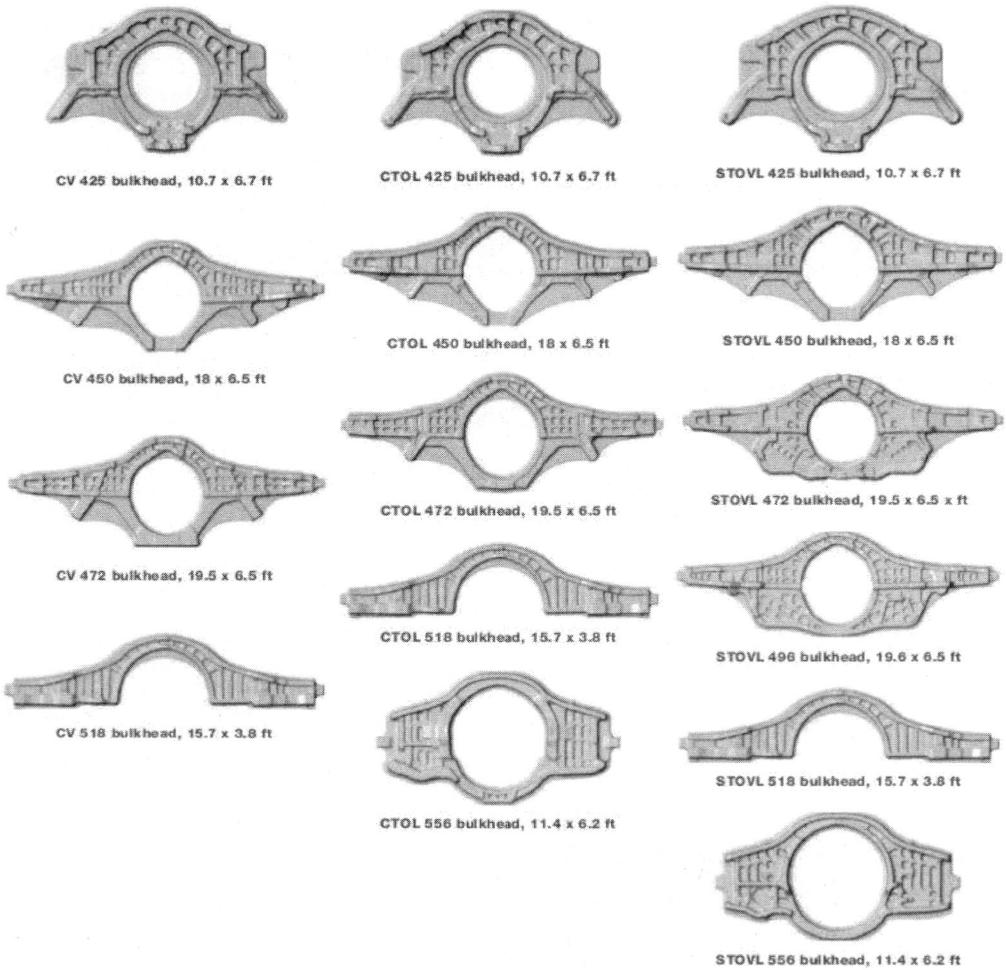

그림 5-55 벌크헤드-전투기(F-22)

엔진이 동체에 장착된 부위, 착륙장치가 동체에 장착된 부위나 날개가 연결된 부위에 있는 벌크헤드는 매우 큰 하중이 동체로 전달되므로 이를 효과적으로 동체에 분산시키기 위해 벌크헤드를 장착한다.

그림 5-56과 같은 구조물이 하중 P를 받는 경우 AB 빔과 CD 봉재가 얼마씩 하중을 분담하는가를 알아보기로 한다. 각 부재의 길이와 단면형상에 따라 다르겠지만 두 부재가 모두 원형 단면이라 가정하고 부재의 길이와 지름에 따라 감당하는 하중이 어떻게 변화하는지 조사한 결과가 다음 그림 5-57과 같다. 결과 그림에서 사각형으로 표시된 것이 수직방향 부재가 감당하는 하중의 크기, 마름모로 표시된 것이 횡 방향 빔이 감당하는 하중의 크기를 의미한다.

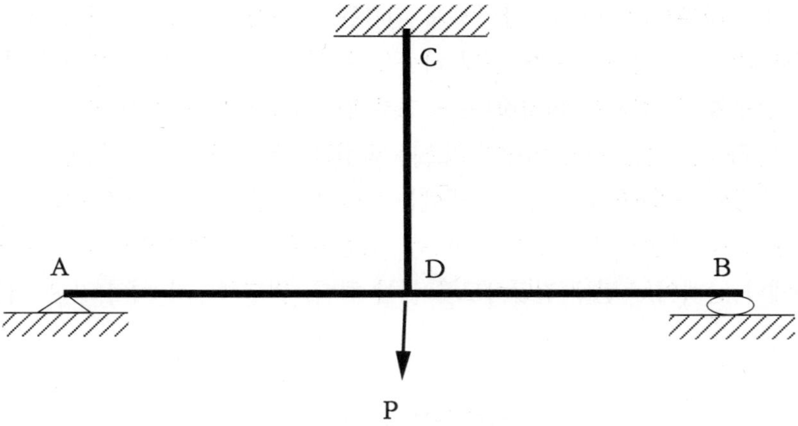

그림 5-56 하중 분담

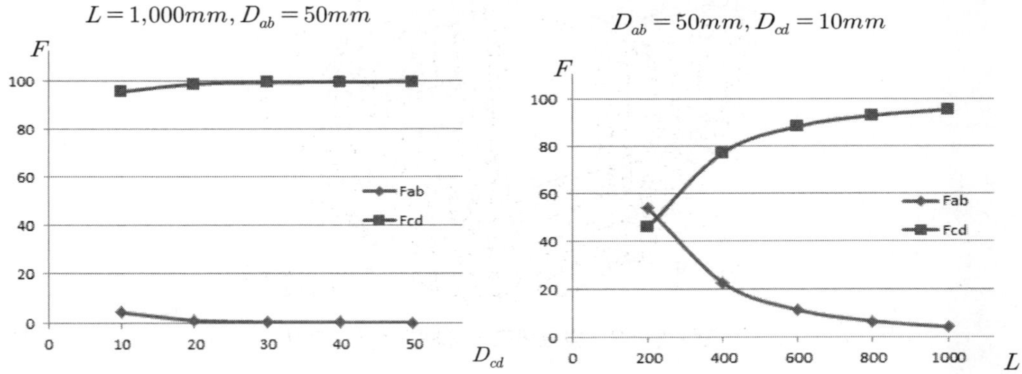

그림 5-57 하중 분담

CD 부재의 길이가 L, AB 부재의 길이는 $2L$이며 두 부재의 길이의 비는 일정하다고 하였고 외력의 크기는 100이라고 할 때 이 힘을 두 부재가 어떻게 분담하는지 살펴보았다. 먼저 CD 부재의 길이가 1,000mm, 빔 AB 부재의 지름(D_{ab})을 50mm로 고정시킨 상태에서 봉 CD의 지름(D_{cd})을 변화시켜가며 하중 분담을 조사한 결과가 왼쪽 그림이다. 그림에 보인 것과 같이 봉 지름이 빔 지름의 1/5인 10mm인 경우에도 횡방향 빔의 하중 부담은 5%가 채 되지 않음을 알 수 있다. 오른쪽 결과는 빔의 지름이 50mm, 봉의 지름이 10mm인 상태에서 봉 CD의 길이를 변화시켰을 때 하중 분담을 살펴본 것이다. 그림에서 알 수 있는 바와 같이 봉의 길이가 500mm, 빔의 길이는 1,000mm, 즉 빔 지름의 10배만 되어도 빔이 감당할 하중이 20%에 못 미치는 것을 알 수 있다. 두 결과로부터 구조물에 하중이 부가되었을 때, 부가된 하중의 방향과 일치하는 부재가 대부분의 하중을 감당하게 된다는 것을 알 수 있다. 이로부터 기체구조의 특정 부분에서 외력이 부가되었을 때, 해당 하중을 축 하중으로 감당하는 부재가 있어야 효율적으로 하중을 감당할 수 있음을 의미한다. 구조부재의 축강성은 크지만 굽힘강성은 충분하지 않아 부재가 축 하중을 받는 것은 어렵지 않으나 굽힘하중을 받게 되면 굽힘변형이 쉽게 나타나므로 기체 외부에서 큰 하중이 들어오는 곳에는 하중의 방향에 맞는 구조부재를 장착해 1차적으로 집중하중을 축 하중으로 받도록 한 다음, 집중하중을 축 하중으로 받은 부재가 하중을 분산시켜 동체나 날개의 스킨에 전달하도록 해야 한다. 벌크헤드가 이와 같은 역할을 수행할 수 있다.

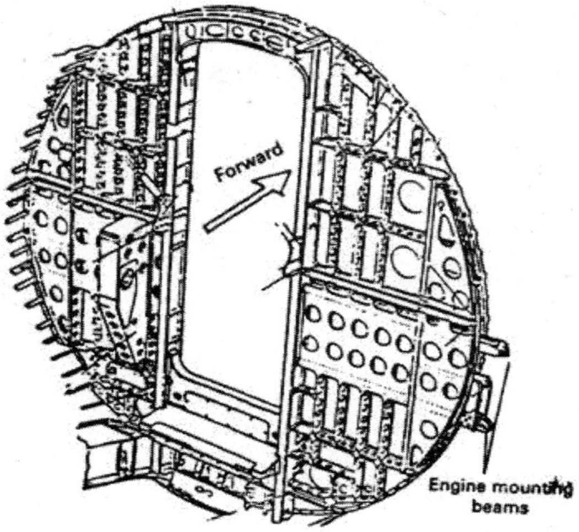

그림 5-58 벌크헤드 - 집중하중의 분산

그림 5-58은 여객기에 설치된 벌크헤드의 형상이다. 여객기의 경우 이와 같은 형상의 벌크헤드를 동체 중간에 삽입할 필요가 있을까 의구심이 드는데, 이 벌크헤드를 잘 살펴보면 엔진 마운트를 잡아주는 부분이 있음을 알 수 있고, 해당 항공기에 이 벌크헤드를 장착한 이유도 동체 외부에 장착된 엔진으로부터 들어오는 하중을 효과적으로 감당하기 위한 것이다. 엔진 마운트를 통해서 들어오는 하중을 동체 길이방향 하중, 상하 방향 하중, 좌우 방향 하중으로 나누어 생각할 수 있다. 동체 길이 방향 하중은 스킨에 장착된 종방향 부재인 론저론의 단면을 증가시켜서 론저론이 1차적으로 축 하중으로 떠안은 다음 동체 스킨에 분산시키면 된다. 상하 방향의 하중은 동체 원주 방향 부재인 프레임의 단면을 증가시켜, 1차적으로 프레임이 축 하중 형태로 감당하다 동체 스킨에 분산시킬 수 있다. 문제는 좌우 방향 하중을 어떻게 감당하느냐 하는 것이다. 종방향 부재나, 원주방향 부재가 감당하도록 하면 이 부재들은 굽힘하중으로 견디게 되는데 동체의 변형을 억제하기 위해서는 충분한 굽힘 강성을 확보해야만 한다. 이러한

굽힘 강성을 확보하려면 해당 보강재는 동체 단면의 중심 방향으로 단면의 치수를 증가시켜야만 하는데 이러다 보면 동체의 내부 공간이 줄어드는 문제가 발생한다. 이런 경우 그림과 같은 벌크헤드를 장착하여 좌우 방향 하중을 벌크헤드의 좌우 방향 보강재가 축 하중으로 받아 벌크헤드 웹(bulkhead web)에 분산시켜서 동체의 스킨으로 전달하는 것으로 문제를 해결할 수 있다.

5.4 날개 구조

날개의 중요한 역할은 양력을 발생시키는 것이다. 날개는 스파(spar), 리브(rib), 스트링거(stringer), 스킨 등으로 구성되어 있으며, 양력이 효율적으로 발생할 수 있도록 유선형으로 된 단면 형태를 취하고 있다. 날개의 단면을 에어포일(airfoil)이라 하고 날개에는 그림 5-59와 같이 각종 조종면들이 부착되어 있다. 기종에 따라 착륙장치와 엔진이 장착될 수 도 있으며, 내부 공간은 연료 탱크로도 이용되고 있다.

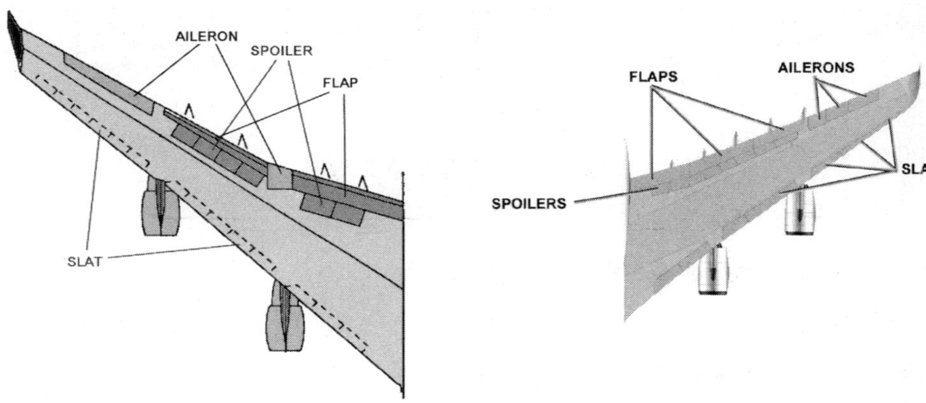

보잉 747　　　　에어비스 A380

그림 5-59 날개 부착 장치

5.4.1 날개 구조 형식

동체구조와 마찬가지로 트러스 구조 형식의 날개와 응력스킨 구조 형식의 날개가 있다.

(1) 트러스 구조 형식의 날개

그림 5-60과 같이 스파, 리브, 스킨, 보강선 등으로 구성된다. 리브가 트러스 구조로 되어

있고 날개 길이 방향의 빔이 스파 역할을 하고 있는데, 그 위에 얇은 금속판이나 천을 씌운 것이다. 스파와 리브의 변형을 억제하기 위하여 장력을 가진 금속 와이어(bracing wire)가 설치되었다.

날개 표면에 작용하는 공기 압력을 스킨이 받아서 가까운 리브나 스파에 전달하게 되고, 리브는 스킨으로부터 받은 힘을 스파에 전달하게 된다. 궁극적으로 양력에 의한 굽힘모멘트, 비틀림모멘트, 전단하중을 스파가 전담하는 구조 형식이다. 리브는 날개의 단면 형태를 유지하는 역할을 하게 된다. 날개에 발생하는 비틀림 하중을 효과적으로 감당하기 위해서는 비틀림 하중을 감당하는 구조물의 단면 형상이 폐곡선을 이루어야 하는데, 비틀림 하중을 스파가 홀로 전담하게 되면 폐곡선이 형성되지 못하므로 비틀림에 대한 강성과 강도가 약하기 때문에 하중이 작은 소형기에 국한되어 적용이 가능하다.

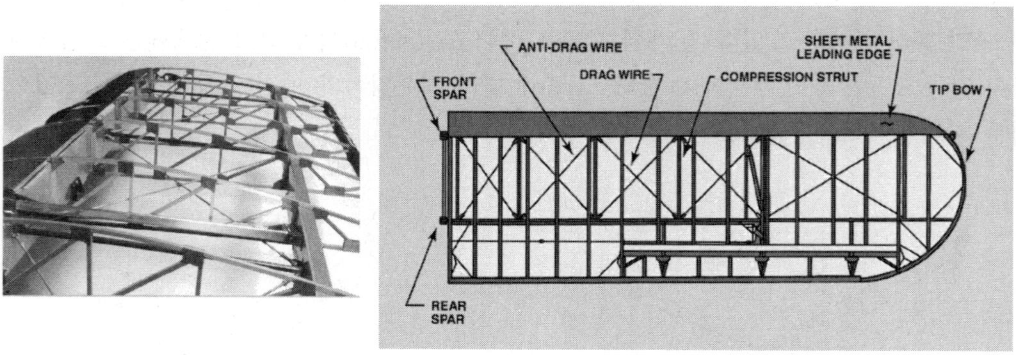

그림 5-60 트러스 구조 날개

(2) 응력 스킨(Stressed skin) 구조 형식의 날개

응력 스킨 구조의 날개는 그림 5-61과 같이 스킨, 스파, 스트링거, 리브 등으로 구성되어 있다. 그림과 같이 두 개의 스파를 가진 여객기 날개의 경우 전방 스파 앞쪽을 앞전(leading edge), 후방 스파 뒤쪽을 뒷전(trailing edge)이라 부르고, 두 스파와 스파 사이의 날개 스킨이 이루는 박스형 구조를 윙박스(wing box)라 부른다. 보통 여객기의 경우 날개가 감당해야 할 모든 하중을 윙박스가 감당하도록 설계한다. 앞전 구조물과 뒷전 구조물은 날개 주위를 흐르는 공기의 흐름이 원활하도록 유선형으로 설계된 외형을 유지하면 된다. 날개에 발생한 양력이 누적되어 동체로 흘러 들어가는데 이 하중은 윙박스가 전담하도록 설계되고, 앞전 스킨(leading edge skin)에 작용하는 압력은 바로 뒤의 윙박스까지만 전달되면 되고, 뒷전 스킨(trailing edge skin)의 압력은 바로 앞의 윙박스까지 전달할 수 있으면 되기에 앞전 구조와 뒷전 구조부는 형상을 유지할 강성만 확보되면 문제가 없으므로 윙박스와 비교할 때, 스킨이나 보강재의 두께나 단면이 작아 윙박스 구성부재와 확연히 차이가 난다. 윙박스를 토션박스(torsion box) 또는 토크 박스(torque box)라 부르기도 하는데 스파와 스킨으로 형성되는 단면이 폐곡선을 형성하여 날개에 발생한 비틀림 하중을 효과적으로 감당할 수 있기 때문이다. 그림 5-62에 날개 구조물에 따른 여러 가지 토션박스의 형태를 보였다.

윙박스로 만들어진 빈 공간은 연료탱크로 많이 사용하고, 앞전과 뒷전의 빈 공간은 각종 장비와 배관, 전선, 조종 케이블 등의 공간으로 활용되고, 그림 5-61과 같이 다양한 형태로 조종면과 고양력장치가 장착된다.

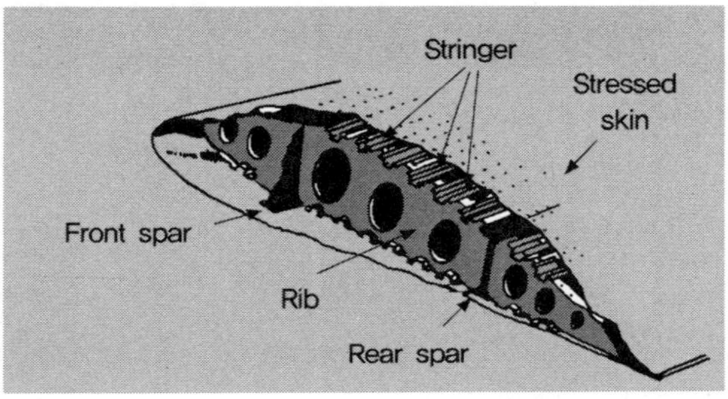

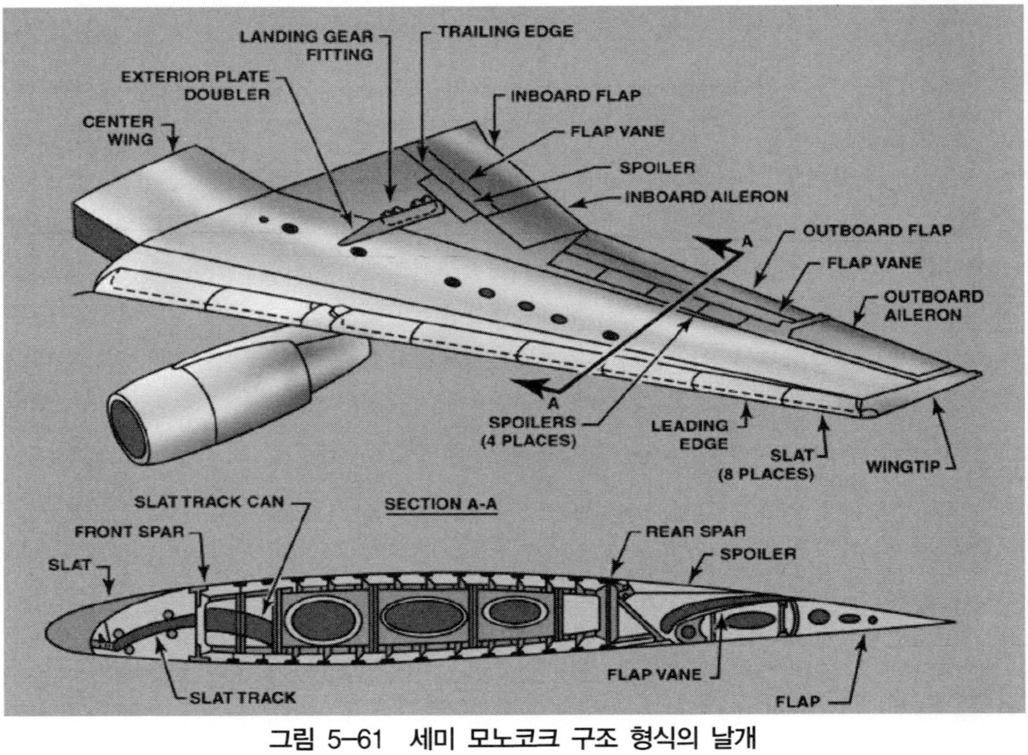

그림 5-61 세미 모노코크 구조 형식의 날개

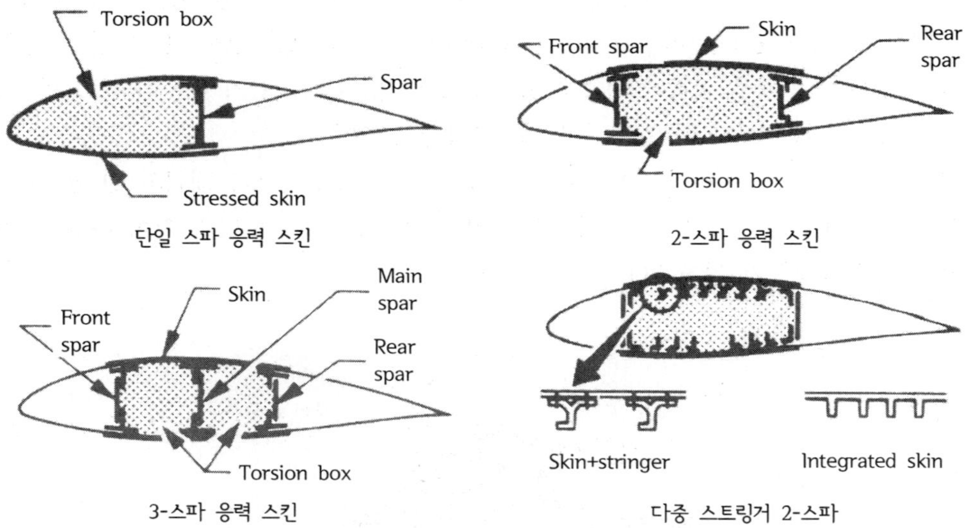

그림 5–62 토션박스의 형태

5.4.2 날개에 발생하는 하중

순항 중 날개는 자체 무게와 양력을 받게 된다. 그림 5-63처럼 무게에 비해 양력이 훨씬 크므로 날개에는 결국 위로 향하는 양력이 주된 힘이 된다. 양력으로 인해 날개의 임의 단면에는 전단력과 굽힘모멘트, 비틀림 모멘트가 발생한다. 이외에 엔진, 착륙장치, 각종 조종면 등이 날개에 장착되므로 이들로부터 들어오는 힘을 감당해야 한다.

양력에 의해 날개 부재가 감당할 전단력은 그림 5-64와 같이 윗방향으로 작용하고, 굽힘하중은 날개의 상부는 압축, 하부는 인장 하중을 발생시킨다. 전단력에 의한 단순 전단 하중은 부재가 감당하기에 큰 부담이 되지 않지만, 굽힘하중으로 인한 축 방향 하중은 날개 구조 부재에 상당한 부담이 되므로 이 하중을 어떻게 효과적으로 감당하도록 할 것인가가 날개 구조 설계의 핵심이 된다. 비틀림 하중은 날개의 양력 중심의 위치가 그림 5-65와 같이 전방으로 치우쳐 날개 구조의 중심에서 편심되어 발생한 것이다. 비틀림 하중은 두 스파와 상부 스킨, 하부스킨으로 구성되는 토션박스가 감당하는데, 토션박스로 형성되는 폐곡선의 면적이 적지 않으므로 어렵지 않게 감당할 수 있다. 다만 두꺼운 스킨의 경우는 거의 문제가 되지 않지만 상대적으로 두께가 얇은 스파 웹(spar web)의 경우에는 부담이 될 수 있다.

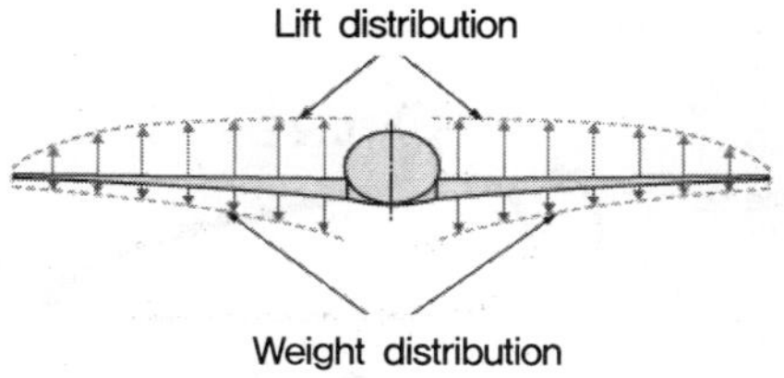

날개에 분포된 중량보다 훨씬 큰 양력이 위로 작용하게 되어 날개에 작용하는 하중은 전반적으로 위로 향하게 된다.

양력과 중량의 분포

동체에 분포된 힘은 주로 질량 분포로 나타나는 무게로 아랫 방향으로 작용하므로 동체는 앞과 뒤가 아래로 구부러진다. 윗부분에 있는 부재는 동체 길이 방향의 인장 하중을 받고, 아랫부분 부재는 압축 하중을 받는 상태가 된다.

날개는 양력으로 인해 양끝이 위로 향하도록 구부러진다. 굽힘 변형으로 인해 날개의 아랫부분에 있는 구조 부재들은 날개 길이 방향으로 인장 하중을 받게 되고, 날개 윗면에 있는 부재들은 압축 하중을 받게 된다.

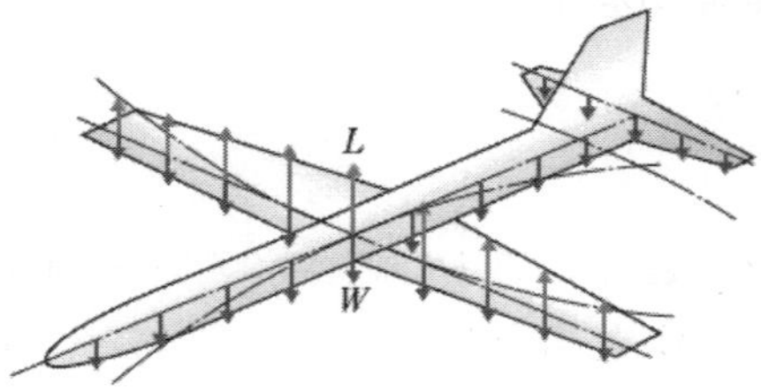

양력과 중량에 의한 기체의 변형

날개에 발생한 내력

그림 5-63 양력과 기체 중량에 의한 힘의 분포와 그에 따른 내력

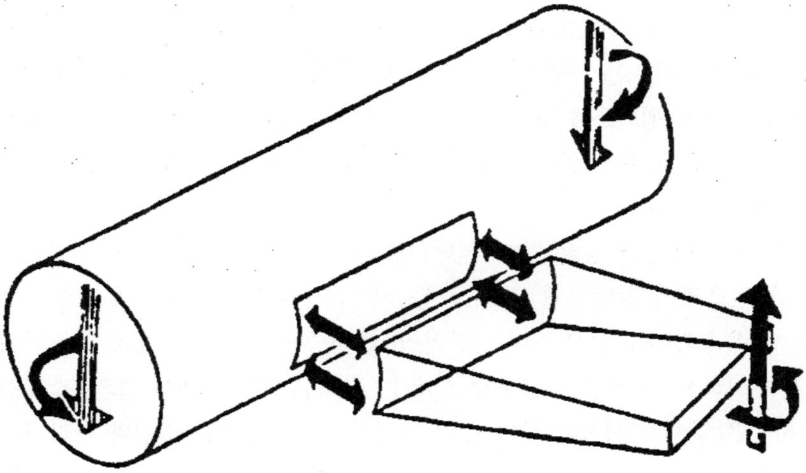

그림 5-64 동체와 날개의 굽힘과 전단

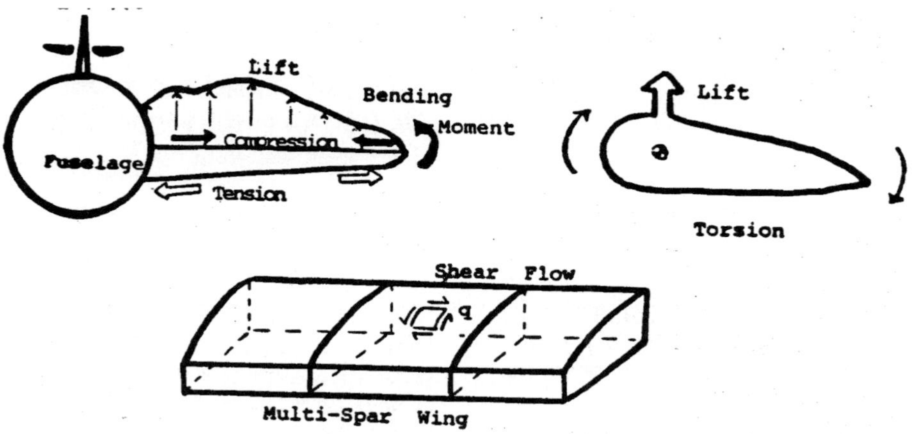

그림 5-65 날개 비틀림 하중

5.4.3 날개 구조 부재의 역할

응력 스킨구조의 날개 앞전 구조물과 뒷전 구조물의 스킨은 공기 역학적인 형태를 유지하도록 설계하고 보통 날개의 주하중은 감당하지 않도록 설계한다. 단일 스파를 가지는 응력스킨구조의 날개인 경우에는 스파와 전방 스킨이 토션박스를 형성하므로 전방 스킨과 스파가 하중을 감당하게 된다.

날개에 발생한 하중은 날개 끝으로부터 하중이 축적되면서 동체 쪽으로 흘러 들어오는데, 앞에서 서술한 것처럼 여객기의 경우 윙박스가 전담하도록 설계되어진다. 이러한 하중을 감당하기 위해서는 날개를 구성하는 부재 중 날개 끝에서 동체 쪽으로 연속인 부재라야 힘을 감당할 수 있는데, 스킨, 스트링거, 스파가 이에 해당한다. 이외의 부재들은 엔진, 착륙장치나 조종면으로부터 하중이 들어오는 특별한 경우를 제외하고는 날개의 형상을 유지하기 위한 부재들로 간주해도 무방하다. 윙박스를 구성하는 주요 부재 중 리브는 날개 스팬(span) 방향 측면에서 불연속 부재이므로 날개 길이 방향의 하중은 감당하지 못하고 날개의 형상을 유지하는 역할을 감당하게 된다.

날개의 양력으로 발생한 상하 방향 전단하중은 윙박스 구성 요소 중 날개 단면에서 상하 방향으로 연속인 스파가 감당하게 된다. 보통 비행 중 날개를 위로 구부리려는 굽힘모멘트로 인한 하중은 상부 스킨에는 날개 길이 방향의 압축 하중을 발생시키고, 하부 스킨에는 인장하중을 발생시킨다. 따라서 이 하중을 감당할 수 있는 구조 부재는 스파와 스킨, 스트링거가 해당된다. 비틀림 하중은 앞에서 서술한 바와 같이 토션박스를 형성하는 스킨과 스파가 전단하중으로 감당하게 된다.

하중을 감당하지 않는 스킨을 가진 트러스 구조 날개에서는 스파가 모든 하중을 감당할 수밖에 없다.

(1) 스킨(Skin)

전방 스파와 후방 스파 사이의 스킨은 응력 스킨으로 큰 하중을 감당하므로 높은 강도가 요구된다. 스킨은 굽힘 하중으로 인해 발생하는 날개 스팬 방향의 인장하중과 압축 하중을 감당하게 된다. 압축 하중을 받는 스킨은 좌굴이 쉽게 발생하므로 좌굴 방지를 위해 그림 5-66과 같이 스트링거를 일정 간격으로 스킨에 부착한다. 스트링거가 장착된 스킨은 스킨의 두께와 스트링거의 간격에 따라 압축 하중을 온전히 감당할 수도 있고, 스트링거와 접촉된 주위의 일부 스킨만이 감당할 수도 있는데 기종에 따라 살펴보아야 할 것이다. 날개의 비틀림 하중이 스킨에 작용할 때는 코드(chord) 방향의 전단하중이 되고, 스킨이 감당하는데 별 어려움이 없다.

그림 5-66 스트링거로 보강된 날개 스킨

날개 앞전(leading edge)과 날개 뒷전(trailing edge)의 스킨은 구조상 큰 하중을 받지 않도록 설계하므로 에어포일 형상을 유지할 수 있는 강성을 가지도록 그림 5-67에 보인 것과 같이 얇은 두께의 스킨에 적정한 간격으로 리브(또는 포머)와 작은 단면의 스트링거로 보강하는 것으로 충분하다.

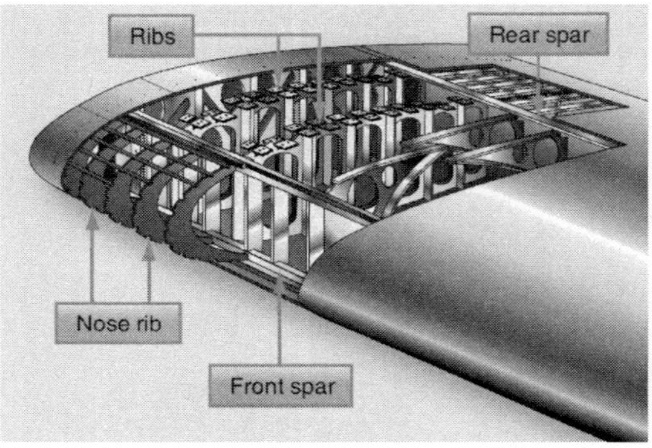

그림 5-67 날개 내부 구조

최근에는 가공기술이 발전함에 따라 그림 5-68과 같이 두꺼운 판재를 절삭 가공하는 스킨-스트링거 일체형(integrated skin)으로 제작하기도 한다.

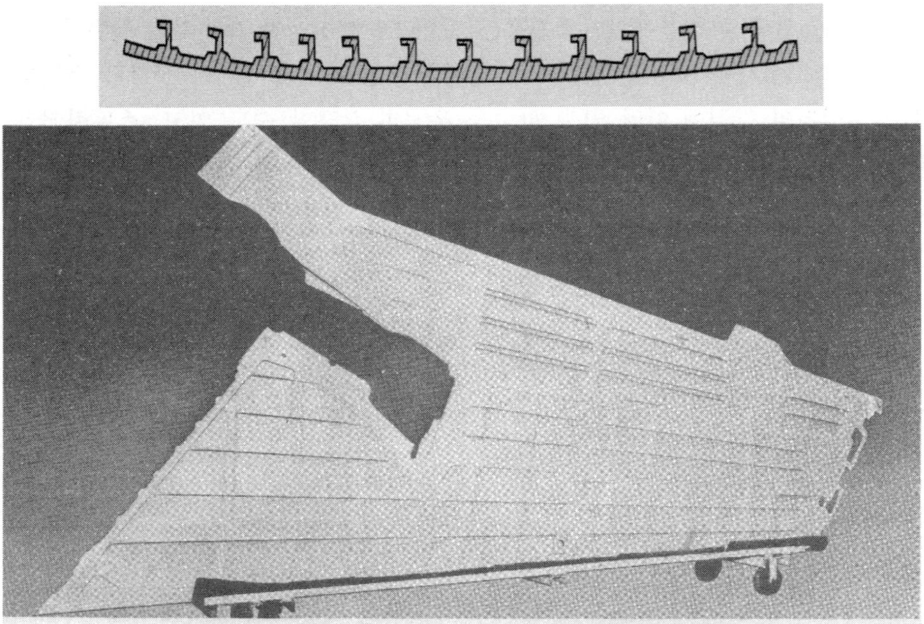

North American Aviation FJ3 "Fury Jet". View Shows Bottom Wing Skin. Note Integral Construction of Skin and Stringers.

그림 5-68 스킨-스트링거 일체형 날개

스킨-스트링거 조립형과 비교할 때 일체형 스킨의 장단점은 다음과 같다.

① **장점**

* 스트링거와 스킨을 결합하는 패스너가 필요 없다.
* 조립형 스킨과 비교할 때 무게를 가볍게 할 수 있다.
* 전산응용가공 기술의 발달로 제작 중 작업 실수로 인한 불량을 줄일 수 있다.

② **단점**

* 사용 중 손상이 발생했을 때 보수 작업이 어려워진다.
* 피로균열이 발생하는 것에 대비한 파손안전설계의 적용이 까다롭다.

(2) 스팬 방향 부재

날개 길이 방향 부재로 스파와 스트링거가 이에 해당한다.

① **스파**

응력-스킨 구조 형식의 날개를 구성하는 가장 큰 골격인 스파는 기종에 따라 그림 5-69와 같이 여러 형태의 스파가 사용된다. 여객기의 스파는 그림 5-70과 같이 스파 캡(spar cap 또는 spar flange)과 스파 웹(spar web), 수직 보강재로 구성되어 있다. 스파 캡은 굽힘 하중(bending)에 의해 발생한 스팬 방향의 축 하중을 담당하고, 두께가 얇은 스파 웹은 양력에 의한 전단력(shear)과 비틀림 하중으로 발생하는 전단 하중을 담당한다. 트러스 구조 형식의 날개에서는 스파가 날개 하중 전부를 감당하도록 설계한다.

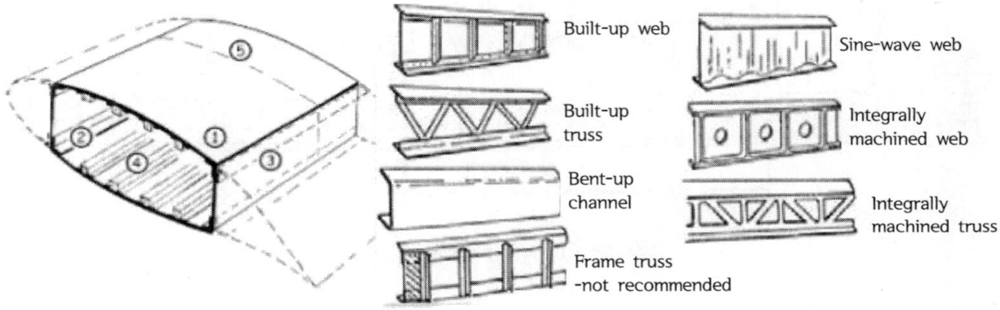

그림 5-69 스파의 형태

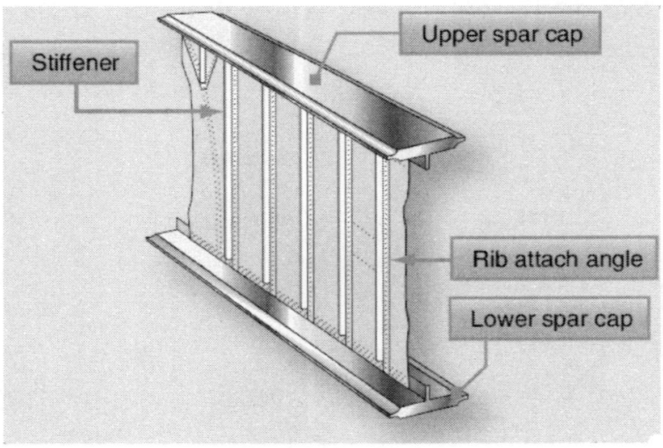

그림 5-70 스파의 구조

순항 중 상부 스파 캡은 굽힘모멘트에 의한 압축 하중이, 하부 스파 캡에는 인장하중이 발생한다.

스파웹은 얇은 쉬트(sheet)로 만들어지므로 적은 전단하중이나 압축 하중에 의해 쉽게 좌굴이 발생하므로 이를 억제하기 위해 일정 간격으로 수직 방향의 보강재(stiffener)를 부착하게 된다. 소형항공기의 경우 스파웹이 감당해야 할 하중이 크지 않으므로 그림 5-71과 같이 무게를 줄이기 위해 중량경감 홀(lightening hole)을 뚫기도 한다.

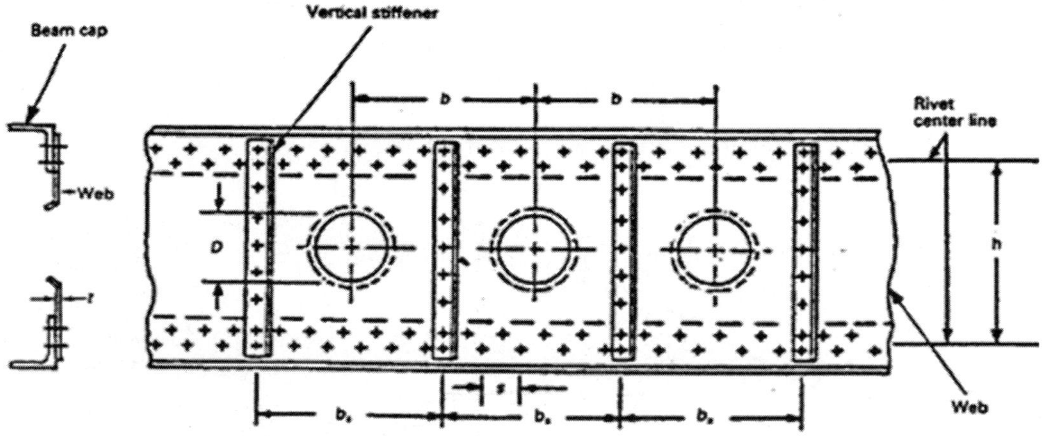

그림 5-71 스파-중량경감 홀

스파의 수량은 기종에 따라 다른데 소형 조종면에는 단일 스파만을 적용하기도 하고, 보통 2개의 스파를 적용하는데 큰 항공기의 경우는 여러 개의 스파를 적용하기도 한다. 그림 5-72에 보인 것처럼 동체 가까운 곳에는 3개의 스파, 날개의 바깥 쪽은 2개의 스파로 구성되는 날개 구조를 가진 여객기도 있다.

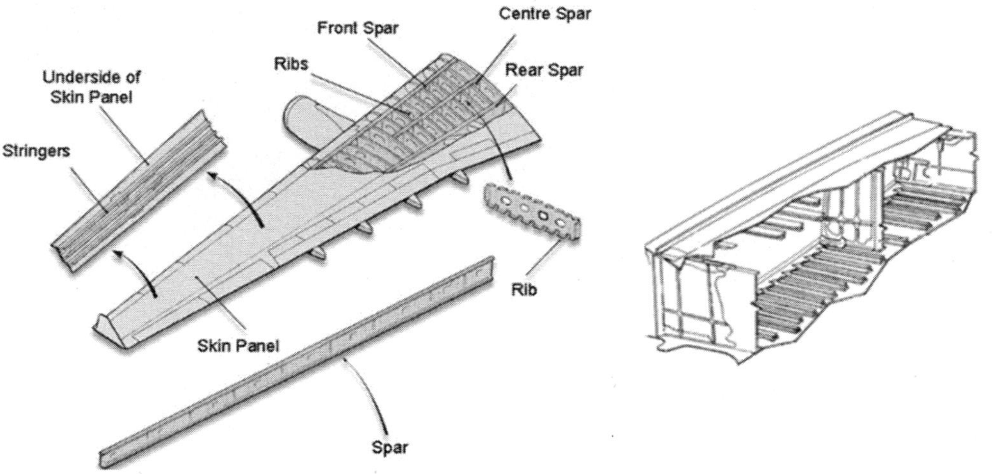

그림 5-72 스파의 배치-여객기

고속 전투기의 경우에는 날개의 높이가 작아 스트링거가 장착된 상부와 하부 스킨 사이에 리브를 장착하는 것보다 그림 5-73과 같이 여러 개의 스파(상부 스트링거와 하부 스트링거가 한 몸으로 된 형태)가 장착된 형식으로 제작되기도 한다. 이와 같이 스트링거 자리에 스파가 대체된 날개에서는 날개 형상을 유지하기 위한 리브의 역할을 스파가 할 수 있으므로 리브가 생략된다. 이렇게 배치된 여러 개의 스파캡은 날개의 굽힘하중을 감당하지만 스파웹은 양력과 비틀림에 의한 전단하중으로 스파의 개수에 비해 큰 하중이 아니므로 그림처럼 중량을 줄이기 위한 중량경감 홀이 여러 개 뚫려 있는 것을 볼 수 있다.

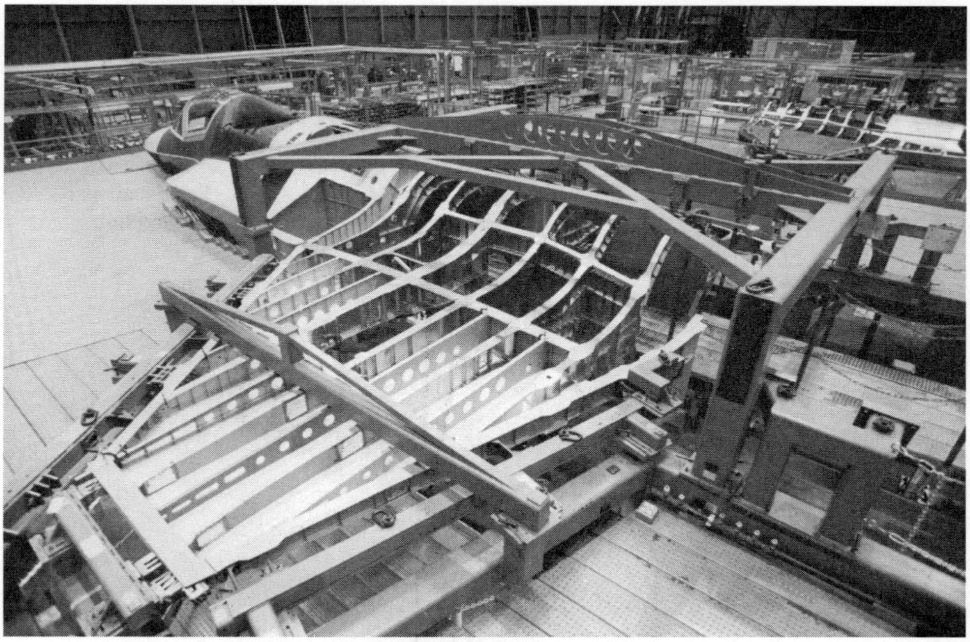

그림 5-73 스파의 배치-고속 전투기(F-22)

날개 뿌리 근처의 코드(chord)가 긴 날개에 착륙장치를 장착하는 경우 그림 5-74와 같이 후방 스파 뒷부분에 유사 스파(false spar, 어떤 기종에서는 보조 스파라 칭하기도 함)를 추가하여 착륙장치를 잡아주기도 한다.

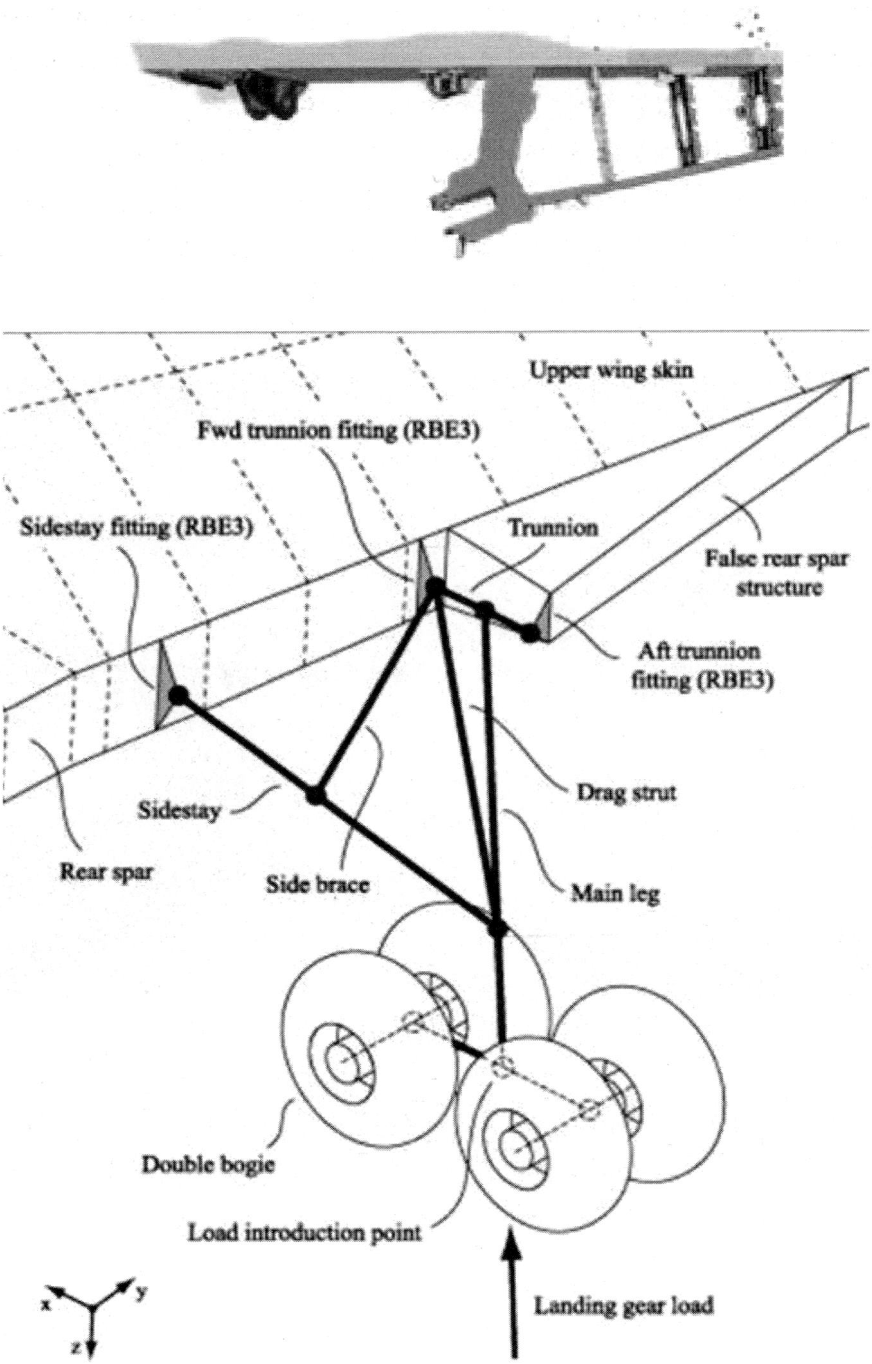

그림 5–74 날개에 장착된 착륙장치

여객기 후방 스파에는 그림 5-75와 같이 에일러론, 플랩, 스포일러, 착륙장치 등이 장착되어 있어 이들로부터 오는 하중을 잘 감당할 수 있도록 전방 스파보다 강하게 설계한다.

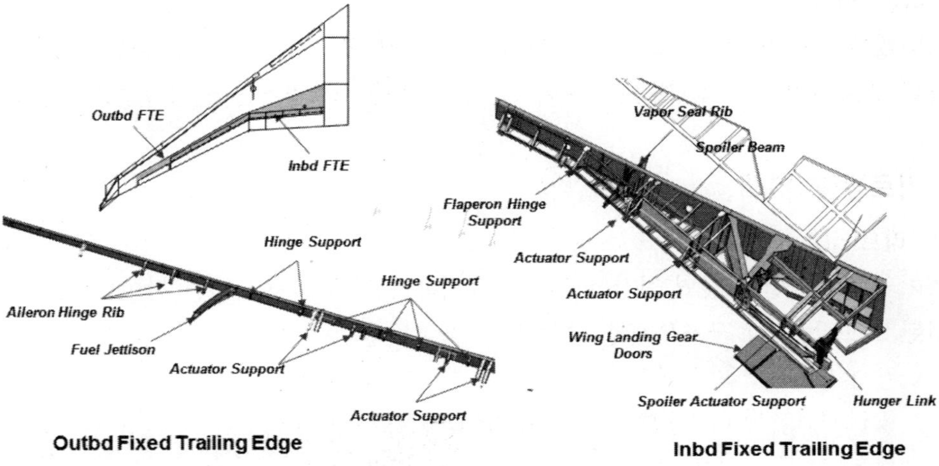

그림 5-75 후방 스파

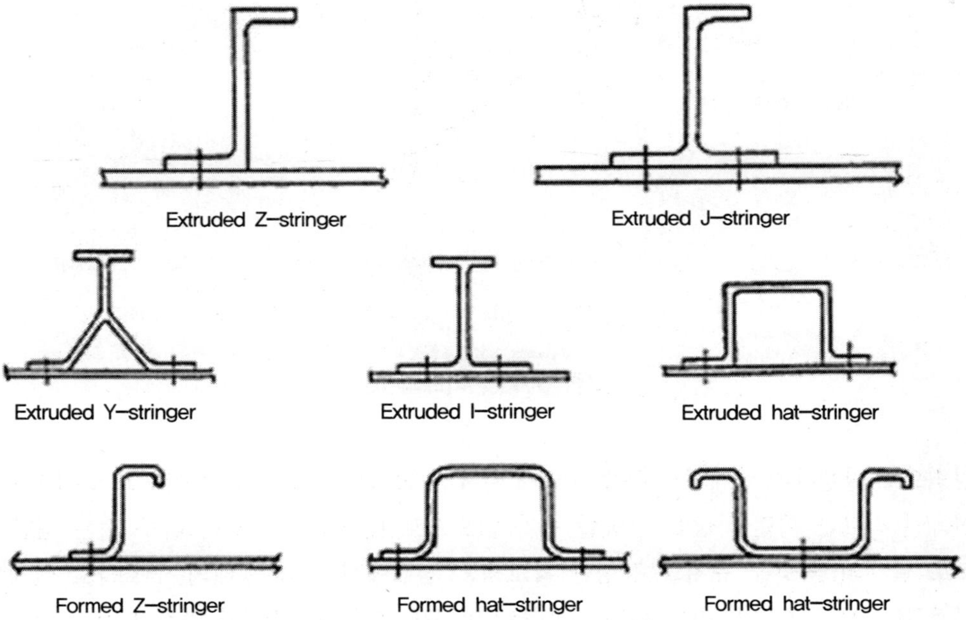

그림 5-76 스트링거의 형상

② **스트링거(stringer)**

스킨에 일정 간격으로 배치되어 날개의 굽힘 강도와 굽힘 강성을 크게 하고 굽힘이나 비틀림으로 스킨에 발생한 압축 하중이나 전단하중으로 인해 발생할 수 있는 스킨의 좌굴(buckling)을 방지하는 역할을 한다.

스트링거의 단면 형상은 그림 5-76과 같이 다양한 형태로 제작되며, 순항 시 상부 스킨에 부착된 스트링거는 압축 하중을 하부스킨에 부착된 스트링거는 인장하중을 감당한다.

(2) 가로방향 부재

① **리브(rib)**

공기역학적인 날개 단면 형상(airfoil)을 유지하기 위해 그림 5-77과 같이 일정한 간격으로 배치된 코드 방향의 구조부재를 말한다.

그림 5-77 리브의 배치

양력으로 발생하는 날개의 주하중은 날개 끝에서 동체를 향해 흘러 들어오고 스팬 방향으로 불연속인 리브는 이런 하중을 감당할 수가 없으므로 대다수의 리브는 아주 적은 힘만 받게 되므로 날개의 외형을 유지할 강성만 확보되는 범위에서 약한 형태의 구조물로 설계된다. 그림 5-78에 보인 것처럼 리브를 코드 방향의 빔이라 생각하면 스파와 마찬가지로 리브 캡(rib cap), 리브 웹(rib web), 수직 보강재로 구성되어 있으며, 감당할 하중이 작으므로 그림과 같이 중량을 절감하기 위한 홀이 여러 개 뚫려 있다.

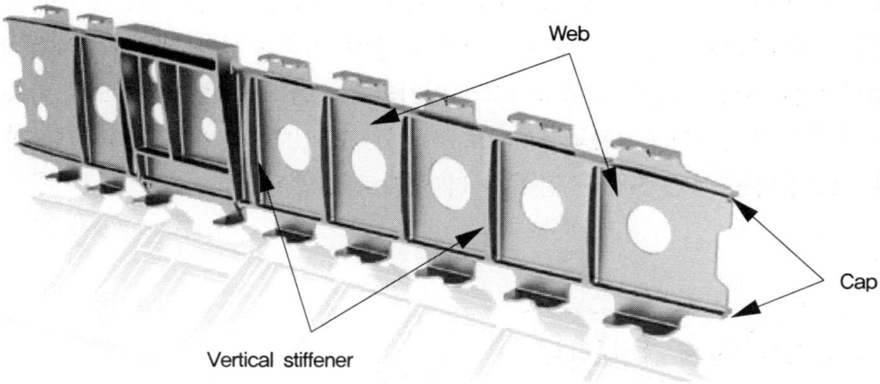

그림 5-78 리브의 구성

그림에서 중량경감 홀이 없는 리브는 엔진, 착륙장치, 조종면 등 주날개에 부착된 구조물을 지지하는 곳에 위치한 것으로 이들로부터 전달되는 집중하중을 날개에 분산시키는 역할을 하므로 충분한 강도를 확보하도록 설계한다. 동체에서 외부 하중을 받아 동체 스킨으로 분산하는 역할을 하는 부재를 벌크헤드라 칭한 것처럼 이런 리브를 벌크헤드라 부르기도 한다.

여러 개의 스파를 가진 고속전투기에는 리브가 필요 없게 된다. 리브의 역할이 날개 상부스킨과 하부스킨의 간격을 일정하게 유지하는 것인데 일정한 간격으로 설치된 스파가 이 역할을 하기 때문이다. 그런데 그림 5-79에 보인 고속전투기에는 일부 영역에 코드 방향의 리브가 설치되어 있다. 이것은 날개 하부에 연료탱크나 폭탄 등이 장착되어 있어 이들로부터 들어오는 하중을 효과적으로 지지하기 위함이다. 동체 중간에 엔진을 붙잡아 주기 위한 벌크헤드를 설치하는 것과 같은 맥락으로 이해하면 된다.(동체 벌크헤드 역할 참조)

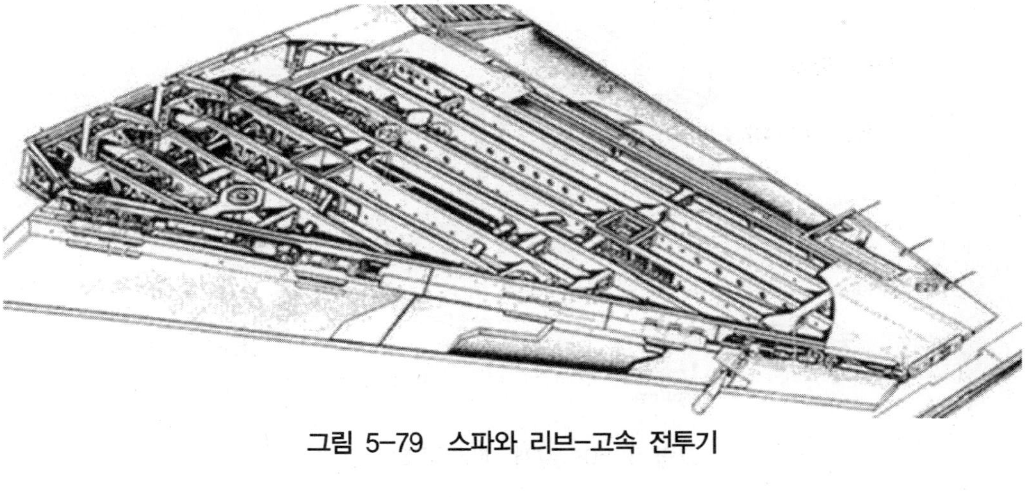

그림 5-79 스파와 리브-고속 전투기

동체구조에서 프레임이 길이가 긴 스트링거의 유효 길이를 짧게 하여 좌굴을 예방하는 역할을 한 것처럼 날개에서는 리브가 날개의 스트링거가 압축 하중을 받아 좌굴하는 것을 방지하는 역할을 한다. 이와 같은 역할을 수행하여 스트링거의 강도를 크게 증가시키므로 비록 리브가 감당하는 하중이 작을지라도 1차구조부재로 취급할 수 있다.(동체 프레임 역할 참조)

리브와 스트링거는 그림 5-80과 같이 여러 형태로 결합된다.

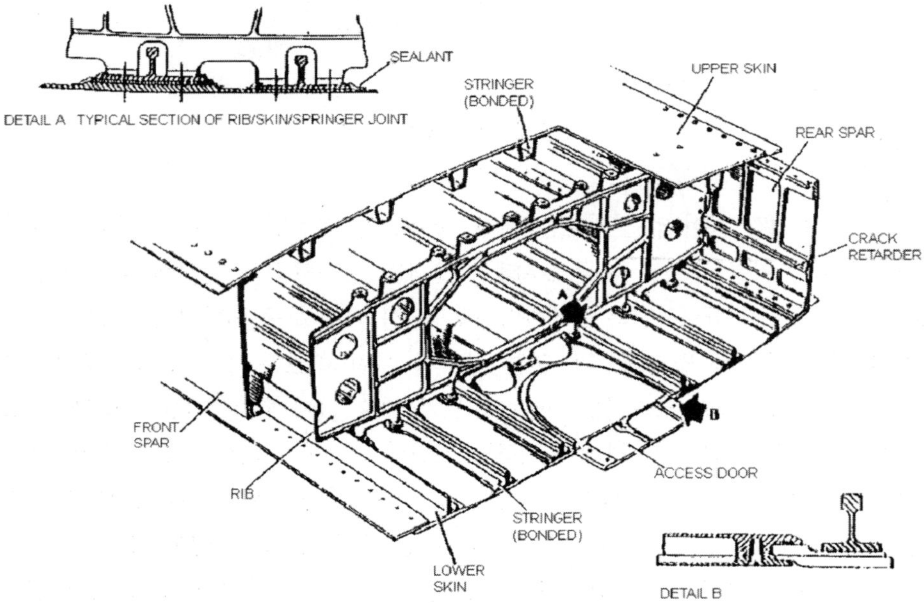

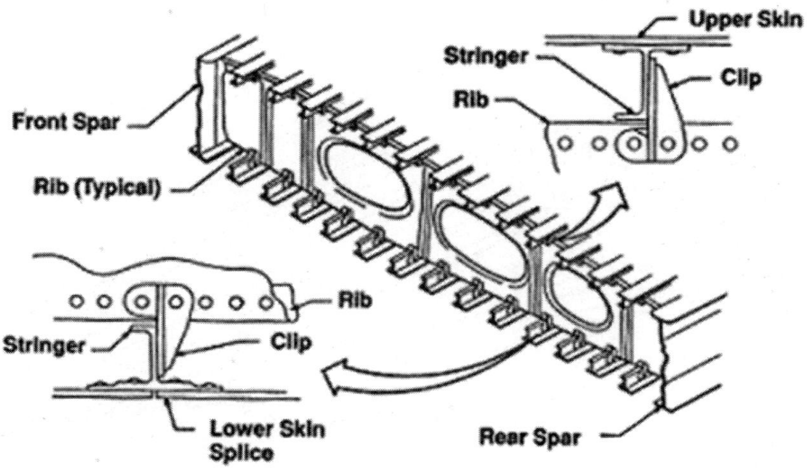

그림 5-80 날개 내부 구조의 결합

5.4.4 날개 내부 공간

윙박스(wing box)는 보통 연료탱크로 이용하고, 앞전의 공간은 방빙계통을 장착하거나 슬랫(slat)과 같은 조종면의 구동 계통 부품들이 장착되어 있고, 뒷전 구조 내부는 각종 조종면의 지지 및 구동 계통 부품들이 장착되어 있다.

(1) 연료 탱크

윙박스의 내부 공간은 주로 연료탱크로 활용되는데, 연료탱크에는 탱크 안과 밖의 압력차를 적게 하여 압력 보호와 연료 공급을 돕기 위한 벤트 계통(vent system)을 설치한다. 최신 대형 제트여객기는 항속거리를 증가시키기 위하여 그림 5-81과 같이 수평안정판의 내부를 연료탱크로 사용하기도 하는데, 무게 증가의 효과로 진동이나 피로에 대한 저항성이 커진다. 연료탱크의 종류는 다음과 같다.

① **인테그럴 연료 탱크(Integral Fuel Tank)**

전방, 후방 날개보 사이의 공간을 그대로 사용하는 형태로, 보통 여러 개로 나누어져 있으며, 대형 항공기에 많이 사용한다. 연료저장 용기를 추가로 장착하지 않고 기체구조를 있는 그대로 사용하므로 무게를 가볍게 할 수 있다.

Boeing 747-400 Fuel Tank Arrangement

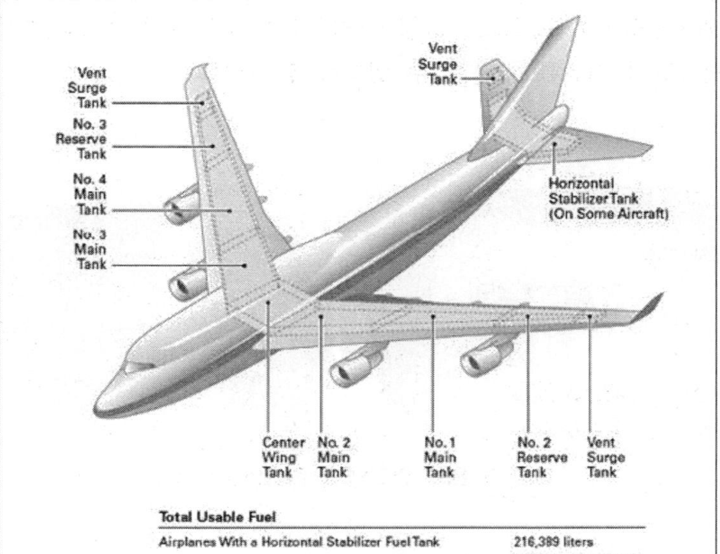

Total Usable Fuel	
Airplanes With a Horizontal Stabilizer Fuel Tank	216,389 liters (57,164 U.S. gallons)
Airplanes Without a Horizontal Stabilizer Fuel Tank	203,897 liters (53,864 U.S. gallons)

그림 5-81 연료탱크-보잉 747

② **강성이 있는 장탈착형 탱크(Rigid Removable Tank)**

기체에 장탈착이 가능한 형태의 연료탱크로 그림 5-82와 같이 알루미늄과 같이 강성이 있는 소재로 만들어진 연료 탱크를 말한다.

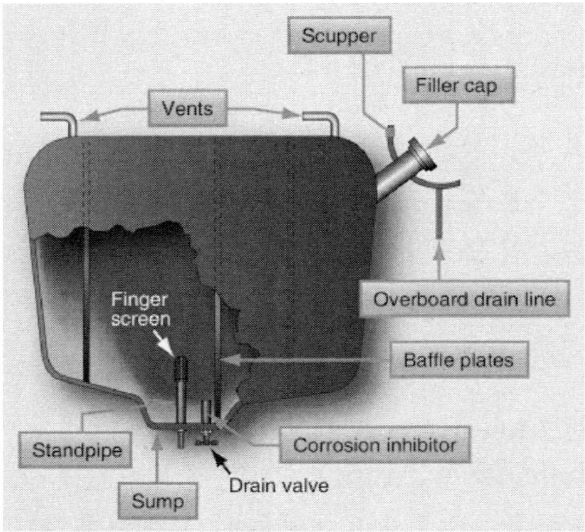

그림 5-82 연료탱크-Rigid Removable Type

③ **블레더형 연료 탱크(Bladder type Fuel tank)**

유연한(flexible) 형상의 연료탱크로 그림 5-83과 같이 고무나 가죽으로 주어진 공간에 알맞은 형상으로 제작하여 연료를 보관할 수 있도록 한 것이다.

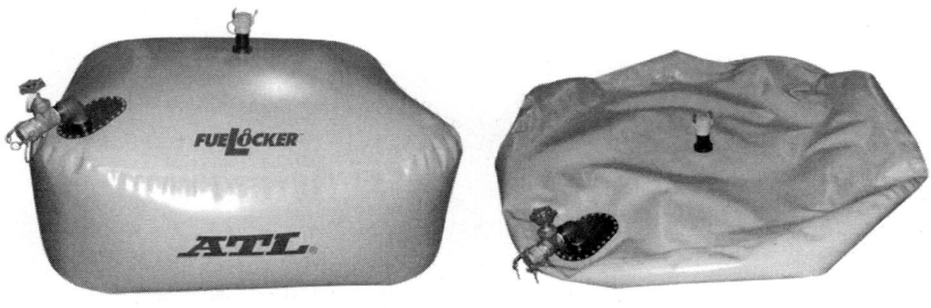

그림 5-83 연료탱크-Bladder Type

(2) 방빙 및 제빙 장치

비행 중 차가운 공기와 먼저 맞닿는 기체의 전반부에서는 기체 표면의 수분이 결빙되면서 매끄럽던 표면이 거칠어지고, 이로 인해 표면 위로 흐르는 공기의 흐름 특성이 좋지 않아 항공역학적 특성이 저하될 수 있다. 이러한 현상이 나타나지 않도록 방빙이나 제빙을 할 수 있도록 하는 것을 말한다.

① **방빙장치**(Anti-icing device)

기체 표면에 처음부터 얼음이 발생하지 않도록 하는 것으로 전기로 표면을 가열하거나 엔진에서 발생한 따뜻한 공기로 기체를 가열하는 방식이 주로 사용된다.

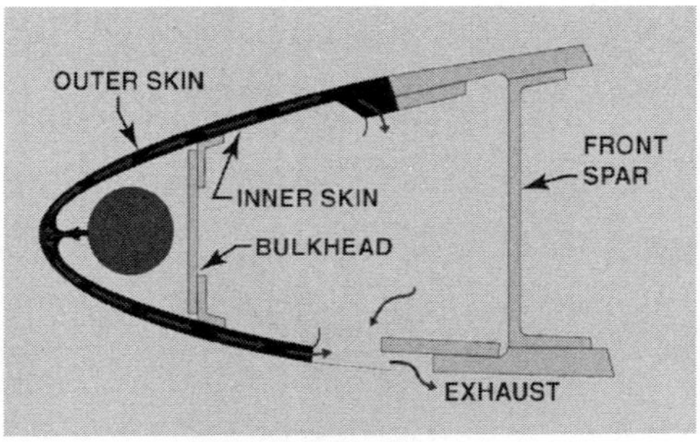

그림 5-84 방빙 장치

방빙장치는 그림 5-85에 보인 것처럼 날개 앞전, 엔진 흡입구, 안테나와 프로펠러 등에 설치된다.

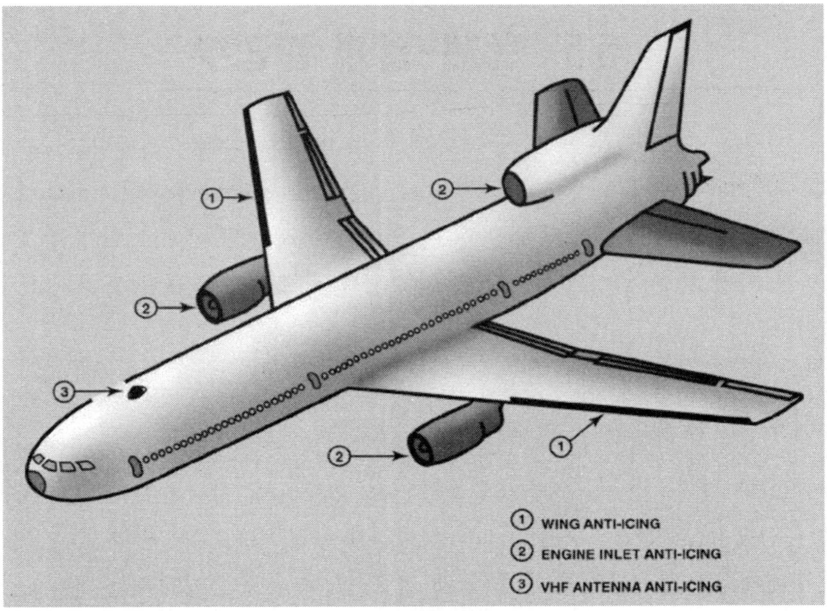

그림 5-85 방빙 부위

② **제빙장치(De-icing device)**

표면에 발생한 얼음을 제거하는 장치로 알콜을 분사하여 어는점을 낮게 해서 얼음을 제거하는 알콜 분출식과 그림 5-86에 보인 것처럼 날개 앞전 표면에 신축성 소재를 부착하여 압축공기를 맥동적으로 공급하여, 표면이 팽창되었다 수축되면서 얼음을 제거시키는 제빙부츠식 방법이 사용된다. 제빙부츠식의 경우 공기 오일 분리기를 제빙 부츠에 설치하여 공기 속의 오일이 고무의 부츠를 퇴화시키는 것을 방지하도록 한다.

최근 항공기의 경우 제빙장치를 사용하기 보다는 결빙을 미연에 방지하는 방빙장치를 사용한다.

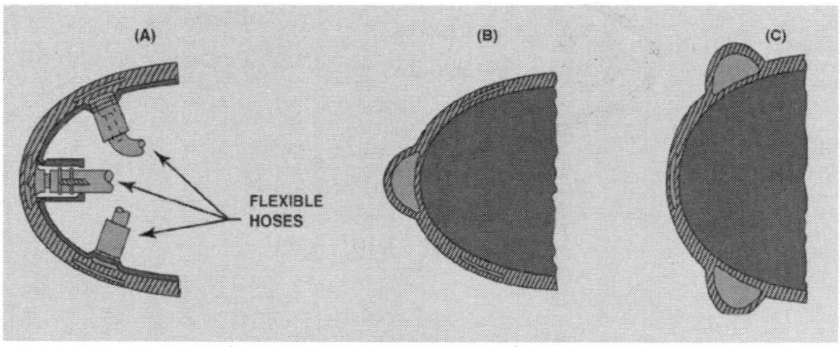

그림 5-86 제빙 장치-제빙부츠식

5.5 동체-날개 결합부

날개에서 발생한 모든 힘은 날개 끝에서부터 누적되어 동체로 전달되고, 동체의 무게로 인한 하중은 동체의 전방과 후방에서 동체-날개 결합부로 전달되어 온다. 동체-날개 결합부는 동체에서 발생한 큰 힘과 날개에서 발생한 큰 힘이 충돌하는 곳이므로 기체 구조에서 하중의 절대적 크기가 가장 큰 부위이므로 구조적 안전성을 확보하기 위해 충분한 강도를 확보해야 하는 부위이다.

5.5.1 지주식 날개

그림 5-87 (a)와 같이 날개와 동체를 연결하는 지주(strut)를 장착하여 날개 구조물이 감당해야 할 하중 부담을 감소시키는 형태로 소형 항공기에 주로 적용된다. 순항 중 날개는 양력으로 인해 날개 뿌리에서 굽힘모멘트가 매우 크게 발생하므로 구조부재에 큰 부담이 된다. 그림과 같이 지주가 부착되면 날개의 하중 일부가 지주를 통해 동체로 흘러감에 따라 날개 뿌리에서의

굽힘하중을 크게 감소시키는 역할을 한다. 비행 중 지주가 파손이 되면 기체구조의 안전을 장담할 수 없는 상태가 되므로 지주는 1차 구조부재로 취급되며, 그림과 같이 연결된 지주는 순항 중 인장 하중이 발생하게 된다.

지주가 장착되면 공기 저항으로 인한 항력이 증가하므로 지주식 날개는 속도가 작은 소형 항공기 일부에 적용된다.

(a) 지주식 날개 (b) 외팔보식 날개

그림 5-87 날개의 장착 방식

5.5.2 외팔보식 날개

그림 5-87 (b)와 같이 동체와 날개가 결합된 구조 형태로 모든 하중이 날개 장착부에 집중되어 동체-날개 결합부는 매우 큰 하중을 감당할 수 있어야 한다. 지주가 없으므로 항력이 적어 고속기에 적합하나 동체-날개 결합부의 구조적 안전을 확보하기 위해 충분히 강하게 설계되어지므로 다소 무게가 무거울 수 있다.

대형 여객기나 프로펠러를 부착한 소형항공기의 경우 좌우의 날개가 서로 연결되어 동체를 관통하는 구조로 되어 있어 좌우측 날개에서 발생한 굽힘모멘트는 동체 중앙부에서 서로 상쇄되는 형태가 되고, 날개의 전단하중과 비틀림 하중은 동체 스킨으로 분산되는 형태가 된다. 동체는 날개를 관통시키기 위해 큰 절개부(cut-out)를 가지므로 절개부 주위는 응력집중으로 사용 중 피로균열이 발생하여 내구성이 크게 감소할 수 있으므로 동체 날개 결합부는 넓은 영역에 걸쳐서 하중이 분산되도록 그림 5-88과 같이 여러 개의 구조부재가 복잡한 형태로 결합되어 있다.

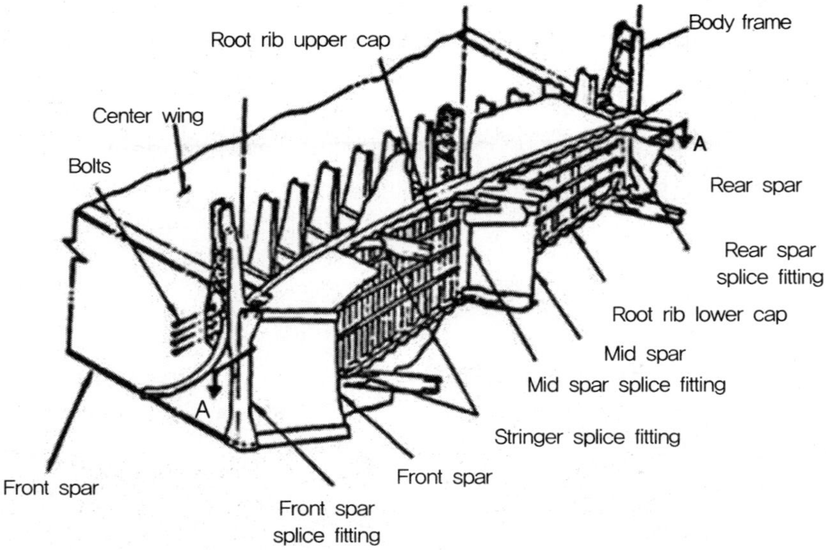

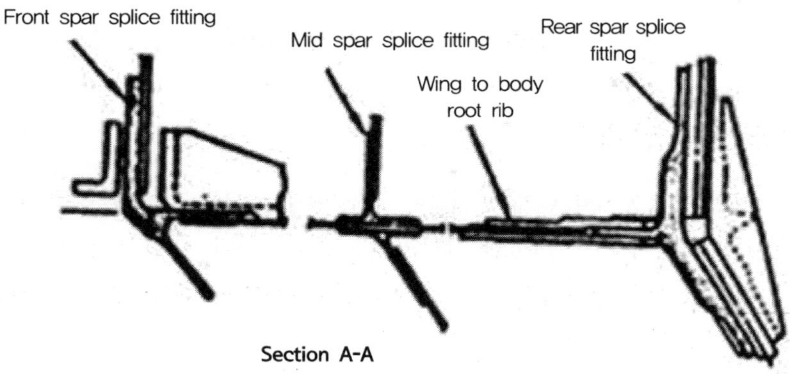

그림 5-88 동체-날개 결합부

그림 5-89와 같이 날개에 큰 양력이 발생하는 경우 날개 중앙부가 아래로 볼록하게 구부러지면서 날개 하부 스킨과 동체 하부 스킨 사이의 간격이 좁아지면서 두 부위를 연결하는 구조부재에 큰 하중이 발생하고 이로 인해 연결부재에 피로균열이 발생하여 내구성을 크게 떨어뜨릴 수가 있다. 피로 균열 문제를 해결하기 위해 연결부 구조부재를 강하게 설계하였으나 더 큰 하중이 발생하면서 문제가 해결되지 않는다. 근본적으로 이 문제는 두 부재의 간격이 변화하면서 생겨난 문제이기 때문에 강한 부재로 대체하더라도 변형으로 인한 문제를 해결하기 어렵게 된 것이다. 그래서 그림에 보인 것처럼 오히려 강성이 적게 설계하면 두 부재 사이의 간격이 변화할 때 두 부재를 연결하는 부재도 쉽게 변형이 되면서 연결부재에 발생하는 하중이 줄어 피로균열 문제도 해결될 수 있다.

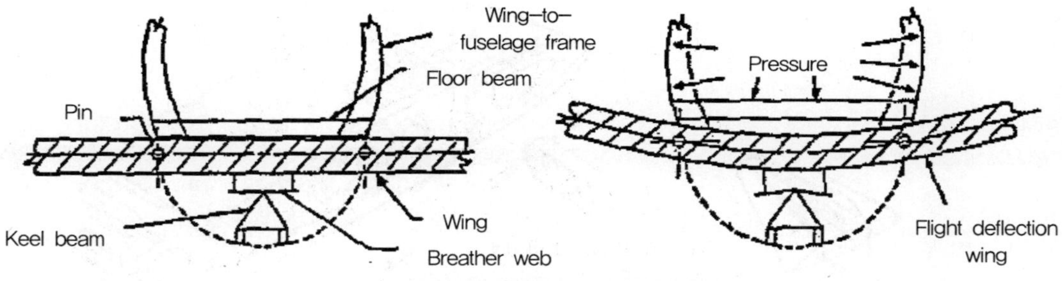

그림 5–89 동체–날개 결합부의 변형

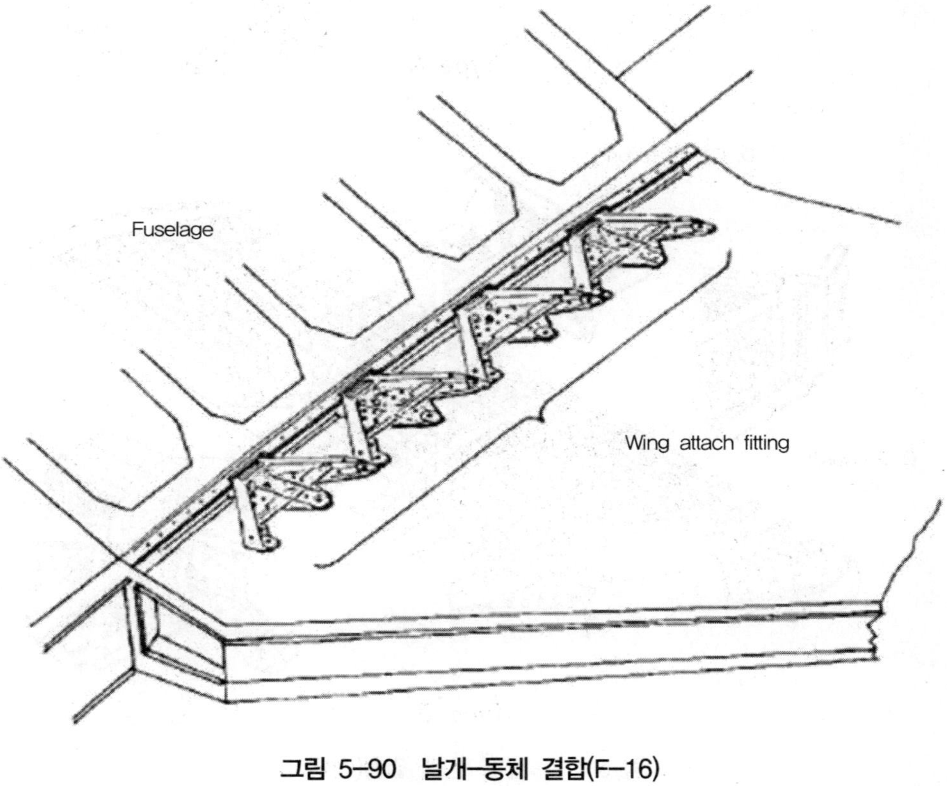

그림 5–90 날개–동체 결합(F–16)

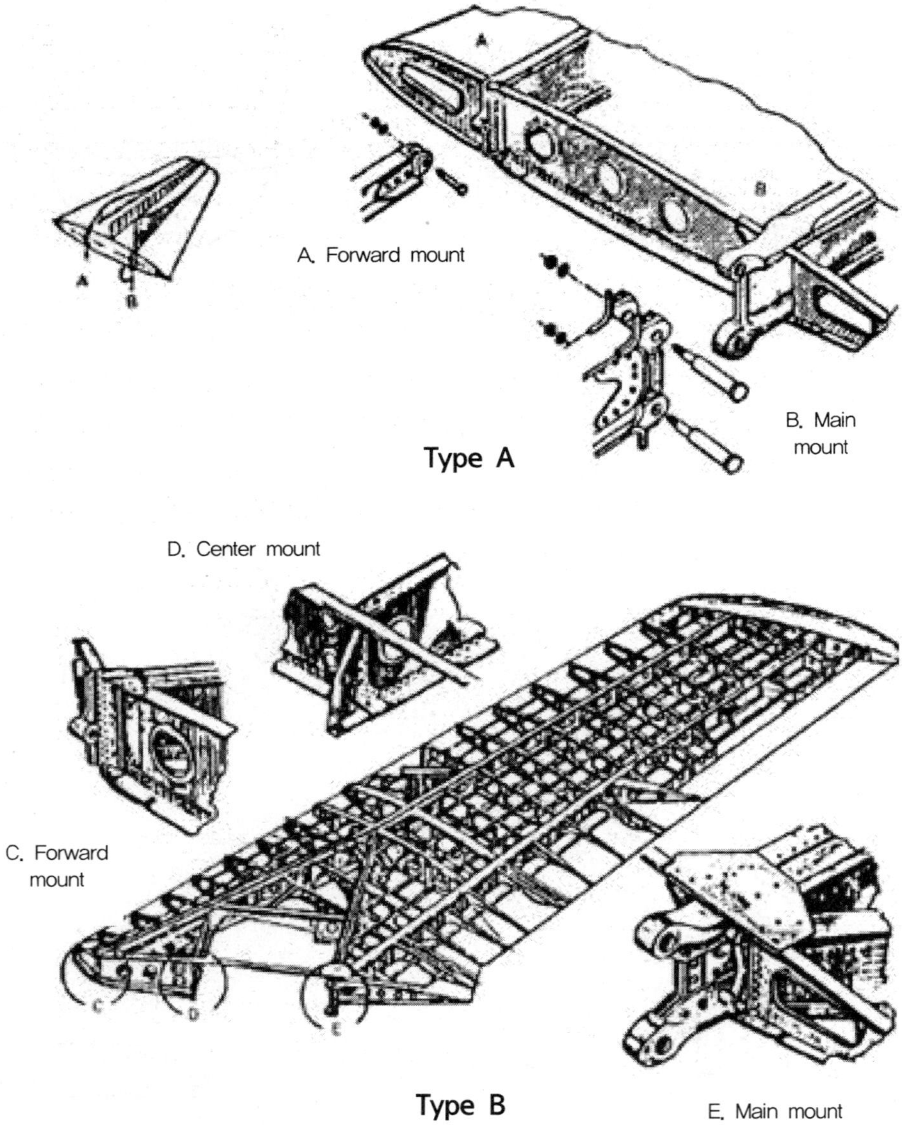

그림 5-91 날개-동체 결합(전투기)

전투기의 경우 날개와 동체가 연결되는 형태를 살펴보면, 이전에 서술한 것처럼 동체 내부에 엔진으로 가는 공기흡입통로로 인해 그림 5-90에 보인 것처럼 날개가 동체 측면에 부착된 형태로 결합되어 있다. 좌우 날개는 동체의 벌크헤드로 연결되는 형태이다. 이와 같은 연결방식의 장점은 동체로부터 날개구조를 어렵지 않게 분리할 수 있다는 것이다. 그러나 구조역학적 측면에서는 그다지 권장할만하지는 않다. 왜냐하면 날개의 주하중이 앞뒤 방향으로 넓은 스킨을 따라 흘러오다 상하 방향으로 넓은 동체의 벌크헤드로 흘러 들어가는 구조이기 때문이다.

두면이 수직 교차하게 되므로 접촉 영역이 작게 되고 이 영역을 통해 모든 힘이 집중되어 흐르기 때문에 구조역학적으로 상당히 취약하게 되기 때문이다. 그림은 F-16의 날개 결합 형태인데, 날개 상부와 하부에 각 4개의 오리발 모양의 결합부재(wing attach fitting, WAF)를 부착하고, WAF는 동체 벌크헤드의 측면 플랜지(flange)와 인장볼트 2개로 결합되어 있다. 상부와 하부 날개의 모든 하중이 16개의 볼트를 통해 동체로 흘러 들어가는 형태이기에 볼트 주위에 집중된 힘을 충분히 견딜 수 있도록 설계에 유의해야 한다. 그림 5-91은 핀으로 결합되는 러그(lug) 형태로 날개와 동체를 연결한 전투기의 사례를 보인 것이다.

그림 5-92는 여객기의 좌우 날개가 동체를 관통하여 연결된 형태인데, 동체 내부의 중앙 날개(center wing)와 외부 날개의 여러 결합 형태를 보여준 것이다. 중앙 날개부와 외부 날개의 윙박스가 바로 연결된 형태이기에 날개가 감당해야할 가장 큰 하중인 좌우 날개의 굽힘모멘트는 중앙날개부에서 순수굽힘의 형태로 감당하게 되고, 날개의 전단력과 비틀림모멘트는 날개-동체 결합부에 있는 여러 보강재들을 통해 동체 스킨으로 분산되는 형태여서 전투기와 같이 심각한 하중 집중 현상은 발생하지 않게 된다.

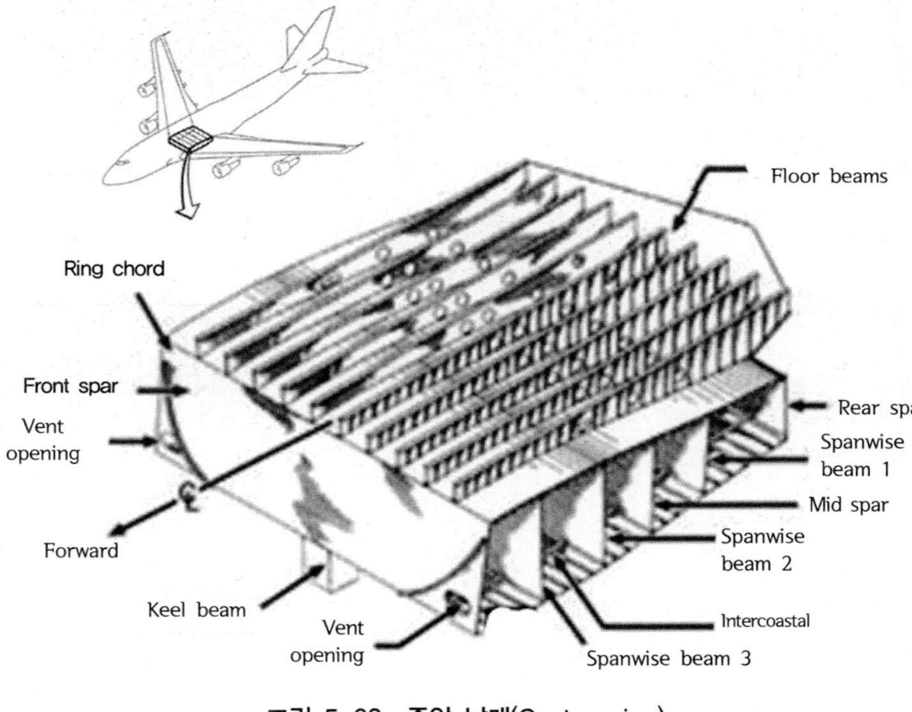

그림 5-92 중앙 날개(Center wing)

그림 5-93 중앙 날개 - 보잉 777

그림 5-94와 그림 5-95는 동체 내부의 윙 박스와 동체 외부 윙 박스가 결합되는 형태를 보여준 것이다. 기종에 따라 다양한 형태로 결합되는데, 매우 큰 하중을 주고받는 곳이고 동체를 크게 도려낸 곳(large cut-out)이므로 사용 중 피로균열이 발생하지 않도록 세심한 주의가 필요하다.

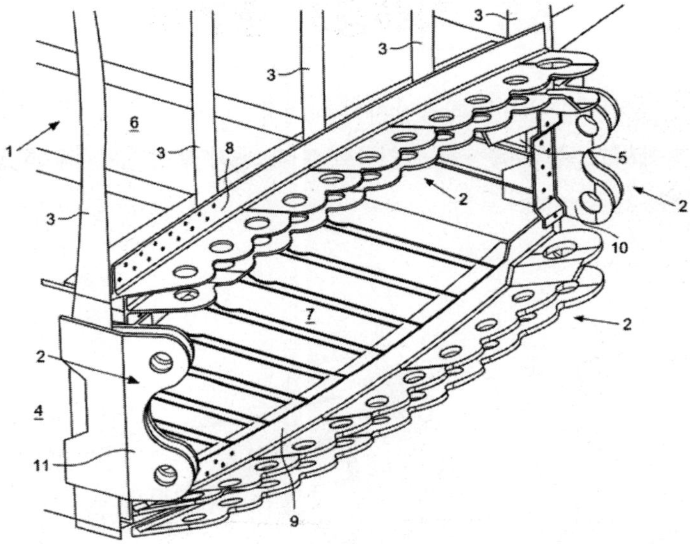

그림 5-94 중앙 날개 결합부 형상(여객기)

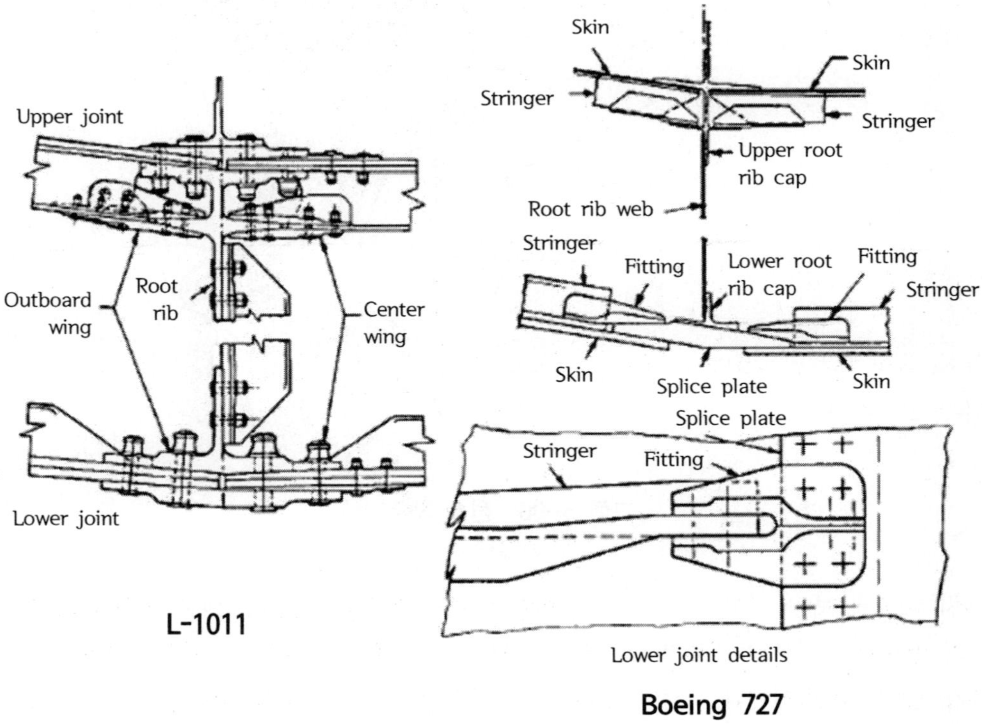

그림 5-95 중앙 날개 결합 형태(여객기)

5.6 착륙장치 결합부

현재 가장 널리 쓰이는 앞바퀴식 착륙장치에서 전방 착륙장치는 그림 5-96과 같이 전방동체의 중앙 하부에 장착되고, 주 착륙장치는 기종에 따라 동체에 장착되기도 하고, 날개에 장착되기도 한다.

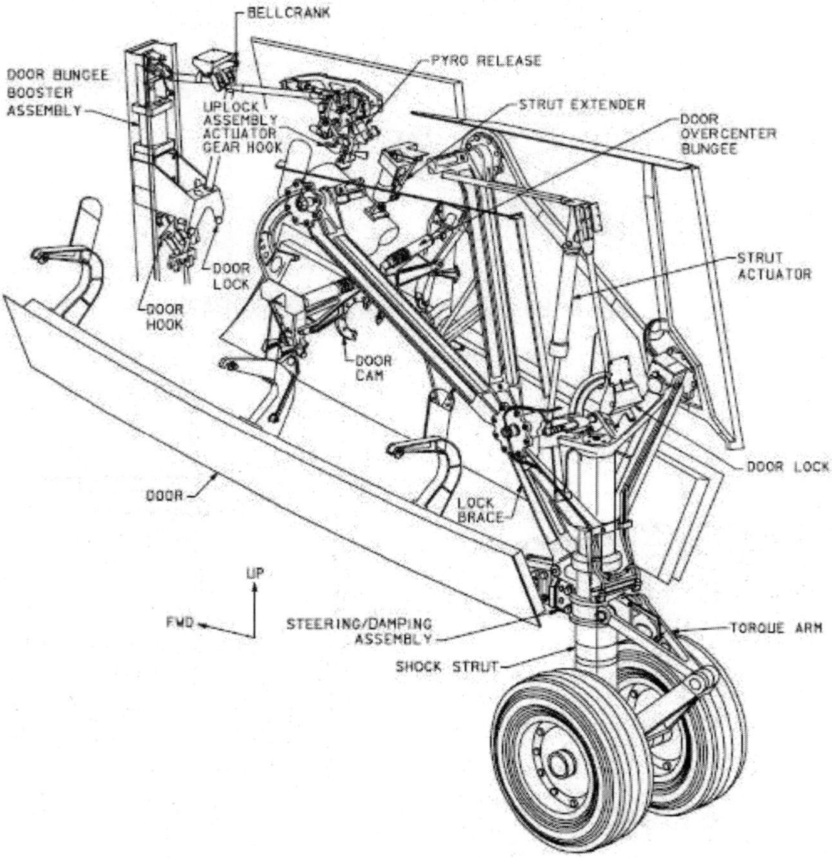

그림 5-96 전방 착륙장치

그림 5-97에 보인 착륙장치는 날개 후방 스파와 결합된 것인데 전후 방향 하중은 해당 위치의 벌크헤드(리브)가 1차적으로 받아서 날개 스킨에 분산시키고, 상하 방향 하중은 날개 스파가 감당하는 형태이다. 그림 5-98에 보인 착륙장치는 날개와 동체에 결합된 것인데, 동체 측면과 연결된 사이드 브레이스는 착륙장치에서 발생하는 좌우 측면 하중을 효율적으로 감당하기 위한 것이다. 그림 5-99는 동체와 결합된 착륙장치의 형태를 보인 것이다.

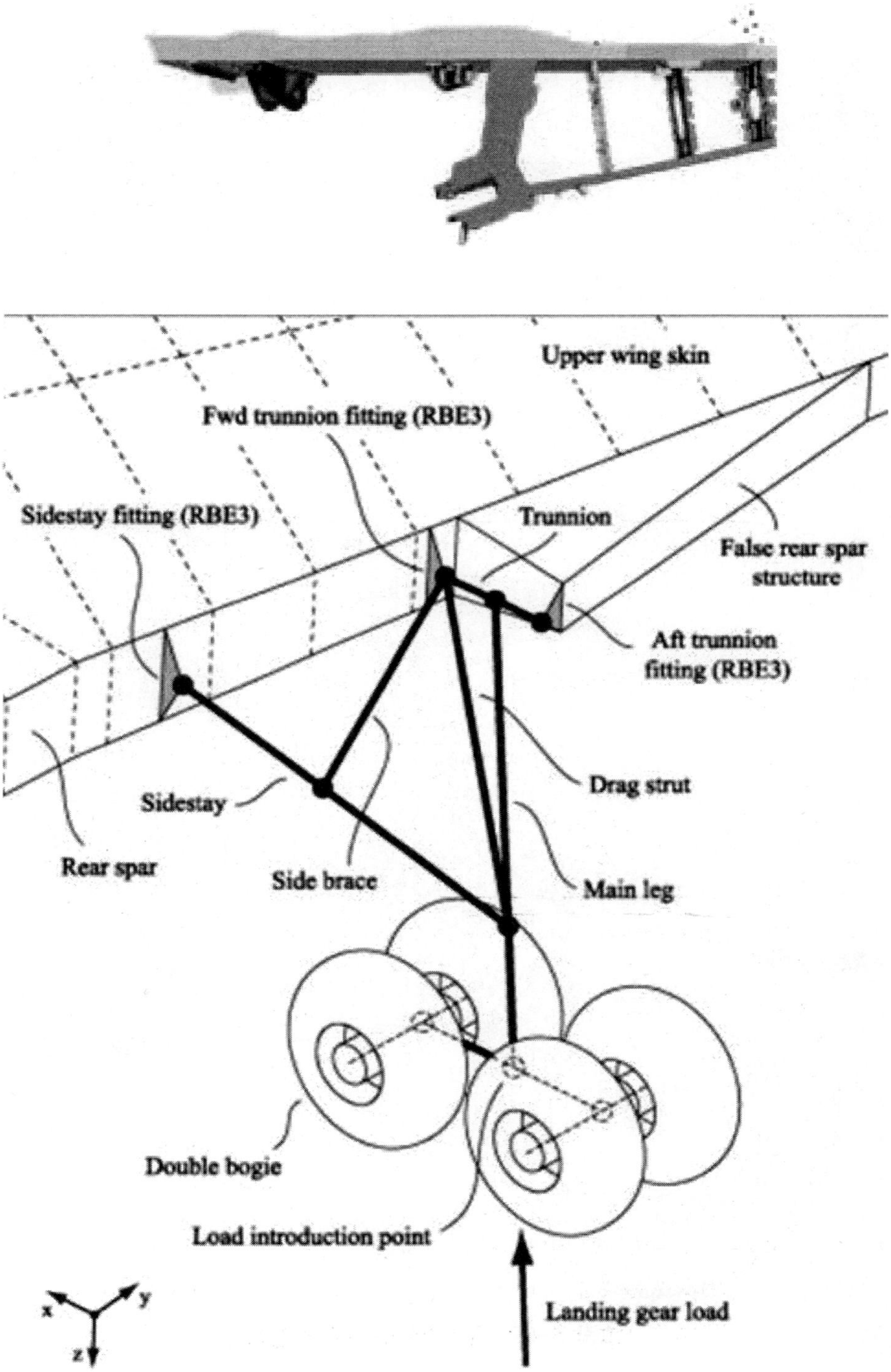

그림 5-97 주 착륙장치-날개 장착

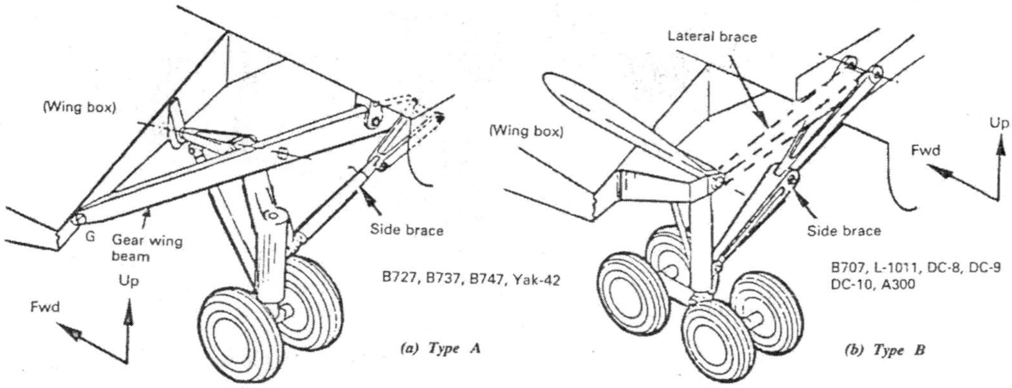

그림 5-98 주 착륙장치-날개와 동체에 연결

그림 5-99 주 착륙장치-동체 장착

5.7 엔진 장착부

엔진은 엔진 마운트를 통해서 그림 5-100과 같이 날개나 동체에 장착이 되어 있다. 엔진 마운트는 엔진에서 발생한 추력을 기체에 전달하는 역할을 한다. 나셀은 엔진 및 엔진 관련 장치들을 둘러싼 부위로 공기의 저항을 최소화하기 위해 유선형으로 제작된다.

엔진이 날개에 장착되면 엔진의 무게로 날개를 아래로 구부리는 굽힘모멘트가 발생하므로 양력으로 인해 감당해야 할 날개의 상방향 굽힘모멘트를 감소시키는 효과를 얻을 수 있다.

그림 5-100 엔진 장착 위치

또한, 양력의 중심이 날개의 중앙보다 전방에 위치하므로 양력으로 인해 앞전이 들려 올라가는 비틀림모멘트가 발생하는데, 엔진을 날개 전반부에 장착하면 이러한 비틀림하중을 감소시키는 효과도 얻게 된다.

엔진의 열이나 화염이 기체에 전달되는 것을 차단하기 위해 엔진과 기체 사이에 방화벽(firewall)을 설치하는데, 고온과 부식에 견딜 수 있는 스테인리스강이나 티타늄합금으로 제작한다.

5.7.1 왕복엔진용 마운트와 나셀

동체에 장착되는 왕복엔진 마운트는 그림 5-101과 같이 방화벽(firewall)에 부착되며, 엔진은 엔진 마운트에 진동 흡수 고무를 통하여 볼트와 너트로 고정되어 있다. 왕복엔진에는 그림과 같은 성형 엔진 마운트가 널리 쓰이는데, 크롬-몰리브덴 튜브를 용접한 트러스 구조가 많이 사용되고 복합소재로 제작된 것도 있다.

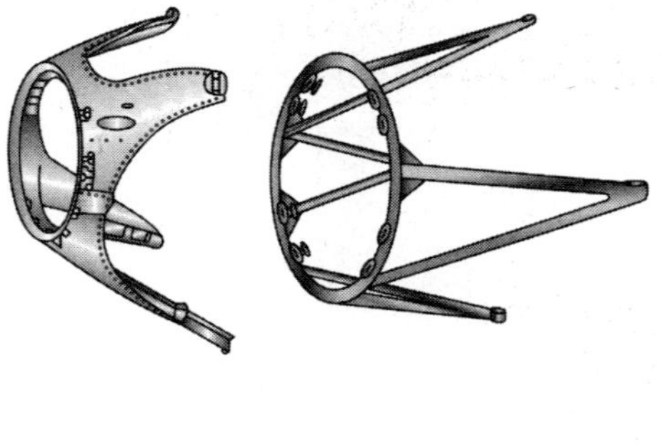

성형 엔진용 마운트

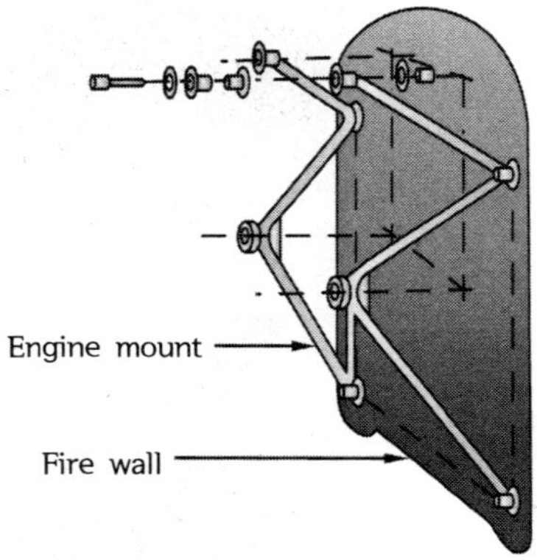

수평 대향형 엔진 마운트

그림 5-101 왕복엔진용 엔진 마운트

왕복엔진의 나셀(nacelle)은 공기의 저항을 감소시키고, 그림 5-102와 같이 카울링(cowling)을 통하여 공기가 흡입되어 엔진을 냉각시키고 기화기에 공기를 공급해 준다. 또한, 엔진의 냉각 상태를 조절해 주기 위하여 나셀 안으로 들어오는 공기의 양을 조절해 주는 카울 프랩(cowl flap)을 설치하기도 한다.

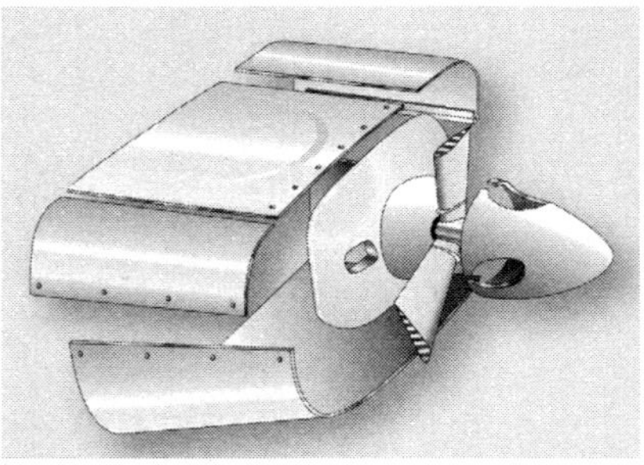

그림 5-102 왕복엔진 카울링

5.7.2 가스터빈 엔진용 마운트와 나셀

가스 터빈 엔진(gas turbine engine)을 사용하는 현대의 항공기들은 엔진 마운트(engine mount)를 날개에 장착하는 방법을 가장 많이 사용하고 있다. 그림 5-103과 같이 날개 밑에 파일론(pylon)을 설치하고, 엔진을 파일런에 장착하는 포드 마운트 방식이 널리 사용된다.

나셀은 파일런 밑에 붙어 있는데, 노즈 카울(nose cowl)과 팬 카울(fan cowl), 역추력장치(thrust reverser) 등으로 구성되어 있다. 노즈 카울은 엔진 흡입구를 싸고 있으며, 역추력장치는 항공기가 착륙 시 활주거리 단축을 위해 사용된다.

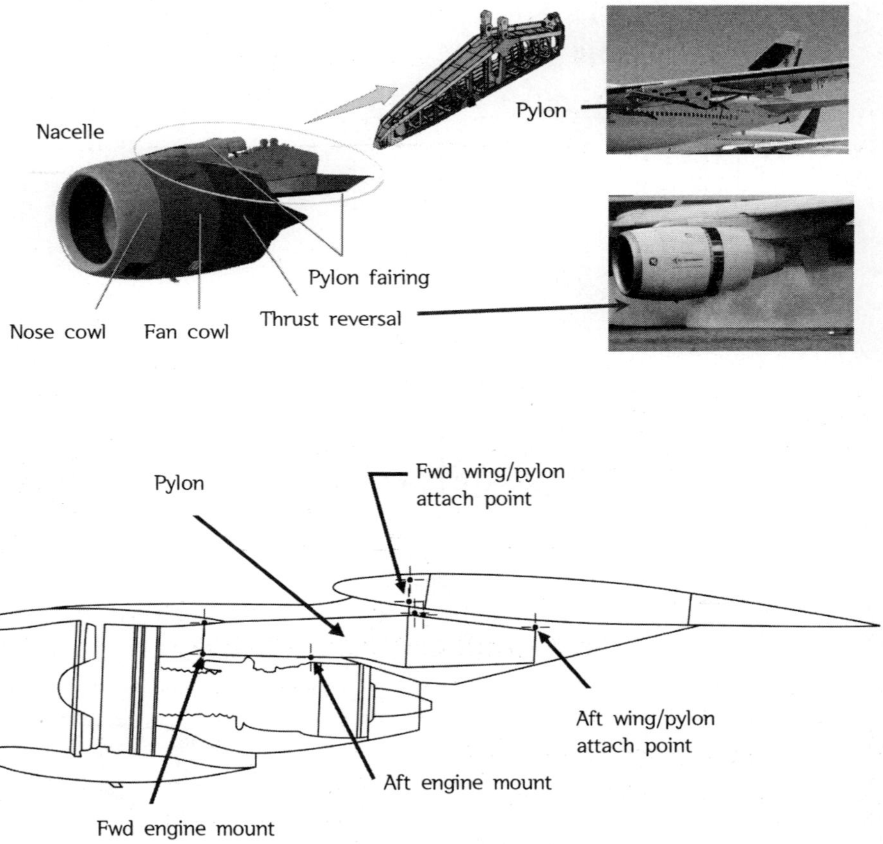

그림 5-103 가스터빈 엔진용 마운트와 나셀

그림 5-104에 다양한 엔진 장착 형태를 보였는데, 엔진 하중을 윙박스의 벌크헤드가 일차적으로 받아 스파와 스킨에 분산시키는 형태로 전달하게 된다.

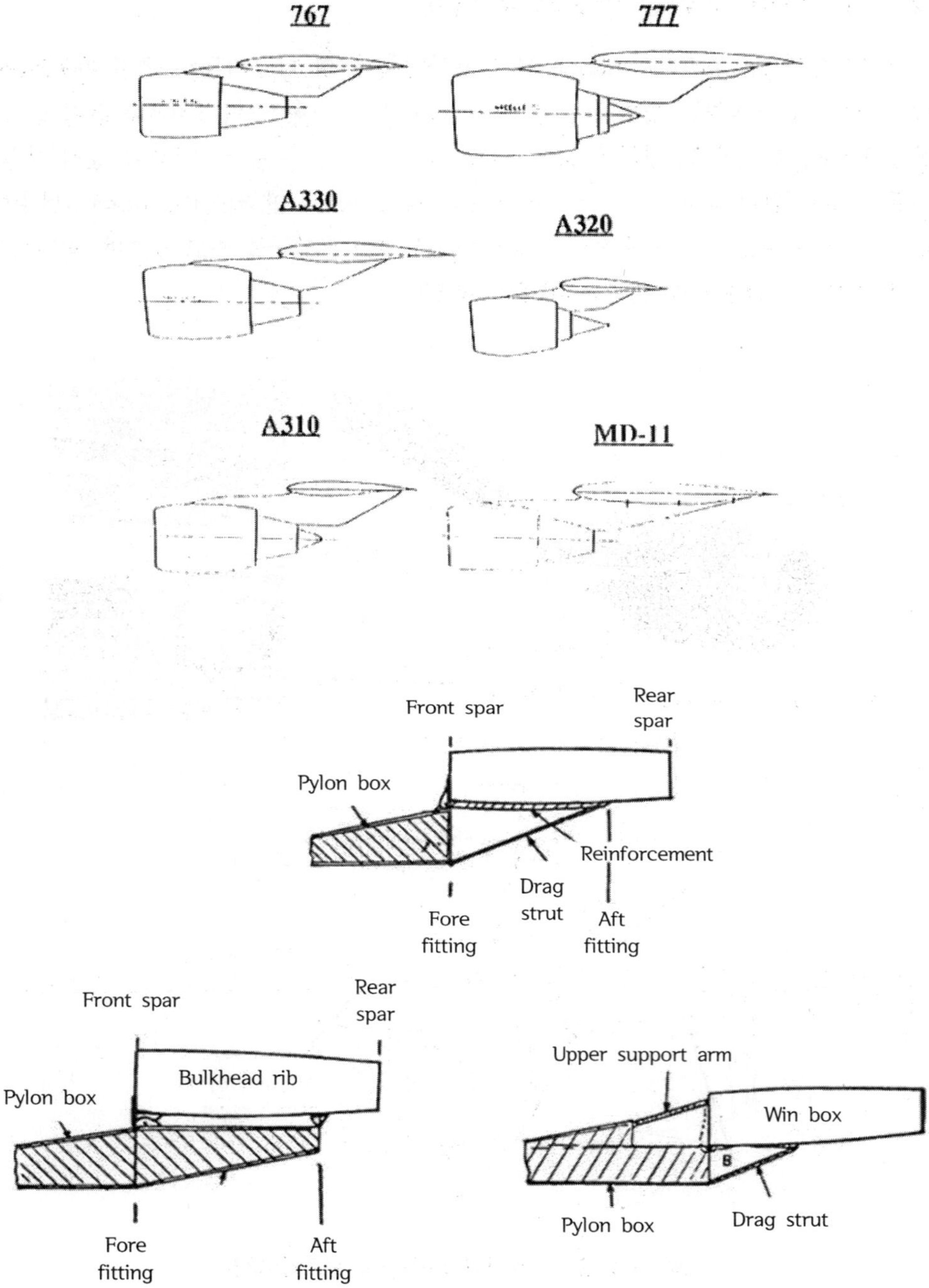

그림 5-104 엔진 장착(Wing-pod mount 방식)

6 구조강도 설계

기체구조는 허용된 비행 범위에서 발생하는 모든 하중을 견딤으로써 구조적 안전성을 확보해야 한다. 기체를 구성하는 모든 부재는 운용 중 발생한 하중을 감당해야 하는데 이러한 하중의 크기는 항공기에 승인된 비행 가능 범위가 어느 정도까지인가에 따라 달라진다. 효율적인 기체구조는 비행 중 발생하는 다양한 형태의 하중을 견딜 뿐만 아니라 큰 변형으로 인해 공기역학적 성능이 저하되거나 각종 시스템의 원활한 작동에 영향을 미쳐서도 안 된다. 이러한 목적을 달성하기 위해 기체구조 부재는 알맞은 강도의 소재가 선택되고, 적절한 형상의 구조부재로 설계되어 강성을 확보해야 한다. 강도는 소재가 하중에 대하여 견딜 수 있는 저항력을 말하며, 강성이란 부재의 형상이 하중을 받아 변형되는 정도와 관계된 것으로 강성이 클수록 하중에 대한 변형이 작다. 이렇게 설계된 항공기의 구조적 안전성은 여러 계산 과정과 구조시험과 비행시험을 통해 검증된다.

6.1 비행 상태와 하중

항공기에 작용하는 힘은 크게 중력, 양력, 항력, 추진력으로 생각할 수 있다. 이러한 힘들이 균형을 이루게 되면 항공기는 속도가 일정한 비행을 유지하고 균형이 깨지면 속도가 증가하거나 감소하기도 하고 비행자세가 변화하여 비행 방향이 바뀌기도 한다. 여러 곳에서 발생한 힘들은 기체를 이루고 있는 구조 부재들을 통해서 전달이 되므로 모든 부재는 이러한 힘들을 감당할 수 있어야 한다.

6.1.1 항공기 기체에 작용하는 힘

일정한 비행 상태를 유지하는 동안 기체에 작용하는 대표적인 힘으로 그림 6-1과 같이 양력, 항력, 추력, 무게 등이 있다. 그리고 고공을 비행하는 비행기의 경우 고도가 증가함에 따라 대기압이 감소하게 되므로 기내의 생명체를 위해 적절한 압력을 유지해야 한다. 따라서 기내와 외부의 압력이 다르게 되고 이러한 압력차로 인해 동체가 받는 하중을 여압하중이라 한다.

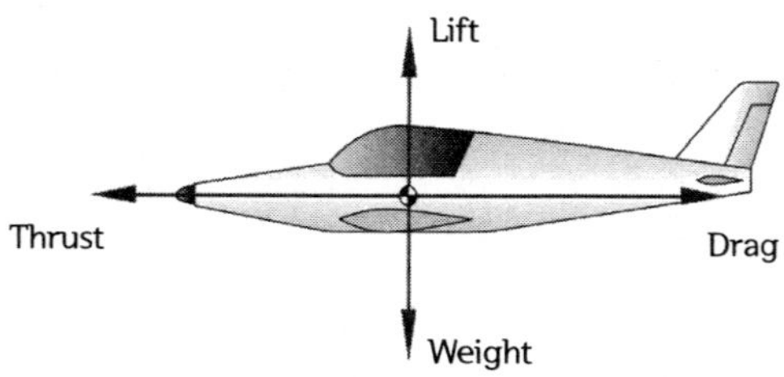

그림 6-1 일정한 비행 상태에서 항공기에 작용하는 힘

일정한 비행 상태를 유지하는 경우 양력의 크기는 기체의 무게와 같게 되고, 엔진의 추력은 항력과 그 크기가 동일하게 되어 힘의 균형이 맞춰진다. 보통 항력의 크기는 양력의 크기에 비해 매우 작은 값을 가진다.

기체 구조부재에 발생하는 내력의 크기는 비행 상황에 따라 달라지며 각 상황에서 기체에 가해지는 하중의 종류에 따라 나누어 생각해 볼 수 있다.

(1) 양력으로 인해 구조부재에 발생하는 힘

그림 6-2는 비행 중 기체 전반에 분포된 하중으로 인한 변형 형태를 보여주고 있다. 기체 전반에 걸쳐 분포된 중량은 아래로 향하고 날개에서 발생한 양력은 위로 향하며, 이들 두 힘은 날개-동체 장착부에서 서로 상쇄가 된다. 외력(양력과 무게)에 의해 구조 부재 내부에 발생하는 내력은 그림과 같다.

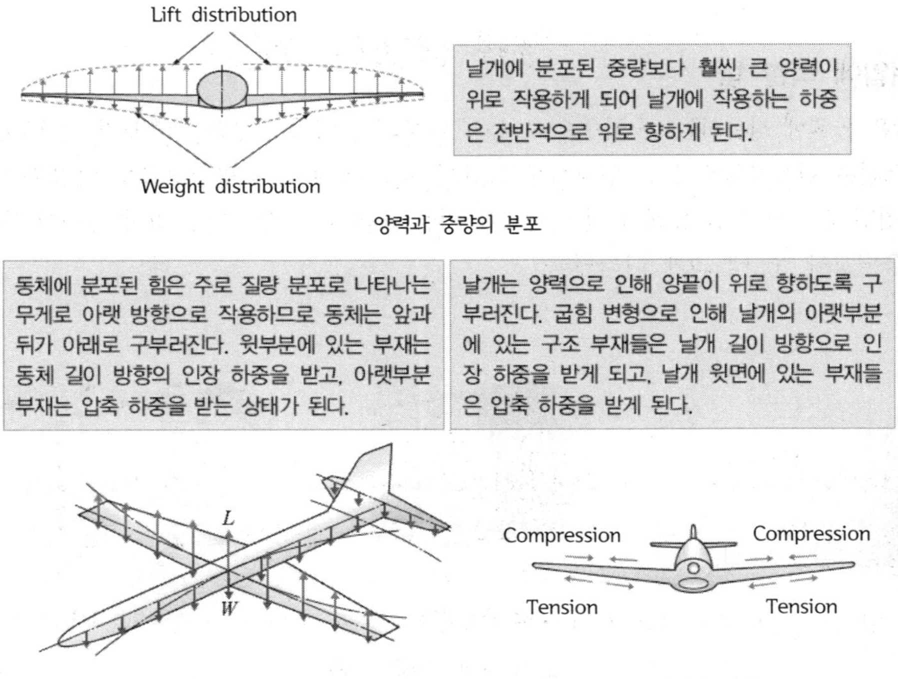

그림 6-2 양력과 기체 중량에 의한 힘의 분포와 그에 따른 내력

(2) 엔진의 추력으로 기체가 받는 힘

항력은 기체를 뒤로 밀고 기관의 추력은 기체의 앞 방향으로 작용하게 되어 기관의 장착 위치에 따라 구조 내부에 발생하는 하중은 그림 6-3처럼 다르게 나타난다.

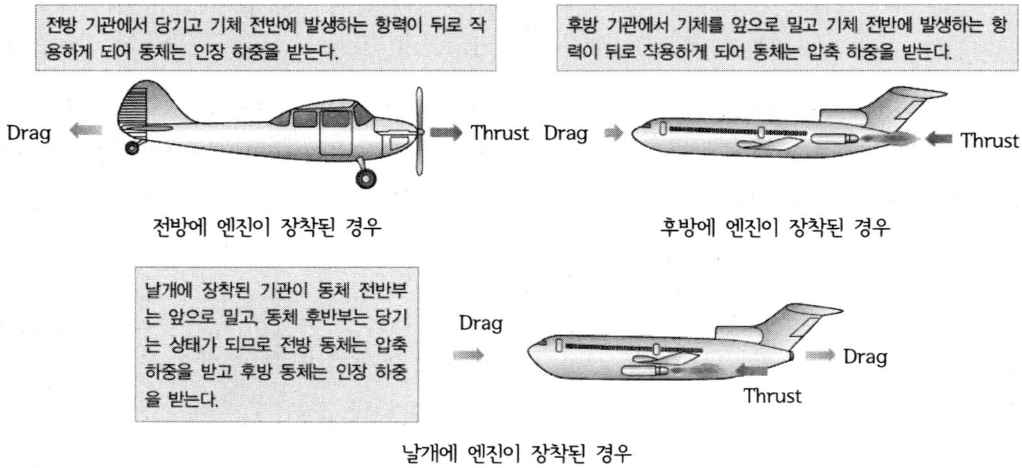

그림 6-3 추력으로 인해 발생하는 내력

(3) 여압에 의한 힘

여압은 동체에 작용하는 큰 하중으로, 동체 내부의 압력이 외부의 압력보다 큰 상태가 되어 동체 스킨은 원주방향으로 큰 인장하중을 받게 되고 동체 길이 방향으로도 인장하중을 받게 된다. 원형 단면을 가진 동체의 경우 여압에 의한 응력의 크기는 원주 방향 응력이 동체 길이 방향 응력보다 두 배 크게 나타난다.

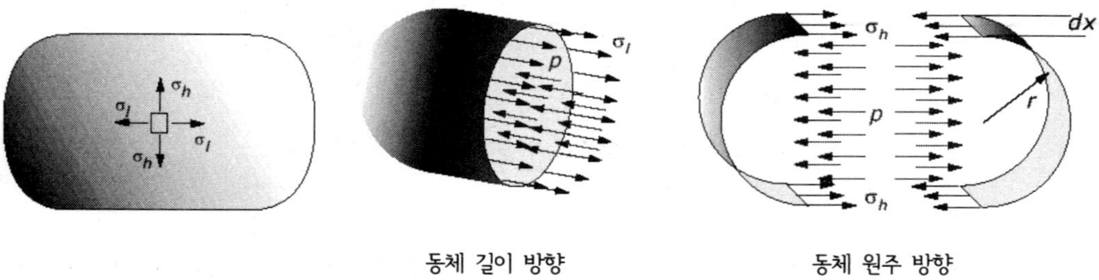

그림 6-4 여압 하중

6.1.2 항공기 기체에 발생하는 관성력

모든 물체는 뉴턴의 운동법칙에 따라 부가된 하중에 맞는 운동을 하게 된다.

$$\sum F = ma \tag{6-1}$$

$$\sum M = I\alpha \qquad (6\text{-}2)$$

식 6-1은 병진운동에 대한 것이고 식 6-2는 회전운동에 대한 식이다. F는 힘, M은 모멘트, m은 물체의 질량, I는 질량에 대한 관성모멘트, a는 선가속도, α는 각가속도를 의미한다. 운동방정식에 대한 물리적 의미는 다음과 같다. 위 식의 좌변 항은 항공기에 작용하는 모든 힘으로 기체의 무게, 양력, 추력, 항력 등을 모두 합한 것이다. 그림 6-5에 설명한 것처럼 항공기에 작용한 모든 힘의 균형이 맞아 좌변 항의 값이 0(zero)이 되는 경우에는 운동방정식으로부터 가속도가 0(zero)이 되므로 기체는 속도의 변화 없이 일정한 비행 상황을 유지하게 된다. 그런데 좌변 항의 결과가 0이 아닌 경우 즉, 기체에 작용하는 힘의 균형이 깨지게 되면 기체의 가속도가 존재하므로 기체의 운동 상태가 계속 변화하고 있음을 의미한다. 이러한 경우 가속도에 해당하는 만큼 관성력이 발생하는데 그 크기는 기체에 분포된 질량에 의해 결정된다.

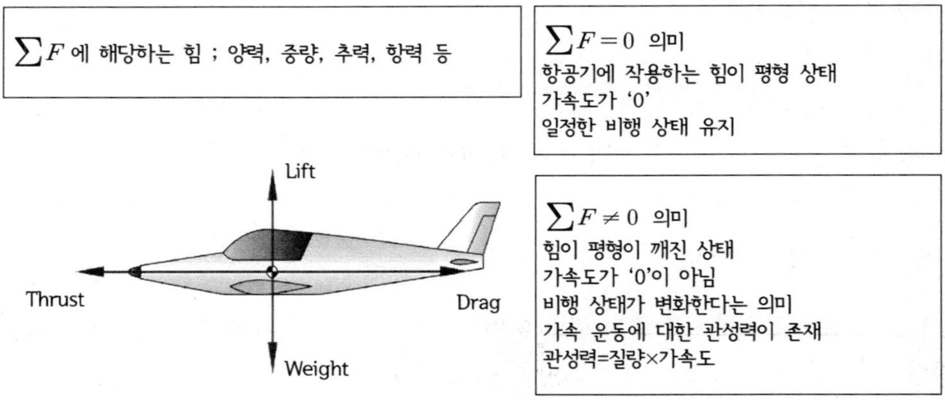

그림 6-5 운동방정식 $\sum F = ma$의 의미

그림 6-6과 같이 양력이 무게보다 크게 발생한 경우를 생각해보자. 하중배수(load factor, $n = \dfrac{L}{W}$)에 해당하는 양력이 날개 윗방향으로 작용하고 날개 무게와 날개 중량분포에 따른 관성력이 아래 방향으로 작용하게 된다. 결국, 날개 구조가 받아야 하는 순수 힘의 크기는 양력에서 날개 무게와 날개의 관성력을 뺀 값이 된다. 그림에서 날개구조와 날개 탑재물의 중량에 하중배수를 곱한 하중이 결국 날개 무게와 날개 관성력의 합에 해당한다.

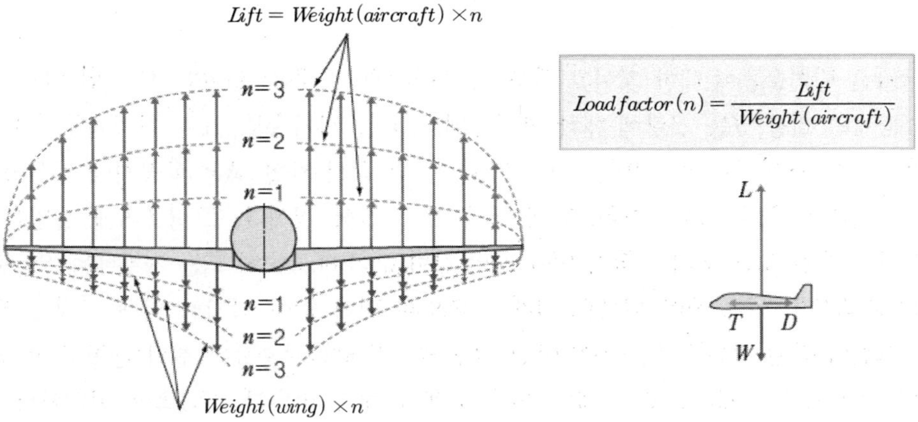

날개에 발생한 양력
양력 = 기체 중량 × 하중 배수
양력은 날개 전체에 분포되어 위로 작용

날개에 발생한 관성력
관성력 = 날개 중량 × (하중배수−1)
관성력은 양력의 반대 방향으로 날개 전체에 분포

날개에 작용하는 순수 힘의 크기 = 양력 - 날개 중량 - 날개 관성력

그림 6-6 날개에 작용하는 힘

6.1.3 하중배수 선도

비행 중 기체에 작용하는 하중의 변화는 언제 어떻게 나타날까? 기체에 작용하는 하중 가운데 가장 큰 것이 양력이므로 양력을 위주로 알아보기로 한다.

표 6-1처럼 양력의 변화는 조종사의 의지에 따른 것(조종에 의한 기동)과 의지와 관계없이 주위 환경의 변화(돌풍)에 의해 나타날 수 있는데, 이러한 양력의 변화는 날개 주위 공기 흐름의 변화로 발생한다. 항공기 설계자나 조종사에게 중요한 것은 '양력의 크기를 얼마까지 허용할 것인가?'에 대한 답이다. 설계자는 이 값에 해당하는 양력을 날개 구조물이 견딜 수 있도록 설계해야 하고 조종사는 비행 중 양력이 이 값을 넘지 않는 범위 안에서 비행을 해야 안전을 확보할 수 있기 때문이다. 이와 같은 한계값은 설계 초기부터 항공기의 사용 목적에 알맞은 기동 조건을 고려하여 최대 양력의 크기를 결정하게 된다.

표 6-1 항공기에 발생하는 양력의 변화 요인

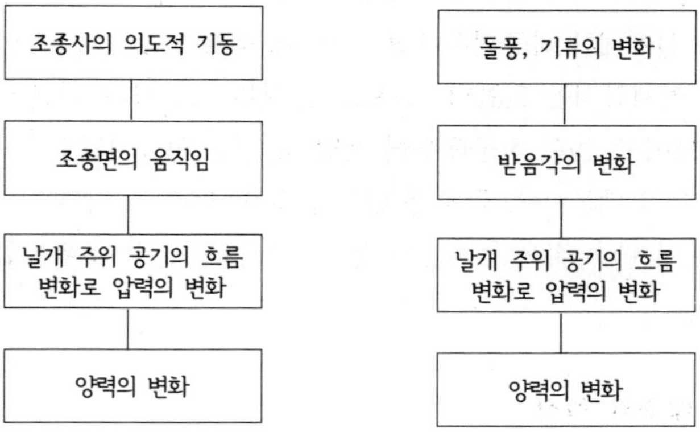

(1) 속도-하중배수 선도(V-n 선도)

하중배수(n) 또는 하중계수(load factor)란 항공기 날개에서 발생하는 양력이 기체 중량(W), 즉 수평 비행 시에 발생하는 양력의 몇 배인가를 나타내는 수치이다. 중력과 관계된 물리량이므로 중력(gravity)의 몇 배에 해당하는가를 표시하므로 g 값으로 표현하기도 한다.

$$n = \frac{L}{W} = \frac{C_L\left(\frac{1}{2}\rho V^2\right)S}{W} \tag{6-3}$$

항공기를 설계할 때 기체가 감당할 수 있는 최대 하중을 제한하게 되는데 이것은 결국 하중배수의 최대값을 제한하는 것과 같다. 운용 중 허락된 최대 하중을 설계제한하중이라 한다. 설계자는 제작된 항공기가 운용 중 나타날 수 있는 모든 비행 상황에 대한 하중배수를 예측하게 되고 이러한 비행 상황을 기체구조가 감당할 수 있도록 허용할 것인가를 판단하게 된다. 하중배수 값이 설계 제한치를 넘지 않는 비행만 허용되고 설계 제한치를 넘는 비행을 시도하여 발생하는 사고에 대해서 설계자는 책임을 지지 않게 된다.

설계제한 하중배수란 설계 시 기체의 안전을 보장하는 하중의 상한치로 비행 중 항공기는 이 값보다 높은 하중배수의 상황으로 운용될 수 없다는 것을 의미한다. 설계 제한 하중배수는 항공기의 기동 정도와 기체의 총 중량에 따라 다른 값을 가진다. 이 값이 클수록 심한 기동을 허용하게 되는데, 민간기의 경우 FAR 규정에 제시된 값을 기준으로 완만한 기동을 허용하는 보통기(Normal category)의 경우 최소 3.17~3.8, 제한된 범위 내의 기동을 하는 실용기(Utility category)의 경우 최소 4.4, 곡예비행을 할 수 있는 곡예기(acrobatic category)의 경우 최소 6.0, 수송기(transport category)의 경우 최소 2.5~3.8 범위의 값을 가진다. 같은 카테고리라도 기체의 중량에 따라 달라질 수 있는데 가벼운 기체일수록 설계제한 하중배수가 큰 값을 가진다. 가벼운 기체일수록 관성이 작아 돌풍의 영향을 크게 받는 것을 고려한 것이다. 군용기의 경우 유인 전투기의 경우 설계제한 하중배수가 8.0~9.0에 이르기도 한다. 유인항공기의 경우 이보다 큰 값을 갖도록 설계하지는 않는다. 고도로 훈련된 조종사가 견딜 수 있는 인체의 한계 g 값이 8.0~9.0 정도이고, 높은 하중배수에 견딜 수 있는 항공기일수록 구조부분이 강해져야 하므로 무게가 증가하기 때문이다. 군용 훈련기의 경우 전투기나 전투기 보다 조금 작은 값을 가지도록 하고, 기동이 다소 작은 폭격기의 경우 3.0~4.0, 기동이 완만한 수송기의 경우 2.5 정도로 설계된다.

① **설계제한하중배수의 결정**

i) 비행기의 용도에 따라 결정된다.

ii) 항공기의 구조적 안전을 확보하기 위해 정부에서 항공기 종류별 설계제한 하중배수의 범위를 따른다.

iii) 설계자는 항공기의 임무에 맞추어 적절한 범위를 결정한다.

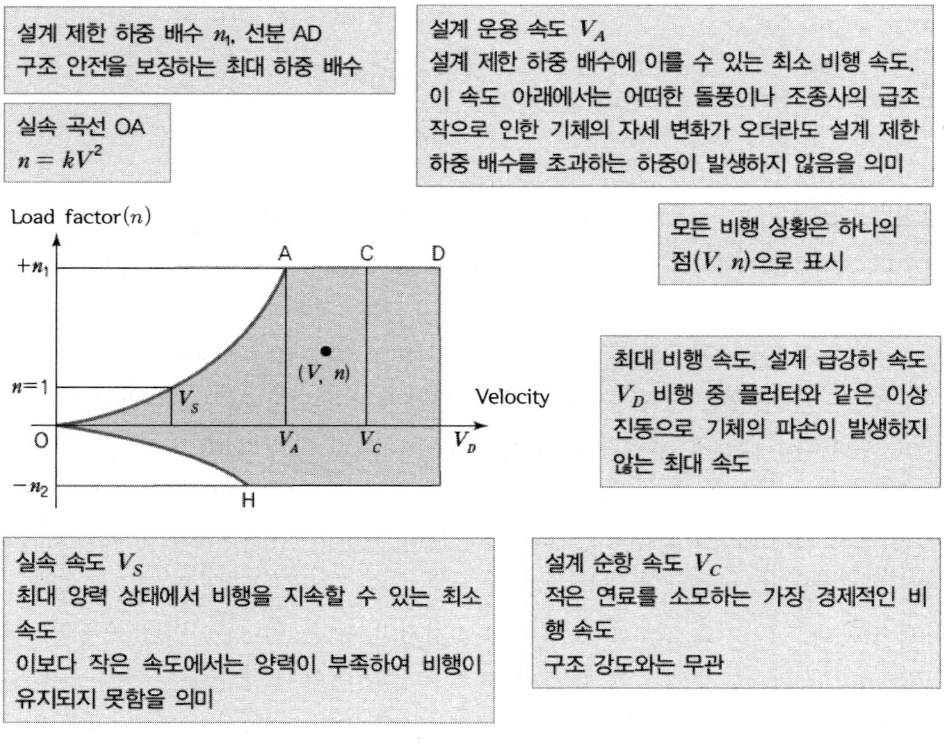

그림 6-7 $V-n$ 선도의 의미

② 속도-하중배수 선도($V-n$ 선도)

그림 6-7과 같이 가로축은 비행속도(velocity), 세로축은 하중배수(n)로 이루어지는 포위선도를 속도-하중배수 선도($V-n$ 선도)라 한다. 모든 비행 상태에서 속도와 하중배수가 결정되므로 각 비행 상황은 선도에서 그림에 보인 것처럼 하나의 점으로 나타난다.

구조 설계자는 본 선도를 바탕으로 구조 강도 설계를 하게 되고, 조종사는 본 선도 범위 안에서 승인된 비행을 하게 된다. 포위선도 안에 위치하는 비행 상황이면 구조적으로 안전함을 의미한다.

$V-n$ 선도에 나타난 각 선의 의미와 특정 속도의 의미는 다음과 같다. 먼저, OA 곡선은 해당 비행속도에서 최대 양력이 나타나는 상황으로 다음 식으로 구할 수 있다.

$$n = \frac{L_{\max}}{W} = \frac{C_{L\max}\left(\frac{1}{2}\rho V^2\right)S}{W} = kV^2 \tag{6-4}$$

OA 곡선은 최대양력 상태, 즉 양력계수가 최대인 상황을 말하는 것으로 어떠한 비행 상황이라도 OA 곡선을 초과한 상황은 발생하지 않음을 의미한다. 왜냐하면 받음각이 실속곡선 상태보다 더 증가하면 날개 주위로 흘러가는 공기가 날개 표면에서 떨어져 나가는 박리현상으로 인해 양력이 급속히 감소하는 실속상태에 이르기 때문이다.

OH 곡선은 받음각이 (-)인 상태, 즉 양력이 아래 방향인 비행 상태로, 지속적인 배면비행이나 비행 중 갑자기 기수를 아래로 숙이는 경우 나타난다.

AD 직선 구간은 날개 위 방향으로 최대 양력이 발생하는 경우이고, $(-n_2)$ 구간은 (-) 양력상태에서의 설계제한 하중배수로 양력이 날개 아래 방향으로 발생함을 뜻한다.

(가) 실속속도(V_S)

$V-n$ 선도 실속곡선에서 하중배수가 $n=1$ 일 때의 비행속도로 이보다 작은 속도에서는 양력이 부족하여 비행이 유지되지 못함을 의미한다.

(나) 설계운용속도(V_A)

항공기가 어떤 속도로 수평비행을 하다가 갑자기 조종간을 당기면 최대 양력계수의 상태가 된다. 이렇게 발생한 하중배수가 항공기의 설계 제한 하중배수와 같을 때의 속도를 설계운용속도라 한다. 설계운용속도 보다 작은 속도로 비행하는 경우 조종사가 급조작을 하더라도 실속이 발생해 하중배수는 설계제한 하중배수를 넘지 않으므로 구조적으로 안전하게 된다. 설계운용속도 보다 큰 속도로 비행하다 급조작을 하면 순간적으로 하중배수가 치솟아 설계제한치를 벗어나 기체구조물이 파괴에 이를 수도 있음을 의미한다. 설계운용속도는 $V-n$ 선도에서 실속곡선의 하중배수가 설계제한하중배수(n_1)일 때의 비행속도이므로 다음과 같이 구할 수 있다.

$$n_1 = \frac{{V_A}^2}{{V_S}^2} \qquad V_A = \sqrt{n_1}\, V_S \tag{6-5}$$

(다) 설계 급강하 속도(design diving speed : V_D)

항공기에 인가된 최대 비행속도에 해당하는 값으로 고공에서 내려오면서 속도가 증가하는 경우 발생할 수 있는데, 하중배수 값과는 무관하게 규정된 값이다. 이보다 큰 속도로 비행하는 경우 비행 중 플러터(flutter)라는 이상 진동으로 조종면이나 날개가 파손될 수 있기 때문에 이로 인한 사고를 예방하기 위해 최고속도를 제한하게 된다.

(라) 순항속도(V_C)

순항속도는 기체구조의 강도와는 무관하게 비행시간과 연료소모량 등을 고려했을 때 경제적으로 효율적인 속도를 말한다.

모든 비행 상황은 $V-n$ 선도에서 한 점(V, n)으로 나타나므로 구조설계자는 본 선도를 벗어나지 않는 범위 안에서는 구조적 안전성을 확보하도록 구조설계를 하게 되고, 조종사는 본 선도 범위 안에서 승인된 비행을 하게 된다. 포위선도 안에 위치하는 비행 상황이면 구조적으로 안전함을 의미한다.

보통 비행 상황은 $n \approx 1$ 인 상황으로 비행하다 조종사의 조작이나 돌풍 등으로 인해 받음각의 변화가 생기고 이로 인한 양력의 변화에 맞추어 하중배수 n 의 값이 결정된다. 비행 상황의 변화가 발생하면, 금방 받음각의 변화가 나타나 양력은 급격히 변화하지만 비행속도의 변화는 시간이 지나면서 나타나게 된다.

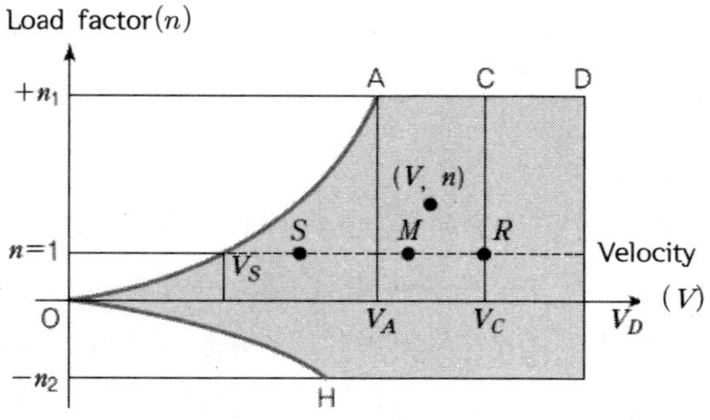

$n \approx$ 1인 상태의 비행(S, M, R 상태의 비행)
속도에 관계없이 그림에서 M 점을 포함한 수평선 주위의 한 점으로 표시
항공기에 작용하는 양력은 기체의 무게와 거의 같아 직선 비행 상태가 된다.

그림 6-8 $V-n$ 선도에 나타나는 비행 상황

비행기가 그림 6-9에서 S 점의 상태로 비행하다 갑자기 조종간을 당기면 기수가 들려 받음각이 증가해 하중배수 값이 1에서 그림의 점선을 따라 위로 올라가게 된다. 갑작스런 조작이기에 속도의 변화는 미미하고 받음각이 증가하여 양력이 증가되는 상태이다. 이 경우에는 조종사가 급조작을 하여 S 점에서 수직 상승하더라도 실속곡선을 넘어설 수가 없으므로 하중배수는 설계제한 하중배수를 초과할 수 없고 기체는 구조적 안전성이 보장된다.

그러나 그림에서 M 점의 상태로 비행하다 기수를 급격히 들면 하중 배수는 M 점에서 점선을 따라 위로 증가하는데 받음각이 커서 실속에 이르는 상황(OA 곡선을 연장한 점선과 수직 점선이 만나는 지점)이 되면 이미 설계 제한 하중 배수를 초과한 상태가 되어 기체는 구조적 안전을 보장받지 못해 심각한 사고로 이어질 수 있음을 말한다.

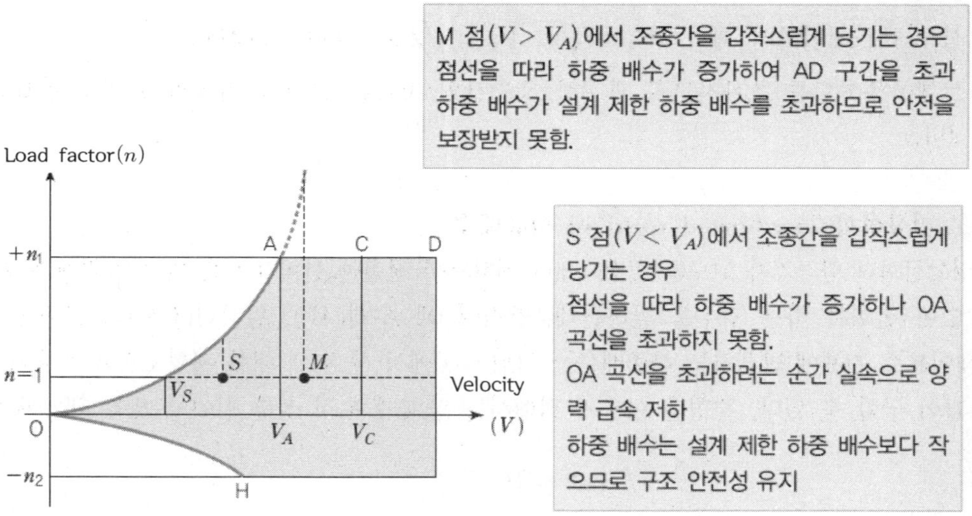

그림 6-9 급조작에 따른 하중배수의 변화

결국, 설계운용속도(V_A) 아래에서는 급조작을 하더라도 기체는 구조적으로 안전하나, 그 이상의 속도에서는 급조작 시 기체가 파손될 수 있다. 임의의 비행 상황에서 조종사의 급조작으로 기체가 받을 수 있는 최대 하중배수는 실속곡선에 해당하는 값이므로 다음 식으로 구할 수 있다.

$$n = \frac{\text{속도 } V\text{일 때의 최대 양력}}{\text{속도 } V_S\text{ 일 때의 최대 양력}} = \frac{C_{L\max}(\frac{1}{2}\rho V^2)S}{C_{L\max}(\frac{1}{2}\rho {V_S}^2)S} = \frac{V^2}{{V_S}^2} \qquad (6\text{-}6)$$

예제 6-1) 실속속도가 450km/h인 여객기가 900km/h의 속도로 비행하고 있을 때

1) 조종간을 최대한 당겼을 때 항공기에 발생하는 하중배수의 크기는 얼마인가?
2) 여객기의 설계제한 하중배수가 2.5라 할 때 항공기는 이와 같은 조작으로 어떠한 일이 발생할 수 있는가?
3) 이 항공기의 설계운용속도는 얼마인가?

풀이)

1) 식 6-6에 대입하게 되면, $n = \dfrac{V^2}{{V_S}^2} = \dfrac{900^2}{450^2} = 4.0$
2) 실속이 발생하는 순간의 하중배수가 4.0에 이르므로 이미 설계제한 하중배수를 초과한 상태가 되어 기체구조의 파괴가 발생할 수 있다.
3) 식 6-5에 대입하게 되면, $V_A = \sqrt{n_1}\ V_S = \sqrt{2.5} \times 450 = 712\,km/h$

   (설계운용속도를 초과하므로 과격한 조종간의 조작은 삼가야 기체의 안전을 확보할 수 있다.)

③ 정상선회(Coordinated turn) 시 하중배수

정상선회란 항공기가 고도를 일정하게 유지하면서 적절한 선회각 θ를 맞추어 기체가 미끄러짐 없이 선회를 하는 경우를 말하는데, 양력(L)과 무게(W), 원심력(CF)이 균형을 맞춘 상태이므로 기체에 발생하는 하중배수는 그림 6-10에서 세 힘에 대한 평형조건을 적용해 다음과 같이 구할 수 있다. 평형을 이루기 위해서는 양력의 수직 성분 힘이 무게와 같아야 한다.

$$L\cos\theta = W \tag{6-7}$$

$$n = \frac{L}{W} = \frac{1}{\cos\theta} \tag{6-8}$$

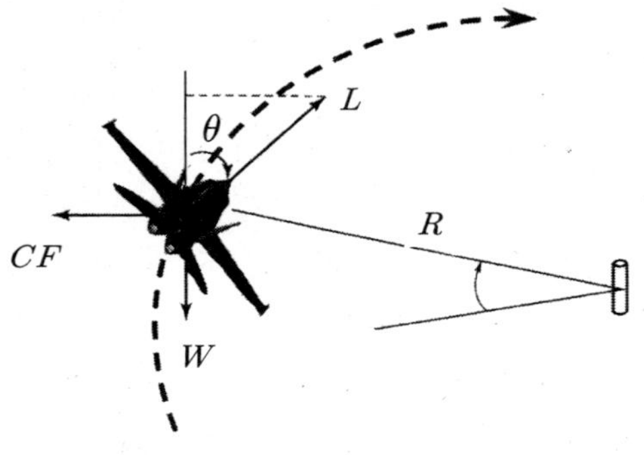

그림 6-10 정상선회 시 하중배수

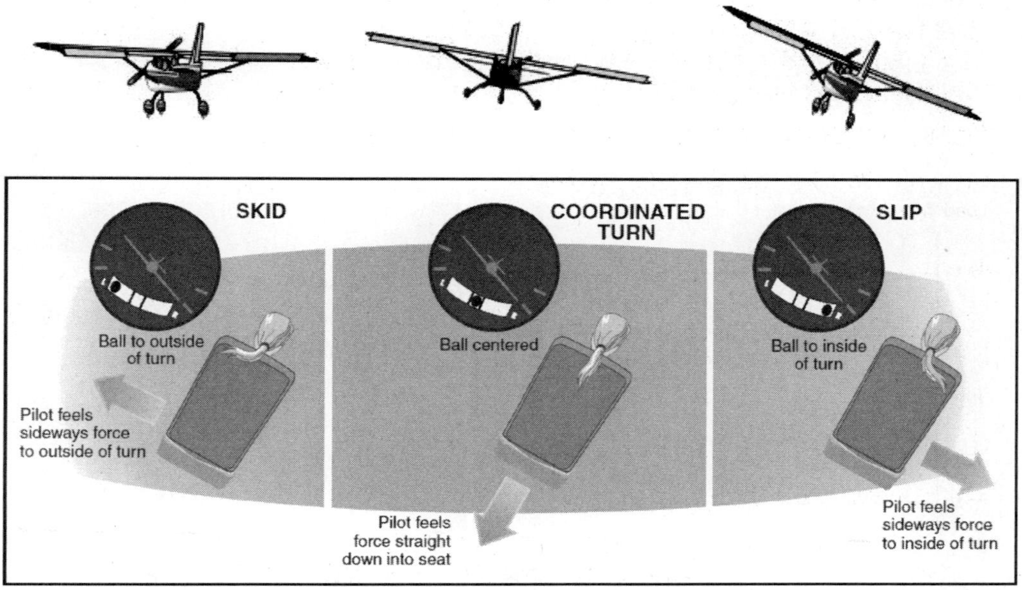

그림 6-11 선회각에 따른 비행 상황

선회각이 적절하지 않으면 항공기는 힘의 균형이 깨져 기체가 미끄러지는 현상이 발생하는데, 조종사는 그림 6-11과 같이 선회각이 작은 스키드(skid) 상태인 경우 밖으로 밀리는 힘을 받게 되고, 선회각이 큰 슬립(slip) 상태인 경우에는 선회 경로의 중심 방향으로 몸이 쏠리는 힘을 받게 된다.

(2) 돌풍 하중배수 선도

그림 6-12에서 점선으로 표시된 것이 수평 비행 중 돌풍을 맞았을 때 발생하는 하중배수의 변화를 보인 것이다. $n=1$ 인 비행을 하다 상향 돌풍을 맞으면 받음각이 α 에서 $\alpha+\Delta\alpha$ 로 증가하여 양력의 변화, 즉 하중배수의 변화가 나타나는데 상향돌풍의 크기와 비행속도에 따라 하중배수의 증가량이 결정된다. 그림에서 $n=1$ 인 수평비행 중 돌풍을 맞았을 때 하중배수는 점선과 같이 변화한다. 속도가 V_B 인 경우 돌풍에 의한 양력증가로 하중배수는 설계제한치에 이르게 됨을 알 수 있는데, 이 속도를 설계 돌풍 운용속도라 한다. 이 속도보다 적은 속도로 비행하는 경우에는 돌풍에 의해 증가된 양력의 크기가 기체구조의 설계제한하중보다 적어 구조적 안전성은 충분히 확보된 상태라 할 수 있다. 그러나 이보다 빠른 속도로 비행하다 그림과 같은 돌풍을 맞으면 하중배수가 설계제한치를 초과해 구조적 안전성을 확보하지 못하므로 조종사는 사전에 속도를 줄이거나 돌풍지역을 우회하여 비행안전을 확보해야 한다.

설계 돌풍 운용 속도 V_B
수평 비행($n = 1$) 중 돌풍을 맞아 설계 제한 하중 배수에 이르게 하는 속도
$V < V_B$인 경우 구조 안전 보장
$V > V_B$인 경우 속도를 줄이거나 돌풍 지역을 우회하여 비행해야 안전함.

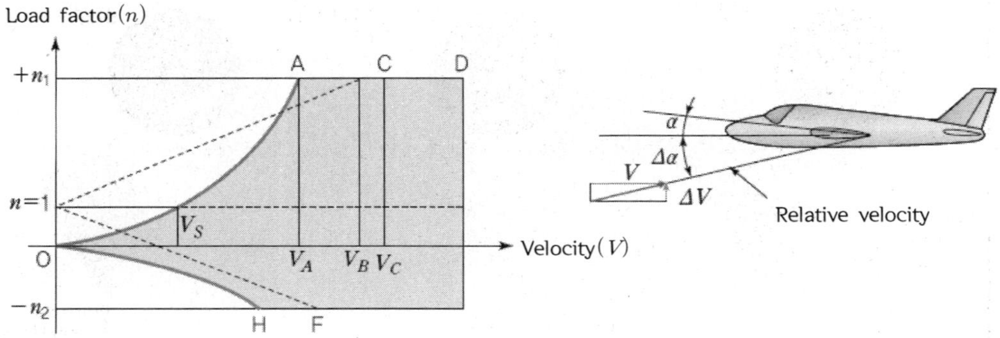

그림 6-12 돌풍 시 $V-n$ 선도

6.2 무게와 평형

항공기 무게중심의 허용범위는 항공기가 설계될 때 정해진다. 항공기의 무게중심 위치는 반드시 승인된 범위 내에 위치한 상태로 비행해야 한다. 항공기의 무게중심이 정해진 범위를 벗어나게 되면 효율적 비행성능을 얻을 수 없을 뿐만 아니라, 비행안정성과 조종성이 나빠져 최악의 경우 비행이 불가능한 상황에 처할 수도 있다. 항공기는 여객과 화물의 탑재량과 위치에 따라 매 비행마다 중심의 위치가 변화하고 비행 중에도 연료의 소모에 따라 중량과 중심의 위치가 변하기 때문에 항공기의 무게중심이 언제나 정해진 위치와 범위 안에 있는지 확인할 필요가 있다.

6.2.1 항공기 무게의 종류

(1) 기체 구조 무게

동체, 날개, 꼬리 날개, 착륙장치, 조종면, 나셀, 엔진 마운트의 무게 등을 포함한 기체구조의 무게를 말한다.

(2) 동력장치 무게

엔진과 부속계통, 프로펠러 계통, 연료 계통, 유압계통의 무게를 포함한 것을 말한다.

(3) 유용하중(Useful load, Payload)

승무원, 승객, 화물, 무장계통, 연료, 윤활유 등 비행 목적을 달성하기 위해 탑재하는 무게를 포함한 것으로 최대 총무게에서 자기무게를 뺀 것에 해당한다.

(4) 기본 빈 무게(Empty weight 또는 자기무게)

승무원, 승객 등의 유용하중, 사용 가능한 연료, 배출 가능한 윤활유의 무게를 포함하지 않은 상태에서의 무게이다. 사용 불가능한 연료, 배출 불가능한 윤활유, 엔진 내의 냉각액 전부, 유압계통의 무게는 포함된다.

(5) 최대 무게

항공기에 인가된 최대 무게로 비행 상태에 따라 최대 이륙 무게, 최대 착륙 무게, 최대 영 연료 무게 등으로 구분한다.

(6) 테어 무게(Tare weight)

항공기의 무게를 측정할 때 저울 위에 올라가 있어 기체 무게에 포함된 상태에서 측정되는 것으로 잭(jack), 블록(block), 촉(chock) 등 부수적인 품목이 해당되는데 항공기의 실제 무게와는 무관하다.

6.2.2 기체의 중심과 평형

비행 중 항공기는 조종면을 움직임으로서 기수의 방향을 결정하게 되는데 이때 기체의 중심은 반드시 일정 범위 안에 위치해야 한다. 만일, 그림 6-13처럼 중심의 위치가 승인된 범위를 벗어나는 경우에는 조종면의 조작으로 안정된 비행을 할 수 없어 위험한 상황을 맞이할 수 있게 된다. 그림과 같이 기체 중심이 허용범위보다 뒤에 위치하면 날개 양력에 의한 피칭모멘트가 증가하여 기수가 필요 이상으로 올라가 실속에 이르며 정상적인 비행이 어렵게 된다. 이를 억제하기 위해서는 꼬리날개의 상방향 양력을 증가시켜 기수가 들리는 것을 바로잡아야 한다. 그러나 꼬리날개에서 발생시킬 수 있는 양력의 크기는 제한되어 있고 기체중심까지의 거리도 짧아진 상태라 기수를 내릴 충분한 피칭모멘트를 얻지 못하게 되어 불안정한 비행 상태로 빠져들면서 비행이 불가능하게 된다.

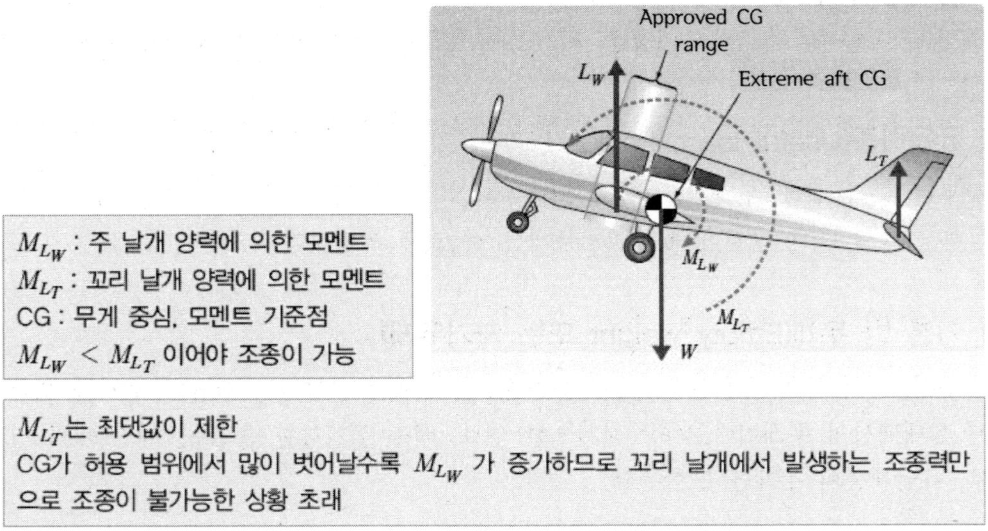

그림 6-13 CG의 변화에 따른 조종력의 변화

항공기는 원활한 비행성능과 사고를 예방하기 위해 무게중심(CG, Center of gravity)의 범위를 제한해야 하므로 화물을 적재하거나 여객을 태울 때에 기체의 중심이 정해진 범위 안에 오도록 관리하게 된다.

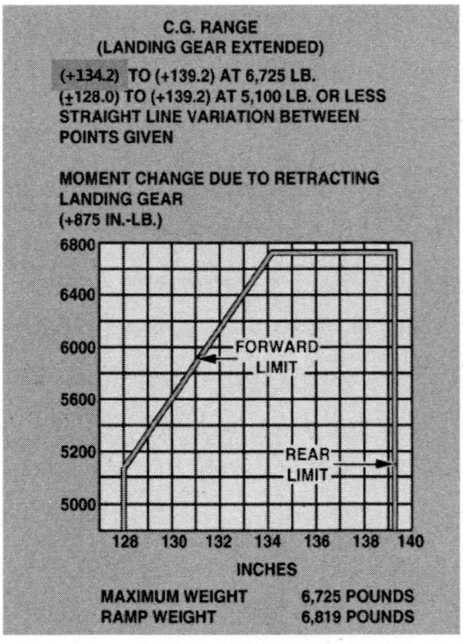

그림 6-14 무게중심의 범위와 무게의 측정

그림 6-14는 어떤 항공기의 무게에 따른 무게중심의 적절한 범위를 나타낸 것이다. 기체의 무게가 6,725 lb로 최대 중량에 해당하는 경우 무게 중심이 전방 기준선에서 134.2″~139.2″ 사이에 있어야 함을 의미한다.

앞에서 서술한 것처럼 기체 무게 중심 위치와 꼬리날개의 크기와 성능 사이에는 밀접한 관계가 있으므로 항공기의 경우 그림 6-15처럼 적절한 기체 중심 범위를 제작사에서 결정한다.

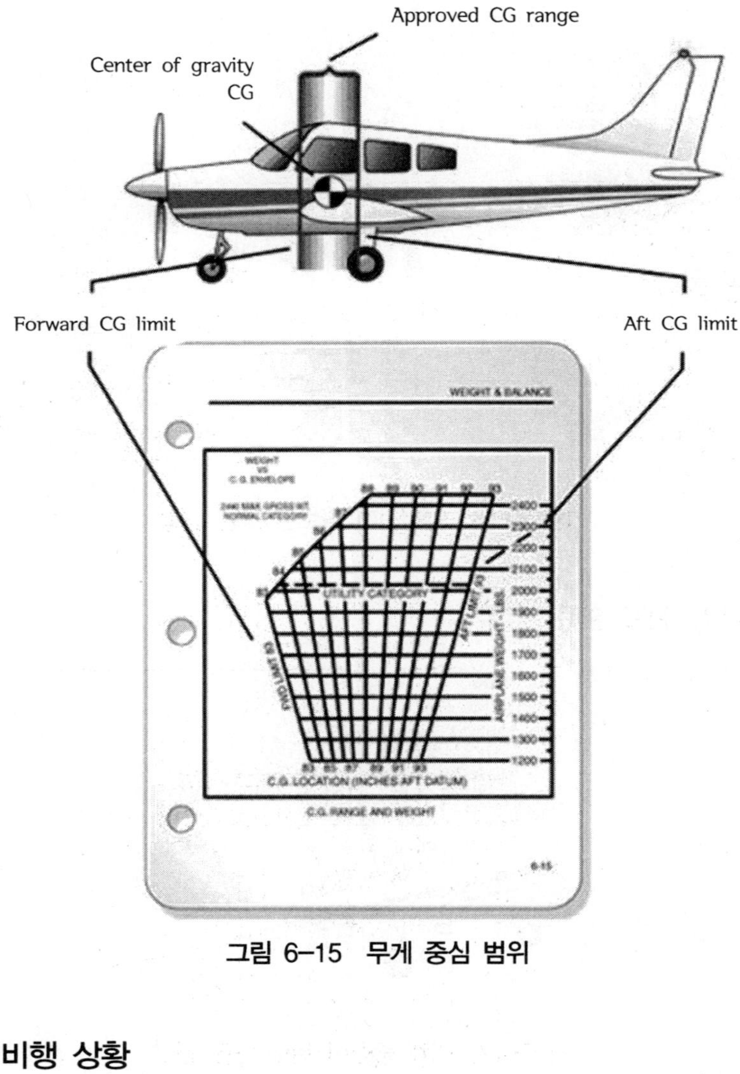

그림 6-15 무게 중심 범위

(1) 안정한 비행 상황

그림 6-16처럼 기체의 중심이 날개 양력 중심보다 조금 앞에 위치할 때 기체는 안정한 비행을 유지한다. 이런 경우 피칭모멘트 균형을 맞추기 위해 꼬리날개에서 아래 방향 양력이

필요하므로 수평비행 시 주날개(상향 양력 필요)는 (+) 받음각, 꼬리날개(하향 양력 필요)는 (-) 받음각 상태가 된다. 이런 상황에서 기수가 조금 들리면 주날개는 받음각이 더 증가하므로 양력이 증가하고, 꼬리날개는 받음각이 0 으로 줄어드는 상태가 되어 하향 양력이 감소하므로 기수를 내리는 피칭모멘트가 발생하므로 안정한 상태가 된다. 만약 수평비행 중 기수가 아래로 조금 내려지면, 주날개의 받음각 감소로 양력 감소하고, 꼬리날개에서는 (-) 방향 받음각 증가로 하향 양력이 증가하여 기수를 들어 올리는 피칭모멘트가 발생하므로 안정성이 확보된다.

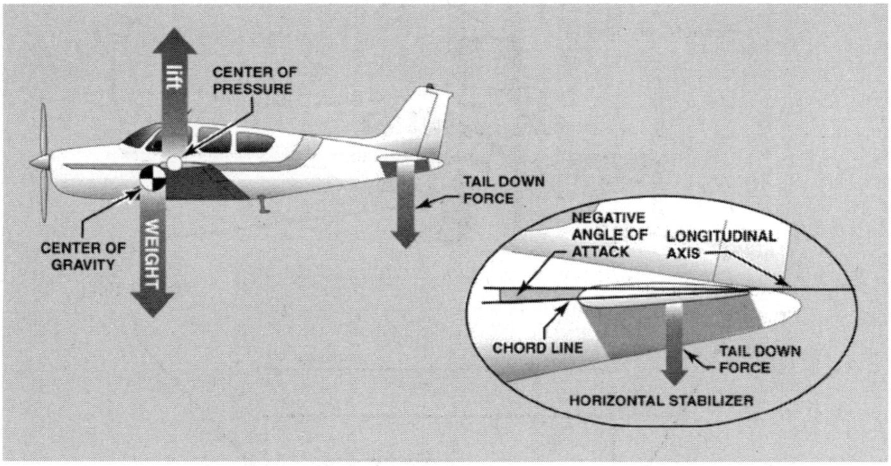

그림 6-16 안정성이 확보된 비행 상황

(2) 기체 중심이 뒤로 쏠린 경우

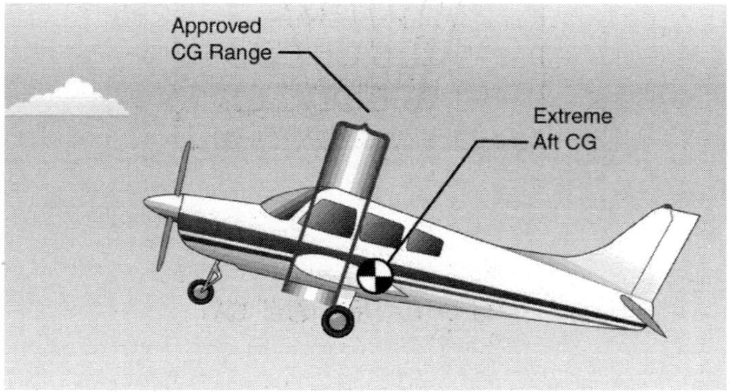

그림 6-17 기체 중심이 뒤로 쏠린 경우

중심이 그림 6-17과 같이 뒤로 쏠리면 기수를 들어 올리는 피칭모멘트가 발생하고 이를 극복하기 위해 꼬리날개에서도 위로 향한 양력이 필요하다. 결국 (주날개양력+꼬리날개 양력

=기체무게)인 상황이 된다. 따라서 순항 시 주날개 양력이 적게 필요하므로 받음각을 줄일 수 있게 되고, 이로 인해 항력이 감소하고 항력이 감소되므로 비행속도는 증가하고 항속거리도 증가한다. 그리고 이착륙 시에는 꼬리날개 양력을 감소시켜 기수를 들어 올리면, 주날개 양력이 증가하므로 이착륙속도를 더 줄여도 충분한 양력을 확보할 수 있고 이착륙거리를 감소시킬 수 있으므로 이착륙 성능이 좋아진다고 할 수 있다.

$$L = C_L\left(\frac{1}{2}\rho V^2\right)S \tag{6-9}$$

$$D = C_D\left(\frac{1}{2}\rho V^2\right)S \tag{6-10}$$

양력과 항력에 대한 위 식에서 $n \approx 1.0$인 순항 비행 상황에서 받음각의 변화로 양력계수와 항력계수가 변화되면 그에 맞추어 비행속도를 변화시켜도 필요한 양력을 얻을 수 있다. 결국 순항 비행상황에서 항력과 비행속도의 변화로 항속거리가 변하게 된다. $n \approx 1.0$인 이착륙 비행상황에서는 받음각의 변화로 양력계수가 변화되면 그에 맞추어 비행속도를 변화시켜도 필요한 양력을 얻을 수 있다. 결국 이착륙 속도의 변화로 활주거리가 변화하고 이것은 이착륙 성능을 변화시키게 되는 것이다.

그러나 기체중심이 주날개 양력 중심보다 과도하게 뒤로 쳐지면 앞에서 서술한 것처럼 비행이 불안정해지고 실속에서 회복하기가 어려운 상태가 되어 조종 불능 상황에 이를 수도 있으므로 유의해야 한다.

(3) 기체 중심이 앞으로 쏠린 경우

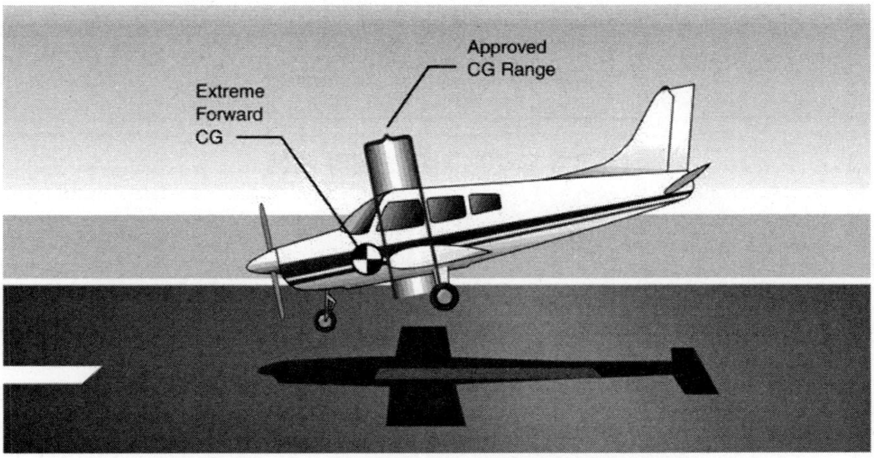

그림 6-18 기체 중심이 앞으로 쏠린 경우

중심이 앞으로 많이 쏠릴수록 기수를 아래로 향하게 하는 피칭모멘트가 증가하므로 이를 극복하기 위해 꼬리날개에서 아래로 향하는 양력이 필요하다. 순항 비행 상황인 경우 주날개에서 필요한 양력은 (양력=기체 무게+꼬리날개 하향 양력)이므로 증가된 효과가 발생해 양력을 높이기 위한 받음각 증가가 필요하고, 이런 영향으로 항력도 증가하므로 추력이 더 필요하고 연료소모량이 증가하면서 항속거리가 짧아지는 결과를 초래한다.

너무 앞으로 중심이 쏠리면 꼬리날개에서 발생하는 힘이 부족해(꼬리날개 하향 받음각 증가로 실속에 이를 수 있음) 기수를 들어올리기 어려울 수도 있다. 이착륙 비행 상황에서는 기수를 많이 들어 올려야 적은 속도로도 큰 양력을 발생시킬 수 있는데, 기수를 들어올리기 어려우므로 양력이 부족하게 되어 속도를 더 증가시켜서 양력을 확보할 필요가 있다. 이착륙속도가 증가하니 자연스레 이착륙거리가 길어지는 단점이 나타난다.

6.2.3 무게중심의 계산

기체의 중심을 조절하는 것은 보통 동체 길이 방향의 중심을 관리하는 것을 말하는데, 중심 위치에 따라 피칭모멘트의 변화로 기수의 상하운동이 쉽게 발생하고 비행안정성에 큰 영향을 미치기 때문이다.

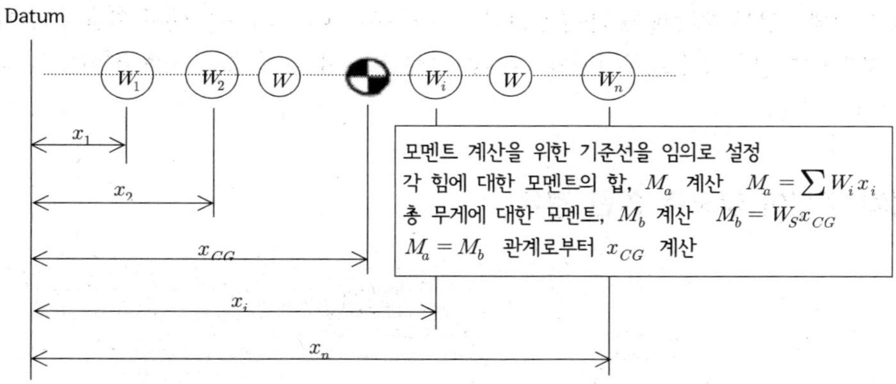

그림 6-19 기체 중심의 계산

기체의 무게 분포가 그림 6-19와 같이 n 개로 이루어진 경우 총 무게의 중심(CG)을 구하는 것은 각 무게로 인해 발생하는 기준점에 대한 모멘트의 합과 총 무게에 대한 모멘트가 같다는 성질을 적용하여 다음과 같이 구할 수 있다.

$$W_S = W_1 + W_2 + \ldots + W_i + \ldots + W_n \tag{6-11}$$

$$M_a = W_1 x_1 + W_2 x_2 + \dots + W_i x_i + \dots + W_n x_n \tag{6-12}$$

$$M_b = W_S x_{CG} \tag{6-13}$$

$M_a = M_b$ 관계를 적용하면

$$x_{CG} = \frac{M_a}{W_S} = \frac{W_1 x_1 + W_2 x_2 + \dots + W_i x_i + \dots + W_n x_n}{W_1 + W_2 + \dots + W_i + \dots + W_n} \tag{6-14}$$

그림 6-20은 착륙장치마다 작용한 무게를 측정하여 기록하고 기체의 총 무게와 무게중심을 계산한 결과를 기록하는 양식을 보여준 것이다.

WEIGHING FORM

MAKE______ MODEL______ SERIAL______ N______

DATUM LOCATION:______

WEIGHING CONDITIONS:

MAIN WEIGHING POINT IS LOCATED:

(- FORWARD______") (+ AFT______") OF DATUM.

TAIL OR NOSE WEIGHING POINT IS LOCATED:

(-______" FORWARD) (+______" AFT) OF DATUM.

WEIGHING POINT	SCALE READING	- TARE	= NET WEIGHT	x ARM	= MOMENT
LEFT MAIN					
RIGHT MAIN					
NOSE OR TAIL					
TOTAL AS WEIGHED					

SPACE FOR LISTING OF ITEMS WHEN AIRCRAFT IS NOT WEIGHED EMPTY.

ITEM	NET WEIGHT	ARM	MOMENT
AIRCRAFT AS WEIGHED			
FUEL GAL. TEMP.°F #/GAL.			
AIRCRAFT EMPTY WEIGHT & C.G.			

MAXIMUM ALLOWABLE

GROSS WEIGHT______ COMPUTED BY:______

A & P NUMBER:______

USEFUL LOAD______ DATE:______

그림 6-20 항공기 무게 측정과 중심의 계산

예제 6-2) 자기무게가 1,876파운드, 자기무게 중심이 36.14인치인 항공기의 전체 무게에 따른 기체 중심의 적정범위는 그림 6-22와 같다. 그림 6-22에서 최대 이륙 중량 3,100파운드의 경우 기체중심은 40.9~46.0인치이고 기체중량 2,250파운드 이하인 경우 적정 기체중심 범위는 33.0~46.0인치이다.

1) 비행기가 비행하기 위해서는 34.0인치 위치에 조종사가 탑승하고 48.2인치인 곳에 연료가 최소 115파운드 추가되어야 한다. 이런 상태에서 기체의 중심을 구하고 기체의 중심이 적정 범위에 있는지 확인하시오. 조종사의 몸무게는 170파운드이다.

2) 조종사가 탑승하고 연료 528파운드로 연료탱크를 가득 채웠다. 74인치 위치의 뒷좌석에는 몸무게 170파운드인 승객 두 명, 97인치 위치에 100파운드 수하물 A, 116인치 위치에 60파운드 수하물 B를 탑재했을 때 기체중심을 구하고 기체의 중심이 적정 범위에 있는지 확인하시오.

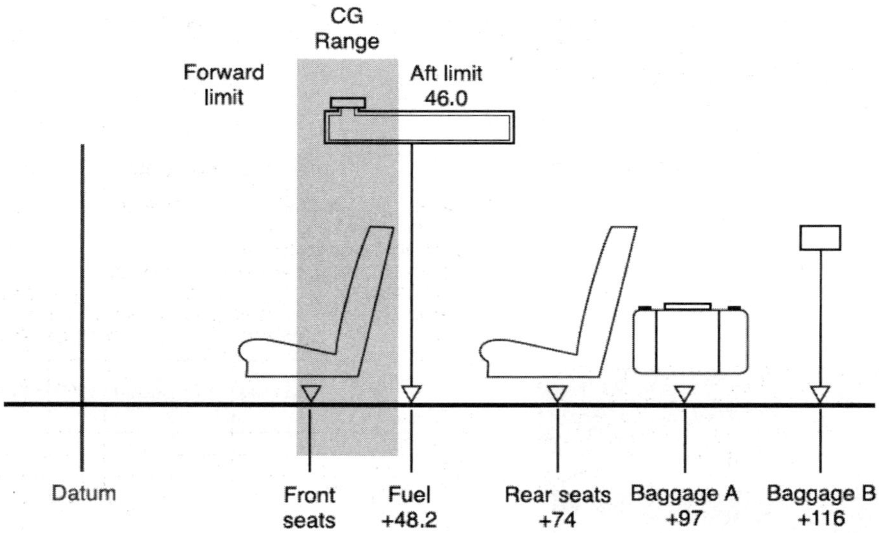

그림 6-21 무게중심(예제)

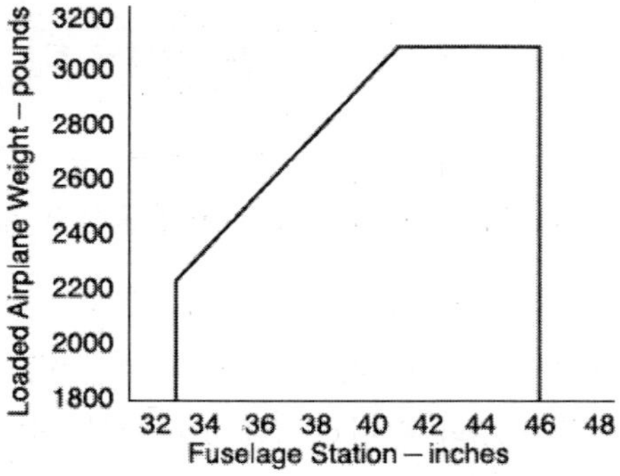

그림 6-22 기체중심의 적정 범위(예제)

풀이)

1) $W_S = 1,876 + 170 + 115 = 2,161\,lbs$

$M_a = 1,876 \times 36.14 + 170 \times 34.0 + 115 \times 48.2 = 79,122\,in-lbs$

$M_b = W_S\,x_{CG} = M_a$

$$x_{CG} = \frac{M_a}{W_S} = \frac{79,122}{2,161} = 36.6\,in$$

기체중량 2,250파운드 이하인 경우 적정 기체중심 범위는 33.0~46.0인치이므로 기체의 중심은 적정 위치에 있다.

2) $W_S = 1,876 + 170 + 528 + 340 + 100 + 60 = 3,074\,lbs$

$M_a = 1,876 \times 36.14 + 170 \times 34.0 + 528 \times 48.2 + 340 \times 74.0 + 100 \times 97.0 + 60 \times 116.0$
$= 140,848\,in-lbs$

$M_b = W_S\,x_{CG} = M_a$

$$x_{CG} = \frac{M_a}{W_S} = \frac{140,848}{3,074} = 45.8\,in$$

최대 이륙 중량 3,100파운드의 경우 기체중심은 40.9~46.0인치이므로 기체 중심 위치는 적정하다.

평균공력시위(mean aerodynamic chord, MAC)를 이용하여 기체의 중심 위치를 %MAC로 나타내기도 한다. 날개에서 발생하는 양력의 중심 위치가 기체의 중심 위치와 밀접한 관련이 있으므로 기체의 중심이 MAC의 어느 지점인가를 바로 알 수 있도록 한 것으로 다음 식으로 구할 수 있다.

$$\%MAC = \frac{\text{기체의 중심 위치} - MAC\text{의 앞전 위치}}{MAC} \times 100 \qquad (6\text{-}15)$$

예제 6-3) 그림 6-23과 같은 여객기의 중심이 기준선에서 945인치 지점이라고 한다. 기체 중심은 MAC 기준으로 어느 위치인가?

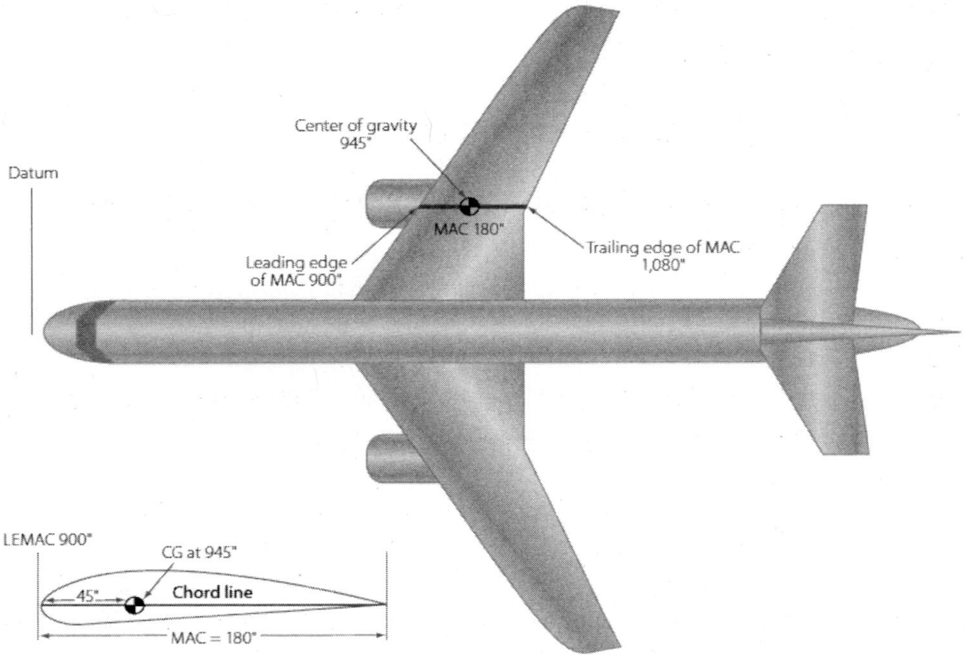

그림 6-23 무게중심(예제) - %MAC

풀이) $\%MAC = \dfrac{945-900}{180} \times 100 = 25\%$

기체중심은 25% MAC 위치에 있다.

6.2.4 밸러스트(Ballast)에 의한 무게중심 맞추기

항공기의 무게 중심이 허용 범위를 벗어나게 되면 조종면의 작동만으로는 기체의 원활한 조종을 할 수 없게 되어 조종 불능 상황에 처하거나 효율적인 비행이 어렵기 때문에 무게중심이 제한 범위를 벗어나게 되면 적정한 위치에 무게를 추가해서라도 기체 중심이 적정 범위 안에 오도록 해야 한다. 무게 중심을 맞추기 위해 추가로 탑재하는 물체를 밸러스트라 하며 밸러스트를 기내에 장착해서 원활한 비행 성능을 확보할 수 있다.

예제 6-4) 초기무게가 785kg인 항공기에 몸무게 70kg인 조종사가 탑승하려 한다. 초기 무게 중심이 기준선에서 2.4m인 곳이었다. 임무 수행을 위해 25kg인 뒷좌석 하나를 탈착하고 좌석이 있던 곳에 40kg의 장비를 장착하고 윤활유 8kg과 연료 95kg을 추가로 보충하였다. 원활한 비행성능을 얻기 위한 기체의 무게중심 범위는 2.4-2.8m 영역이라고 한다. 기준선에서 4.4m 떨어진 화물실에 밸라스트를 장착할 공간이 있다고 한다. 기체의 중심을 맞추기 위해 밸라스트의 무게를 얼마로 해야 하는가? 단, 기준선으로부터의 거리는 표와 같으며 단위는 m이다.

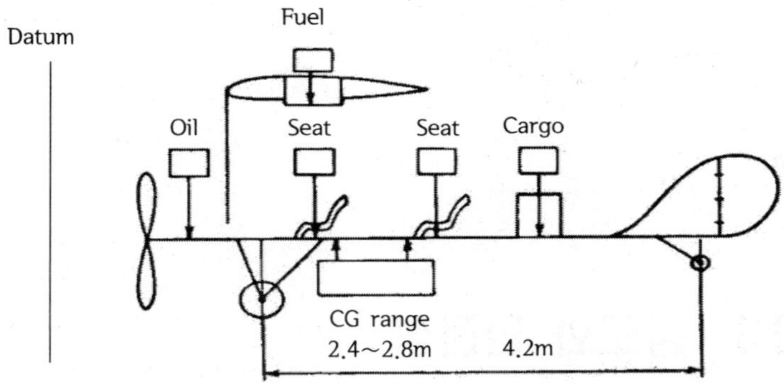

윤활유	0.90
연료	2.10
앞좌석	2.20
뒷좌석	2.90
밸라스트	4.40

그림 6-24 무게중심(예제)

풀이) 밸라스트를 장착하기 전 기체의 중심을 구하기 위해 기준선에 대한 모멘트를 구한 것이 표와 같다. 표에서 -25kg의 무게는 탈착한 것을 의미하고 시계방향 기준으로 모멘트를 구하였다.

항목	무게 (kg)	기준선에서 작용점까지 거리 (m)	기준선에 대한 모멘트 (kg · m)
초기무게	785	2.40	1,884.0
조종사	70	2.20	154.0
장비	40	2.90	116.0
윤활유	8	0.90	7.2
연료	95	2.10	199.5
뒷좌석	-25	2.90	-72.5
합계	973		2288.2

밸라스트를 추가하기 전 무게중심은

$$CG = \frac{2288.2}{973} = 2.35\,m$$

무게중심이 전방한계를 벗어났으므로 화물실 여유 공간에 밸라스트를 추가하여 무게중심의 전방한계에 맞춰야 한다. 추가할 밸라스트의 무게를 x라 하고 기체의 중심을 전방한계선인 2.4m에 맞추기로 하면 다음 식으로부터 밸라스트의 무게를 구할 수 있다.

$$x_{CG} = \frac{M_a}{W_S} = \frac{W_1 x_1 + W_2 x_2 + \ldots + W_i x_i + \ldots + W_n x_n}{W_1 + W_2 + \ldots + W_i + \ldots + W_n}$$

$$2.40 = \frac{M}{W_S} = \frac{2288.2 + x \times 4.40}{973 + x}$$

$$x = 23.5\,kg$$

6.3 강도와 안전성

기체구조는 허용된 비행 범위에서 나타나는 모든 하중을 견딤으로써 구조적 안전성을 확보할 수 있다. 또한, 적절한 비행 성능과 원활한 조작을 위해 구조하중에 따른 과도한 변형이 발생하는 것을 허용하지 않는다.

그림 6-25처럼 날개에 발생한 양력으로 인한 비틀림 변형이 과도하게 나타나는 경우 의도하지 않은 공기력의 분포로 비행 성능이나 조종성에 해로운 영향을 미칠 수 있고 심각한 경우 날개 끝에서 실속이 일어나 위험에 이를 수도 있다. 기체의 변형은 구조부재의 강성을 확보함으로 제한할 수 있다. 기체구조에 대한 강도와 강성을 확보하기 위해 적절한 형상의 구조부품을 설계하고 알맞은 소재를 적용하여야 한다.

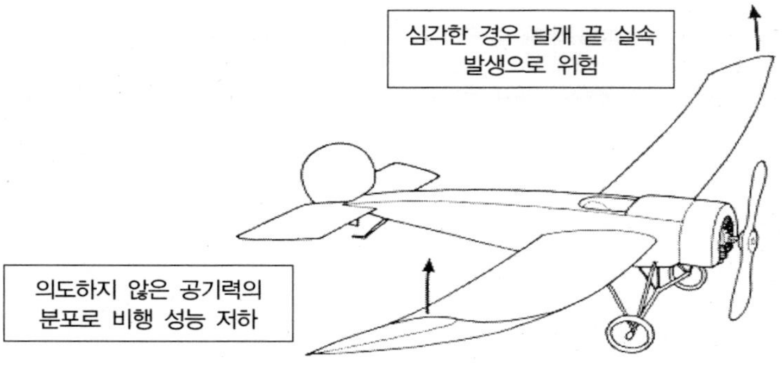

그림 6-25 날개의 비틀림이 큰 경우

6.3.1 재료의 강도

기체의 강도와 강성을 원하는 범위 안에 제한하기 위해서는 사용 소재에 대한 기계적 물성치를 바르게 파악하고 있어야 한다. 그림 6-26과 같은 만능 재료시험기를 사용하여 재료의 항복강도, 인장강도와 변형률, 탄성계수를 구할 수 있다.

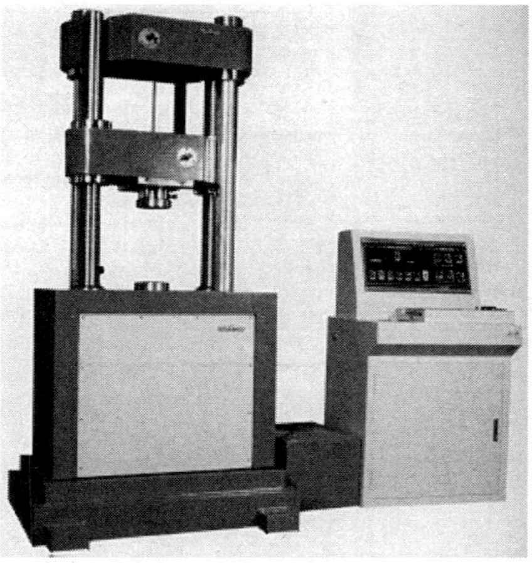

그림 6-26 만능시험기

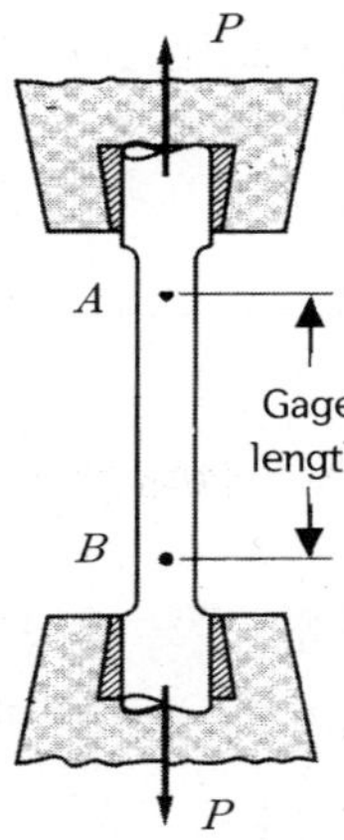

그림 6-27 인장시험 시편

재료의 강도란 재료가 파손되지 않고 견딜 수 있는 응력의 한계치를 말한다.

강성은 부재가 힘을 받았을 때 발생하는 변형의 크기와 관련된 것으로 강도와는 무관하다. 스프링에 가해진 힘(F)과 스프링의 변형된 길이(x) 사이의 비례 관계를 나타내는 후크의 법칙, $F=kx$에서 비례상수 k가 강성의 크기를 나타낸다. 즉, 강성이 클수록 변형이 작게 나타난다.

그림 6-27에 보인 것처럼 표준 시험편의 특정지점 사이의 거리(표점 거리, gage length)의 변화를 측정하여 해당 시편의 응력과 변형률 관계를 구하게 된다.

실생활에서 가장 많이 쓰이는 연강의 경우 그림 6-28과 같이 나타나는데, 가로축에 변형률, 세로축에 응력을 표시한 것으로 응력-변형률 선도라 부른다. 그림의 OA 직선 구간에서는 식(2-24)과 같이 응력(σ)과 변형률(ϵ)이 비례 관계를 만족하는 후크의 법칙이 성립한다.

$$\sigma = E\epsilon \tag{6-16}$$

$$\text{응력} = \frac{\text{시편에 가한 힘}}{\text{시편의 단면적}} \qquad \text{변형률} = \frac{\text{표점 거리의 변화량}}{\text{초기 표점 거리}}$$

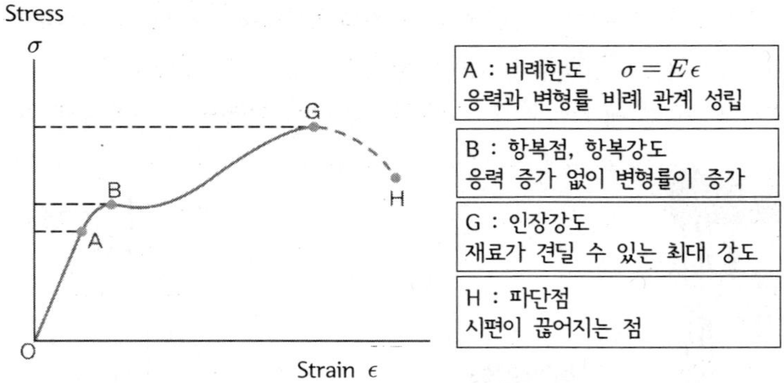

그림 6-28 응력-변형률 곡선

비례상수에 해당하는 E는 탄성계수라 불리는 물리량으로 OA 직선 구간의 기울기를 의미하며 재료에 따라 일정한 크기를 가진다. 그림에서 B로 표시된 지점의 강도가 항복강도인데, 하중의 증가 없이 변형이 크게 증가하는 곳이다. G 점은 재료의 인장강도를 말하며 재료가 견딜 수 있는 최대 응력으로 극한강도라 부르기도 한다.

6.3.2 구조부재의 파손

대표적인 구조부재의 파괴는 운용 중 발생하는 가장 큰 하중을 견디지 못해 발생하지만 하중의 크기가 부재의 강도보다 적은 경우에도 발생할 수 있다. 항공기 구조 부재에 발생되는 파손 유형은 다음과 같다.

(1) 인장 파손

부재가 인장을 받는 경우 인장응력의 크기가 항복강도보다 작으면 부재의 변형은 매우 작아 눈으로 식별할 수 없을 정도이고, 외부 하중이 없어지면 원래의 형태로 복원된다. 응력이 항복강도 이상이 되면 변형이 크게 증가하며 외부 하중이 제거되어도 부재의 형태가 완전히 복원되지 않고 잔류변형이 남게 된다. 응력이 더욱 증가하여 인장강도에 이르게 되면 부재는 파단에 이르게 된다. 항복강도나 인장강도에 이를 정도의 응력이 발생하는 경우는 부재에 매우 큰 힘이 작용한 경우다. 따라서 설계 시 인장하중을 받는 부재의 경우 설계기준에 맞추어 응력의 크기를 항복강도나 인장강도보다 적게 설계함으로서 구조적 안전성을 확보하게 된다.

(2) 압축 파손(좌굴)

압축을 받는 부재의 경우는 조금 다르다. 압축응력의 크기가 항복강도나 인장강도보다 적도록 하는 것은 당연하고 추가적으로 좌굴(buckling)이라는 거동이 발생하지 않도록 해야 한다. 비교적 가늘고 긴 부재가 압축을 받을 때 하중이 증가함에 따라 수축이 되다가 하중이 어떤 값에 다다르게 되면 갑작스럽게 구부러지는 현상이 발생한다. 이러한 거동을 좌굴이라 하며, 좌굴을 발생시키는 하중의 크기를 임계하중(critical load)이라 한다. 임계하중, P_{cr}은 지지조건에 따라 차이가 있는데 그림 6-29와 같이 단순 지지된 형태인 경우 다음과 같이 결정된다.

$$P_{cr} = \frac{\pi^2 EI}{L^2} \tag{6-17}$$

그림 6-29 좌굴

식에서 E는 탄성계수, I는 관성모멘트, L은 부재의 길이, π는 원주율을 말한다. 식으로부터 부재의 길이가 길수록 좌굴강도는 감소하고, 단면의 형상과 관련된 관성모멘트가 클수록 좌굴강도는 증가함을 알 수 있다. 압축 하중을 받는 부재는 늘 좌굴이 발생하지 않도록 충분한 굽힘강성(EI)을 확보해야 한다.

판재가 압축 하중을 받게 되면 그림 6-30과 같이 좌굴하게 된다. 위 그림처럼 측면의 변형이 자유로운 상태에서는 기둥과 같은 형태의 좌굴이 나타나고, 아래 그림처럼 측면 모서리가 구속되어 판재 평면의 수직방향 변형이 억제되면 판재의 가로, 세로 길이에 따라 여러 개의 파형이 반복되는 형태의 좌굴이 나타난다. 판재의 좌굴 강도, σ_{cr}은 다음과 같이 결정된다.

$$\sigma_{cr} = KE\left(\frac{t}{b}\right)^2 \tag{6-18}$$

식에서 E는 재료의 탄성계수, t는 판재의 두께, b는 판재의 폭, K는 판재 측면 모서리의 구속형태와 판재의 가로세로비(a/b)에 따라 결정되는 양이다. 판재의 좌굴 강도에 큰 영향을 미치는 것은 판재의 두께와, 판재의 폭인데, 동체의 스킨이나 날개의 스킨처럼 넓은 판의 폭을 감소시키는 효과를 얻기 위해 스킨에 스트링거를 부착한다. 스킨이 판재의 면에 수직한 방향으로 변형되지 않을 만큼의 충분한 강성을 가진 스트링거를 스킨에 일정한 간격으로 부착하여 보강한 형태가 세미 모노코크 형식의 동체와 날개 구조이다.

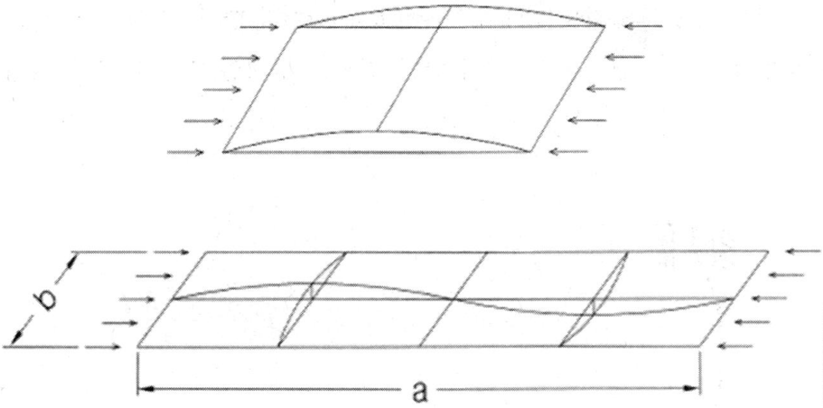

그림 6–30 판재의 좌굴

그림 6-31은 좌굴을 억제하기 위해 판재에 보강재를 부착한 경우의 좌굴 거동을 보여준 것인데, 항공기 동체나 날개 스킨에 스트링거가 부착된 형태의 구조물에 해당된다.

그림 6–31 보강된 판재의 좌굴

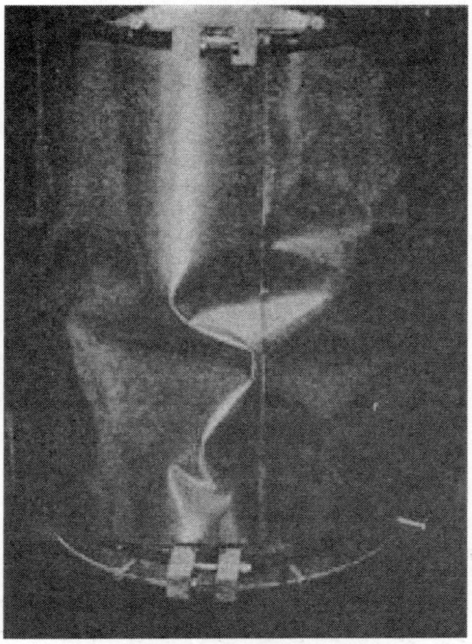

그림 6-32 두께가 얇은 원통의 좌굴

그림 6-32는 여객기 동체와 유사한 얇은 두께의 원통이 압축 하중을 받았을 때 발생하는 좌굴현상이다.

그림 6-33은 원통형 구조물이 굽힘하중으로 인해 좌굴이 발생한 것을 보여준 것인데, 그림처럼 굽힘모멘트로 인해 상부에 압축 하중이 발생되어 좌굴된 형태를 보여준 것이다. 그림에서와 같이 원주 방향의 보강재를 일정한 간격으로 보강해, 보강 지점에서 반지름 방향 변형을 억제하면 위 그림처럼 좌굴이 나타나게 된다. 만일 보강재의 강성이 부족해 반지름 방향의 변형을 충분히 억제하지 못하면 아래 그림처럼 좌굴이 발생할 것이다. 두 그림에서의 좌굴 형상을 살펴보면 앞에서 보여준 좌굴에 대한 임계강도 식에서 부재의 길이가 다른 형태의 좌굴로 간주할 수 있다. 상부 그림의 경우 원주 방향 보강재의 간격이 부재의 길이에 해당하나, 하부 그림에서는 부재의 길이가 상부 그림의 3배에 해당하는 형태로 좌굴이 발생한 것으로 볼 수 있다. 결국 충분한 강성을 확보한 보강재의 간격을 조정함으로써 원통형 구조물의 좌굴 강도를 원하는 값으로 맞출 수 있게 된다. 항공기 동체에서 프레임(frame)의 강성과 간격을 적절하게 설계함으로써 동체 스킨이나 스트링거의 좌굴을 예방할 수 있게 된다. 날개 구조물의 경우 리브의 강성과 간격을 조절하여 날개 스킨이나 스트링거의 좌굴을 예방할 수 있다.

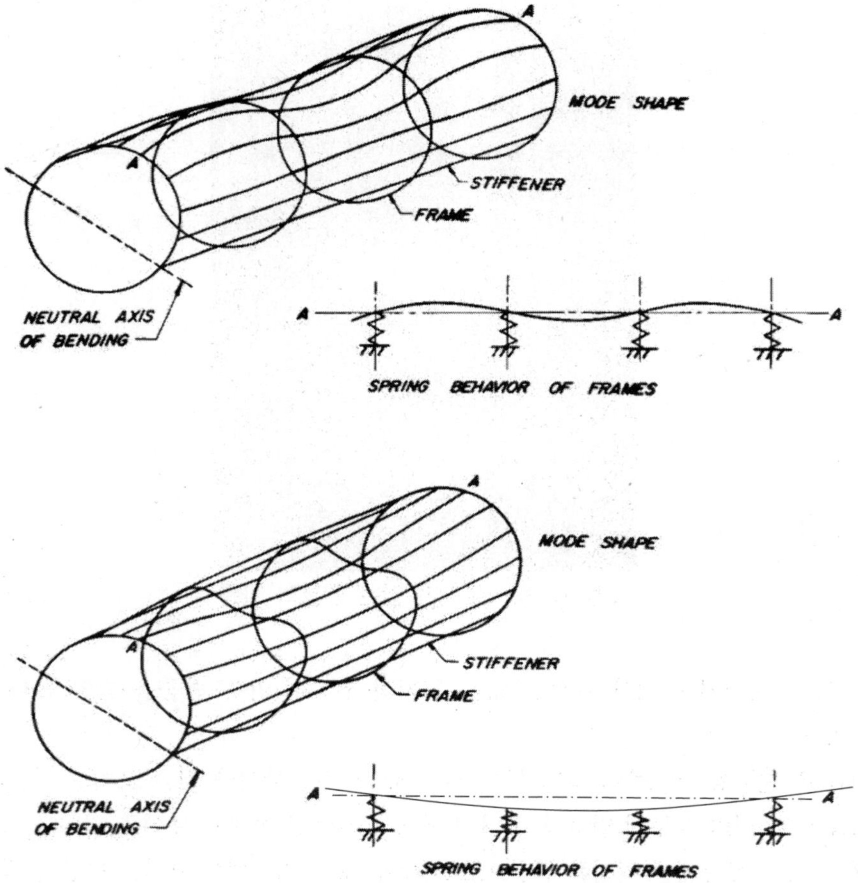

그림 6-33 굽힘을 받는 원통 구조물의 좌굴

(3) 크리프(Creep)

온도가 높은 상태에서 부재가 일정한 인장응력을 받는 경우 시간이 지남에 따라 변형이 커지는 현상이 발생할 수 있는데 이를 크리프라 한다. 그림 6-34를 크리프-파단곡선이라 하는데, 높은 온도 조건에서 일정한 크기의 인장하중을 받는 부재가 시간이 흐름에 따라 변형이 증가하는 과정을 표시한 것이다. 부재에 하중이 부가되는 즉시 탄성변형이 나타나고 하중이 증가하지 않아도 시간이 경과하면서 변형이 증가하는데, 그림에서와 같이 그 과정을 3단계로 구분할 수 있다. 1단계는 하중이 제거되면 원래의 상태로 회복되는 탄성변형 구간이고, 2단계는 시간에 따라 변형이 일정한 속도로 증가하는 구간으로 이 과정에서의 기울기를 크리프율(creep rate)이라 한다. 2단계를 벗어나면서 변형속도가 점차로 증가하다 결국 부재가 파단에 이르게 되는 구간을 3단계 구간이라 한다. 2단계와 3단계의 경계점을 천이점이라 부른다.

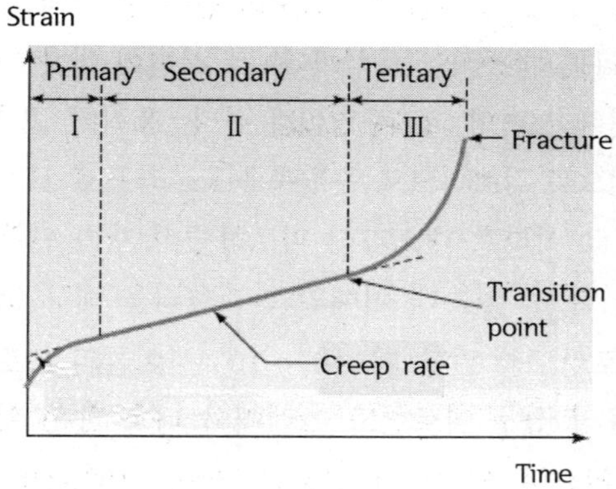

제 1 단계 : 초기 단계
탄성 변형 구간으로 하중을 제거하면 원상 복구

제 2 단계
변형률이 일정하게 증가하는 구간
구간 내 직선의 기울기를 크리프율이라 함.

제 3 단계
급격한 변형으로 파괴에 이르는 구간

그림 6-34 크리프 곡선

(4) 피로(Fatigue)

부재에 발생하는 응력이 인장강도에 이르렀을 때 파괴가 일어난다. 그러나 하중이 반복해서 가해지면 적은 응력에서도 파괴가 일어날 수 있는데 이러한 현상을 금속의 피로라 부른다. 그림 6-35와 같이 반복해서 재료에 부가되는 하중을 피로하중이라 하며 재료의 피로거동을 알아보기 위해 수행하는 시험을 피로시험이라 한다.

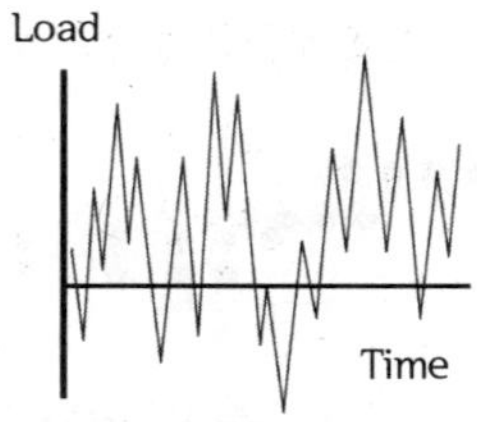

그림 6-35 피로하중

피로시험 결과를 정리한 것이 그림 6-36인데 가로축이 하중의 반복 횟수, 세로축이 부재에 발생한 응력을 나타낸다. 이와 같이 나타낸 그림을 S-N선도라 하고 이것을 이용하여 항공기의 내구성에 대한 설계를 수행하게 된다. 그림에서 점 하나가 시편 하나에 대한 피로시험을 수행해서 얻은 결과를 표시한 것이다. 그림에서 5개의 시편에 200MPa에 해당하는 피로하중을 부가한 경우 시편마다 얼마나 반복해서 부가했을 때 파괴가 발생했는가를 피로시험으로부터 구한 값을 표시했다. 그 결과를 살펴보면 어떤 시편은 10^5회보다 조금 적은 횟수의 피로하중이 부가되었을 때 피로파괴가 발생했고, 어떤 시편은 10^6회를 조금 초과한 횟수의 피로하중이 부가되었을 때 피로파괴가 발생했음을 알 수 있다. 동일한 재료, 동일한 형태의 시편에 동일한 피로하중을 가하더라도 파괴에 이르기까지 견딜 수 있는 시간(피로하중의 반복 횟수)에 차이가 많이 나타나는 것이 금속의 피로거동에서 나타나는 대표적인 특성이다. 각 시편에 대한 피로파괴까지의 피로하중 반복 횟수를 해당 응력에 대한 시편의 피로수명이라 한다. 응력이 증가할수록 견딜 수 있는 피로하중의 횟수는 기하급수적으로 감소하므로 수평축을 log 좌표로 표시하였다. 시험결과를 유심히 살펴보면 응력이 어떤 값 이하로 내려가면 피로하중이 계속 반복되어 부가되더라도 피로파괴가 발생하지 않는 것을 알 수 있는데 이때의 한계응력을 해당 소재의 피로한도(fatigue limit)라 한다. 보통 금속의 피로한도를 말할 때, $10^6 \sim 10^7$ 사이클의 피로하중에 대한 강도를 피로한도로 취한다. 철강 재료의 경우 피로한도 아래에서 더욱 많은 횟수의 피로하중을 부가하더라도 파괴가 잘 발생하지 않으나, 알루미늄 합금의 경우는 10^8, 10^9 사이클에 대한 피로강도가 지속적으로 감소하는 경향을 보인다. 그림에서 화살표가 표시된 것은 10^7회 이상의 피로하중을 부가해도 피로파괴가 발생하지 않아 더 이상의 시험은 의미가 없다고 판단되어 시험이 중단된 시편에 대한 값을 나타낸 것이다.

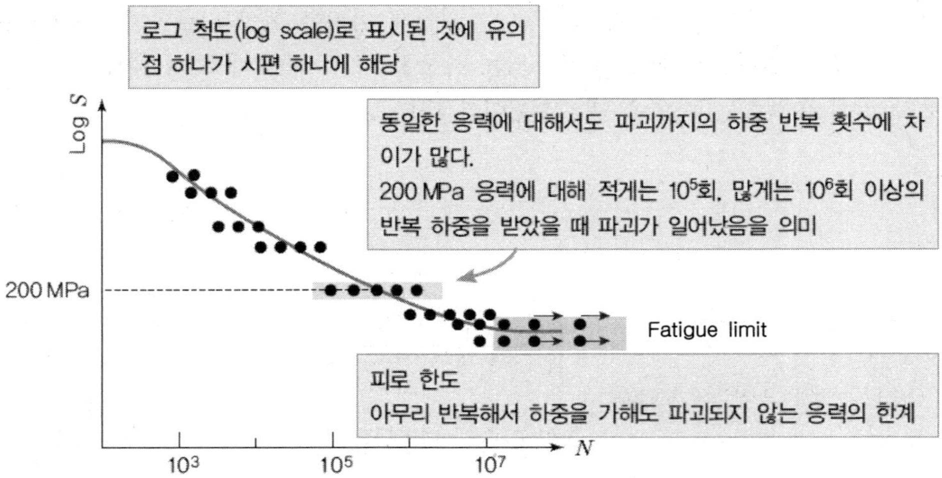

그림 6-36 S-N 선도

구조물의 피로거동에 가장 큰 영향을 미치는 것이 응력의 크기인데, 구조물에 발생한 응력의 최대값에 따라 피로수명이 크게 달라진다. 구조물에 발생하는 최대 응력은 구조물의 형상이 변화하는 곳에 하중이 집중되면서 응력이 증가하는 응력집중(stress concentration)현상이 나타나는 곳에서 발생하므로 구조설계 시 응력집중의 정도가 최소화될 수 있도록 노력해야 한다. 그림 6-37은 부재의 단면이 변화함에 따라 응력이 어떻게 변화하는지를 보여주는 사례이다.

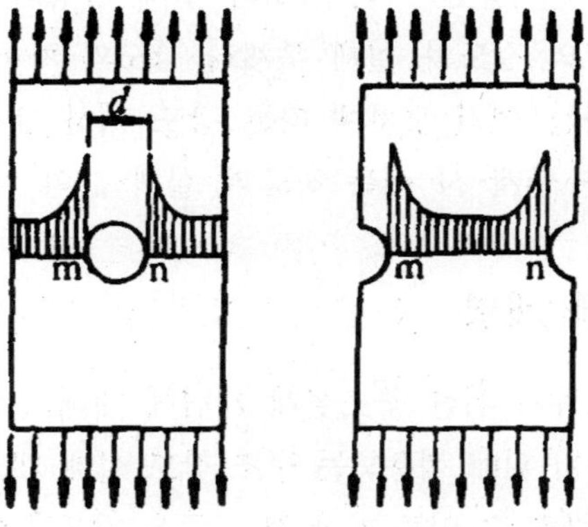

그림 6-37 응력집중

6.3.3 하중과 안전계수

항공기 설계 시 고려하는 하중 및 강도에 대한 요구조건을 알아보기로 한다.

(1) 설계 제한 하중(Design limit load)

한계 하중이라고도 하며, 승인된 운용 환경(비행, 이륙 및 착륙, 정비 등) 범위 안에서 나타날 수 있는 모든 상황에 대한 하중 값 중에서 가장 큰 값을 보이는 경우의 하중상태를 말하며 비행 상태에 따라 하중 분포형태가 다르므로 여러 비행 상황에 대한 하중 상태를 설계단계부터 고려한다. 아울러 한계하중은 비행기의 비행 가능 범위를 나타내므로 조종사는 주어진 범위 내에서 비행을 해야 구조적 안전성을 설계자로부터 보장받을 수가 있다.

(2) 설계 하중(Design load)

극한하중(ultimate load) 또는 종극하중이라고도 한다. 허용된 운용범위 안에서는 발생하지 않는 가상의 하중으로 예상치 못한 하중의 분포와 그 크기, 구조 해석의 신뢰도, 재료의 불균일성, 제작 시의 오류 등으로 발생할 수 있는 구조물의 파손을 예방하기 위해 안전계수(통상 1.5)를 추가로 고려하여 설계하중이 결정된다.

$$\text{설계하중} = \text{설계제한하중} \times \text{안전계수} \tag{6-19}$$

(3) 안전계수(Safety factor)

기체구조의 안전에 대한 신뢰성을 더 높이기 위한 것으로 항공기의 경우 보통 1.5라는 값을 적용한다. 안전계수를 고려하는 이유는 다음과 같다.

① 역학적 계산 과정에서 적용된 여러 가정과 실제 상황의 차이 대비
② 설계 시 적용한 재료의 강도와 실제 부재의 강도의 차이 대비
③ 제작 과정 중 발생하는 여러 오차에 따른 강도 저하 대비
④ 각 비행 상태에 대한 설계 시 예측 하중과 실제 값의 차이 대비

6.3.4 구조강도 설계 개념

기체구조의 안전을 확보하기 위한 구조설계 개념에 대해 알아보기로 한다. 그림 6-38에 항공기 구조 안전을 확보하기 위해 적용되는 구조 강도 설계 개념에 대한 내용을 전반적으로 나타냈다. 사용 중 기체가 받을 수 있는 가장 큰 하중을 기체구조가 감당할 수 있다면 그보다 작은 하중은 당연히 견딜 수 있다. 이러한 생각이 적용된 설계 개념이 표에서 정하중(static load)에 해당한다. 그런데 금속의 경우 소재의 인장강도나 항복강도보다 적은 하중을 받더라도 하중을 받는 횟수가 충분히 많으면 피로파괴라는 현상이 발생하므로 이러한 현상에 대한 대비를 하는 설계개념이 그림에서 피로하중에 대한 내용이다.

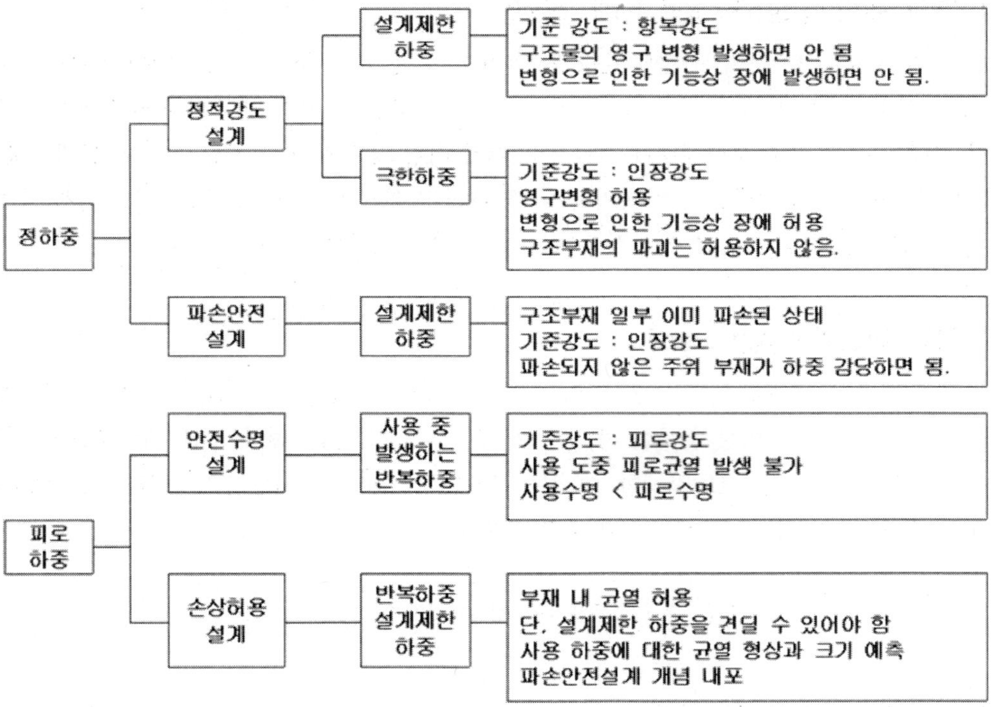

그림 6-38 구조설계 개념과 하중

(1) 정적강도설계

항공기의 운용 중 발생하는 큰 하중에 대해 기체구조가 파손되지 않도록 설계하는 것이다. 구조부재의 강도(항복강도, 인장 강도, 좌굴 강도 등)가 항공기를 사용하는 동안 발생하는 가장 큰 힘을 받는 상황을 견딜 수 있다면 그보다 작은 하중을 받는 경우에서는 파괴가 일어날 수 없다고 생각하는 설계 방식이다.

정적 강도에 대한 미국 연방항공기관(FAA)의 안전 규정은 다음과 같다. 기체는 설계제한하중을 받을 때에 안전상 문제가 될 수 있는 잔류변형의 존재를 허용하지 않으며, 극한하중이 작용하는 경우에 민간기의 경우 적어도 3초 동안 파괴되지 않고 견딜 수 있는 강도를 요구하고 있다. 이 규정을 만족시키기 위해 보통 다음 두 가지 사항을 만족하도록 한다. 첫째, 설계제한하중 하에서 구조부재에 발생한 응력이 항복강도보다 적도록 하여 영구변형이 발생하지 않도록 한다. 둘째, 극한하중 조건에서 발생한 응력의 크기가 부재의 인장강도보다 적도록 설계하여 파괴가 일어나지 않도록 한다.

기체구조의 안전성을 확인하기 위해 안전여유(margin of safety)라는 물리량을 구조부재에 대해 계산하여 그 값이 얼마인가를 조사한다. 안전여유는 주어진 구조부재가 감당할 수 있는 최대하중을 허용하중(allowable load)이라 하고 항공기 운용 중 구조부재에 실제로 발생한 최대하중을 실제하중(applied load)이라 할 때 다음과 같이 정의되는 양이다.

$$\text{안전여유}(M.S.) = \frac{\text{허용하중(허용응력)}}{\text{실제하중(실제응력)}} - 1 \tag{6-20}$$

이 값은 구조 부재가 강도 관점에서 얼마나 더 큰 힘을 받을 수 있는 여유를 가지고 있는지를 말해주는 양으로 기체를 구성하는 모든 부재는 이 값이 '0' 보다 커야 한다.

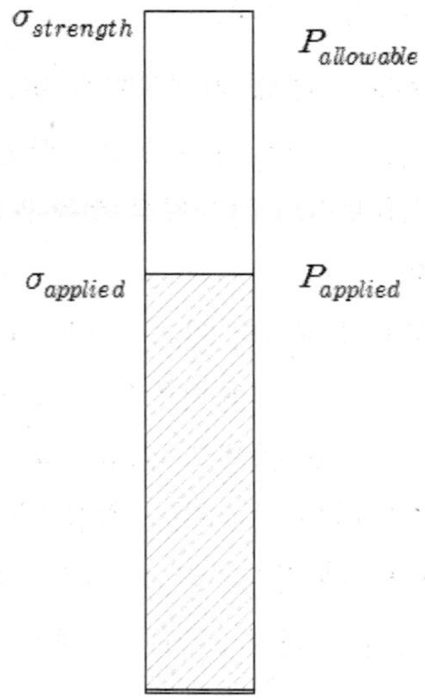

$$MS = \frac{P_{allowable} - P_{applied}}{P_{applied}} = \frac{P_{allowable}}{P_{applied}} - 1$$

$$MS = \frac{\sigma_{strength} - \sigma_{applied}}{\sigma_{applied}} = \frac{\sigma_{strength}}{\sigma_{applied}} - 1$$

그림 6-39 안전여유(margin of safety)

(2) 안전수명설계(Safe life design)

운용 중 발생하는 가장 큰 하중을 감당하는 구조물이라도 사용 시간이 길어지면서 반복되는 피로하중으로 인해 부재에 피로균열이 발생하고 성장하여 마침내 파괴에 이를 수 있다. 정적강도 설계만으로는 피로파괴에 대비할 수 없게 되어 이를 보완한 설계 개념이 안전수명설계이다. 피로균열의 발생이나 피로파괴가 기체의 운용수명 이내에서는 발생하지 않도록 설계하는 것으로 기체에 피로균열이 발견되면 기체의 피로수명이 다한 것으로 판단한다.

(3) 파손안전설계(Fail safe design)

기체의 파손을 방지하기 위한 설계 노력에도 불구하고 끊임없이 사고가 발생하는 것에 대비하고자 도입된 설계 개념으로 구조부재의 일부가 파손되더라도 주변에 있는 다른 구조부재가 파손된 부재가 담당하던 하중을 감당하도록 설계하여 기체 전체의 파손을 방지하는 설계를 말한다. 다만, 일부 부재가 파손된 상태에서는 항공기가 감당할 수 있는 하중의 크기가 감소할 수밖에 없으므로 보통 안전계수를 제외한 설계제한하중까지 감당하는 것으로 한다.

(4) 손상허용설계(Damage tolerance design)

안전수명설계가 적용된 보통 항공기의 경우 안전수명에 해당하는 기간 이내에서는 피로파손이 발생하지 않으나 기체 제작 초기부터 발견하지 못한 결함을 이미 가지고 있는 특정 항공기의 경우 안전수명 보다 훨씬 빠른 시간에 사고가 발생할 수 있으므로 이에 대한 대비가 필요하게 된다.

표 6-2 기체 구조 파손 사고

항공기	구조물	안전수명(Hour)	운용 중 파손 시기(Hour)
F-4	Wing	11,800	1,200
F-111	Wing pivot	40,000	100
F-5	Wing	16,000	1,000
AH-1S	Pitch link	Unlimited	300
OH-58D	Horizontal stabilizer	Unlimited	0
OH-58D	Tailboom	Unlimited	200

표에 보인 것처럼 안전수명설계로 제작된 항공기의 일부가 설계수명보다 매우 적은 시간을 사용했음에도 불구하고 사고가 발생하였다. 1969년에 발생한 F-111의 사고 사례를 그림 6-40에 보였다. 안전수명설계를 적용한 해당 기종의 경우 40,000 비행시간 이내에서는 피로파괴가 발생하지 않도록 설계되었음에도 불구하고 해당 기종 중 한 호기가 사용 100시간 만에 날개가 떨어져 나가는 사고를 당한 것이다. 이 사고는 특정 호기에서만 발생한 것인데 왜 이런 일이 발생한 것일까? 사고기의 날개와 동체를 연결하는 구조부재에는 그림에 보인 것처럼 제작단계에서부터 1인치 가까운 심각한 결함이 있었는데 생산 중에 해당 결함을 발견하지 못한 상태에서 기체가 조립되어 사고가 발생한 것이다. 부재 안에 숨겨져 있던 결함이 100 시간의 비행동안 성장하다 비행하중을 못 견디고 결국 파괴에 이른 것이다. 기본적으로 안전수명설계에 적용된 피로시험 결과는 손상이 없는 시편으로부터 구한 결과이기에 실제 부재에 어떤 결함이 있었다면 안전을 보장할 수가 없게 된다.

기체 부품의 제작이나 조립 과정 중에 부재 내부에는 다양한 형태의 결함이 발생하게 된다. 이러한 결함 중 가장 치명적인 것이 균열인데, 미소한 크기의 균열에 해당하는 결함은 항공기 제작 중 피할 수가 없다. 따라서 본 설계에서는 허용할 수 있는 초기 균열의 크기를 규정하고, 균열이 성장하더라도 승인된 운용시간 범위 안에서는 기체의 극단적 파괴가 발생하지 않도록 설계하는 것이다.

인장하중을 받는 부재는 피로하중에 의한 균열의 발생과 성장에 따른 파손으로 인해 내구성이 감소되지 않도록 주의해야 한다. 날개 하부 스킨은 정상 비행 중 늘 인장하중을 받으므로 균열의 성장 거동을 고려하는 손상허용설계의 주 대상이 된다.

그림 6-40 F-111 사고 사례(1969년)

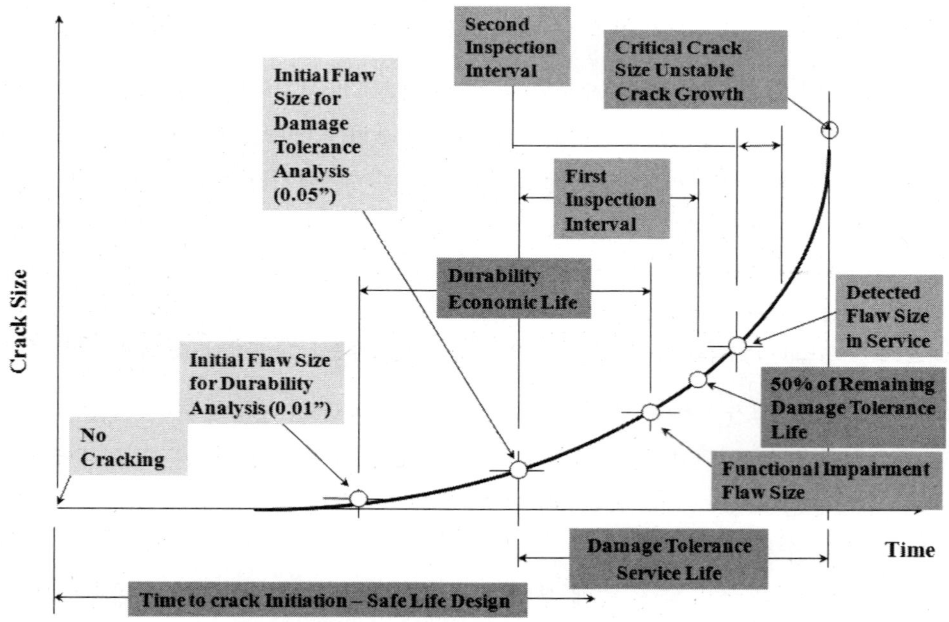

그림 6-41 피로균열 성장

그림 6-41은 부재에 균열이 발생하여 파괴에 이르기까지 사용 시간이 경과하면서 성장하는 균열의 크기를 보여준 것이다. 미소한 크기의 균열이 있는 상태에서는 균열이 성장하는데

많은 시간이 필요하나 균열이 성장하면서 성장속도가 가속화하다 파괴시기에 다다르면서 급속도로 균열이 커지다 결국 파괴가 일어나는 것을 알 수 있다. 손상허용설계는 허용 가능한 초기균열의 크기를 규정해 놓고, 초기균열 크기보다 적은 균열은 부재에 있다 하더라도 사용기간 중에는 극단적인 파괴에 이르지 않도록 하는 설계 개념이다. 허용 가능한 초기균열 중 가장 심각한 상태의 균열이 성장하여 파괴에 이르기까지의 시간을 계산하고, 이 시간보다 짧은 시간동안 사용하게 함으로써 기체의 안전을 확보하도록 한 것이다.

6.3.5 구조 시험

항공기 개발 시 기체구조의 안전성에 대한 신뢰도를 높이기 위해 여러 종류의 구조시험을 실시한다. 설계 시 적용했던 가정, 역학적 계산을 통해 구한 하중의 크기와 변형량 등을 시험들을 통해 확인하게 된다. 설계 시 계산한 값과 시험치가 일치하면 여러 가정과 역학적 계산 과정이 실제와 적합한 것으로 판단하게 되고, 차이가 발생하는 경우 그 원인을 분석하여 잘못된 가정이나 계산 과정을 바로 잡아 안전에 대한 신뢰성을 높일 수 있다.

개발 과정 중 수행하는 중요한 시험으로는 풍동시험, 구조시험, 환경시험, 비행시험 등이 있는데, 그 중 구조시험에 대해 서술하기로 한다. 구조시험이 필요한 이유로 다음과 같은 것들을 생각할 수 있다.

i) 설계 계산 과정에서 사용한 공식들과 가정들에 대한 검증이 필요하다.
ii) 설계에서 사용할 재료의 강도와 실제 사용된 재료의 강도에 차이가 있을 수 있기 때문이다.
iii) 모든 조건을 고려하여 설계할 수는 없기 때문에 설계조건과 실제조건에 차이가 있을 수 있기 때문이다.
iv) 지금까지 알려진 방법으로 해결할 수 없는 문제의 경우 실험을 통해서 해결할 수밖에 없다.

(1) 정하중 시험

다양한 비행 상황에 따른 하중에 대한 기체의 안전성과 구조의 변형 정도를 확인하는 시험이다. 설계제한하중 조건에서의 기체의 변형 형태와 크기를 확인하고, 극한 하중 조건에서 기체가 파괴되지 않는 것을 확인한다.

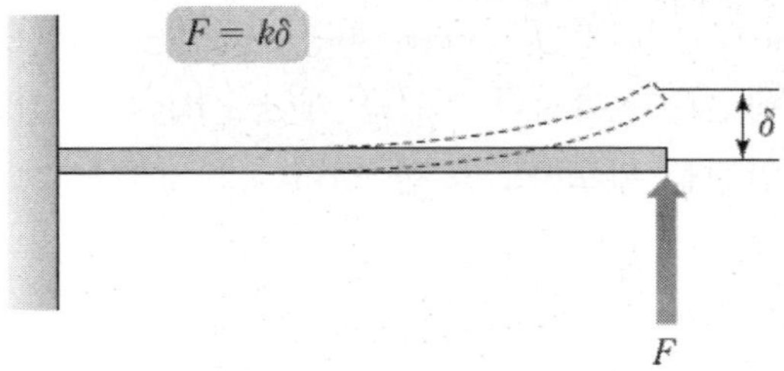

강성 시험 : 힘의 크기에 따른 구조물의 변형 정도를 확인하는 시험
$F = k\delta$ 관계에서 강성도 k를 알아보는 시험

한계 하중 시험 : 한계 하중을 가했다가 제거한 뒤에 구조물이 변형된 채로 남아 있으면 안 됨.

극한 하중 시험 : 극한 하중을 가했을 때 구조물이 파괴되지 않고 견디는가를 확인

파괴 시험 : 파괴를 일으키는 하중의 크기를 확인

그림 6-42 정하중 시험

그림 6-43 정하중 시험

(2) 낙하 시험

착륙장치의 성능을 확인하기도 하고 착륙장치를 잡아주는 구조부재의 강도를 확인하기 위해 수행된다.

그림 6-44 낙하 시험

(3) 진동 시험

구조물의 형태와 크기, 구조물에 장착된 각종 장착물과 탑재물의 중량이 결정되면 구조물의 고유진동수가 결정된다. 기체의 고유진동수와 같은 주파수를 가지는 하중이 기체에 가해지게 되면 그림 6-45에 보인 것처럼 변형이 매우 커져 진동의 폭이 크게 증가해 파괴에 이를 수 있다. 이러한 현상을 공진이라 한다. 진동시험은 기체의 고유진동수를 확인하는 것이 주목적이 되며, 기체의 고유진동수가 비행 중 외부로부터 오는 진동원의 주파수와 다르게 설계함으로써 공진에 의한 파괴를 예방할 수 있게 된다.

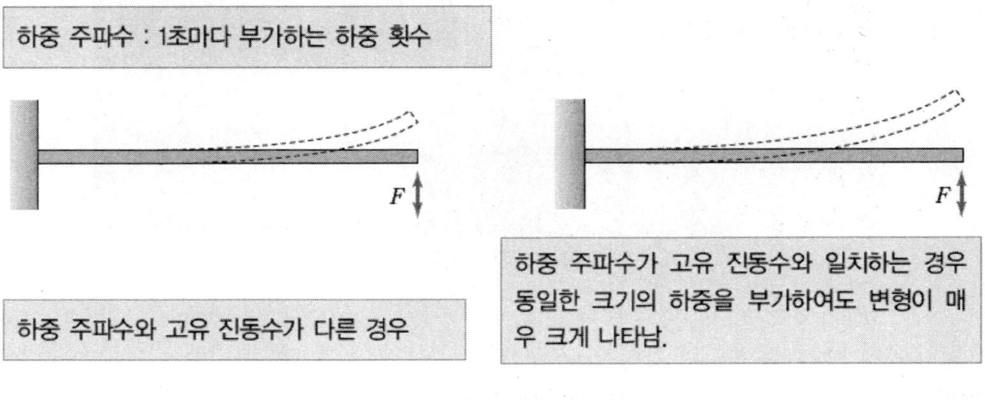

그림 6-45 진동 시험–공진

그림 6-46 진동 시험

(4) 피로 시험

기체가 적절한 피로수명을 확보하였는가를 확인하기 위한 시험으로 반복되는 피로하중을 부가하여 피로균열의 발생 여부나 최종 파괴 시까지 소요되는 기체의 수명을 확인하기도 한다.

그림 6-47 피로시험

그림 6-48에 각 구조 시험의 차이를 나타냈다. 정하중시험은 1회 부가하는 하중을 구조물이 잘 견디는가를 알아보는 것이고, 피로시험은 반복해서 가해지는 피로하중을 구조물이 견디어 낼 수 있는가를 확인한다. 진동시험은 다양한 주파수의 하중을 부가하여 이상 진동(공진)을 일으키는 주파수를 알아보기 위해 실시한다.

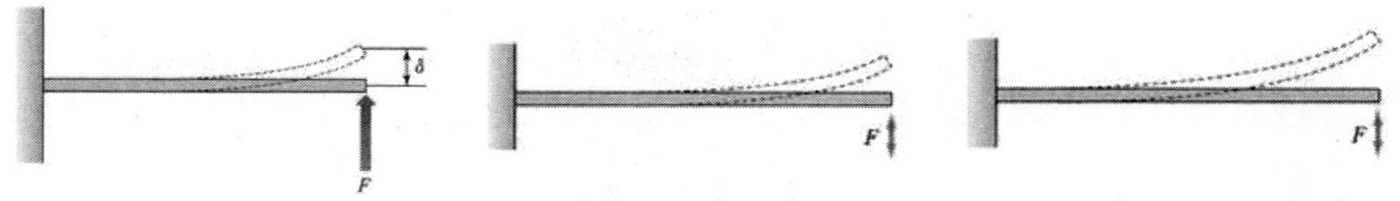

정하중 시험 : 1회의 하중을 부가하여 구조물의 파손 여부를 확인

피로 시험 : 매우 많은 횟수의 하중을 부가하여 파괴가 일어나는가를 확인. 하중 주파수는 보통 의미가 없음.

진동 시험 : 다양한 주파수의 하중을 부가하여 공진이 일어나는가를 확인하여 구조물의 고유 진동수를 알아보는 시험

그림 6-48 구조 시험 비교

7 항공 재료

7.1 금속의 성질

금속재료의 특성을 결정짓는 물성으로 다음과 같은 것들이 있다.

① **강도(strength)**

강도는 소재가 견딜 수 있는 응력의 최고 한계치로 항복강도, 인장강도, 피로강도 등 하중의 종류와 파손 형태에 따라 다르게 나타난다.

② **탄성(elasticity)**

변형을 일으켰던 하중을 제거하였을 때, 물체가 원래 형태로 되돌아가려는 금속의 성질을 탄성이라고 한다. 하중을 제거하면 복원되는 변형을 탄성변형이라 한다.

③ **소성(plasticity)**

탄성과 상반되는 개념으로 물체에 가해진 하중을 제거하여도 원래 형상으로 복원되지 않고 변형된 상태로 남아 있으려는 성질을 말한다. 하중을 완전히 제거한 후에도 남아 있는 변형을 소성 변형이라 하며, 영구 변형 또는 잔류 변형이라고도 한다.

④ **강성(rigidity)**

강성은 변형에 저항하려는 성질로 강성이 클수록 변형은 적게 발생한다. 강성이 무한히 큰 물체를 강체라 한다.

⑤ **경도(hardness)**

소재의 딱딱한 정도를 나타내는 물리량으로 "어느 물체의 경도란 그 물체를 다른 물체로 눌렀을 때 그 물체의 변형에 대한 저항력의 크기로서 규정한다." 금속의 경우 보통 경도가 클수록 소재의 인장강도가 큰 특성을 보인다. 금속은 열처리나 냉간가공을 함으로써 경도를 변화시킬 수 있다.

⑥ **연성(ductility)**

연성은 끊어지지 않고 늘어나는 성질로 파괴가 일어나기까지 소성변형이 크게 일어나는 소재가 연성이 큰 재료이다. 통상 강도가 적은 금속일수록 연성이 크며, 동일한 금속인 경우 고온으로 갈수록 연성이 크게 나타난다.

⑦ **전성(malleability)**

금속이 파괴되지 않고 얇고 넓게 펼쳐지는 성질을 말하는 것으로 통상 연성이 큰 소재가 전성도 좋게 나타난다. 탄성 한도를 초과하는 힘에 의해 물체가 파괴되는 일 없이 영구적인 소성 변형(塑性變形)을 하는 경우, 1차원적으로 가늘고 길게 잡아 늘이게 될 때는 연성이라 하고, 2차원적으로 얇고 넓게 퍼지게 될 때는 전성이라고 한다.

⑧ 취성(brittleness)

금속에 변형을 주었을 때 변형이 작음에도 불구하고 깨지거나 부스러지는 특성을 취성이라 하는데 연성과 반대되는 특성이다. 취성이 큰 금속은 형태의 변화 없이 깨지거나 균열이 발생하는 경향이 있다. 일상생활에서 흔히 볼 수 있는 유리가 대표적인 취성재료이다.

⑨ 인성(toughness)

재료의 질긴 정도를 말하는데, 외력에 의해 파괴에 이르기까지 재료가 흡수할 수 있는 에너지가 큰 금속을 인성이 크다고 할 수 있다. 인성이 큰 재료는 찢어짐이나 전단에 잘 견디고 파괴에 이르기까지 큰 변형이 필요하다. 통상 열처리를 통해 금속의 강도가 커질수록 인성은 저하된다.

7.2 철강 재료

강이란 순철의 기계적 성질이나 내식성, 내열성을 비롯한 각종 성질을 향상시키기 위하여 여러 원소를 첨가한 것으로 탄소강, 고장력강, 내식강 등이 있다. 공업용 순철의 인장강도는 44ksi, 항복강도는 29ksi 정도로 낮기 때문에 탄소, 니켈, 크롬, 몰리브덴, 망간, 텅스텐 등의 원소를 첨가하여 합금강을 만들면 강도가 증가하고 가공성도 양호한 상태가 되는데, 이렇게 제조된 것을 강(steel)이라 한다.

7.2.1 철강 재료의 특성

일상생활에 많이 쓰이는 철강 재료는 다음과 같은 성질을 가진다.

* 강도와 인성 등 기계적 성질이 양호하다.
* 가공성이 우수하다. 소성가공과 절삭가공이 어렵지 않다.
* 열처리를 함으로서 강의 성질을 변화시킬 수 있다.
* 용접하기 쉽다.
* 합금원소를 첨가하여 다양한 특성을 줄 수 있다.

7.2.2 탄소강

탄소 함유량이 0.025~2.0%인 것으로 탄소함유량의 미세한 변화에 따라 성질이 크게 변화하는데, 탄소함유량이 많을수록 강도와 경도는 증가하나 인성과 내충격성은 감소하고 용접하기가 어려워진다.

탄소 함유량이 0.1~0.3%인 강을 저탄소강이라 말하는데, 전연성이 매우 좋으며 이를 연강(mild steel)이라고도 한다. 탄소가 0.3~0.5% 함유된 강을 중탄소강이라 하는데, 탄소량이 증가함에 따라 강도와 경도가 증가하는 특성이 잘 나타난다. 탄소가 0.5~1.05% 함유한 강을 고탄소강이라 하는데, 강도와 경도가 매우 크고 전단이나 마멸에도 잘 견딘다.

특수강은 보통 탄소강에 하나 이상의 특수 합금 원소를 첨가하여 특수한 성질을 가지도록 한 것으로 합금강이라고도 한다. 철에 5대 원소인 탄소, 규소, 망간, 인, 황 등의 5대 원소만 함유된 것은 합금강이라 부르지 않는다. 일반적으로 특수강의 탄소함유량은 0.25~0.55% 정도이며, 특수 원소의 함유량이 10% 미만은 저합금강, 10% 이상은 고합금강이라 한다. 보통 사용되는 특수 원소로는 니켈, 크롬, 몰리브덴, 바나듐, 코발트, 텅스텐, 티타늄 등이 있다.

탄소강은 생산성, 경제성, 기계적 성질, 가공성 등이 우수하기 때문에 강중에서 사용량이 매우 많지만 비강도면에서 불리하기 때문에 항공기 기체 재료로는 잘 쓰이지 않고, 안전 결선용 와이어, 부싱, 나사, 로드, 코터핀 및 케이블 등의 재료로 쓰인다.

(1) 함유 원소의 영향

① 인(P)의 영향

결정립자를 조대화 시켜서 강을 여리게 만들고 경도, 인장강도는 증가시키나 연신율, 충격치는 감소시킨다. 상온 또는 그 이하 온도에서 Fe_3P 화합물이 결정립계에 석출되어 강의 충격치를 저하시켜 상온취성의 원인이 된다. 담금질 균열의 주원인이며 산소와의 친화력이 강해서 용접성도 나쁘다.

② 황(S)의 영향

0.02%만 있어도 인장강도, 충격치를 감소시키며 융점이 낮으므로 고온에 약해서 단조 및 압연 시에 강재의 파괴의 원인이 되는데 이를 고온 취성 또는 적열취성이라 한다.

③ 망간(Mn)의 영향

탄소량이 적은 강에 망간을 첨가하면 연신율 및 단면 수축률을 감소시키지 않고 인장강도, 항복점, 충격치 등을 증가시킨다. 주조성을 좋게 하기도 한다. 황과 화합하여 적열취성이 나타나는 것을 억제하기도 한다.

④ **규소(Si)의 영향**

선철 중에 존재하는 것, 또는 탈산제의 일부로 잔존한 것이 강철 중에 남아 있어 이것이 페라이트 중에 고용되어 강의 인장강도, 탄성한계, 경도 등을 크게 한다. 연신율과 충격치를 감소시키며 결정을 조대화 시키고 용접성을 저하시킨다.

⑤ **구리(Cu)의 영향**

극소량이 철 중에 고용되어 인장강도, 탄성한도를 높이고 부식에 대한 저항을 증가시킨다. 그리고 용융점이 낮으므로 강재를 압연할 때에 균열의 원인이 된다.

(2) 탄소강의 조직

그림 7-1에서 수평축은 철강 내에 함유된 탄소의 양을 말하고 수직축은 온도이다. 그림으로부터 탄소함유량과 철강의 온도에 따른 조직의 변화를 알 수 있다. 그림에서 L로 표시된 것은 액체 상태의 철을 나타내고, Fe_3C는 세멘타이트, α는 페라이트, γ는 오스테나이트를 의미한다. 탄소함유량이 2.0% 이내인 철을 철강(steel)이라 하고, 2%를 초과하는 탄소를 함유한 것을 주철(cast iron)이라 한다.

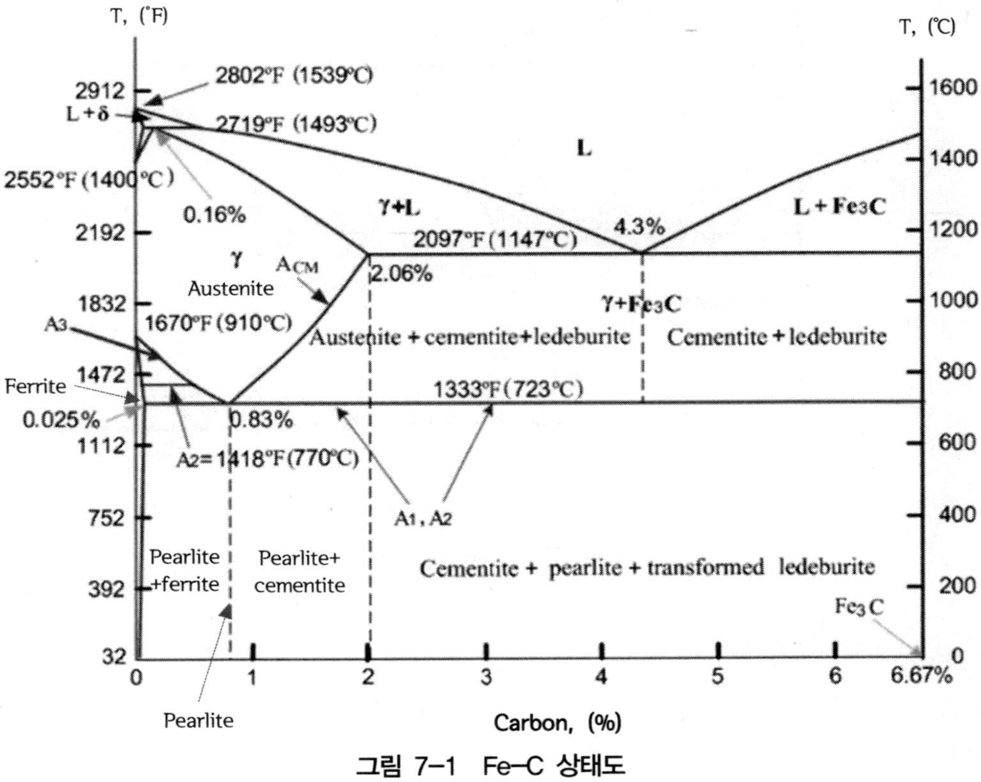

그림 7-1 Fe-C 상태도

그림 7-2에서 탄소함유량이 0.025% 미만으로 매우 적은 것은 페라이트(α-철)라 불리는 순철의 조직임을 알 수 있고, 탄소함유량이 0.8%인 경우 상온에서 펄라이트의 조직 상태이던 것이 가열하여 온도가 변태점(723℃)을 넘어서면 오스테나이트(γ-철) 조직으로 변한다는 것을 알 수 있다. 그림에서 탄소함유량이 정해졌을 때, 탄소강의 온도에 따른 조직의 변화를 알 수 있다.

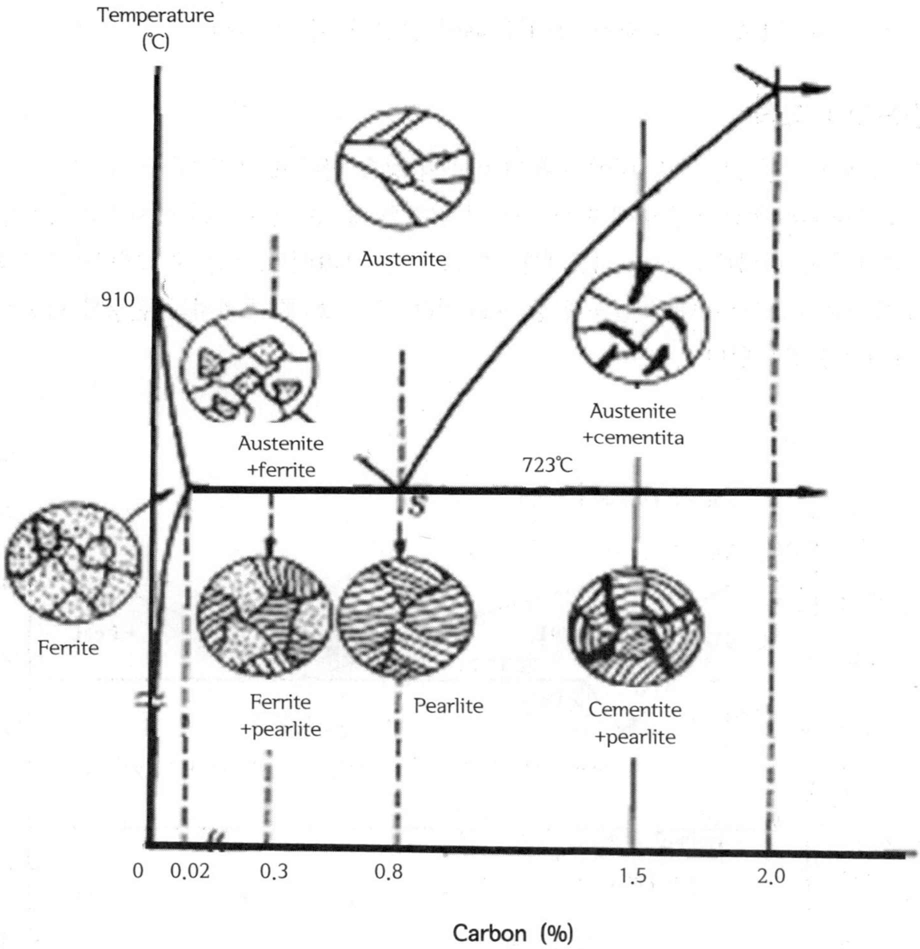

그림 7-2 탄소강의 조직

7.2.3 철강 재료의 열처리

금속의 성질을 변화시키려는 적극적인 의도를 가지고 열을 가하여 금속의 온도를 높이고 적당한 시간을 유지시킨 후 냉각시키는 작업 등을 수행하는 것을 열처리라 한다.

(1) 열처리의 목적

금속을 용도에 맞게 적합한 성질을 부여하기 위해 열처리를 하는데, 첫째로 금속의 강도, 경도, 내마모성, 내식성, 연성 등 기계적 성질을 개선하기 위해 열처리를 한다. 둘째, 금속의 소성가공, 절삭가공 등을 용이하도록 하기 위한 목적도 있고, 셋째로 금속 내부에 발생한 잔류응력을 제거하기 위해서도 수행한다.

(2) 일반 열처리의 종류

① **풀림(annealing)**

원자의 확산이 활발히 행해지는 임계점까지 가열하여 그 온도로 일정시간 유지한 후 로(furnace) 안에서 서냉하는 조작으로 조직의 미세화, 내부응력의 제거, 성질의 안정화를 이루어 연성을 갖게 하는 열처리를 풀림이라 한다.

단조, 주조 등 고온 가공 후 발생한 불균일한 조직을 균일하게 하거나 상온 가공 시 발생한 잔류응력을 제거하기 위해 시행한다. 열처리나 가공으로 인해 경화된 재료를 연화시키기 위한 목적으로도 수행한다.

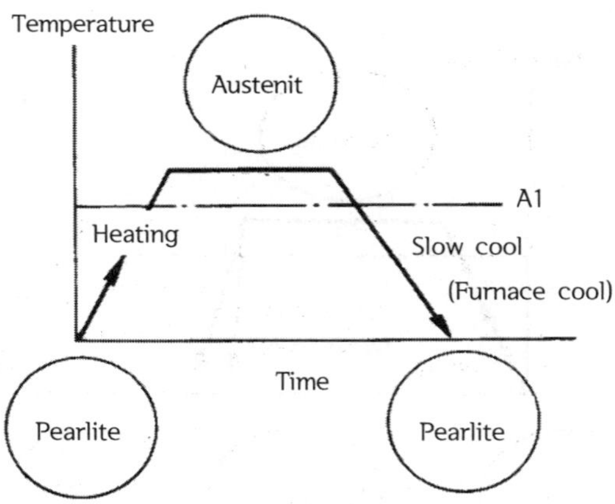

그림 7-3 풀림

② **불림(normalizing, 소둔)**

용접, 주조, 성형, 기계가공 등에서 형성된 내부응력을 제거하고 미세한 조직을 얻으며 강도 및 경도를 풀림처리보다 높이기 위해 높은 임계점 이상으로 가열 후 대기 중에서 냉각시키는 열처리를 말하며, 이렇게 얻어진 것이 표준상태의 강이다.

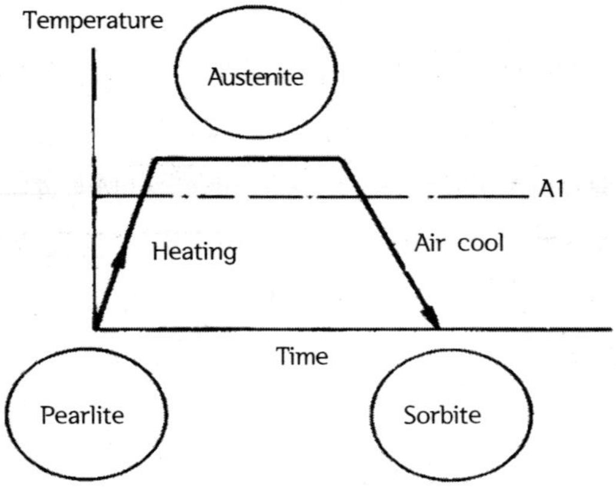

그림 7-4 불림

③ **담금질(quenching, 소입)**

재료를 높은 온도로 가열하여 일정 시간 유지 후, 물이나 기름에서 급속 냉각시킴으로써 재료를 경화시켜 강도를 증가시키는 열처리를 말한다. 담금질로 얻어진 조직은 매우 강한 상태인데, 강도가 강해질수록 취성이 강해지고 인성이 저하하는 단점이 있다.

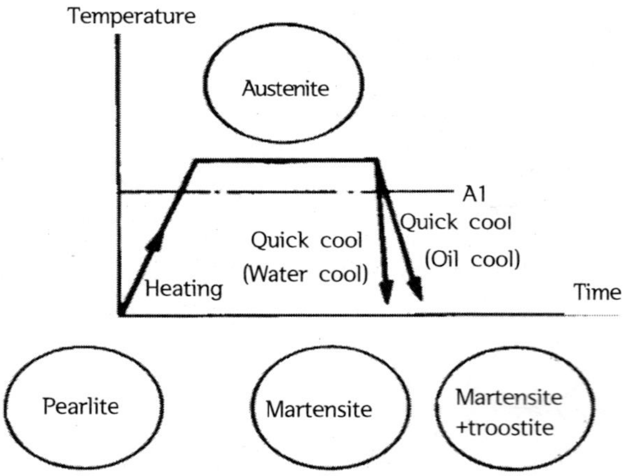

그림 7-5 담금질

④ **뜨임(tempering.소려)**

담금질 후 재료를 낮은 임계점 이하의 온도로 가열 후 공기 중에서 냉각시켜 담금질로 형성된 불안정한 조직을 안정화 조직으로 변태시키는 동시에 경화에서 생긴 취성을 감소시키고 인성을 증가시키기 위해 수행하는 열처리를 말한다. 담금질로 인해 얻은 조직은 인성이 작아 충격에 약하므로 강도는 저하되더라도 인성을 높이기 위해 수행한다.

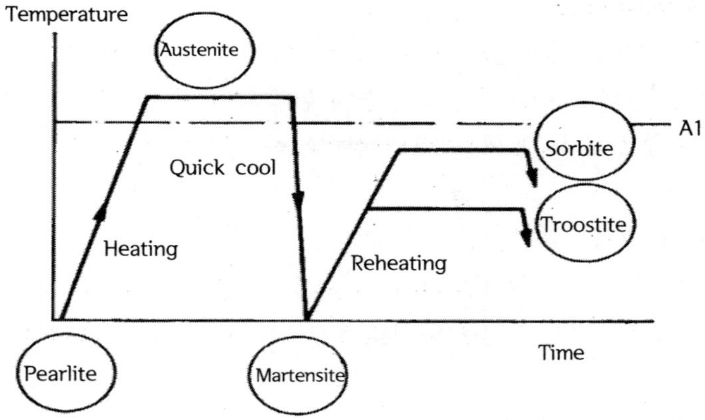

그림 7-6 뜨임

(3) 강의 열처리 조직

① **마르텐사이트(martensite)**

강을 A_3 및 A_1 변태점 이상의 고온으로 가열하여 오스테나이트 상태로 만든 다음 서서히 냉각하면서 충분한 확산이 이루어지면 펄라이트 조직으로 되지만, 강을 물속에서 급냉시키면 미처 확산이 이루어지지 않아 무 확산 변태를 하여 마르텐사이트 조직이 된다. 이 조직은 침상조직으로 내식성이 강하고 경도와 인장강도가 대단히 크고 강자성체이나 취성이 있고 전연성이 작다.

② **트루스타이트(troostite)**

강을 기름 중에 담금질하였을 때 수중에 담금질한 경우보다 경도가 낮아진다. 이때의 조직은 전부가 마르텐사이트로 되지 않고 마르텐사이트의 결정립계에 대단히 부식되기 쉬운 구상(球狀)의 조직이 나타난다. 트루스타이트의 경도는 크지만 마르텐사이트보다 작고 인성은 크다.

③ **소르바이트(sorbite)**

큰 강재를 유냉하였을 경우 또는 적은 강재를 공기 중에서 급냉하였을 때 나타나는 조직으로 트루스타이트보다는 연하나 펄라이트 보다는 경도와 강도가 크다.

④ **펄라이트(pearlite)**

오스테나이트를 서냉하면 A_1 변태가 700℃ 부근에서 완료되어 그 조직은 α-철과 시멘타이트 층상의 혼합조직이 된다. 철강조직으로서는 가장 연하고 연성이 크며 절삭성과 상온가공성이 우수하다.

⑤ **오스테나이트(austenite)**

고탄소강을 담금질하였을 때 나타나는 조직으로 탄소가 γ-철 중에 고용되어 있는 상태 그대로 상온까지 유지된 상태로 마르텐사이트 중에 혼합되어 존재한다. 이 조직은 A_1 변태점 이상에서 존재하는 오스테나이트와는 달리 불안정한 상태이다.

⑥ **조직별 경도의 크기**

강의 열처리로 얻어진 조직을 경도가 큰 것부터 나열하면 다음과 같다.
마르텐사이트 〉 트루스타이트 〉 소르바이트 〉 펄라이트 〉 오스테나이트 〉 페라이트

7.2.4 강의 표면경화

강의 내부 인성을 그대로 유지하면서 표면층만을 경화시켜 내마모성, 내피로성 등을 향상시키는 것이다. 균열과 같은 결함이 보통 표면에서 발생한 뒤, 시간이 지남에 따라 성장하다 파괴에 이르게 된다. 초기에 균열이 생성되는데 걸리는 시간이 균열이 성장하는데 걸리는 시간보다 보통 크므로 균열 발생 자체를 억제시키면 기체의 내구성을 크게 향상시킬 수 있다. 표면경화는 말 그대로 표면만을 경화시켜 내구성을 증가시키는 방법으로 열처리와 같이 금속 내부 성질까지 변화시키는데 따른 비용이나 시간을 줄일 수 있는 장점이 있다.

(1) 침탄처리(Carburizing)

탄소나 탄화수소계로 구성된 침탄제 속에서 가열하면 강재표면의 화학작용에 의해서 탄소가 강재 표면에 침투되어 침탄층이 형성되므로 표면이 단단해지는 경화법이다.

(2) 질화법(Nitriding)

질소를 포함한 암모니아 가스 가운데서 강을 가열하고 질소를 표면에 작용시켜 질화물을 만들고 시간이 지남에 따라 내부에 확산시켜 질소 경화층을 형성하는 것이다. 질화층은 경도가 우수하고 내마멸성과 내식성도 양호하다.

(3) 고주파 담금질법(High-frequency quenching)

고주파 전류는 주파수가 높은 만큼 물체의 표면층을 얇게 흐르는 성질을 이용하는 것으로 고주파 전류를 이용하여 강재표면을 가열한 후 물과 기름에 급냉하여 표면만 담금질 경화시키는 방법이다.

(4) 금속침투법

강재를 가열하여 표면에 아연, 크롬, 알루미늄 등과 같은 피복 금속을 부착시켜 그것을 내부에 확산시키는 방법이며, 표면층은 침투 확산한 금속과 합금층을 형성한다. 내식성, 내고온 산화성, 내마모성이 향상된다.

(5) 시안화법(Cyaniding. 청화법 또는 침탄질화법)

시안염을 주성분으로 한 염욕에 강을 가열한 후 담그면 침탄과 질화가 동시에 이루어지면서 표면이 경화된다.

(6) 화염경화법(Flame hardening)

강의 표면에 산소-아세틸렌 불꽃을 사용하여 급속 가열시켜 오스테나이트로 만든 후 냉각수로 급냉하여 표면만 경화시키는 방법이다.

7.2.5 철강 재료의 종류

(1) 강의 표시방법

강의 표시 규격으로는 SAE(Society of Automotive Engineers, 미국 자동차 기술자 협회)와 AISI(American Iron and Steel Institute, 미국 철강 협회) 분류법이 많이 사용되는데 보통 4자리의 숫자로 표시한다. 첫째 자리의 수는 합금 원소의 종류, 둘째 자리의 수는 합금원소의 함유량, 나머지 두 자리 수는 탄소의 평균 함유량을 나타낸다. 강의 종류는 표 7-1과 같다.

SAE 1025
1 : 탄소강
0 : 5대 기본 원소 이외의 합금 원소가 없음.
25 : 탄소 함유량, 0.25%

AISI 4340
43 : 니켈-크롬-몰리브덴강
40 : 탄소 0.40% 함유

표 7-1 철강 재료의 분류 방법

1XXX	탄소강	43XXX	니켈-크롬-몰리브덴강
13XX	망간강	5XXX	크롬강
2XXX	니켈강	52XX	크롬 2% 함유 강
23XX	니켈 3% 함유 강	6XXX	크롬-바나듐강
3XXX	니켈-크롬강	72XX	텅스텐-크롬강
4XXX	몰리브덴강	81XX	니켈-크롬-몰리브덴강
41XX	크롬-몰리브덴강	92XX	규소-망간강

(2) 강의 종류

① **탄소강(Carbon steel)**

탄소강은 철에 탄소 함유량이 보통 약 0.025~2.1% 범위의 강을 말하며, 소량의 규소(Si), 망간(Mn), 인(P), 황(S) 등을 포함하는 것이 보통이다. 탄소의 함유량이 많을수록 경도와 강도는 증가하나 인성이 떨어지고 충격에 약하며 용접성도 떨어진다. 탄소량이 0.25% 이하인 탄소강은 용접이 용이하지만 0.35% 이상 함유한 탄소강의 용접은 특별한 주의와 기술이 필요하다.

탄소량이 0.30% 이하인 강은 불림 열처리를 하고, 0.30%를 초과하는 것은 담금질이나 뜨임 처리를 해서 사용하는 것이 일반적이다.

② **고장력강(High strength steel)**

고장력강은 탄소강의 인장강도를 높이기 위해 탄소 이외 제 3의 합금원소를 소량 첨가해서 탄소강보다 강도를 높인 강의 총칭이다. 인장강도와 내구성이 높아서 구조재나 부품 등에 널리 사용되는데 다음과 같은 것들이 있다.

i) 니켈강

탄소강에 니켈이 2~5% 함유된 것으로 인장 강도와 경도가 높고 고온에서 기계적인 성질이 좋다. 볼트, 링크, 핀 등의 부품에 사용한다.

ii) 크롬강

탄소강에 크롬이 1~2% 함유된 것으로 충격과 부식에 강하며 상온에서 자체 경화되어 강도 및 경도가 높다. 왕복엔진의 부품이나 기어, 밸브 등에 사용한다.

iii) 니켈-크롬강

니켈강에 크롬을 0.8~1.5% 함유된 것으로 적당한 열처리에 의해서 경도와 강도 및 인성을 높일 수 있다. 강도를 요하는 봉재, 판재, 기계 동력을 전달하는 축, 기어, 피스톤 등에 널리 사용된다.

iv) 니켈-크롬-몰리브덴강

니켈-크롬강에 몰리브덴을 첨가한 강으로 구조용 합금강 중에서 가장 우수한 강이다. 왕복엔진의 크랭크축이나 항공기의 착륙장치, 고강도 볼트에 사용된다.

③ 내식용 합금강

금속의 부식현상을 개선한 강으로 스테인리스강(stainless steel)이 대표적이다. 강이 대기 중에서 녹슬지 않기 위해서는 약 11% 이상의 크롬이 함유되어야 한다. 종류로 다음과 같은 것들이 있다.

i) 크롬계 스테인리스강

탄소강에 13% 크롬을 첨가한 강으로 13Cr 이라고도 한다. 자성을 가지고 있기 때문에 열처리가 가능하고 열간가공 및 단조가 용이하다. 내식성과 강도를 요하는 가스 터빈 엔진의 흡입 안내 깃 및 압축기 깃 등에 주로 사용한다.

ii) 크롬-니켈계 스테인리스강

크롬계-스테인리스강에 니켈을 첨가한 강으로 보통 크롬이 18%, 니켈이 8%인 18-8 스테인리스강을 많이 사용한다. 우수한 내식성으로 인하여 엔진의 부품이나 방화벽, 안전결선, 코터 핀 등에 사용된다.

7.3 알루미늄 합금

순수 알루미늄은 비중이 2.7로 가벼우며 비자성체이고 흰색 광택을 보이며 다음과 같은 특성이 있다.

* 내식성이 강하다.
* 가공성이 좋다.
* 전기 및 열의 전도율이 좋다.
* 융점(660℃)이 낮다.
* 전연성이 우수하나 인장강도가 낮다.

7.3.1 알루미늄 합금의 특성

알루미늄 합금은 비중이 철강 재료의 1/3 정도로 가벼우면서 강도가 좋아 항공기에서 가장 많이 사용되는 금속재료로 사용 목적에 따라 가공용, 주조용으로 분류된다. 가공용 알루미늄 합금은 기계 가공에 의해 판(plate), 봉(rod), 관 (tube), 선(wire) 등을 만들 수 있는 알루미늄 합금이며, 주조형 알루미늄은 주조를 통하여 여러 가지 형상을 자유롭게 제작하는데 사용되는 알루미늄 합금이다. 알루미늄 합금은 다음과 같은 특성을 가진다.

* 전성이 우수하여 성형 가공성이 좋다.
* 상온에서 기계적 성질이 우수하다.
* 내식성이 양호하다.
* 시효 경화성이 있다. 열처리 후 시간이 지남에 따라 합금의 경도와 강도가 증가하는 현상을 말한다.
* 합금 원소의 비율을 변화시켜 강도를 조절할 수 있다.

7.3.2 알루미늄 합금의 열처리

(1) 고용체화 처리

알루미늄-구리계(2××× 계열) 합금, 알루미늄-마그네슘-규소계(6××× 계열) 합금, 알루미늄-아연계(7××× 계열) 합금에 주로 이용되는 열처리 방법으로 강도와 경도를 증대시키기 위한 처리이다.

처리 방법은 공정 온도 부근으로 가열시킨 후 급랭 처리하여 과포화 고용체로 만드는 것으로 합금 성분이 기본 금속 속으로 녹아들어가 유연한 상태가 얻어지는데 이를 고용체화 처리라 한다. 과포화 고용체는 상온에서불안정하여 제 2상을 석출하려는 경향이 있다. 고용체화 처리 후 시간이 경과함에 따라 석출상이 생기면서 합금의 경화가 일어나게 되는데 이를 석출경화(precipitation hardening) 또는 시효경화라 한다. 용체화 처리 후 상온에서 그대로 방치된 상황에서 시효가 완성되는 상온 시효(또는 자연시효), 100-200℃ 정도에서 시효가 완성되는 인공시효(템퍼링 시효)가 있다. 2017이나 2024는 상온에서 24시간 정도 되면 시효의 90% 정도가 진행되고 수일 내에 완료된다(-T4 상태). 7075는 상온에서 시효가 매우 완만하여 1년 후에도 여전히 경화가 진행되나 120-200℃ 정도로 장시간 가열하면 경화가 촉진된다. (-T6 상태, 인공시효)

(2) 풀림 처리

고용체화 처리 온도와 인공시효 처리 온도의 중간 온도로 가열하게 되면 석출된 미립자가 응집되고 잔류응력도 제거되어 재질을 연하게 하는 처리를 말한다.

(3) 알루미늄 합금의 각종 온도

* 재결정 온도 ; 150 ℃
* 풀림 온도 ; 300~350 ℃
* 녹는 온도 ; 660 ℃
* 제1 변태점 ; 300 ℃
* 인공시효 온도 ; 100-160 ℃

7.3.3 알루미늄 합금의 종류

알루미늄 합금은 용도에 따라 가공용 알루미늄과 주조용 알루미늄으로 분류되는데 대표적으로 사용되는 규격은 다음과 같다.

(1) 미국 알루미늄협회(Aluminum association) 규격

미국 알루미늄 협회에서 가공용 알루미늄 합금에 지정한 규격으로서 네 자리 숫자로 구성되어 있다.

2024-T4

2 : 알루미늄과 구리의 합금

0 : 개량 처리를 하지 않은 합금, 1, 2, … 개량형

24 : 합금의 분류번호

T4 : 열처리 방법

표 7-2 알루미늄 합금의 종류

1XXX	99% 이상의 순수 알루미늄
2XXX	알루미늄-구리계 합금
3XXX	알루미늄-망간계 합금
4XXX	알루미늄-규소계 합금
5XXX	알루미늄-마그네슘계 합금
6XXX	알루미늄-마그네슘-규소계 합금
7XXX	알루미늄-아연계 합금
8XXX	기타 원소 합금(최근에 알루미늄-리튬 합금에 사용)
9XXX	예비 번호

(2) 알코아(ALCOA) 규격

알루미늄을 생산하는 미국 ALCOA사의 규격으로서 1950년대 이전에 사용하던 것으로 지금은 거의 사용되지 않고 주조용 알루미늄 합금에 일부 사용된다.

(3) 알루미늄 합금의 식별기호

미국 재료 시험 협회(ASTM : American Society for Teating Materials)에서 합금의 종류 다음에 표 7-3과 같이 주조상태, 냉간 가공 상태 및 열처리 방법 등을 표시하는 규격으로 만든 것으로써 항공기 재료를 구별하는데 사용된다.

표 7-3 알루미늄 합금의 식별기호

질별기호	가공정도와 열처리 조건
F	주조/압출/압연/단조 등 열간가공 상태 그대로
O	열간 가공 후 풀림(annealing) 처리한 상태
H	냉간 가공 경화 풀림 상태 -H1 : 가공경화 -H2 : 가공경화 후 연화 처리 -H3 : 가공경화 후 안정화 처리한 것
T	용체화(담금질)/시효경화 처리상태 -T2 : 풀림 처리(주조품에만) -T3 : 용체화 처리 후 냉간가공 -T4 : 용체화 처리 후 자연시효 -T5 : 열간가공 후 용체화 처리 없이 급랭시킨 후 인공시효 -T6 : 용체화 처리 후 인공시효 -T7 : 용체화 처리 후 인공시효 온도 이상에서 안정화 처리 -T8 : 용체화 처리 후 냉간가공 후 인공시효 -T9 : 용체화 처리 후 인공시효 후 냉간가공
W	용체화 처리 후 자연시효가 진행 중인 것

(4) 알루미늄 합금의 종류

알루미늄 합금은 용도에 따라 가공용과 주조용으로 나눌 수 있고, 열처리 여부에 따라 열처리 합금과 비열처리 합금으로 분류할 수 있다. 일부 알루미늄 합금의 기계적 성질을 표 7-4에 나타냈다. 항공기 구조부재로는 강도가 높은 2××× 계열과 7××× 계열이 사용되고, 5××× 계열과 6××× 계열 합금은 용접이 적용되는 부재에 일부 사용된다.

표 7-4 알루미늄 합금의 기계적 성질

열처리여부	합금의 종류	인장 강도(ksi)	연신율(%)	용도
비열처리 합금	1100-O	13	35	단련용 합금
	-H18	24	5	
	3003-O	16	30	
	-H18	29	4	
	5052-O	27	25	
	-H38	41	7	
	5056-O	43	35	
	-H38	65	15	
열처리 합금	6061-O	18	30	
	-T6	45	17	
	2014-O	27	18	
	-T6	70	13	
	2017-O	26	22	
	-T6	62	22	
	2024-O	27	19	
	-T4	68	20	
	7075-O	33	17	
	-T6	82	11	
	ALCOA 142-T6	47	0.5	주조용 합금
	ALCOA 220-T4	46	14	
	ALCOA 356-T6	40	5	

① **Al 1100**

99%의 순수 알루미늄으로 내식성이 있고 유연하고 가공성이 우수하여 냉간 가공으로 여러 가지 특성을 얻을 수 있으나 열처리가 불가능하다. 구조재로 사용하기에는 강도가 약하다.

② **Al 2017**

듀랄루민(duralumin)이라 하며 알루미늄에 구리, 마그네슘을 첨가한 것으로 대표적인 단조용 알루미늄 합금이다. 이것을 개량한 Al 2024가 현재 많이 사용되고 있다.

③ **Al 2117**

상온시효한 상태로 리벳작업이 가능해서 연질의 리벳 재료로 사용된다.

④ **Al 2024**

슈퍼 듀랄루민이라 부르는 것으로 상온에서 시효경화하는 성질이 있다. 파괴인성과 피로특성이 양호하여 인장 하중이 크게 작용하는 날개 밑면의 스킨이나 여압을 받는 동체의 스킨 등에 사용된다. 최근에는 이것을 개량하여 파괴인성과 피로특성을 향상시킨 2224, 2324와 같은 새로운 합금을 사용하기도 한다.

⑤ **Al 2224, 2324**

Al 2024의 개량형으로 파괴인성과 피로특성을 더 개선한 것으로 큰 인장 하중을 주로 받는 곳에 적합한 소재로 최신 여객기의 날개 하부 스킨 등에 사용된다.

⑥ **Al 2218**

알루미늄-구리-마그네슘계 합금에 니켈을 2% 첨가하여 내열성을 개선한 것으로 Y합금이라 불린다.

⑦ **Al 2618**

알루미늄-구리 합금에 내열성을 향상시키기 위해 니켈 1.2%와 철 1.0%를 첨가한 것으로 100-200℃의 온도 범위에서 강도가 크기 때문에 초음속 여객기인 콩코드의 스킨으로 사용되었다. 콩코드의 순항속도는 마하 2.0-2.2 정도이며, 이 때 동체 외부의 온도는 약 130℃에 이르고 항공기 앞부분의 온도는 150℃에 이른다. 이러한 고온에서도 강도가 떨어지지 않는 기체재료가 필요하게 되었는데 이것이 Al 2618과 유사한 RR 58이라 불리는 내열합금이다.

⑧ **Al 5056**

알루미늄-마그네슘 합금으로 용접성이 떨어지고 장시간 사용할 경우에는 내식성도 떨어진다. 가공 경화하지 않는 상태에서도 큰 강도를 가지고 있으며 항공기에서 주로 리벳 재료로 사용된다.

⑨ **Al 6061**

Al 6063과 함께 알루미늄-마그네슘-규소계의 합금으로 열처리에 의해 강도를 높일 수 있는 알루미늄 합금이다. 내식성과 용접성, 성형 가공성이 우수하여 항공기의 노즈 카울(nose cowl), 날개 끝(wing tip), 기관 덮개(engine cowl) 등에 사용된다.

⑩ **Al 7075**

알루미늄 합금 중에서 ESD(Extra Super Duralumin)라 불리는 것으로 강도가 우수하므로 주날개의 스킨과 스파, 기체구조 부분 등에 널리 사용된다. -T6 상태의 알루미늄 합금은 응력부식균열에 대한 저항성이 작기 때문에 급랭 후 인공시효 처리하는 1단계 과정이 끝난 후 다시 60~180℃로 10~20시간의 2단계 인공시효 처리를 하는 과시효 상태(-T7 상태)로 하여 강도가 저하되더라도 부식 균열의 저항성을 향상시켜 사용하기도 한다.

⑪ **Al 7150**

7075보다 아연과 구리를 증가시켜 -T73의 과시효 상태에서 7075-T6에 필적하는 강도를 갖고 내응력부식, 취성이 우수한 합금이다. 보잉 767이나 747-400의 날개 윗면 스킨이나 킬빔(keel beam) 등 종래 7075가 사용되었던 압축응력이 큰 곳에 사용된다.

⑫ **Al 7475**

7075의 개량형 합금으로 강도와 파괴인성을 개선한 것으로 특히 판재용으로 개발되었다. F-16, T-50의 동체 구조물, 날개 구조에 사용되었다.

⑬ **Al-Li 합금**

알루미늄에 금속 원소 중 가장 밀도가 작은 리듐을 첨가시킨 것으로 다른 알루미늄 합금에 비해 10% 이상의 무게 경감 효과가 있다. 최근에 개발된 에어버스 여객기 A380, A350과 보잉 777 여객기에 사용되었다.

7.4 기타 금속 재료

7.4.1 티타늄 합금

티타늄 합금은 비중이 4.5로 무게가 강의 절반을 조금 넘는 정도로 가벼우며, 용융온도는 약 1730℃로 강보다 높다. 티타늄 합금은 항공기 재료 중에서도 비강도가 우수하며 내열성이 크고, 스테인리스강보다 내식성이 우수하고, 200~500℃의 고온에서도 강도가 우수하여 항공기 엔진 재료로 널리 사용하고 있다. 마하 3정도로 비행하는 초음속기는 기체 표면의 과열로 알루미늄합금을 사용할 수 없어 티타늄 합금이 대체 사용될 수 있다. 티타늄 합금은 상온에서의 냉간가공은 곤란하므로 열간가공을 수행하고 절삭가공에도 많은 주의가 필요하나 용접성은 양호하다.

티타늄 합금의 종류는 다음과 같다.

(1) 순수 티타늄

티타늄 합금에 비해 강도가 떨어지나 연성과 내식성이 우수하고 용접성이 좋다. 바닥 패널(floor panel)이나 방화벽(firewall)에 사용된다.

(2) Ti-6Al-4V 합금

가장 널리 알려진 티타늄 합금으로 인장강도가 우수하며 피로에 강하고 소성 가공성이 우수하다. 기체구조부재의 대부분이 이 합금이며 가스 터빈 엔진의 압축기 블레이드(blade)와 디스크(disc)에 사용된다.

(3) Ti-5Al-2.5Sn 합금

α-Ti합금으로 불리는 것으로 고온에서 크립에 대한 저항성이 좋고 파괴강도가 우수하며 용접성도 좋아 가스 터빈 엔진 케이스(case)에 사용된다.

7.4.2 마그네슘 합금

비중이 1.7~2.0 정도로 항공기 금속 재료에서는 가장 가볍다. 마그네슘 합금은 절삭성은 좋으나 강도와 연성이 낮고, 알루미늄과 달리 보호성 산화피막이 생성되지 않고 내식성이 낮아 항공재료로는 적당하지 않다. 마그네슘의 성형가공은 가공경화성이 크고 상온에서 연성이 낮아 상온가공은 곤란하지만, 200~300℃로 가열하면 연성이 증가되어 가공성이 좋아지므로 고온가공을 수행한다. 항공기에서는 가벼운 주물제품으로 만들기 쉬워 장비품의 하우징(housing) 등에 사용된다.

마그네슘 합금의 열처리는 알루미늄 합금과 유사하나 고용체화 처리 시 폭발성이 있으므로 규정 최고 온도를 준수해야 한다.

마그네슘 합금의 규격은 ASTM(미국재료시험협회)의 기호를 사용하는데 다음과 같다.

AZ 92 A - T6

- T6: 열처리 기호(알루미늄 합금과 동일)
- A: A는 순도가 높은 것을 나타냄.
- 92: 합금원소의 중량 % (Al 9%, Zn 2% 포함)
- AZ: 함유원소 (A:Al, Z: Zn, M: Mn, K: Zr(지르코늄), H: Th(토륨), E: 희귀원소)

7.5 금속의 부식

금속재료의 부식은 주위 환경과 화학적 또는 전기 화학적 반응에 의해서 표면 상태가 변화되거나 재료의 내부를 약화시켜서 구조물이 파손되는 현상이다. 부식의 형태는 금속에 따라 차이가 있는데, 알루미늄과 마그네슘 합금은 표면에 넓은 부식 자국이 침식된 흔적으로 나타나며 회색 및 흰색의 침전물이 형성된다. 구리합금은 녹색 산화피막이 생기고, 철강 재료는 붉은 색 녹을 형성한다. 대부분의 부식은 표면에서 시작되는데, 부식 환경에 노출된 기간과 정도에 따라 침식자국과 홈이 나타난다. 침식의 깊이가 깊지 않으면 재료의 강도를 저하시키지 않지만, 침식이 깊고 응력이 걸리는 부품에서는 균열이 진행되어 파괴로 이어질 수 있다. 부식이 잘 발생하는 곳은 다음과 같다.

* 엔진 배기 구역 : 배기가스의 찌꺼기와 고온 환경에 노출
* 배터리실과 환기구
* 화장실과 조리실 지역 : 음식물과 배설물
* 휠웰(wheel well)과 랜딩기어 : 각종 오물과 방빙용 화학약품
* 외부 표면 : 시임(seam)과 랩 조인트, 엔진 흡입구역
* 접근하기 힘든 지역 : 연료탱크, 조종면, 항공기 동체바닥
* 엔진 마운트 구조 : 높은 전위차
* 용접 부분 : 용접 시 사용한 용제
* 전기 장비 : 산소나 습기의 접촉

7.5.1 부식의 종류

(1) 표면 부식(Surface corrosion)

표면 부식은 그림 7-7에서 보는 바와 같이 가장 일반적인 형태의 부식으로 금속표면이 세척용 화학약품 및 공기 중의 산소와 직접 반응을 일으켜 생긴 것이다. 그대로 방치하여 습기가 접촉하게 되면 금속표면의 에칭(etching)이 심해져 까칠까칠한 서리가 얼어붙은 것처럼 된다.

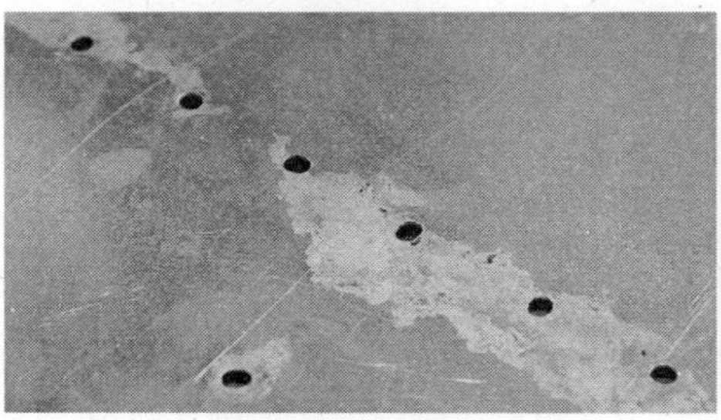

그림 7-7 표면부식

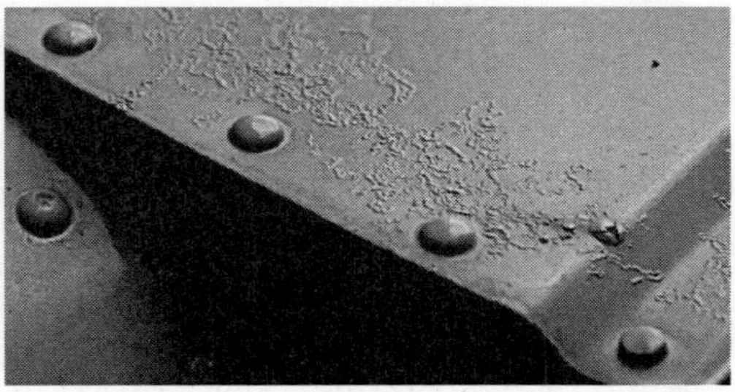

그림 7-8 Filiform corrosion

(2) 필리폼 부식(Filiform corrosion)

페인트 작업 전 화학적 처리가 부적절하게 이루어졌을 때 발생하며 페인트 아래에 연속된 작은 벌레의 형태로 나타난다. 알크래드 합금 표면에 도장이 된 경우, 부식이 클래드 층을 관통하여 금속으로 침투하지 않고 클래드 층에서 옆으로 퍼져나가는 형태로 발생한다.

(3) 이질 금속간 부식(Galvanic corrosion)

두 개의 다른 금속이 서로 접촉되어 전해질 용액 내에 존재할 때 부식이 일어난다. 이질금속간에는 전위차가 있기 때문에 용액을 통하여 전류가 흐를 수 있다. 이러한 전류의 흐름은 두 개의 금속 중 하나를 부식시키는데, 두 금속 중 내식성이 원래 약한 금속이 더욱 부식되고 내식성이 상대적으로 강한 금속의 부식 정도는 오히려 줄어든다. 이 부식을 동전지 부식이라고도 한다. 이질 금속을 접촉하여 사용할 경우에 금속 간에 절연 물질을 끼우거나 도장처리를 하여 부식을 방지하도록 한다.

다음과 같이 분류된 금속에서 같은 그룹 내의 금속이 접촉하는 경우에는 부식이 잘 일어나지 않으나 다른 그룹의 금속과 접촉하면 부식이 발생한다.

* 그룹 I ; 마그네슘과 마그네슘 합금, 알루미늄 합금(1×××, 5×××, 6×××)
* 그룹 II ; 카드뮴, 아연, 알루미늄과 알루미늄 합금(2×××, 7×××)
* 그룹 III ; 철, 납, 주석과 이들의 합금(내식강은 제외)
* 그룹 IV ; 크롬, 니켈, 티타늄, 은, 내식강, 그래파이트(graphite), 구리와 구리합금, 텅스텐

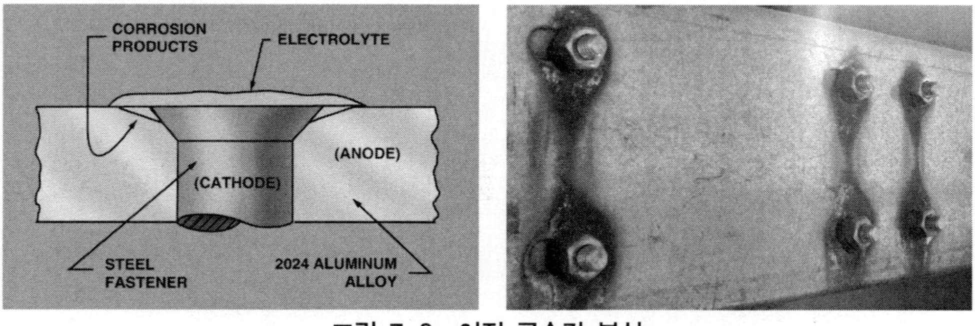

그림 7-9 이질 금속간 부식

(4) 점 부식(Pitting corrosion, 공식 부식)

점 부식은 알루미늄 합금, 마그네슘 합금, 스테인리스강의 표면에 발생하는 가장 일반적인 부식으로 금속의 표면이 국부적으로 깊게 침식되어 콩알만 한 작은 점을 만드는 부식 형태이다. 이 부식은 잘못된 열처리나 기계작업에서 생기는 합금표면의 균일성 결여 때문에 발생한다.

그림 7-10 점 부식

(5) 입자간 부식(Inter-granular corrosion)

입자간 부식은 금속을 부적당한 열처리를 했을 경우에 생기기 쉬운 부식으로 합금조직이 균일하게 밀집되어 있지 않고 군데군데 빈틈이나 변형이 있을 때 그런 부분에 매질이 있게 되면 합금결정이 서로 다른 성분 간에 배터리가 구성되어 결정입자 경계부분이 침식되어 부식이 진행된다.

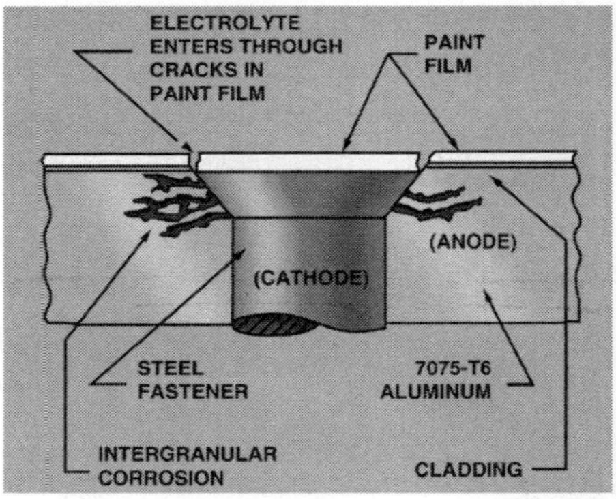

그림 7-11 입자간 부식

입자간 부식은 재료 내부에서 주로 발생하므로 재료의 강도를 저하시키는 원인이 되며, 심한 경우에는 표면에 돌기가 나타나고 파괴에 이를 수도 있다. 입자간 부식을 탐지하는 방법은 초음파 검사, 와전류 검사가 있다.

(6) 박리 부식(층상 부식, Exfoliation corrosion)

입자간 부식의 정도가 심하게 되어 얇은 조각으로 벗겨지는 형태의 부식을 말한다. 압연, 압출 등의 가공에 의해 생긴 층상의 조직을 따라 박리하는 듯한 형태로 부식이 나타난다.

심각한 입자간 부식은 때때로 금속의 표면을 들뜨게 하는데 부식 부산물이 형성될 때 얇은 조각으로 갈라지면서 표면의 금속 조각들이 들뜨거나 떨어져 나간다.

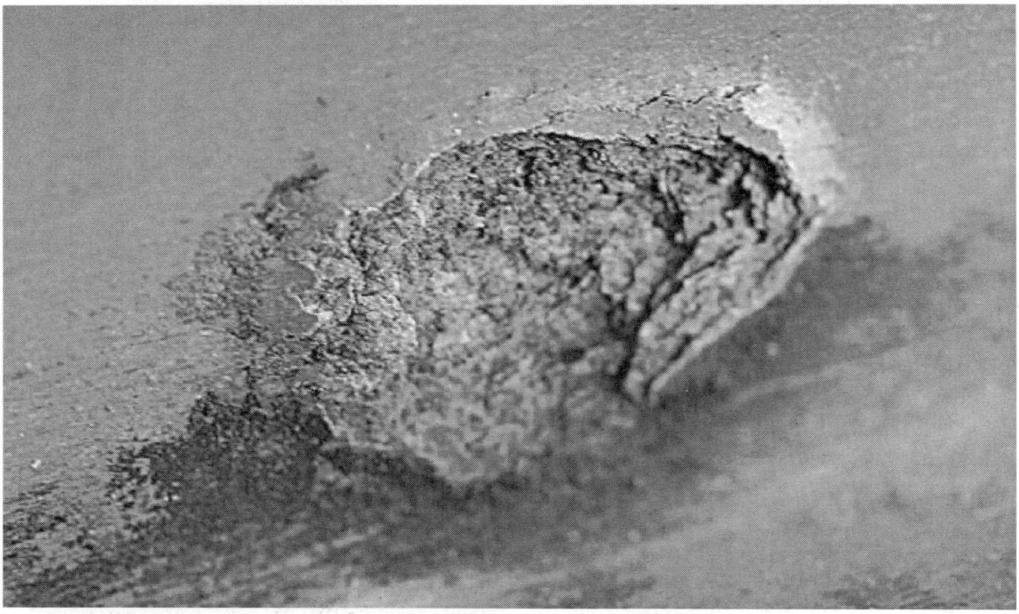

그림 7-12 박리부식

(7) 응력 부식(Stress corrosion)

응력 부식은 금속에 인장 응력이 걸린 상태에서, 부식 환경에 노출되면 그들의 합성효과에 의해 부식이 촉진되어 발생된다. 예하중(preload)이나 인장잔류응력이 있는 경우 발생하므로 기체 제작단계에서 주의를 기울여야 한다.

그림 7-13 응력 부식

(8) 피로 부식(Fatigue corrosion)

피로 부식은 부식 환경에서 금속에 가해지는 반복응력에 의한 응력부식의 형태이다. 부식은 반복응력이 나타나는 부분의 움푹 팬 바닥에서부터 시작된다. 균열이 진행될 때를 제외하고는 이런 부식의 형태를 알아내는 것은 어렵다.

그림 7-14 피로 부식

(9) 마찰부식(Fretting corrosion)

서로 밀착된 부품 사이에서 작은 진동(또는 상대 운동)이 발생하는 경우에 접촉 표면에 손상이 발생하면서 나타나는 부식으로 베어링, 커넥팅 로드, 너클 핀 등과 같은 부품에서 자주 발생한다.

그림 7-15 마찰 부식

(10) 미생물 부식

케로신을 연료로 하는 연료탱크에서 발생하며 케로신 내에 생식하는 박테리아가 수분을 흡수하여 덩어리로 성장한다. 알루미늄 합금의 스킨에 점착하여 침식이 된다. 부식을 방지하기 위해 제트연료에 미생물 살균제를 첨가한다.

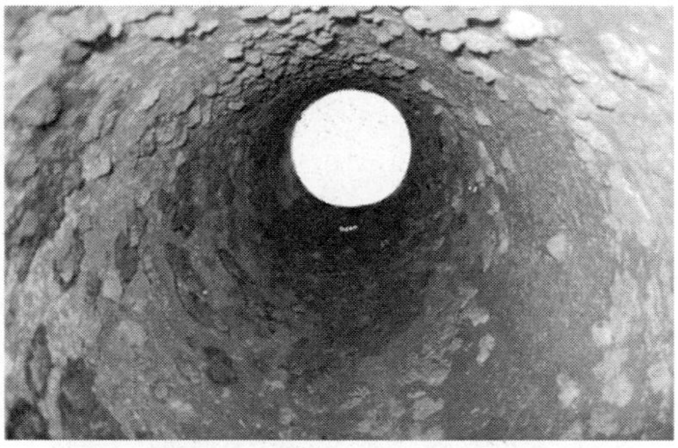

그림 7-16 미생물 부식

7.5.2 부식 방지법

항공기 부식을 방지하기 위해서 실시하는 작업으로는 항공기 표면의 화학처리, 실링, 도장 등이 있다.

(1) 양극 산화 처리(Anodizing)

양극 산화처리는 그림 7-17과 같이 금속 표면에 내식성 산화피막을 형성시켜 금속의 표면을 보호하는데 일차적 목적이 있다. 전해액에서 알루미늄을 양극으로 하고, 전류를 통하여 양극에서 발생하는 산소에 의하여 금속 표면에 산화 피막을 형성하는 부식 처리 방법이다. 처리 후에는 알루미늄 표면의 성질을 철강보다 강하고, 경질 크롬 도금보다 내마모성이 우수하게 해준다. 알루미늄합금에 이 처리를 하면 페인트를 칠하기 좋은 상태가 된다.

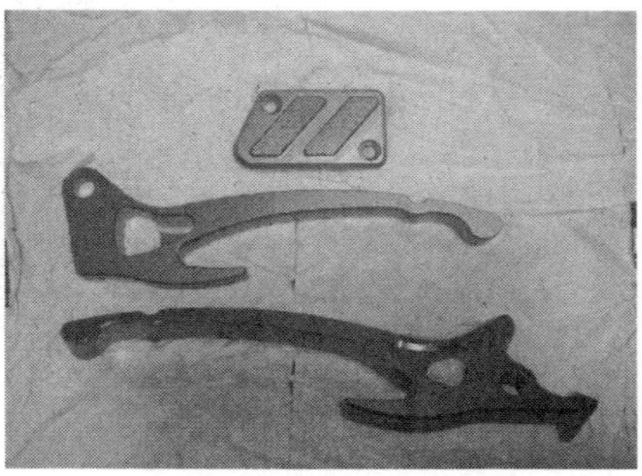

그림 7-17 양극 산화 처리 된 제품

(2) 알로다인 처리(Alodining)

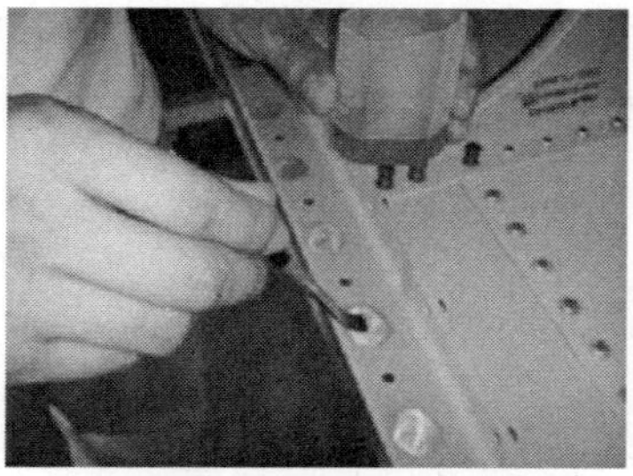

그림 7-18 알로다인 처리

알루미늄 또는 알루미늄 합금의 표면을 화학적으로 처리해서 내식성과 도료의 밀착성이 좋아지므로 그림 7-18과 같이 페인트 작업 전처리로 시행한다. 알로다인이라는 크롬산 계열의 화학 약품 속에서 알루미늄에 산화피막을 입히는 공정으로, 피막은 상당히 약하며 내식성 또한 양극산화처리에 비해 떨어진다. 공정이 단순하며 비용이 적게 들기 때문에 많이 사용되는 방법이다. 단, 사용하는 약품이 크롬산 계열로 맹독성을 가지고 있기 때문에 사용 시 조심해야 하고 환경오염에 유의해야 한다.

(3) 클래드법(Alclad)

알루미늄 합금의 부식방지법으로 합금 표면에 순수 알루미늄을 얇게 입혀줌으로서 부식을 방지하는 방법이다. 대기와 접촉된 순수 알루미늄이 산화하여 산화피막을 형성시켜 공기와 합금이 직접 접촉하지 못하게 함으로서 부식을 방지한다.

(4) 파커라이징(Parkerizing)과 밴더라이징(Banderizing)

흑갈색의 인산염을 철강재료 표면에 형성시키는 방법을 파커라이징이라 하고, 철강 재료 표면에 구리를 석출시켜서 부식을 방지하는 방법을 밴더라이징이라 한다.

(5) 중크롬산염 처리

마그네슘 합금에 크롬산을 포함하는 산성 액체를 사용하여 화학 피막을 구성하는 것으로 도장의 바탕 처리로 많이 행해진다.

(6) 음극 부식방지법(Cathodic protection)

부식을 방지하려는 금속재료에 전류를 공급하여 부식되지 않는 부(-)전위를 띠게 함으로서 부식을 방지하는 전기화학적 방법이다. 수중, 토양 중의 대형 구조물에 적합한 부식 방지 처리법으로 비용이 저렴하여 선박이나 시추선과 같은 해양 구조물에 많이 이용된다.

(7) 도금처리(Plating)

철강 재료의 표면에 내식성이 양호한 크롬, 아연, 주석 등과 같은 금속을 얇게 도금함으로서 표면을 습기나 산소로부터 분리시켜 부식을 방지하는 것이다. 도금방식으로는 용융도금 방식과 전기도금 방식이 있다.

(8) 도장(Painting)

항공기에서 도장 작업은 기체의 부식과 오염 등으로부터 보호하거나 미장을 위해 표면에 페인트를 칠하여 막을 만드는 방법이다. 고속으로 비행하는 항공기 표면은 공기 흐름의 영향으로 마모되기 쉽기 때문에 항공기에는 일반 산업용 페인트보다 신축성이 좋고 접착력도 강한 합성 에나멜(synthetic enamels), 아크릴 래커(acrylic lacquer), 폴리우레탄(poly urethane), 아크릴 우레탄 (acrylic urethane), 프라이머(primer) 등 고가의 도료를 사용한다.

7.6 비금속 재료

비행 하중을 감당하는 구조부재 이외의 품목에 적용되는 것으로 기체의 경량화와 성능 향상을 위해 내장재, 창문, 타이어 등에 사용되는 비금속 재료로 플라스틱, 고무 등이 있다. 근래에 들어와서는 가볍고 강도가 좋은 섬유강화 플라스틱(Fiber reinforced plastics, FRP)을 기체구조 부재에 적용하여 기체 무게를 줄이려는 노력이 지속되고 있다.

7.6.1 플라스틱

인공 합성된 고분자 물질의 총칭인데 주로 합성수지의 의미로 많이 쓰인다. 플라스틱에는 열을 가해서 성형하면 다시 가열하더라도 연해지거나 녹지 않는 성질을 가지고 있는 열경화성 수지와, 열을 가해서 성형한 다음 다시 가열하면 연해지고 냉각하면 다시 원래의 상태로 굳어지는 열가소성 수지가 있다.

(1) 열경화성 수지

가열하면 일단은 유동상태가 되는데 가열 중에 화학반응이 진행되어 그 온도에서 고체화하는 플라스틱이며 냉각된 후에는 가열전과 다른 구조로 되고, 다시 가열해도 연화하거나 용융되지 않고 내열성, 내약품성, 내마멸성을 갖는다.

열경화성 수지의 종류로는 페놀수지, 에폭시 수지, 폴리에스텔 수지, 폴리우레탄 수지, 실리콘 수지 등이 있다.

① **페놀 수지(bakelite)**

열가소성인 것과 열경화성인 것이 있는데 열경화성 재료가 널리 쓰인다. 전기 절연성, 기계적 성질, 내열성, 내약품성이 우수하여 전기계통의 각종 부품, 항공기 내장재 부품 등으로 사용된다.

② **에폭시 수지**

접착력이 우수하고 성형 후 수축률이 작으며 내약품성이 우수하다. 항공기 구조의 접착제나 도료 등으로 사용되고, 전파투과성도 우수하여 항공기의 레이돔에 적용되고, 기계적 성질이 우수해 동체 및 날개 등의 구조재용 복합재료의 모재로도 사용된다.

③ **폴리에스텔 수지**

자체로도 성형품 제작이 가능하지만 보다 높은 강도를 얻기 위해 유리섬유 또는 기타 섬유로 강화시킨 것이 사용되고 있다. 인장강도는 철강이나 경합금에 필적할 정도이고 충격강도는 페놀수지의 수십 배, 비중은 알루미늄의 60% 정도이다. 성형가공이 용이하며 전파 투과성이 양호하고 에폭시 수지와 비슷한 용도로 사용된다.

④ **폴리우레탄 수지**

우레탄 결합을 하고 있는 고분자 화합물로 스펀지, 고무, 도료 등의 원료로 사용된다. 발포제는 항공기 좌석의 쿠션 등에 쓰인다.

⑤ **실리콘 수지**

대부분의 고분자는 탄소와 산소가 골격인데, 이 수지는 규소와 산소가 골격을 형성하고 있는 고분자이다. 전기절연성, 내열성, 내한성이 우수하며, 전선피복, 전기 절연재료 등에 사용된다.

(2) 열가소성 수지

열가소성 수지는 온도에 따라 연화와 경화가 반복적으로 일어나며 유기 용제에 쉽게 용해되고 열에 약하다. 그 종류로는 폴리염화비닐(PVC)수지, 아크릴 수지, ABS 수지, 폴리에틸렌 수지 등이 있다.

① 폴리염화비닐(PVC, Poly Vinyl Chloride) 수지

가장 오래전부터 가장 많이 사용되는 수지로 폴리에틸렌, 폴리스틸렌과 함께 3대 수지로 불린다. 일반적 특성으로 전기 절연성, 내수성, 내산성, 내알칼리성, 자기소화성을 갖고 있지만, 유기 용제에 의해 침식되기 쉽고 열에 약한 것이 단점이다. 전기절연성, 자기소화성이 우수하므로 전선 피복 등의 절연재료 또는 객실 내장재료로 사용된다.

② 아크릴 수지(유기 유리, 폴리메타크릴산메틸, PMMA)

PMMA 또는 plexiglass라고도 불리는데, 투명도가 우수하고 가볍고 강인하여 항공기 창문 유리나 객실 내부의 장식품으로 사용된다. 가연성이 있으므로 열에 약하고 유기용제에 침식되기 쉽다.

③ ABS(Acrylonitrile Butadiene Styrene) 수지

폴리스틸렌의 내충격성이 불량한 것을 개량한 것으로 개량 폴리스틸렌이라고도 부른다. 광범위한 온도 범위에서 다른 수지에 비해 충격강도의 급격한 변화가 없는 우수한 성질을 가지고 있다. 전기 절연성, 내알칼리성을 갖고 있으나 가연성이 있으며 유기용제에 용해되기 쉽고 열에 약하다. 내충격성이 우수해 객실 측면 벽, 테이블, 좌석 페어링 등에 사용된다.

④ 폴리에틸렌 수지

일상생활에서 식료품을 넣는 포장지로 활용되는 것으로 플라스틱 중에서 가장 가볍다. 내산성, 내알칼리성, 내유성을 갖고 있으나 열에 약하다. 내수성, 내산성, 내알칼리성이 우수해 물 계통의 호스, 파이프류에 쓰인다.

⑤ 테프론(Teflon, 불소수지)

분자 중에 불소가 있는 수지를 말하며 내약품성이 크고 전기절연성은 폴리에틸렌 정도이다. 300℃에서 장시간 사용할 정도의 내열성을 갖고 있다. 내약품성, 내열성, 전기 절연성이 우수하므로 유압용 백업링(backup ring), 패킹류, 호스류, 전선피복 등에 이용된다.

7.6.2 고무

고무는 공기, 액체, 가스 등의 누설을 방지하거나 진동과 소음을 방지하기 위한 부분에 사용되는데 천연고무와 합성고무가 있다. 천연고무는 생고무에 소량의 유황을 첨가한 연질고무와 생고무에 다량의 유황을 첨가한 경질 고무가 있는데, 내산성, 내알칼리성, 전기절연성은 우수하지만 내유성, 내열성, 내후성이 좋지 않아 항공기에는 일부만 사용되고 있다. 합성고무는 천연고무의 대체 사용목적으로 천연고무의 단점을 보완한 것으로 광범위하게 사용되는데, 타이어, 호스, 패킹 등에 이용된다. 합성고무의 종류로는 니트릴 고무, 부틸 고무, 실리콘 고무 등이 있다.

7.6.3 시일(Seal)

시일 작업은 기체구조부의 기밀을 유지하여 누압이나 누유를 방지하기 위해 출입문이나 창문 주위에 틈새가 생기지 않도록 하는 작업을 말한다. 연료, 오일, 가스 등과 같은 유체의 누설을 방지하기 위해 O-ring을 장착하기도 한다.

(1) O-ring

원형 모양의 링으로 그림 7-19와 같이 여러 가지 형태가 있으며, 실린더와 피스톤 사이의 틈새로 유체가 빠져 나가거나 압력이 누설되지 않도록 틈새를 밀폐시키는 역할을 한다. 압력이 가해지면 내압에 의해서 홈의 한쪽 벽으로 움직여 기밀 작용을 하는데, O-ring의 두께는 그림 7-20과 같이 홈의 깊이보다 10%정도 큰 치수를 사용하여 밀폐 작용이 확실하도록 한다. 그림 7-20과 같이 O-링과 접촉하는 부재의 끝부분은 모따기(chamfer)를 해 날카로운 부분의 접촉으로 O-링의 손상을 방지하도록 한다.

O-ring은 재사용이 금지되며 사용기간이 초과된 제품을 사용해서는 안 된다.

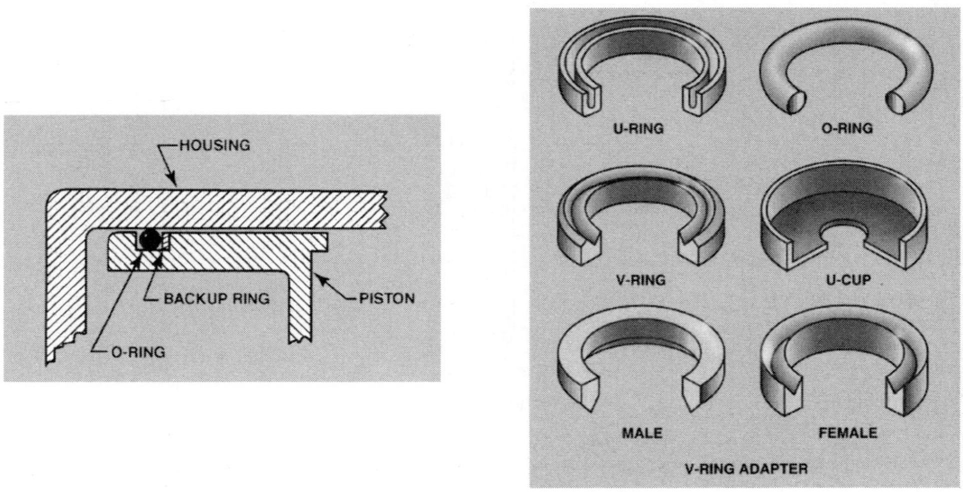

그림 7-19 O-ring

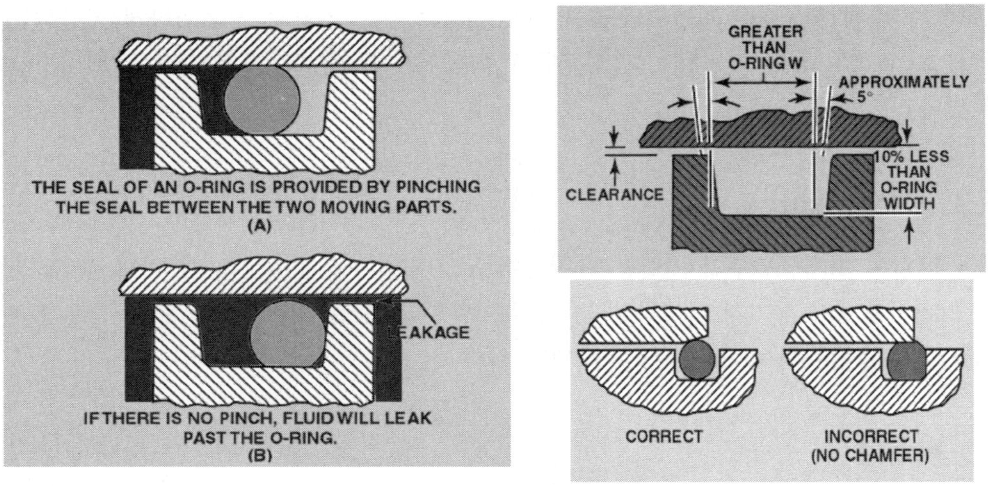

그림 7-20 O-링 장착

(2) 백업 링(Backup Ring)

고압부위에서는 O-ring의 튀어나옴과 수명연장을 위해 테프론으로 만든 백업 링을 사용하는데 그림 7-21과 같은 종류가 있다. 백업 링이 없으면 그림 7-22와 같이 O-링이 손상되기 쉽다. 백업 링은 O-ring의 양쪽에 사용하나 한쪽에만 사용하는 경우는 그림과 같이 O-ring의 출구 흐름 쪽(저압 쪽)에 사용한다. 입구 쪽에만 사용하면 O-링을 제대로 보호하지 못한다.

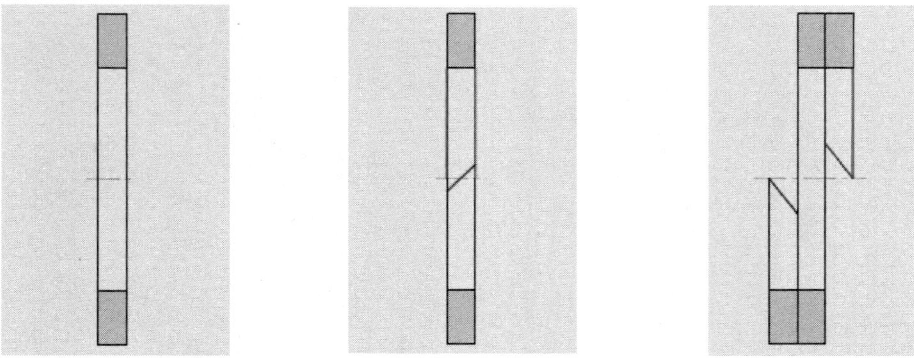

Plain ring (Endless) Plain ring (Scarf cut) Spiral ring

그림 7-21 백업링 종류

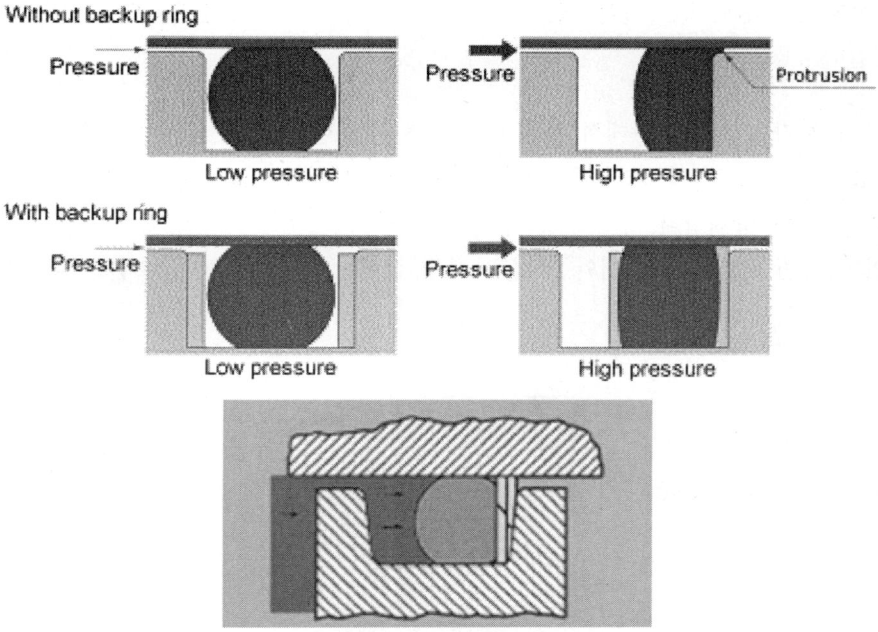

그림 7-22 백업링 장착

7.6.4 실런트(Sealant)

실런트는 그림 7-23과 같이 연료 탱크의 기밀 유지, 객실 여압 유지, 화재 발생 요소 감소, 습기 방지, 부식 방지, 항공기 외부 표면의 빈 공간을 메워 표면을 매끄럽게 하는데 사용한다.

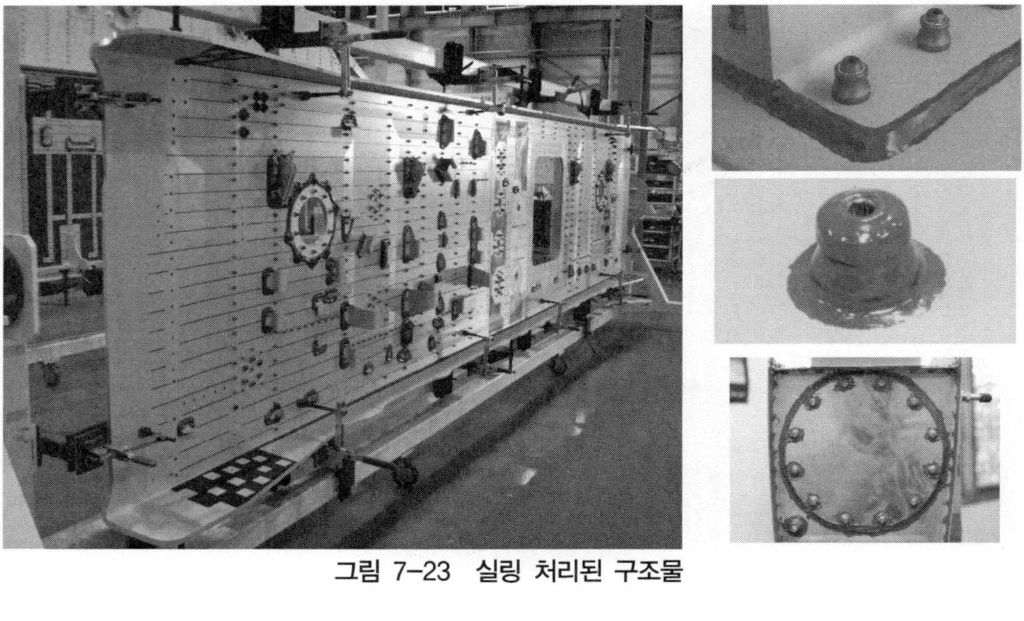

그림 7-23 실링 처리된 구조물

실링에 사용되는 실런트는 화학물질로 다루는데 정확한 처방이 필요하다. 실런트의 용도는 다음과 같다.

* 기체나 액체가 기체구조부에서 누설되는 것을 방지한다.
* 기체 표면의 홈을 메워 공기 흐름의 혼란을 감소시킨다. (aerodynamic smooth seal)
* 습기의 침투를 방지한다.
* 부재의 접착면 사이나 패스너와 부재 사이를 실링함으로써 이종 금속간의 부식을 방지할 수 있다.

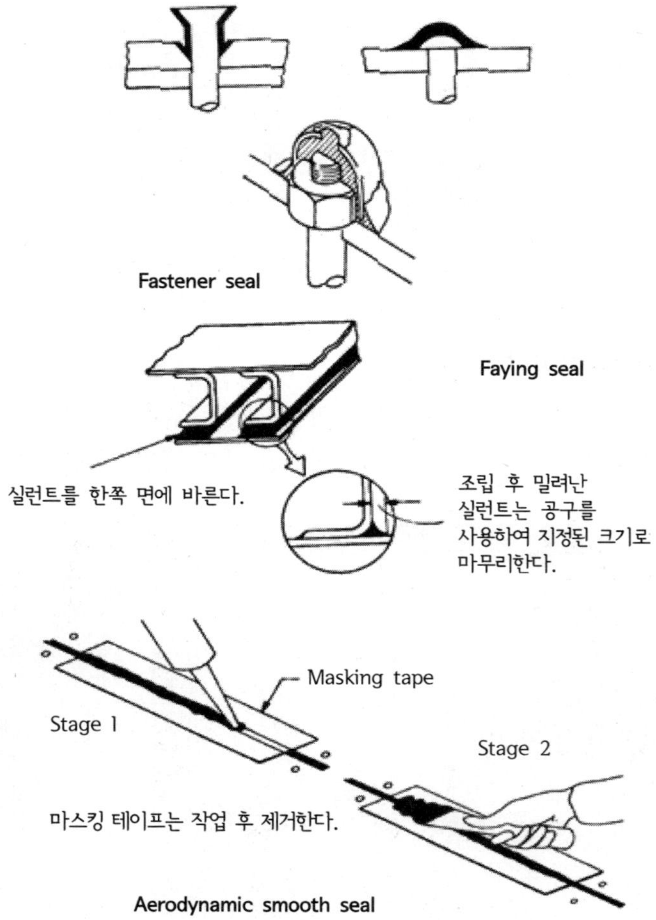

그림 7-24 실링

7.7 복합재료

복합 소재란 두 가지 이상의 재료를 인위적으로 결합하여 각각의 재료보다 더 우수한 특성을 가지는 새로운 성질을 가지도록 만들어진 재료를 의미한다.

7.7.1 복합재료의 특성

복합재료로 만든 구조재가 기존의 금속재료의 구조재에 비해 다음과 같은 장점들을 가지고 있다.

* 무게 당 강도비가 높다.
* 복잡한 형태나 공기역학적인 곡선 형태의 제작이 쉽다.
* 유연성이 좋고 감쇄특성이 좋아 진동에 강하며 피로특성이 좋다.
* 복합 구조재 결합 시 사용되는 접합제가 절연체의 역할을 하므로 전기 화학 작용에 의한 부식을 방지한다.
* 부식이 되지 않고 마모가 잘 일어나지 않는다.
* 일부의 부품과 패스너를 사용하지 않아도 되므로 복합 구조재의 제작이 단순하고 비용이 절감된다.

7.7.2 섬유강화 복합소재의 구성

항공기에 적용되는 복합 재료는 주로 FRP(fiber reinforced plastics, 섬유강화 플라스틱) 형태로 만들어진 것들이다. 기체 구조물에 걸리는 하중과 응력을 담당하는 고체상태의 강화재(reinforcement)와 이들을 결합시키는 액체나 분말 형태의 모재(matrix)로 구성되어 있다. 항공기에 사용되는 복합재료의 주류를 이루는 것은 그림 7-25에 보인 것처럼 카본/에폭시와 케블라/에폭시 같은 지름 0.01mm 정도의 강화섬유(fiber reinforcement)를 한 방향으로 늘어놓거나 직조된 패브릭(fabric) 형태로 만든 다음 수지(resin)를 함침시켜 반 경화상태로 처리한 두께 0.1~0.4mm의 프리프레그(prepreg)로 공급되고 있다. 항공기 제작회사에서는 프리프레그를 원하는 크기로 잘라서 적층한 다음 온도와 압력을 가해서 경화시켜 구조물을 제작한다. 일반적으로 부재의 강도와 경도를 유지하기 위해 여러 방향으로 섬유재를 배치, 적층하는 형태로 제작된다. 섬유 재질은 복합 소재에서 주 하중을 담당하는 요소로 복합 소재에서는 섬유 재질의 방향으로만 강도와 탄성을 갖추고 있다. 복합 소재에서의 결합 물질(resin 또는 matrix)은 섬유 재질을 접착시키고 섬유 재질의 위치와 방향을 유지하게 하며 복합 소재의 환경적 저항력을 제공하고 복합 소재의 최대 사용 가능 온도 범위를 결정한다.

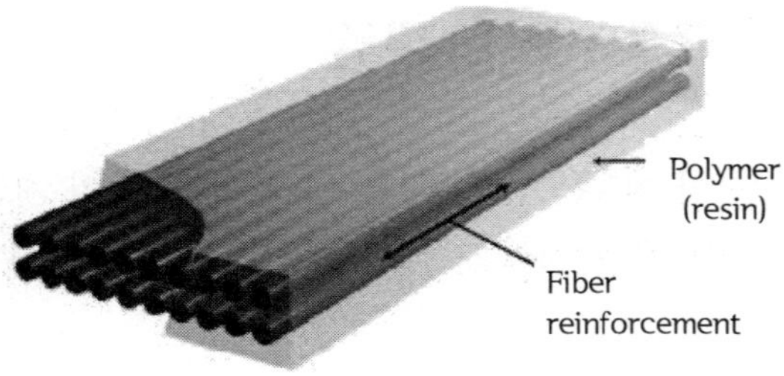

그림 7-25 섬유강화 플라스틱(FRP)

(1) 모재(Matrix)

모재는 강화 섬유를 서로 결합시켜주는 접착 재료로 습기나 화학물질로부터 강화재를 보호한다. 강화섬유에 강도를 부여하고 외부의 하중을 강화섬유에 전달하는 기능을 가지고 있으며 다음과 같은 종류가 있다.

① **수지 모재계(Resin matrix system)**

수지 모재계에는 열경화성 수지와 열가소성 수지로 나뉜다. 열경화성 수지에는 페놀수지와 에폭시 수지 등이 있는데, 항공기 구조 재료로 사용되는 섬유 강화 플라스틱(FRP)의 모재는 뛰어난 접착력과 강도, 습기 및 화학적 저항성이 높은 에폭시 수지계 (epoxy resin system)가 주로 많이 사용된다.

② **섬유강화 금속 모재(Fiber reinforced metallics, FRM)**

섬유 강화 금속모재는 강화 섬유를 접착시키는 역할을 하는 모재로 금속을 사용하는데 금속 매트릭스의 장점은 연성과 인성이 크다는 것이다. 가볍고, 인장강도가 큰 것이 요구될 때에는 알루미늄, 타이탄, 마그네슘 등을 사용하고, 내열성을 고려할 때에는 철이나 구리계의 금속을 사용한다.

③ **섬유강화 세라믹 모재(Fiber reinforced ceramics, FRC)**

섬유 강화 세라믹 모재는 1000℃이상의 높은 온도에 대한 내열성을 가지고 있는 모재이다. 모재로는, 알루미나(Al_2O_3), 지르코니아(ZrO_3), 탄화규소(SiC), 질화규소(Si_3N_4) 등이 사용되고 있다.

(2) 섬유 강화재(Fiber reinforcement)

복합재료에 사용되는 강화재로는 입자형과 섬유형이 있는데 항공기 부품에 사용되는 것은 보통 섬유형 강화재이다. 항공기 소재로 많이 사용되는 강화재로는 유리섬유, 탄소섬유, 아라미드섬유, 보론섬유 및 세라믹섬유 등이 있다.

① **유리 섬유**

유리 섬유는 다른 복합 소재보다 가격이 저렴하고 화학적 또는 이질 금속간 부식 현상에 대한 내구성이 우수하며 전기적 전도성이 없는 장점을 지니고 있다.

유리섬유는 용해된 이산화규소(SiO_2)를 가느다란 가닥으로 만든 섬유로 내열성과 내화학성이 우수하고 값이 저렴하다. 기계적 강도가 낮아 유리 섬유는 페어링, 레이돔, 그리고 날개 끝 부분과 같은 항공기 2차 구조물에 사용한다. 외형상으로 윤기가 있는 흰색 천으로 구분할 수 있다.

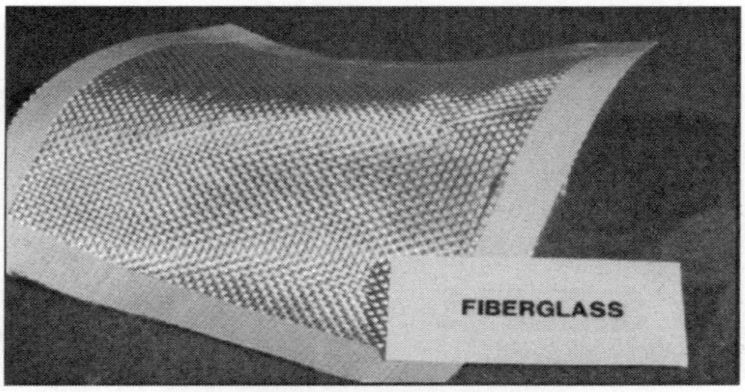

그림 7-26 유리섬유

② **탄소/흑연 섬유(Carbon/Graphite fiber)**

탄소/흑연섬유는 넓은 의미로는 탄소섬유라고 일컫지만 엄밀히 구분하면 탄소섬유(carbon fiber)와 흑연섬유(graphite fiber)로 나눌 수 있다. 탄소섬유는 열팽창계수가 작기 때문에 사용 온도의 변동에도 치수 안정성이 뛰어나 우주구조물에 적당하고, 강도와 견고성이 크기 때문에 항공기의 1차 구조부재 제작에 사용된다. 그러나 취성이 크고 가격이 비싼 단점을 가지고 있다. 외형상으로 검정색 천으로 구분할 수 있다.

탄소 섬유는 금속 재질의 부품 또는 구조물과 함께 사용될 때에는 이질금속 간 부식 발생 가능성이 매우 높은 편이다.

그림 7-27 탄소섬유

③ **아라미드 섬유**(Aramid fiber)

케블러가 대표적인데, 이는 듀폰 회사에서 제작한 아라미드 섬유 제품의 명칭이다. 아라미드 섬유는 가볍고 강하며 단단한 특성을 가지고 있다. 아라미드 섬유의 장점은 충격 손상에 대한 저항력이 우수하여 충격 손상을 입기 쉬운 곳에 널리 사용되고 있다. 가볍고 인장강도가 크며 유연성이 좋다는 장점을 가지고 있으며, 높은 응력과 진동을 받는 항공기 부품에 가장 이상적이다. 아라미드 섬유의 주요 단점은 압축력과 습기 침투에 대한 저항력이 취약하다.

카본섬유보다 비강도가 높고 가격도 싸며 취급도 용이하여 단독적으로 또는 카본섬유와의 하이브리드(혼합) 소재로 널리 이용된다. 외형상으로 노란색 천으로 구분할 수 있다.

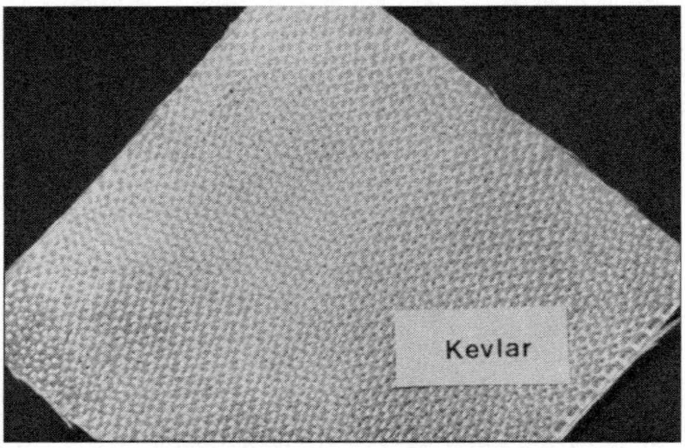

그림 7-28 아라미드섬유(케블러)

④ **보론섬유**

보론 섬유는 매우 딱딱하고 높은 강도를 갖고 있으며 비교적 큰 직경을 갖고 있어 잘 구부러지지 않는다. 보론의 열팽창이 알루미늄과 유사하고 이질 금속 간의 부식 발생 가능성이 낮아 항공기 표피 구조물 수리 시 사용되기도 한다. 취급이 어렵고 가격이 비싸다는 단점이 있어 일부 전투기에 사용되었으나 점차 사용량이 감소되고 있다.

⑤ **세라믹 섬유**(Ceramic fiber)

세라믹 섬유는 1200℃의 고온에서도 거의 원래의 강도와 유연성을 유지하는 장점이 있어 높은 온도가 요구되는 곳에 사용된다. 방화벽, 우주선 등 고열을 받는 곳에 사용하며 주로 금속 모재와 함께 사용된다.

⑥ **알루미나 섬유**

카본섬유보다 밀도는 높으나 내열성이 뛰어나고 유리섬유와 같이 무색투명한 부도체이다. 금속과 수지와의 친화성이 좋아 표면처리를 하지 않아도 FRP나 FRM의 기본 재료로 사용할 수 있다.

7.7.3 항공기 복합재료의 종류

적층 복합 소재의 탄성, 방향 안정성, 강도 등의 구조적 특성은 복합 소재를 이루고 있는 층의 적층 순서에 따라 결정된다. 적층 순서는 적층 판의 두께를 고려하여 겹의 조직 구성 방향을 분배 설정하는 것으로 표현된다. 필요한 조직 구성 방향의 층수가 많아지면 이에 필요한 적층 순서도 증가하게 된다.

복합 소재 구조물에서는 일반적으로 축 방향 하중을 담당하기 위해 0°, 전단 하중을 담당하기 위해 ±45°, 가로 방향 하중을 담당하기 위해 90°방향으로 겹이 위치한다. 강도 설계 시 가해지는 하중 방향의 기능을 담당해야 하기 때문에 겹의 조직 구성 및 적층 순서가 명확하게 이루어져야 한다.

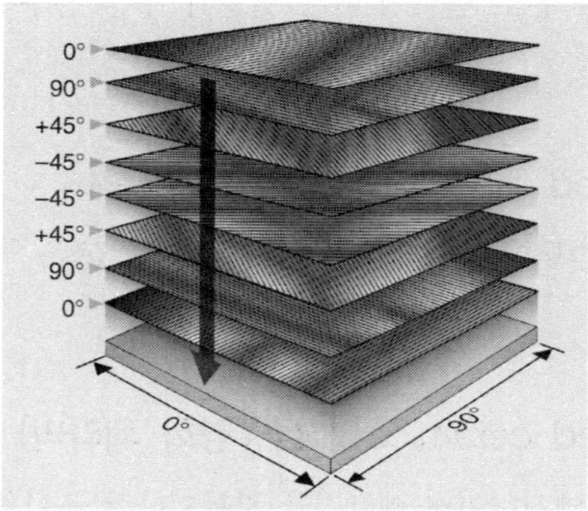

그림 7-29 FRP 적층 구조

항공기에 사용되는 각종 매트릭스 복합재의 사용 온도 범위는 그림 7-30에 나타낸 바와 같다.

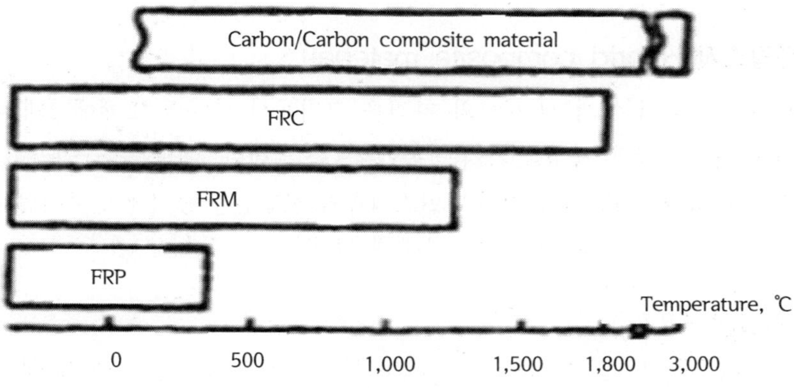

그림 7-30 각종 매트릭스 복합재의 사용 온도 범위

(1) FRP

① **GFRP(glass fiber reinforced plastics ; 유리섬유 강화 플라스틱)**

전파 투과성이 좋으며 비강도는 양호하나 비강성이 낮아 주로 2차 구조물에 적용된다.

② **CFRP(carbon fiber reinforced plastics ; 탄소섬유 강화 플라스틱)**

강도가 좋아 1차 구조물에 적용하며 열팽창 계수가 작아 치수안정성이 뛰어나므로 우주 구조물에 적합하다.

③ **AFRP(aramid fiber reinforced plastics ; 아라미드섬유 강화 플라스틱)**

알루미늄 합금과 비교 시 4배 정도의 인장강도를 가지면서 무게는 1/3 정도로 가볍다. 높은 하중과 진동, 피로에 강하나 온도 변화에 따른 변형과 수분 흡수성이 있으며 압축과 전단에 취약하다.

(2) FRM(fiber reinforced metalics ; 섬유강화금속)

FRP의 매트릭스가 플라스틱에서 금속으로 바뀐 것으로 고온 특성이 뛰어난 재료를 얻기 위해 개발되고 있다.

(3) FRC(fiber reinforced ceramics ; 섬유강화 세라믹)

금속보다 내열성이 높은 엔지니어링 세라믹을 카본이나 금속섬유 또는 세라믹 섬유로 강화시킨 복합재료이다. 항공우주용으로는 내열재, 마찰재로 사용된다.

(4) ACM(advanced composite material ; 첨단 복합재료 또는 신 복합재료)

높은 비강도, 비강성을 가지는 새로운 복합재료를 말한다.

(5) 혼합 복합소재(Hybrid composite material)

혼합 복합 재료는 부품 설계 시 강도와 가격을 고려해서 하나의 모재에 2개 이상의 강화섬유를 결합하여 만든 새로운 특성을 가지는 복합재료를 말한다. 예를 들어, 아라미드와 탄소섬유를 결합시키면 아라미드섬유의 유연성과 탄소섬유의 견고성을 동시에 만족시켜 주는 기체구조 부재를 만들 수 있으며 다음과 같은 형태가 있다.

① **inter-ply hybrid**

그림 7-31에 나타낸 것처럼 한 층에는 하나의 섬유를 사용하는데, 다른 층에 다른 섬유를 사용하여 적층하는 방식이다.

② **intra-ply hybrid**

그림에 보인 것처럼 한 층(layer)에 두 개 이상의 섬유를 혼합해서 사용하는 형태로 제작된 것을 말한다.

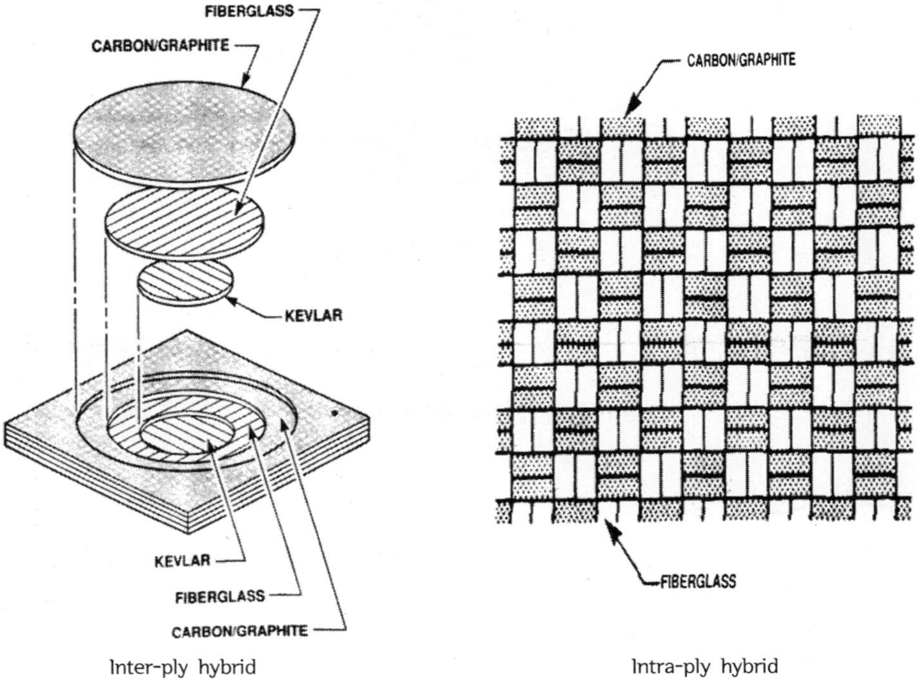

그림 7-31 Hybrid 형태

③ **선택적 배치**

강도, 유연성, 비용 절감, 중량 감소 등을 위해 부위별로 섬유를 선택하여 배치하는 방법이다. 그림 7-32와 같이 I-beam의 경우 응력이 큰 플랜지 표면은 강도가 큰 탄소섬유를 사용하고, 적은 응력이 걸리는 web에는 강도가 낮은 유리섬유를 사용할 수도 있다.

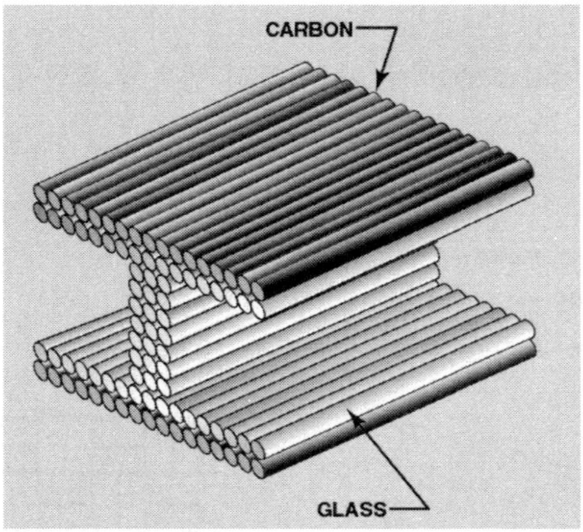

그림 7-32 선택적 배치

7.7.4 FRP의 특성

항공기에 주로 적용되는 섬유강화복합소재(FRP)는 다음과 같은 특성을 가지고 있다.

(1) 우수한 강도와 강성

그림 7-33에 보인 것처럼 금속보다 비강도와 비강성이 우수하다.

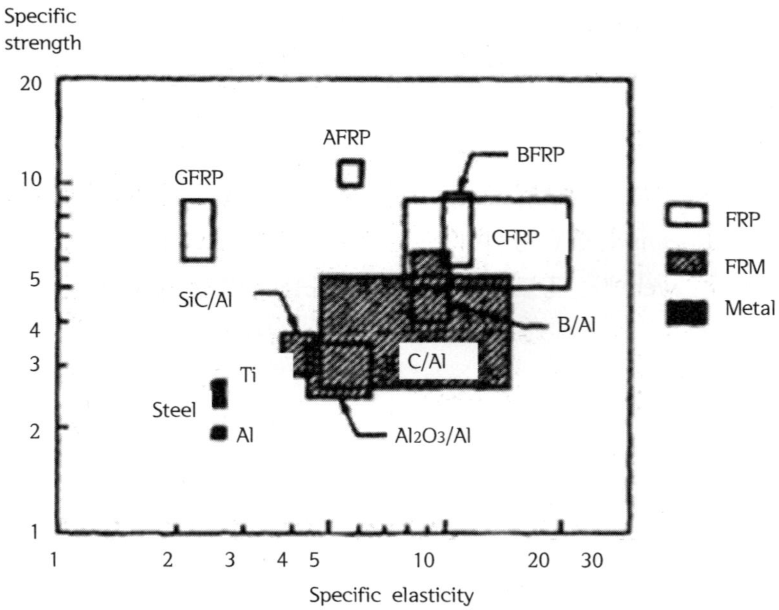

그림 7-33 재료에 따른 비강도와 비탄성율

(2) 경계면 문제

섬유와 매트릭스가 결합되는 경계면의 결합이 완전한 상태가 되도록 노력해야 한다.

(3) 이방성(fiber orientation)

그림 7-34에 나타낸 것처럼 강화 섬유의 배열 방향에 따라 강도, 강성 등 물리적 성질이 다르게 된다. 그림에 보인 것처럼 1방향 섬유의 경우 섬유 방향의 하중은 강하게 저항할 수 있지만 하중이 섬유 방향과 어긋날수록 강도가 저하된다. 이러한 성질을 적극적으로 활용한 것으로 적층복합재의 각 층의 방향이나 층수에 대한 비율을 바꿈으로서 날개의 공기역학적인 탄성 움직임을 조절할 수 있는데, 이러한 것을 공탄성 테일러링(aeroelastic tailoring)이라 한다.

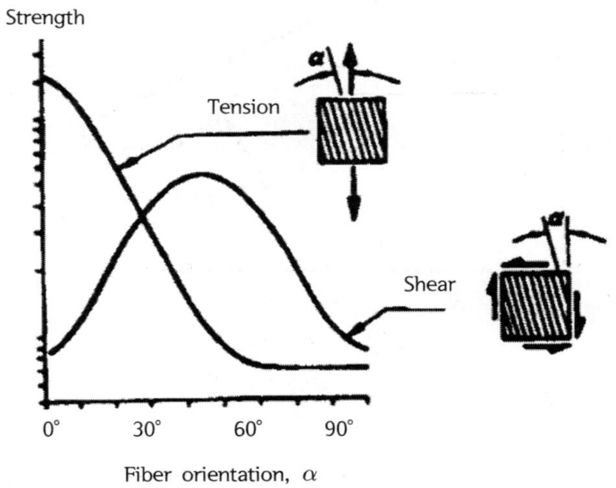

방향에 따른 강도

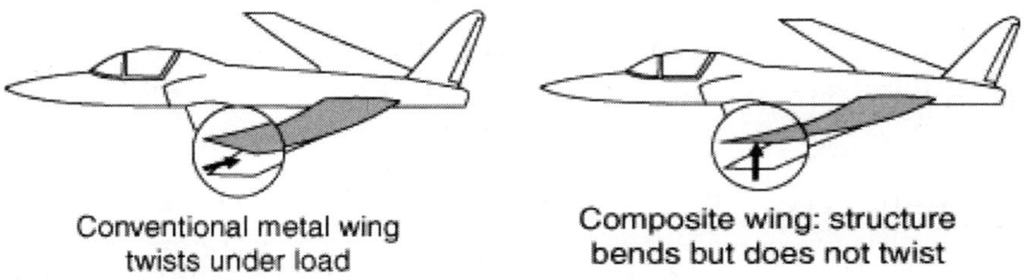

적층 복합재의 공탄성 거동

그림 7-34 이방성과 공탄성 테일러링

(4) 층간전단강도

적층 복합소재의 치명적인 단점으로 적층면 사이의 전단강도가 매우 작아 층과 층 사이의 분리가 쉽게 발생한다.

(5) 피로강도

FRP는 정적강도에 비해 피로강도가 매우 큰 특성이 있다. 그림 7-35에서 보인 바와 같이 알루미늄 합금의 경우 피로강도가 정적강도의 절반 이하로 떨어지나 CF/Epoxy의 피로강도와 정적강도의 차이는 금속보다 매우 적게 나타나므로 정적강도를 만족시킨 FRP 구조부재인 경우 내구성은 충분하게 확보된다.

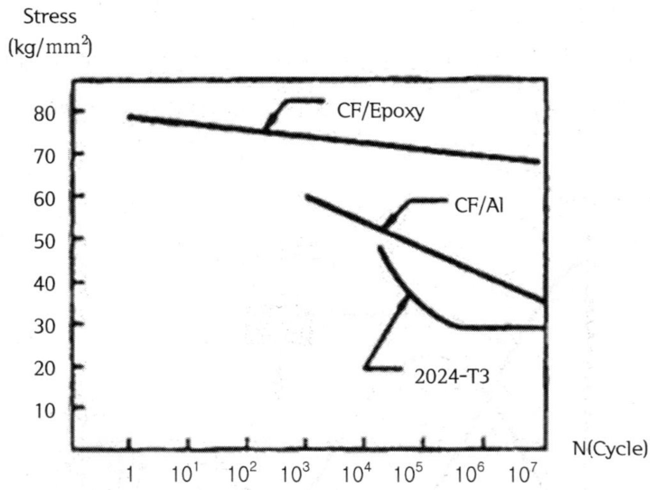

그림 7-35 피로강도

(6) 충격특성

금속재료에 비해 연성이 적은 탄소나 보론 섬유를 사용한 FRP는 내충격성이 작다. 사용상태와 유사한 형태의 충격을 준 다음 잔존 강도를 측정하는 방법으로 복합재료의 내충격특성을 평가한다. AFRP는 섬유에 연성이 있고 내충격성이 우수하므로 CFRP와 동시에 적층하면 CFRP의 결점을 보완할 수 있다.

(7) 기후에 견디는 성질

FRP는 대기 중에서도 수지가 습기를 흡수하여 중량이나 치수의 변화를 일으킬 수 있고 물리적 성질의 저하가 발생하기도 한다.

(8) 전기와 광학적 특성

GFRP의 경우 전파와 빛에 대한 투명도가 매우 좋고 전기에 대한 절연성이 뛰어나다. CFRP의 경우 전기가 잘 통하는 전도체이다.

(9) 재료설계와 구조설계의 동시화

FRCM(fiber reinforced composite material, 섬유강화복합소재)을 구조에 적용할 때, 설계자의 목적에 따라 소재의 선정, 섬유방향 배열과 적층수, 하이브리드재의 비율 등 FRCM의 성질을 여러 가지로 조정할 수가 있어 복합재료를 '재료설계가 가능한 재료'라 말하기도 한다. 설계할 때 성형 후의 절삭이나 가공을 피하도록 성형품을 최종 형상으로 만들 필요가 있다. 구조물의 강도와 강성뿐만 아니라 생산 공정도 고려해야 하므로 재료설계와 구조설계를 동시에 수행할 수 있게 된다.

7.7.5 복합재료의 적용 효과

L-1011 항공기의 에일러론을 알루미늄 합금으로 제작한 경우와 복합소재로 제작한 경우를 비교한 결과를 그림 7-36에 보였다. 알루미늄으로 제작된 것보다 복합소재로 만들어졌을 때 무게는 26% 감소하였고, 리브와 부품 수량, 패스너 수량은 거의 절반 정도로 줄어든 것을 알 수 있다.

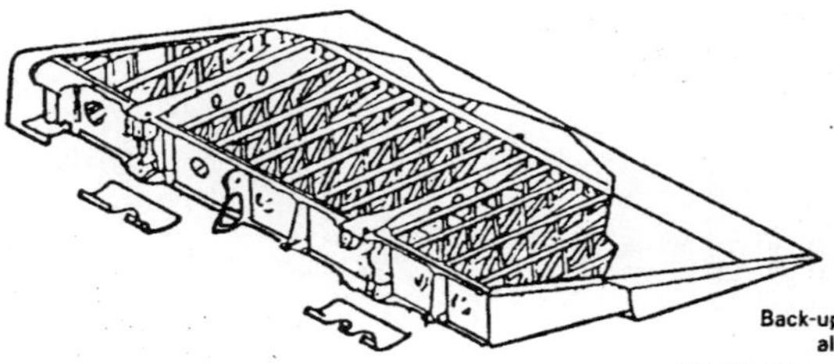

(a) Aluminum

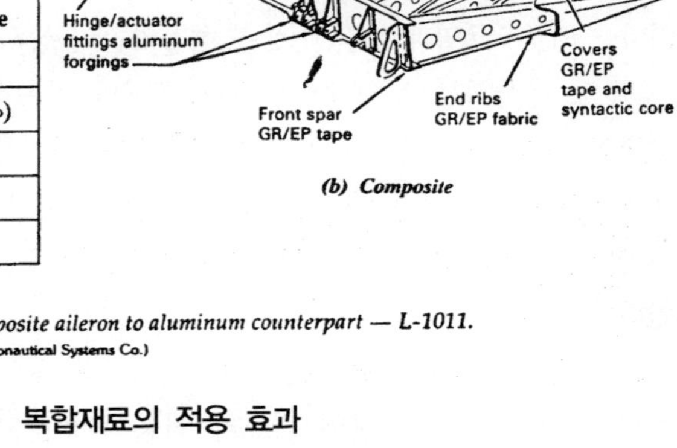

(b) Composite

	Aluminum	Composite
Weight (lb)	140.5	103.9
Weight saved (lb)	0	36.5 (26%)
No. of ribs	18	10
No. of parts	398	205
No. of fasteners	5253	2574

Comparison of composite aileron to aluminum counterpart — L-1011.
(Courtesy of Lockheed Aeronautical Systems Co.)

그림 7-36 복합재료의 적용 효과

7.8 기체구조에 적용된 재료

7.8.1 항공 재료의 특성

재료를 선택하는데 있어서 가장 먼저 고려할 것은 사용 용도와 목적에 대한 적합성과 제작 시와 운용 중 발생하는 비용 등을 고려하여 결정한다.

공중을 나는 항공기의 경우 무엇보다 무게에 민감하기 때문에 기체구조부재를 선정할 때 가장 먼저 고려하는 사항은 '소재의 비강도가 얼마나 양호한가?' 이다. 비강도란 소재의 강도를 비중으로 나눈 값으로 소재가 가벼우면서 얼마나 강한지를 알려주는 물리량이다.

항공기 기체에 사용되는 재료의 일반적 조건은 다음과 같다.

* 경량이면서 강도가 우수할 것
* 전기 및 열전도성이 좋을 것
* 성형성과 가공성이 우수할 것
* 부식에 대한 내성이 좋을 것
* 열에 강할 것
* 제조 원가가 저렴할 것

7.8.2 기체구조에 적용된 재료

구조부재의 경우 부재의 역할과 사용 환경에 따라 각기 다른 특성을 요구하기 때문에 부위마다 가장 적합한 것을 선택해야 한다.

하중을 감당하는 기체구조 부재는 기본적으로 강도가 좋아야 한다. 정적 하중에 대한 강도가 중요한 경우는 인장강도, 항복강도, 압축강도, 좌굴강도, 전단 강도와 같이 정적 강도가 높은 소재가 적합하다. 반복되는 피로 하중이 중요하여 피로파괴가 예상이 되는 부위는 피로강도가 높은 소재를 적용해야한다. 통상 정적강도가 높은 금속일수록 피로강도 특성도 높은 특성을 보인다. 그런데 균열과 같은 손상을 허용하는 손상허용설계가 적용된 기체에서 운용 중 인장하중이 주로 발생하는 부위에서는 피로균열의 지속적 성장으로 파괴에 이를 수 있기 때문에 피로균열이 있을 때 얼마나 버틸 수 있는 소재인가를 결정하는 파괴인성(fracture toughness)이 좋은 재료를 선택해야 한다. 그런데 아쉽게도 강도가 높은 소재의 경우 강도에 비해 파괴인성이 좋지 않은 특성이 있다. 즉, 오히려 강도가 낮은 소재의 파괴인성이 상대적으로 양호한 경향을 보인다.

부식 환경에 노출이 잘 되는 부위는 당연히 내식성이 좋은 소재를 적용해야 하고, 고온에 노출되기 쉬운 곳에는 내열 재료가 적용되어야 효과적이다.

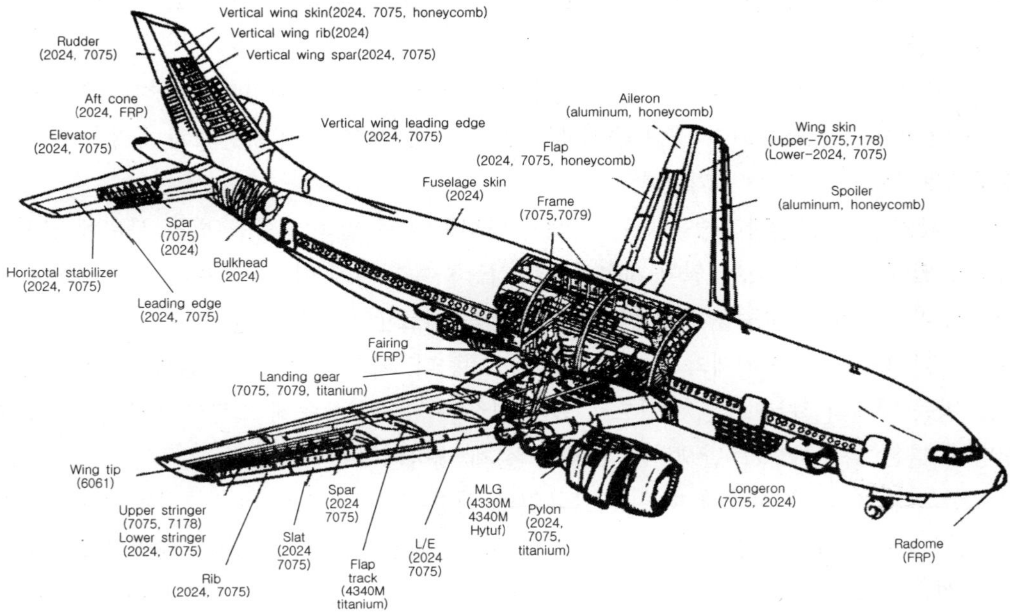

그림 7-37 기체구조에 적용된 소재

그림 7-37은 여객기의 여러 부재에 어떤 재료가 적용되었는가를 보여주고 있다. 적용된 소재를 전반적으로 살펴보면 2×××, 7×××의 알루미늄 합금이 가장 많고, 4××× 철강 합금, 6××× 알루미늄 합금, FRP(fiber reinforced plastics) 복합소재, 티타늄 합금이 일부 적용된 것을 알 수 있다.

6××× 계열의 알루미늄합금은 2××× 계열이나 7××× 계열보다 강도는 못하지만 용접성이 양호한 특성을 가지고 있다. 그림에서 6××× 계열 알루미늄합금이 적용된 날개 끝단 구조물의 경우 감당할 하중이 적어 강도를 요구하기 보다는 형상의 복잡성으로 인해 제작에 어려움이 있는데, 부재들을 용접하여 결합함으로서 쉽게 제작할 수 있게 된다.

알루미늄합금의 경우 전반적으로 정적강도는 7××× 계열이 2××× 계열보다 우수하나, 파괴인성의 경우는 2××× 계열이 7××× 계열보다 우수하다. 따라서 파괴인성이 중요하지 않은 부재라면 7××× 계열의 알루미늄 합금을 적용하는 것이 효율적이라 할 수 있다. 보통 비행 중 압축 하중을 받는 날개의 상부스킨 구조부재가 대표적이다.

그림에서 착륙장치를 구성하는 부재의 경우 상대 운동이나 진동으로 접촉부에 손상이 발생하기 쉬우므로 알루미늄합금보다는 내마모성이 좋은 철강 합금을 적용하는 것이 좋을 것이다.

티타늄 합금의 경우 비강도는 어떤 금속보다도 월등히 우수하지만 가공성이 떨어져 부재의 가격이 비싸지므로 극히 일부 구조에 적용된다. 여객기의 경우 기체에 균열이 발생했을 때,

균열이 급격히 성장하는 것을 막기 위한 임시방편으로 사용되는 크랙 스토퍼(crack stopper) 부재로 잘 사용된다.

FRP의 경우 이전에 개발된 여객기의 경우 구조안전에 대한 신뢰성이 충분히 검증되지 않아 2차 구조부재에만 적용되던 것이 근래에 개발된 보잉 787의 경우에는 1차 구조부재의 상당 부분에도 복합소재가 적용되었다.

피로균열은 주로 인장하중을 받는 곳에서 발생하나 큰 압축 하중을 받는 부위에 발생하는 경우도 있다. 그런데 피로균열이 지속적으로 성장하여 파괴에 이르는 부위는 인장하중을 주로 받는 부위이고, 압축 하중을 주로 받는 부위에서는 피로균열이 발생하더라도 어느 정도 성장하다 성장이 멈추게 되어 기체의 파괴에 이르지는 않는다. 따라서 양력으로 인해 인장 피로하중을 주로 받는 날개의 하부 스킨, 여압으로 인해 인장하중을 받는 동체 스킨의 경우는 피로균열의 성장에 따른 파괴사고가 발생하지 않도록 설계/제작되어야 한다.

그림 7-38과 같이 시간에 따른 피로균열의 성장 곡선 형태가 다른 3개의 소재 중 가장 적당한 소재는 어떤 것일까? 그림에서 수평 축은 비행시간, 수직 축은 균열의 크기이므로 각 곡선은 비행시간의 경과에 따른 3 소재의 균열 성장 거동을 보여주고 있다. 모든 소재는 초기에 동일한 크기의 균열에서 성장하다 재료가 더 이상 견디지 못하게 되어 파괴가 일어나는 점(그림에서 × 표시 위치)까지의 거동을 보여준다. 초기 균열의 크기는 손상허용설계 개념에서 승인된 크기의 균열로 모든 부재에 이 정도의 균열이 제작 중 발생할 수 있다는 가정에 근거한 것이다. 파괴에 이르기까지의 소요 시간을 살펴보면 a<b<c 이므로 가장 오랜 기간 사용할 수 있는 것은 c 소재이고, 균열의 크기가 가장 클 때까지 버틸 수 있는 소재는 b이다. 가장 오래 사용할 수 있는 c 소재(23년이라 가정하자)가 가장 적합하다고 생각할 수도 있으나 기체의 사고를 예방하는 차원에서는 생각이 달라질 수 있다. 그림에서 b 소재의 경우 전체 사용시간(20년)은 비록 c 보다 짧지만, b 재료가 c 재료의 최종 파단이 발생하는 순간의 균열 크기보다 큰 균열을 가진 상태에서 최종 파단에 이르기까지 짧은 기간(0.5 년)이지만 더 버틸 수 있게 된다. 이것이 시사하는 바가 무엇일까? b 소재의 경우 c의 경우보다 6개월이라는 기간 동안 좀 더 큰 균열이 있는 상태에서 사고가 발생하지 않고 버틸 수 있다는 것이다. 균열이 좀 더 큰 상태에서는 파괴가 일어나기 전에 균열을 발견할 가능성이 매우 높아지게 된다. 즉, 더 주어진 6개월이라는 기간 동안에 균열이 발견되어 사고를 예방할 가능성이 매우 높아지게 된다. 기체구조 설계의 성패 여부는 기체구조의 안전을 어떻게 확보할 것인가에 달려 있으므로 사고의 가능성을 조금이라도 낮출 수 있는 b 소재의 선택이 합당할 수 있다는 것이다. 보다 근본적으로 설계단계에서 여러 조건을 고려하여 계산된 피로균열성장수명대로 실제 기체의 수명이 일치하지 않기에 조금이라도 사고를 예방할 수 있는 방법을 적용하는 것이 최선이라 생각할 수 있다.

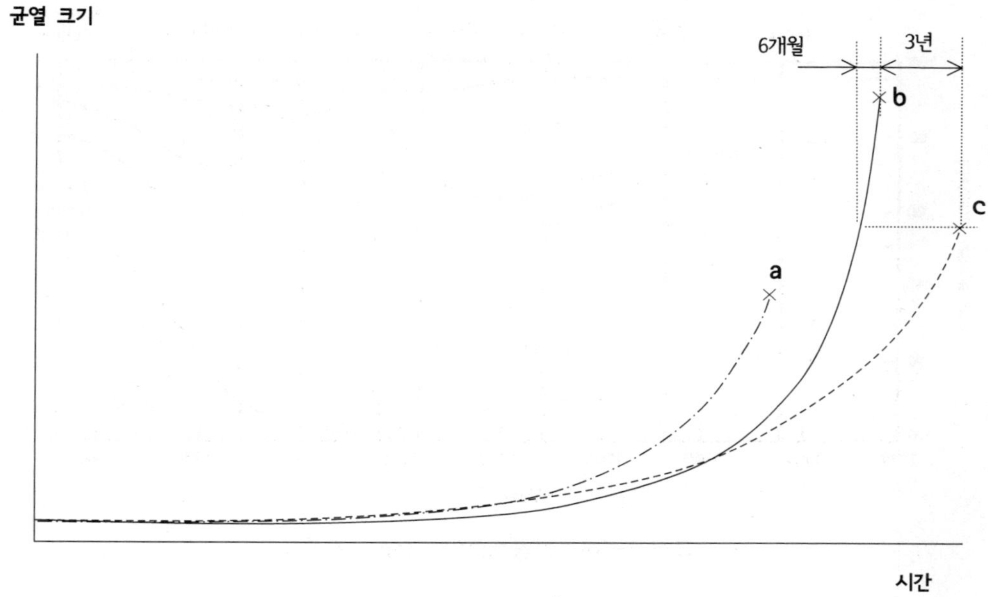

그림 7-38 피로균열 성장 곡선

피로균열의 지속적 성장으로 파괴에 이를 가능성이 있는 부위는 좀 더 큰 균열인 상태에서 짧은 기간이라도 버티어 줄 수 있는 소재가 유리하다고 할 수 있다.

어떤 항공기에서는 인장하중을 주로 받는 날개 하부를 이루는 스킨과 스트링거를 모두 2××× 계열 알루미늄 합금으로 제작하기도 하지만, 기종에 따라서는 스킨의 경우는 2××× 계열, 보강재인 스트링거는 7××× 계열의 알루미늄합금을 적용할 수도 있다. 스킨의 경우는 외부에 노출이 되어 있어 균열이 발생하는 경우 발견하기가 쉽지만 날개 안에 부착된 스트링거의 경우 균열이 발생하더라도 발견하기가 어렵기 때문이기도 하고, 대부분의 경우 스킨에 발생한 응력의 크기가 스트링거에 발생한 응력보다 크므로 보통의 경우 스트링거보다 스킨에 균열이 발생하기 쉽기 때문이라 생각할 수 있다.

(1) 시대에 따른 기체구조 재료의 변화

그림 7-39에 시대별로 개발된 전투기에 적용된 기체구조 재료가 어떻게 변화했는지 보여주고 있다. 알루미늄과 철강재가 주로 사용되다 F-14, F-15의 경우 티타늄 합금이 상당 부분 사용되었음을 알 수 있다. 1970년대 후반부터 복합소재가 조금씩 사용되다 1990년대를 지나면서 복합소재의 사용량이 50%를 넘어서는 것을 볼 수 있다.

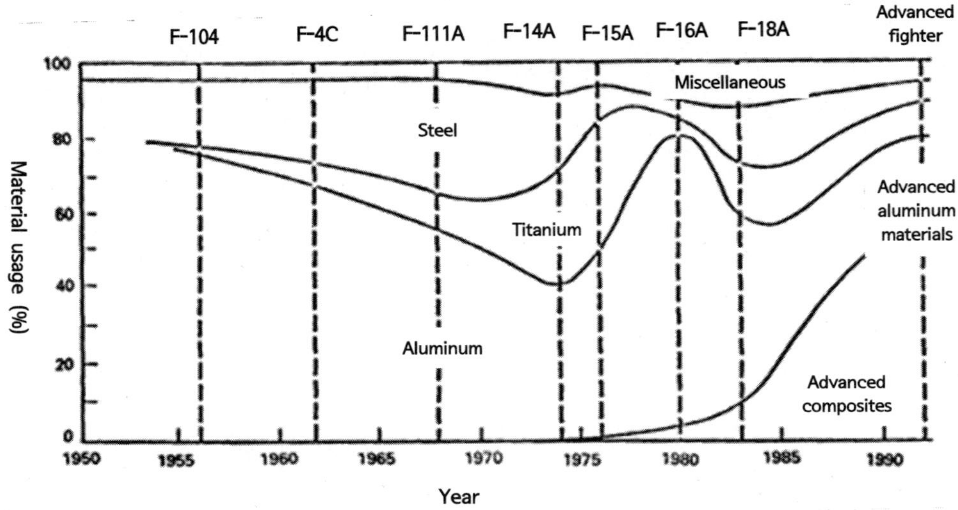

그림 7-39 항공재료의 변화 - 전투기

(2) 복합재료의 적용

전투기에는 빠른 속도로 복합재료가 광범위하게 적용되었지만 민간 여객기의 경우에는 복합재료의 적용 속도가 빠르지 않다. 많은 사람이 탑승하는 여객기의 경우 예기치 않은 기체구조의 파손으로 사고가 발생할 경우 너무 많은 인명 피해가 발생하므로 보다 높은 신뢰도가 있어야 하기에 그림 7-40에 보인 것처럼 1990년대의 보잉 777 기종에 적용된 복합재료는 조종면, 착륙장치 도어, 엔진 카울링, 페어링(fairing), 날개 앞전과 뒷전 구조부재, 레이돔과 같은 2차 구조부재에 국한되어 적용된 것을 알 수 있다.

최근에 개발된 초대형 여객기 A380의 경우 조종면, 페어링, 날개 앞전 구조와 같은 2차 구조부재는 물론 날개 중앙부의 윙박스 일부, 동체 후방 벌크헤드와 같은 1차 구조부재에도 복합소재가 적용되었음을 알 수 있다.

이후 개발된 보잉 787 기종의 경우 그림 7-42에 보인 것처럼 1, 2차 구조부재 가릴 것 없이 대부분의 구조 부재가 복합재료로 제작된 것을 볼 수 있다.

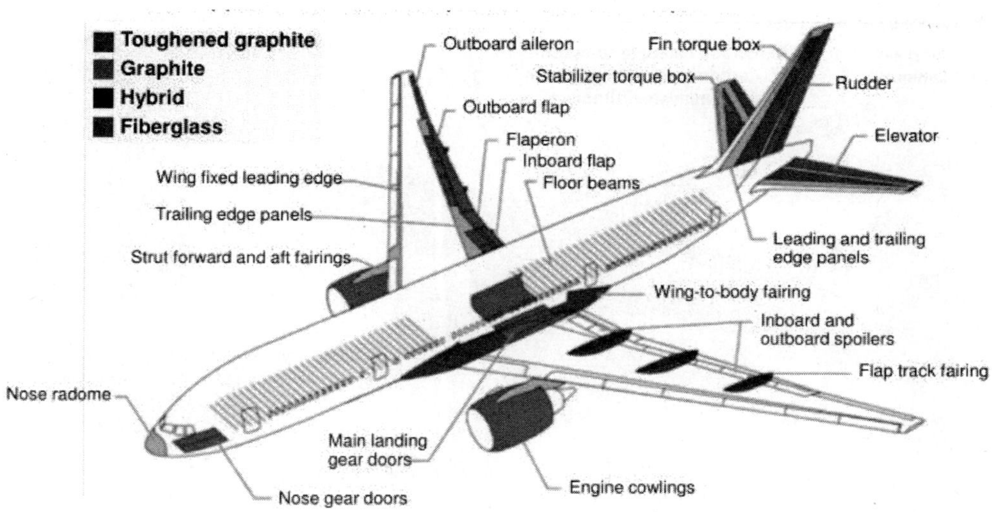

그림 7-40 복합재료의 적용 사례 - 보잉 777

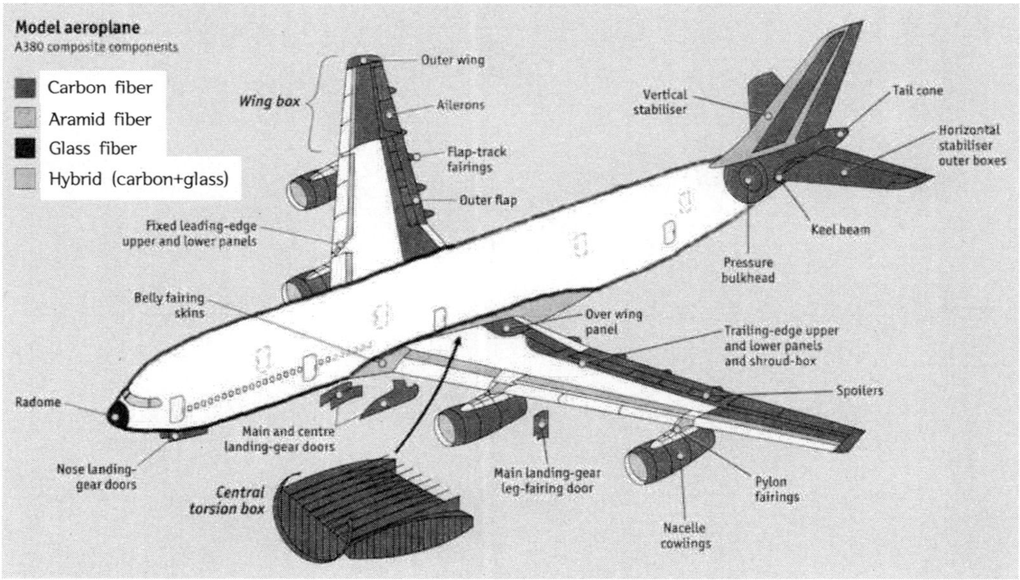

그림 7-41 복합재료의 적용 사례 - A380

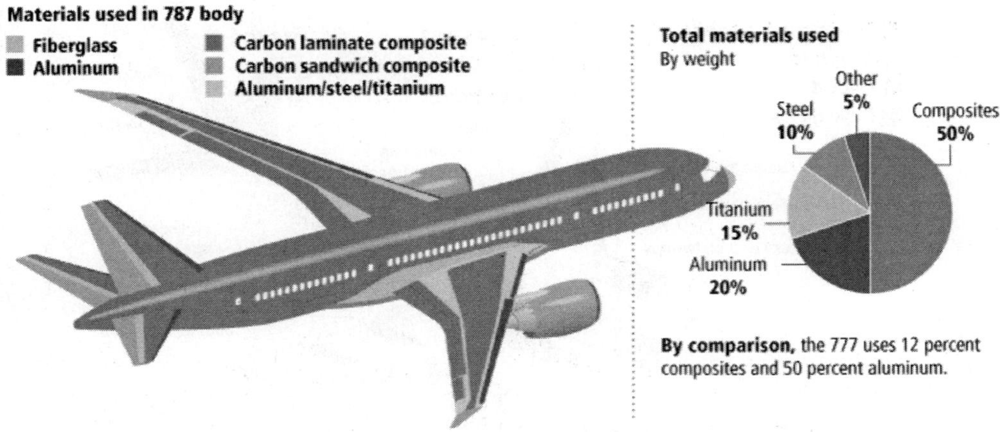

그림 7–42 보잉 787 기체 재료

8 기체 제작

8.1 부품 가공

8.1.1 소성 가공

금속은 인장, 압축, 굽힘, 전단 등의 힘으로 판재, 봉재, 관재 등과 같은 모양을 만들 수 있는데, 금속이 영구 변형되는 성질을 소성이라 하고, 이러한 성질을 이용한 가공법을 소성가공이라 한다.

소성가공은 금속의 재결정 온도를 기준으로 열간 가공과 냉간 가공으로 나눌 수 있고, 가공 방법에 따라 단조, 압연, 프레스, 압출, 인발 등이 있다. 재결정(recrystallization)이란 내부 응력이 없는 새로운 결정의 핵이 생겨 이것이 점차로 성장하는 것과 동시에 구결정이 소실되는 것이다. 재결정 핵이 처음 발생되는 곳은 결정의 경계나 슬립(slip) 면에 나타나는데 이것을 재결정이라 한다. 재결정이 생기면 재료가 급격히 연화되고, 다른 성질도 많이 변화한다. 재결정이 생기는 온도를 재결정 온도라 하는데, 철강 재료의 경우 350~450℃, 알루미늄은 150~240℃ 정도이다.

(1) 단조(Forging)

단조는 망치로 두드리거나 프레스(press)로 압착해서 제품을 성형하는 과정이다. 재료를 재결정온도 이하에서 단조하면 냉간 단조라 부르고 재결정온도 이상에서 작업하면 열간 단조라고 부른다. 그림 8-1과 같이 형틀에 뜨거운 금속을 넣고 압착하면 형틀 모양대로 부품이 만들어지는데 이러한 작업을 단조가공이라 한다. 그림에 보인 것이 티타늄 소재를 단조하여 제작한 F-22 벌크헤드이다. 단조로 제작된 제품은 그레인 손상이 적고 그레인 방향이 양호하여 피로균열의 발생을 억제할 수 있어 내구성이 증가하는 장점이 있다.

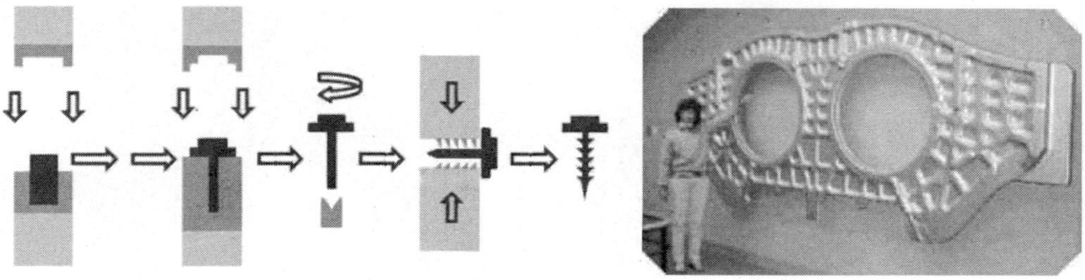

그림 8-1 단조가공

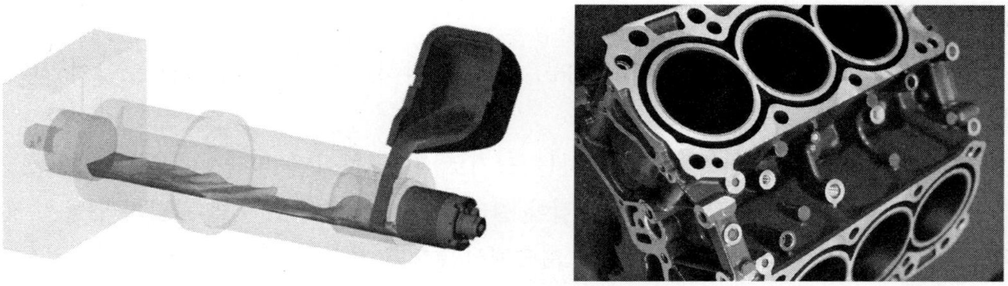

그림 8-2 주조와 주조 제품

(2) 주조(Casting)

주조는 그림 8-2에 보인 것처럼 금속을 융해시켜 원하는 모양의 주형(mold) 안에 녹인 금속을 부어서 만드는 과정이다. 주조제품은 보통 같은 재료의 가공제품보다 강도는 낮고 취성은 높다.

(3) 압출(Extrusion)

압출 과정은 형틀에 있는 구멍을 통해 금속을 밀어 넣어 형틀 구멍의 모양과 같은 단면모양을 갖는 긴 제품을 만드는 과정이다. 형틀의 구멍 모양은 앵글(angle), 채널(channel), 관(tube), 기타 다양한 모양의 단면을 가진다. 납(lead), 주석(tin), 알루미늄 등과 같은 금속은 상온에서 열을 가하지 않고도 압출가공이 되지만, 대부분 금속은 압출가공을 위해서 가열해야 한다.

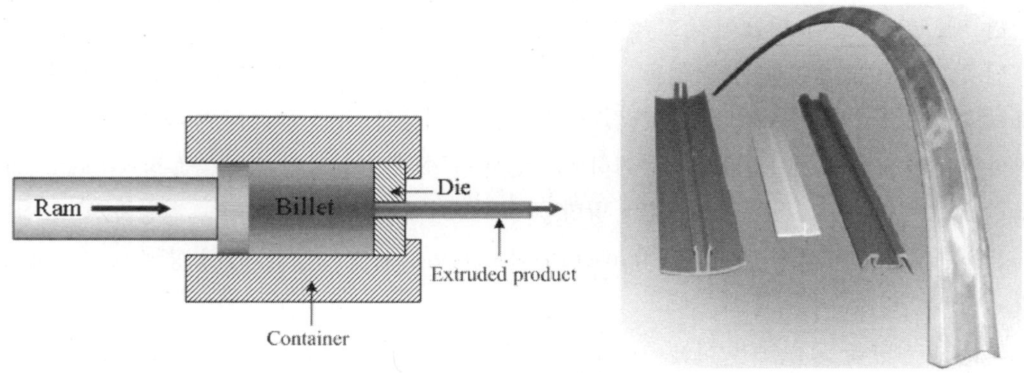

그림 8-3 압출과 압출 제품

(4) 인발(Drawing)

인발은 이음매 없는 배관, 와이어(wire), 유선형 타이로드(tie rod), 다른 모양의 지지대를 만들 때 사용한다.

로드 형상의 부재를 만들 때, 요구하는 크기로 점차 줄이기 위해서는 와이어를 점점 더 작은 형틀 구멍으로 연속해서 통과시켜 잡아 늘리는 것이 필요하다. 이들 각각의 인발은 와이어의 연성을 감소시키기 때문에, 인발을 계속해서 늘리고자 할 때는 가끔씩 풀림처리를 해야 한다.

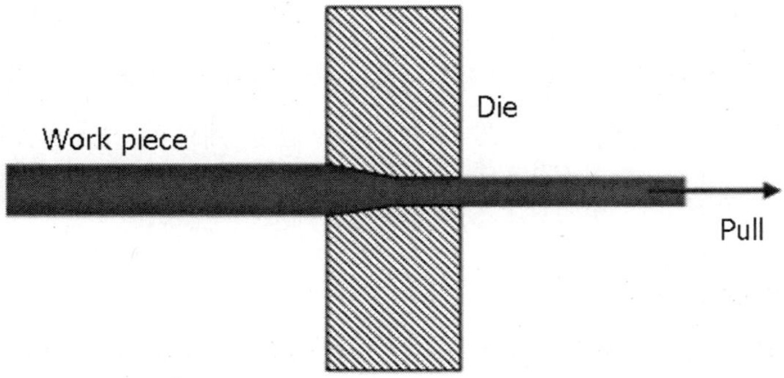

그림 8-4 인발

(5) 압연(Rolling)

그림 8-5와 같이 소재를 롤러(Roller) 사이로 통과시켜 제작하는 것으로 냉간압연을 하게 되면 매끈한 표면이 만들어지고 정확한 치수로 만들 수 있다.

단조, 압출, 인발, 압연 작업을 통해 가공된 소재를 사용하는 경우 그레인 방향(grain direction)에 유의할 필요가 있다. 그림과 같이 압연 가공을 하면 롤러를 통과하면서 그레인의 형상이 납작해지게 된다. 롤러를 통과하여 만들어진 소재에서 압연 방향을 L-방향(longitudinal direction, 종방향), L-방향에 수직한 방향을 T-방향(transverse direction, 횡방향)이라 한다. T-방향은 폭 방향을 LT-방향(long transverse direction), 두께 방향을 ST-방향(short transverse direction)이라 한다.

그레인 방향을 고려해야 하는 이유는 각 방향에 따라 소재의 강도와 피로 특성이 다르게 나타나는데, L-방향의 피로 특성이 가장 좋으므로 구조부재를 제작할 때 부재가 감당해야할 힘의 방향이 L-방향이 되도록 제작하면 좋을 것이다.

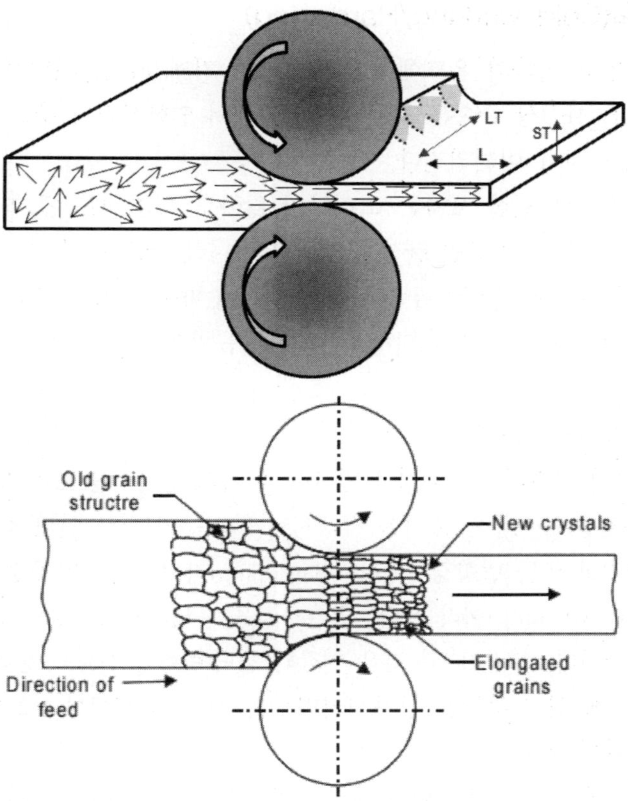

그림 8-5 그레인 방향

(6) 프레스(Press)

금속판재를 상하 한 쌍의 프레스 형틀 사이에 넣고 원하는 모양으로 성형 가공하는 것을 말한다.

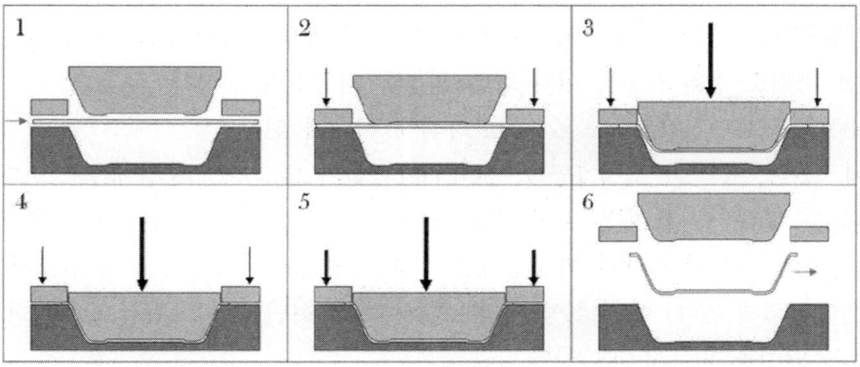

그림 8-6 프레스 가공

(7) 냉간가공/경화(Cold working/Hardening)

냉간가공은 임계온도 이하의 온도에서 이루어지는 기계가공을 의미한다. 이것은 금속의 가공경화를 초래한다. 사실상 금속은 가끔 풀림처리해서 연화시키지 않으면 너무 단단해져서 지속적으로 가공하는 것이 어려워진다.

냉간가공에서 수축으로 인한 오차는 고려하지 않아도 되기 때문에, 더 정밀하고 우수한 제품을 만들 수 있다. 냉간가공하면 탄성 한계뿐만 아니라 강도와 경도가 증가하지만 연성은 감소한다. 이것은 더 쉽게 부서지는 금속이 되는 것이기 때문에 어떤 작업에서는 가공에 의해 발생한 좋지 않은 특성을 제거하기 위하여 이따금씩 가열해야 한다.

〈가공경화(work hardening)〉

소성변형으로 소재가 단단해지는 현상을 말한다. 금속의 항복점을 초과한 영구변형은 원재료의 탄성한계나 항복점을 높여주는 효과를 발생시키게 되는데 이로 인해 소성변형이 일어나기 어려운 현상을 가공경화 또는 변형경화(strain hardening)라고 한다. 가공경화가 일어나는 저온 가공을 냉간가공(cold working)이라 한다. 냉간가공을 통해 재료는 경도, 항복점, 인장강도는 증가하고 신율은 감소한다. 그림 8-7과 같은 연강의 응력-변형률 선도를 통해 살펴보기로 한다.

* 금속을 인장시험기에 걸고 하중을 증가시키면 처음에는 O 점에서 1-2-3-4-5를 따라가면서 힘에 따른 변형이 나타난다.
* 그림 5에서 하중을 제거하면 5-4-3-2-1을 따라 되돌아오지 않고 0-1 직선과 평행을 유지하면서 5-5′처럼 응력과 변형이 직선으로 변화한다. 하중이 완전히 제거되어도 0-5′의 변형은 남게 되는데 이를 소성변형(영구변형, 잔류변형)이라 하고, 5-5′로 변화하는 동안 복원된 변형을 탄성변형이라 한다.
* 하중을 다시 가하면 금속은 5′-5″를 따라 탄성적으로 변형하다가 먼저 가한 하중의 최대응력과 같은 응력이 되고 나서 5″-6 곡선을 따르는 변형이 나타난다.
* 5′- 5″- 6은 소성변형된 금속의 응력 변형 곡선이며 5는 항복점에 해당한다.
* 이전에 영구변형이 있었던 금속의 항복점은 최초의 금속에 나타난 항복점보다 높게 나타나고 더욱 경한 소재로 변화하는데, 이와 같은 현상을 가공경화라 한다.
* 6은 최대응력인 인장강도이고 6-7-8로 파괴에 이르게 된다.
* 4-5-6에 이르는 구간이 소성가공을 통한 가공경화가 발생하는 구간에 해당한다.
* 소성가공을 처음 실시할 때는 소성변형이 크게 일어날 수 있지만 추가로 소성가공을 하는 경우에는 이전 가공 시 발생한 가공경화로 추가 소성변형의 크기가 점차 감소하면서 추가 소성가공이 어렵게 된다. 이후 소성가공을 원활하게 하려면 이전의 가공으로 경화된 재료를 열처리하여 연성을 회복시켜야 한다.

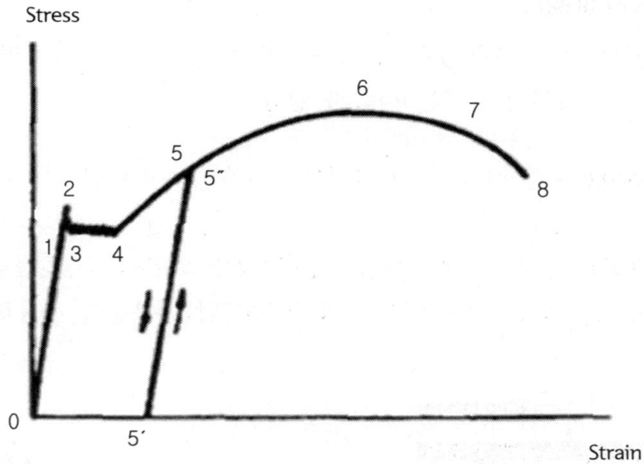

그림 8–7 가공경화

8.1.2 판금 작업

곡면으로 가공하는 부재를 설계하는 경우 제작에 참조할 평면 전개도가 필요하다. 도관이나 원통 및 파이프 접합 등과 같은 부품을 제작할 때는 평행선 전개도법을 사용하고, 원뿔이나 삼각뿔 형태의 부품을 제작할 때는 방사선 전개도법을 사용한다. 복잡한 곡면의 경우에는 곡면을 작은 삼각형으로 잘게 나누어 표현하는 방식의 삼각형법을 적용할 수 있다. 설계도가 없거나 항공기 부품으로부터 직접 모형을 떠야 할 필요가 있을 때는 모형 뜨기 방법을 사용한다.

그림 8-8은 동체 스킨과 프레임을 연결하기 위해 부착되는 전단 클립(shear clip)의 전개도를 보인 것이다.

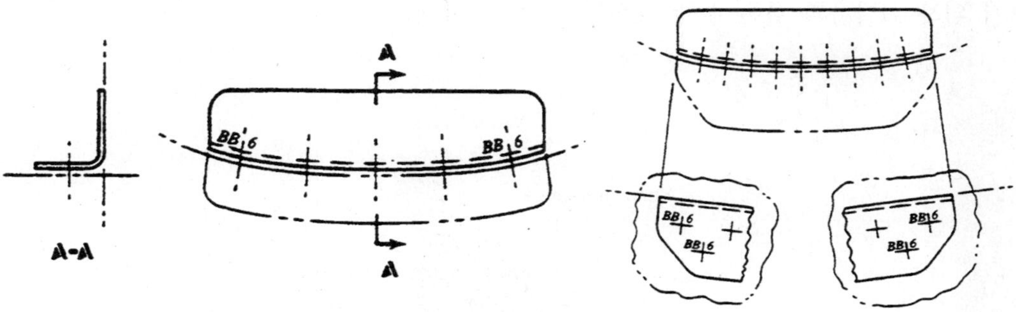

그림 8–8 전개도(Flat pattern drawing)

(1) 절단 작업(Cutting)

절단 작업은 판금용 가위, 수동 전단기, 동력 전단기 등을 이용하여 판재를 잘라서 분리하는 작업을 말하며, 절단 작업의 종류는 다음과 같다.

① **블랭킹(blanking)** : 펀치(punch)와 다이를 프레스(press)에 설치하여 소정의 모양을 떼어 내는 작업

② **펀칭(punching)** : 필요한 곳에 구멍을 뚫는 작업을 말한다. 블랭킹은 그림 8-9에서 떼어낸 것을 사용하고, 펀칭은 뚫은 것은 버리고 도려내고 남은 부분을 사용하는 작업을 말한다.

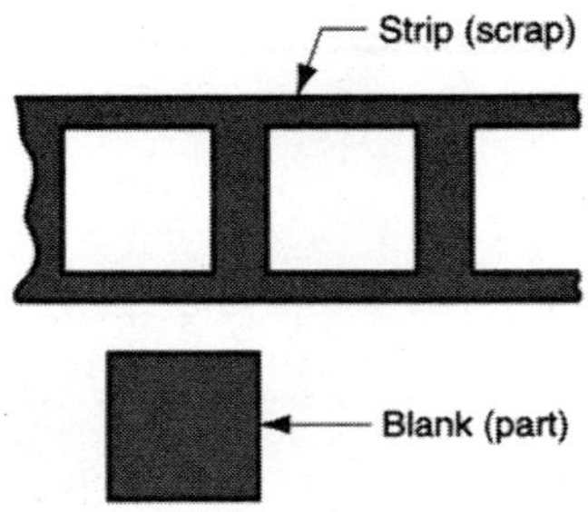

그림 8-9 블랭킹

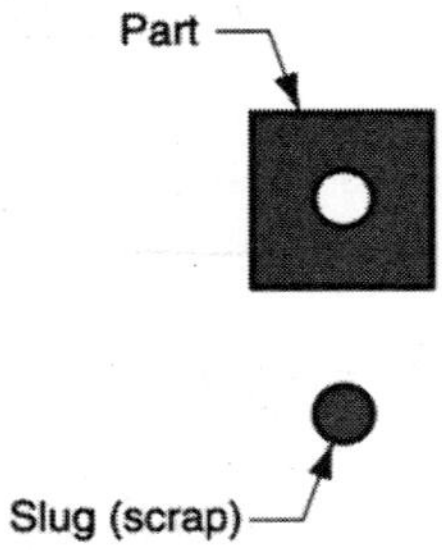

그림 8-10 펀칭

③ **트리밍(trimming)** : 가공된 제품의 불필요한 부분을 떼어내는 작업

④ **세이빙(shaving)** : 가공된 제품의 끝을 다듬질하는 작업

(2) 굽힘 가공

굽힘 가공은 판재를 수공구나 굽힘 기계를 이용하여 굽히는 작업을 말하며, 정확한 치수를 얻기 위하여 다음과 같은 설계 요소들을 고려해야 한다.

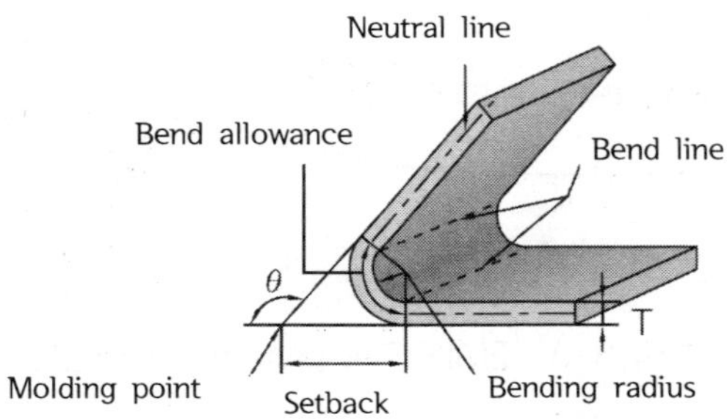

그림 8-11 셋백과 굽힘 여유

① **굽힘 반지름(Bending radius)**

굽힘 반지름은 그림 8-11에 보인 것처럼 내부 굴곡면의 반지름을 말한다. 굴곡 작업 시 판재가 본래의 강도를 유지한 상태로 구부러질 수 있는 최소 반지름을 최소 굽힘 반지름이라 말하는데, 너무 작으면 굴곡부에 균열이 발생하기 쉽다. 풀림 처리를 하여 연한 상태가 된 판재의 최소 굽힘 반지름은 두께와 같은 정도의 반지름이고, 보통 판재의 최소 굽힘 반지름은 판재 두께의 약 3배 정도가 적당하다.

② **중립선(Neutral line)**

판재를 구부리면 바깥쪽은 인장을 받아 늘어나고 안쪽은 압축을 받아 줄어든다. 그러나 어떤 지점에서는 인장과 압축의 영향을 받지 않는 영역이 존재하게 되는데 이를 중립선이라 하며 판의 중심선 근처에 위치한다.

③ **굽힘여유(Bend allowance, BA)**

굽힘 여유는 굴곡허용량이라고도 하며, 그림에서 부재를 각도 θ만큼 구부릴 때 구부러지는 부분의 길이로 다음 식으로 구할 수 있다.

$$BA = \frac{2\pi\left(R + \frac{1}{2}T\right)\theta}{360^{\circ}} \tag{8-1}$$

여기서, R : 굽힘 반지름, T : 재료의 두께, θ : 굽힘 각도이다.

④ **셋백(Setback, SB)**

셋백은 굽힘 접선에서 성형점까지 거리를 나타낸 것이다. 성형점이란 판재 외형선의 연장선이 만나는 점을 말하고 굽힘 접선은 굽힘의 시작점과 끝점에서의 접선을 말한다. 셋백을 구하는 식은 다음과 같다.

$$SB = \tan\frac{\theta}{2}(R + T) = K(R + T) \tag{8-2}$$

여기서, R : 굽힘 반지름, T : 재료의 두께를 말한다.

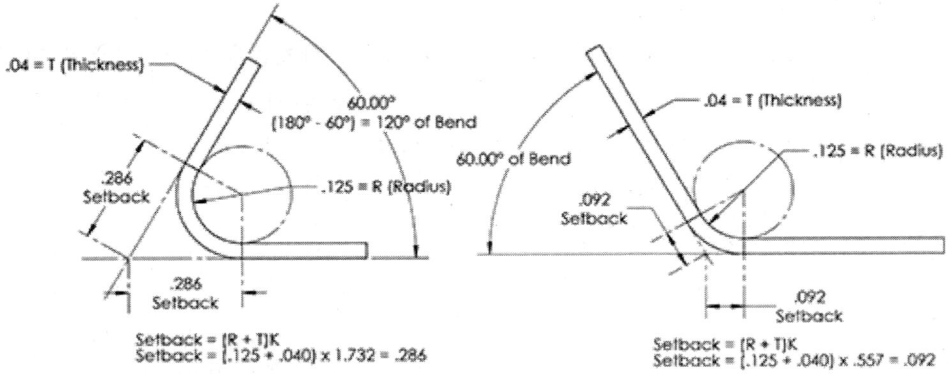

그림 8-12 셋백 계산 예

(3) 굽힘 가공 시 고려 사항

소재의 굽힘 가공 시, 시작점은 굴곡기의 굽힘 시작점에 일치시켜야 하나 굴곡기에 가려 보이지 않으므로 그림 8-13과 같이 사이트 라인을 표시하여 굴곡기의 끝단과 사이트라인이 일치되도록 맞춘 후 구부린다.

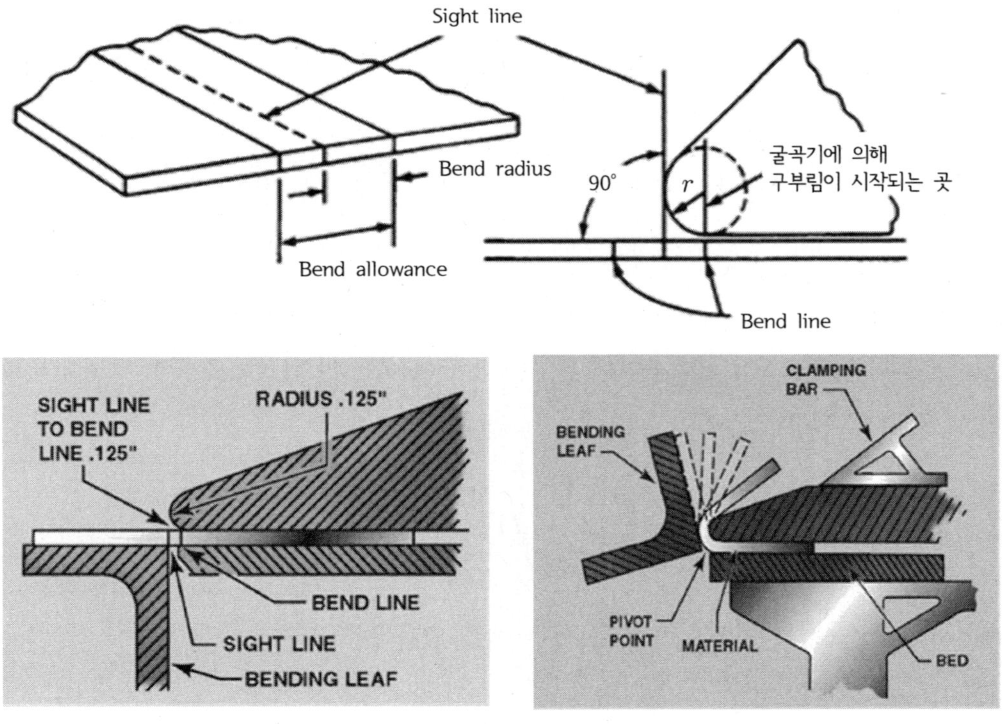

그림 8-13 사이트 라인

그림 8-14와 같은 굽힘 작업 시 탄성에 의해 복원되는 스프링백 현상을 고려하여 원하는 각도보다 조금 더 구부려야 하는데 그 양은 실제로 동일 재료를 이용하여 확인하는 것이 바람직하다.

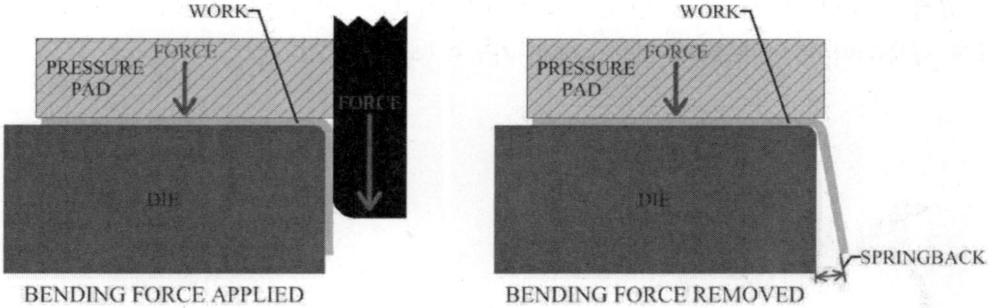

그림 8-14 스프링 백

2개 이상의 굽힘이 교차하는 장소는 그림 8-15와 같이 안쪽 굽힘 접선의 교차점에 응력이 집중되면서 균열이 발생하기 쉬우므로 굽힘 가공 전에 릴리프 홀(relief hole)을 뚫는다. 구멍의 크기는 판재 두께에 따라 다르지만 판재 두께 이상이어야 한다. 판재 두께가 0.064인치 이하인 경우는 1/8인치(3.2mm)로 하고 두께가 그 이상인 경우에는 보통 1/8인치가 아닌 범위에서 굽힘 반지름의 치수를 릴리프 홀의 지름으로 한다.

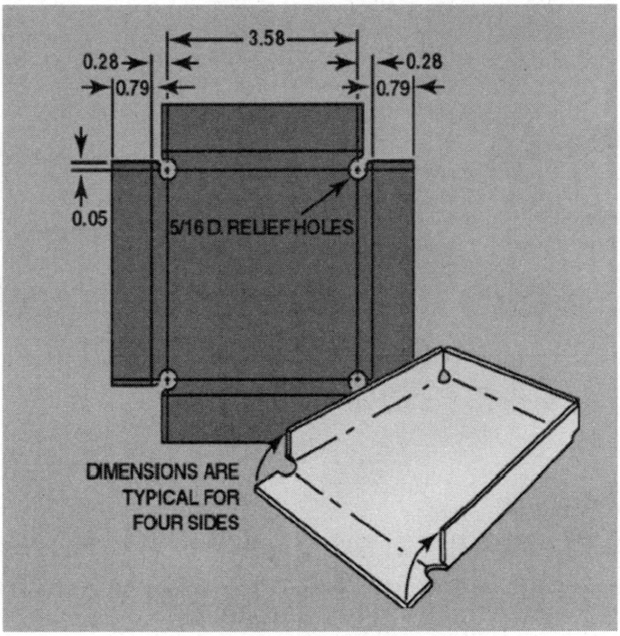

그림 8-15 릴리프 홀(relief hole)

(4) 성형 가공(Forming)

① **수축 가공**(Shrinking)

수축가공은 그림 8-16과 같이 재료의 한 쪽 길이를 압축시켜 짧게 함으로써, 판재를 구부러지게 가공하는 방법이다. 앵글을 앞뒤로 움직이며 골고루 두드리면 앵글의 굽힘(bending)에 의하여 압축되어 길이가 짧아지면서 커브 가공이 되는 것이다.

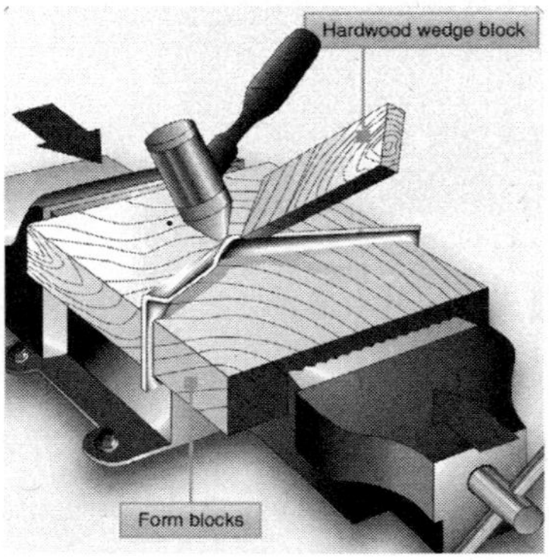

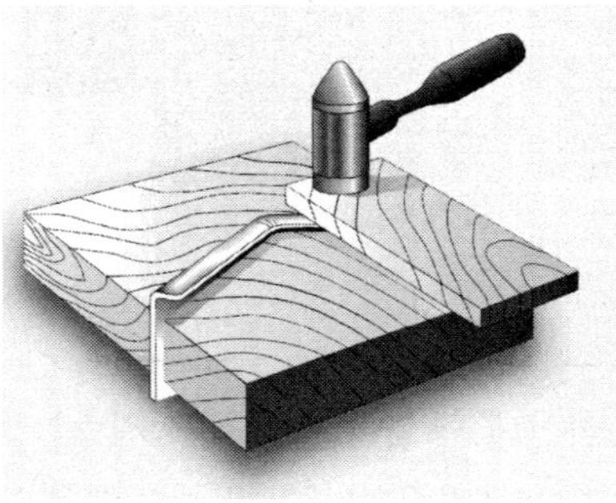

그림 8-16 수축 가공

② **신장 가공**(Stretching)

수축가공과 반대로 부재 일부의 길이가 늘어나도록 가공하는 것으로 그림 8-17과 같다.

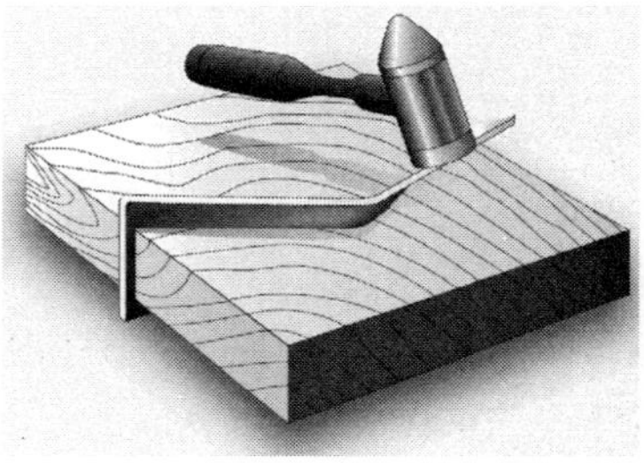

그림 8-17 신장 가공

③ **크림핑 가공**(Crimping)

크림핑 가공은 그림 8-18과 같이 한쪽의 길이를 짧게 하기 위하여 한쪽 면을 주름지게 가공하는 방법이다. 크림핑은 크림핑 집게를 사용하여 가공할 판재의 직선부분 한쪽을 크림핑 함으로써 곡선 모양으로 구부릴 수 있다.

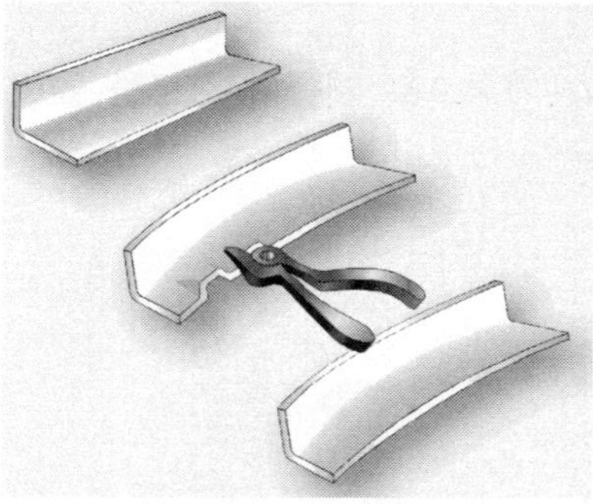

그림 8-18 크림핑 가공

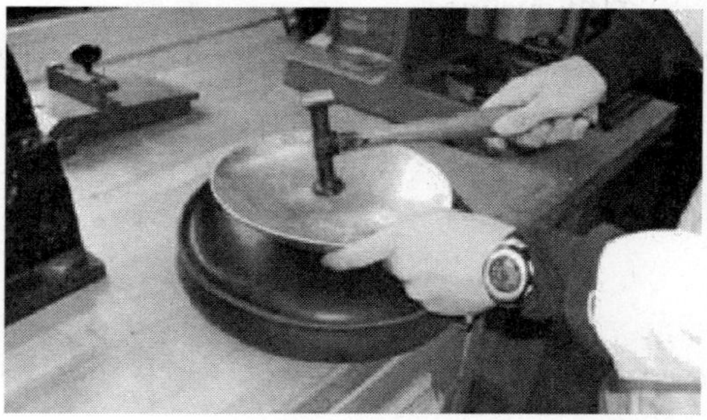

그림 8-19 범핑 가공

④ **범핑 가공(Bumping)**

범핑 가공은 그림 8-19와 같이 금속의 늘어나는 성질을 이용하여 판재의 가운데 면이 움푹 들어간 곡면 형상으로 만드는 가공이다.

⑤ **시밍(Seaming)**

그림 8-20과 같이 판재를 서로 구부려 끼운 후 압착시켜 결합시키는 작업이다.

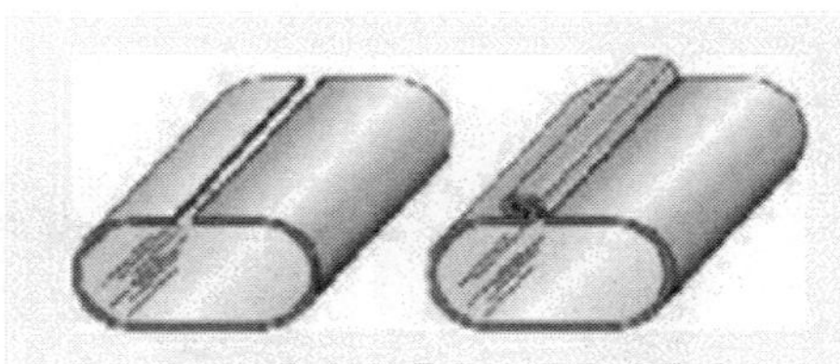

그림 8-20 시밍

⑥ **이음 가공**

판재를 서로 연결하거나 접합하는 가공을 말한다.

⑦ **플랜징(flanging)**

원통의 가장자리 등을 늘려서 단을 짓는 가공을 말한다.

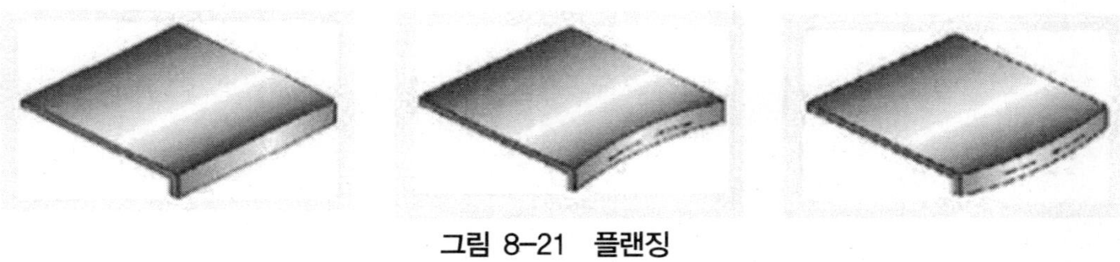

그림 8-21 플랜징

⑧ **컬링(curling)**

원통 용기의 끝 부분에 원형 단면 테두리를 만드는 가공으로 제품의 강도를 높이고 끝 부분의 예리함을 없애 안전하게 하는 가공을 말한다.

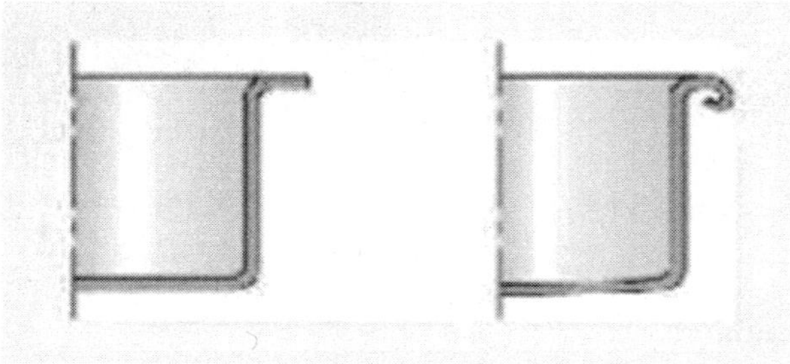

그림 8-22 컬링

⑨ **접기 가공(folding)**

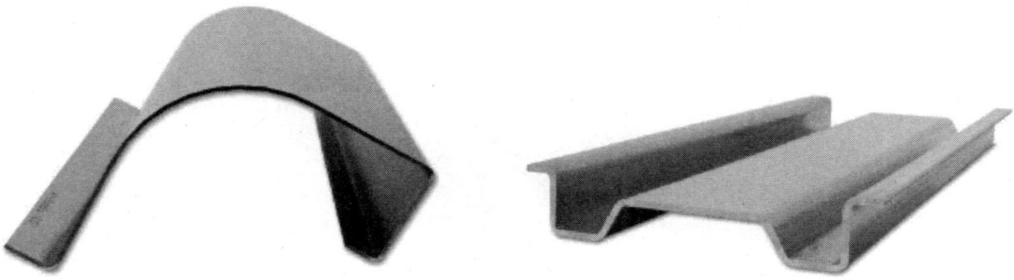

그림 8-23 접기 가공

⑩ **슬립 롤 포머(Slip roll former)를 이용한 포밍**

그림 8-24와 같이 성형하고자 하는 판재를 롤러 사이에 넣고 롤러의 회전을 통하여 재료를 신장시켜 부품을 제작하는 방법이다.

그림 8-24 슬립 롤 포머로 성형한 동체 스킨

⑪ 스트레치 포밍(Stretch forming) 장비를 사용한 가공

그림 8-25와 같이 재료의 항복(yield) 영역까지 신장시켜 다이(die)형상대로 성형 후 다시 소성 영역까지 늘려 영구 변형시켜 부품을 제작하는 방법이다.

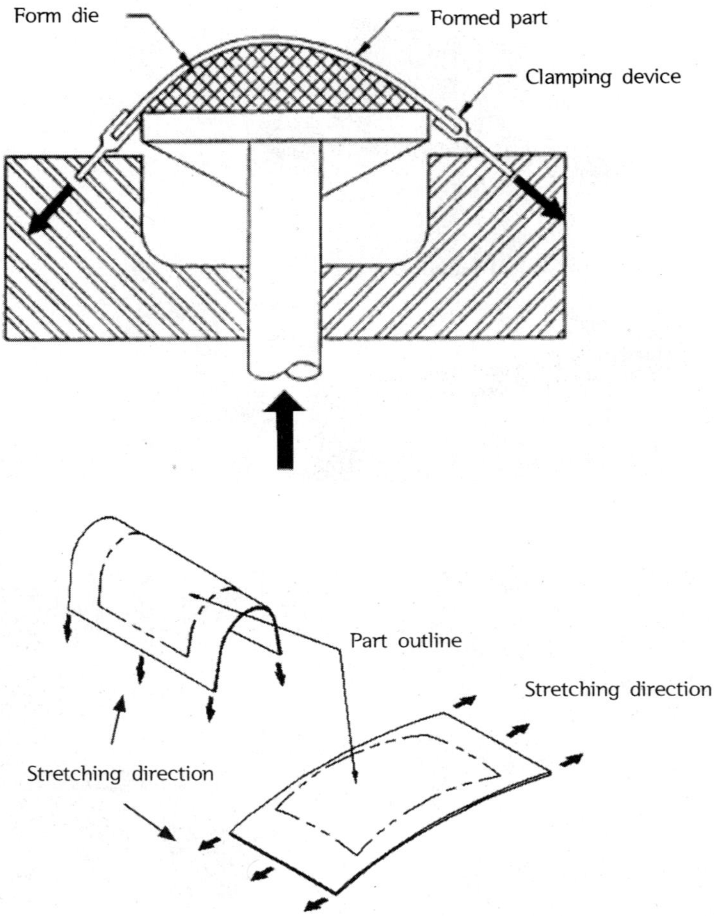

그림 8-25 스트레치 포밍

8.2 홀 가공

8.2.1 센터 펀치 작업

센터 펀치 작업은 도면에서 요구하는 대로 정확한 위치에 구멍을 뚫고 드릴 작업 시 드릴 날이 미끄러지지 않도록 그림 8-26과 같이 센터 펀치를 이용하여 작업 대상물에 깊게 자국을 내는 작업을 말하며, 정확한 펀치 작업을 통하여 정확한 리벳의 배열이 이루어진다.

그림 8-26 센터 펀치 작업과 드릴링

8.2.2 드릴 작업

드릴 작업은 회전하는 드릴을 이용하여 구멍을 뚫는 작업을 말한다. 항공기에서의 드릴 작업(drilling)은 일반적으로 에어 드릴(air drill)을 사용하며 공급되는 적정 압력(pressure)은 90~100 psi 이다. 드릴의 날 끝 각도는 그림 8-27과 같이 재료의 종류와 두께에 따라 다르지만 일반적으로 118°를 사용하고 있으며 고속도강으로 만들어진다. 그림 8-28에 여러 모양의 드릴을 보였는데, 작업 여건에 따라 적절한 형상의 드릴을 사용한다.

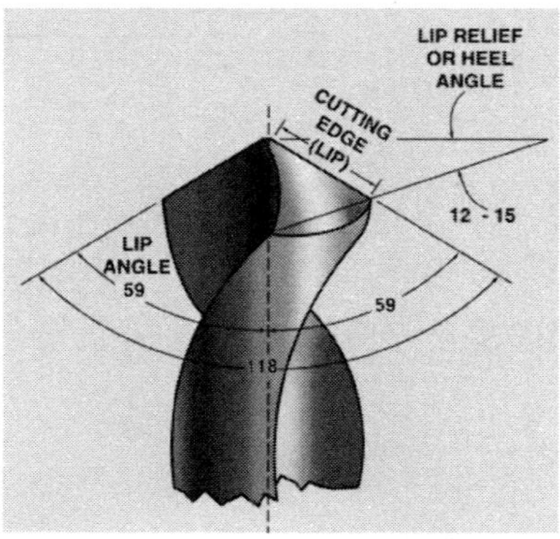

금속의 종류	날끝 각도	금속의 종류	날끝 각도	금속의 종류	날끝 각도
일반 재질	118°	구리 계열	118~125°	복합 재료	90~118°
강	118°	Al	90°	스테인리스강	140°

그림 8-27 금속 종류에 따른 드릴 날끝 각도

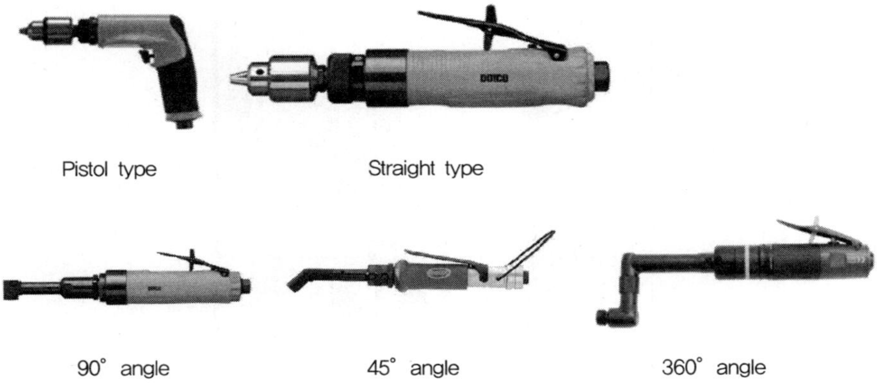

그림 8-28 드릴 종류

올바른 드릴 작업을 위해서는

i) 드릴 날을 척 핸들을 사용하여 드릴 척에 단단히 고정시킨다.

ii) 한 손으로 드릴 건(drill gun)을 고정하고 드릴 날이 일감의 표면에 수직이 되도록 한다.

iii) 가공 면과 90° 각도를 유지하기 위하여 그림 8-29와 같은 드릴 부싱(drill bushing)을 사용한다.

iv) 드릴 날이 깊숙이 들어가는 것을 방지하기 위해서는 그림 8-30과 같이 드릴 스톱(drill stop)을 사용한다. 만일, 드릴 스톱을 사용하지 않으면 드릴 척에 의해서 일감의 표면에 손상을 입거나 드릴 날에 의해서 다른 구조물에 손상을 입힐 수 있다.

v) 처음에는 일정하게 절삭압력을 주고 드릴 날이 일감을 처음 관통할 무렵에는 절삭 압력을 감소시키고, 관통 후에는 다시 일정한 절삭 압력을 가한다.

vi) 강한 금속 작업 시 열이 발생하므로 절삭유를 공급해준다.

vii) 칩(chip)이 길게 나오면 짧게 끊어 주며 보호안경을 착용한다.

viii) 지름이 큰 구멍을 작업할 때에는 처음에는 파일럿(pilot) 드릴 날로 작은 구멍을 뚫은 후 지름이 작은 드릴부터 단계적으로 뚫어 나가서 최종적으로 치수에 맞는 드릴 날을 사용하여 마무리한다.

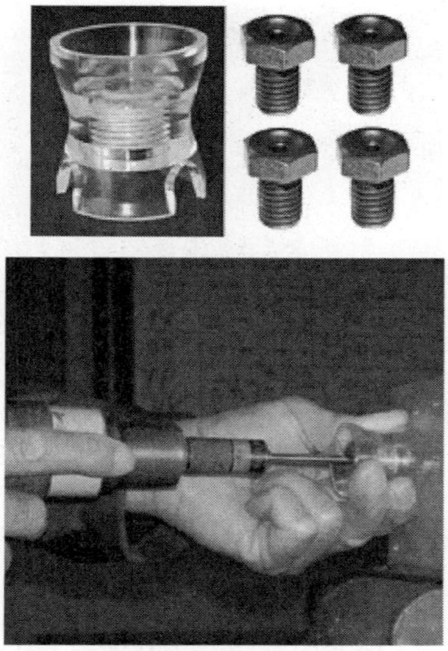

그림 8-29 드릴 부싱

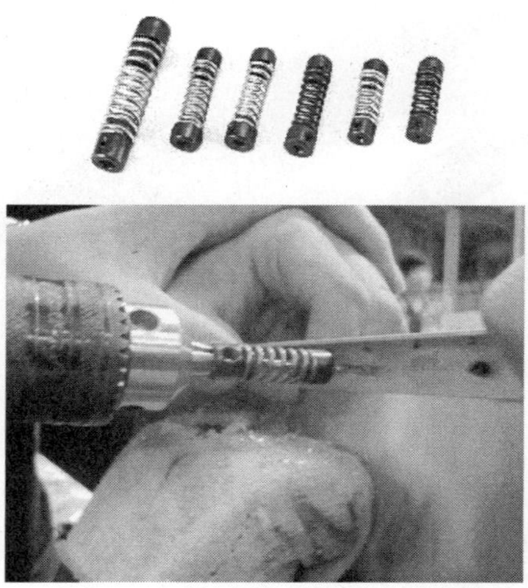

그림 8-30 드릴 스톱

드릴 작업이 올바르지 못할 경우 홀 가공 후 드릴 건을 잘못 빼면서 홀이 늘어날 수 있는데, 이때에는 그림 8-31과 같은 드릴 가이드를 사용하여 방지한다.

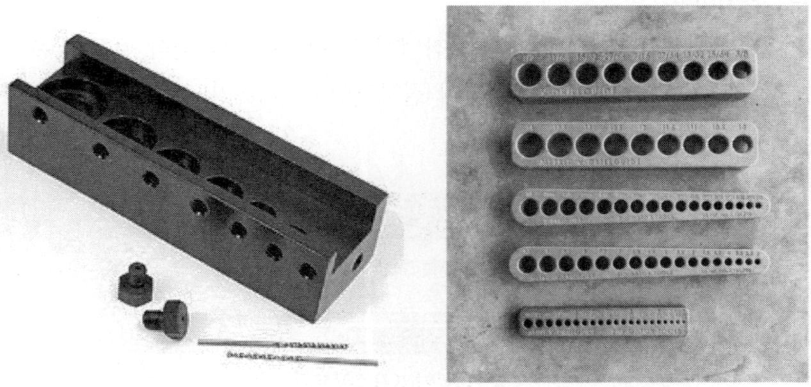

그림 8-31 드릴 가이드

드릴 취급 부주의로 인하여 판재에 손상이 발생할 수 있으므로 작업 현장에서는 드릴 작업 중 표면의 손상방지를 위해 프로텍티브 테이프(Protective tape)를 사용한다. 드릴 작업 이후 정확한 홀의 크기 측정을 위하여 그림 8-32와 같은 고-노-고 게이지(go-no-go gage)를 이용하여 해당 치수의 핀을 홀에 넣어 홀의 치수가 적정 범위인가를 확인한다.

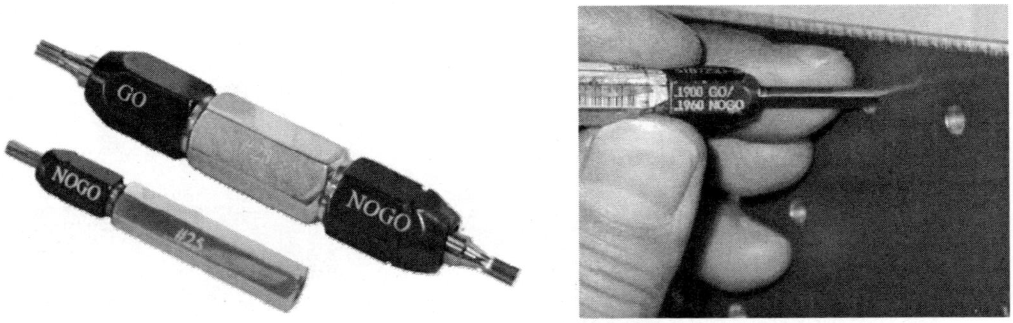

그림 8-32　Go-no-go 게이지

리벳 구멍 크기는 중요하다. 드릴 구멍이 리벳 지름보다 작으면 리벳의 보호막이 손상되며, 크면 리벳 작업을 해도 그 공간을 채우지 못하게 되어 결합 부위는 충분한 강도를 확보할 수 없다. 그러므로 리벳과 리벳 구멍과의 간격은 0.05~0.1mm(0.002in~0.004in) 정도가 적당하다.

8.2.3 리머 작업(Reaming)

리머 작업은 드릴 작업 후 구멍의 안쪽을 매끈하게 하고, 동시에 주어진 치수로 정밀하게 다듬질하는 작업이다.

리머 작업은 수동리머 작업과 기계리머 작업이 있으며 리머의 절삭 날은 곧은 것과 나선형이 있는데, 나선형은 왼쪽 방향으로 되어 있어 절삭작업 시 리머가 일감에 박히는 것을 방지한다.

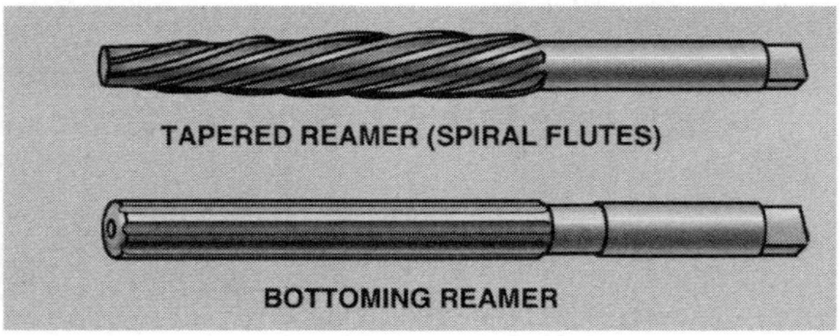

그림 8-33　리머의 종류

8.2.4 버 제거 작업(Deburring)

버(burr)란 그림 8-34에 보인 것처럼 드릴링 작업을 마친 후 구멍 주위에 붙어있는 금속 찌꺼기를 말한다. 디버링 작업은 그림 8-35와 같이 드릴 작업에서 생긴 버를 제거하는 작업을 말한다. 이는 체결 부품 사이의 갭(gap) 발생 및 패스너(fastener) 장착 시 간섭을 방지하기 위한 것이다. 홀 가공 후 패스너를 체결했을 때 구멍과 패스너 사이에는 어떤 틈새도 존재하지 않는 상태가 좋다. 부득이한 경우라도 가능한 틈새를 적게 하려는 노력이 필요한데 틈새가 많을수록 기체의 내구성이 저하된다. 따라서 디버링 작업을 할 때는 버는 제거하되 모재가 깎여나가는 것은 최소가 되도록 유의한다. 그림 8-36은 과도한 디버링 상태를 보여주고 있다.

그림 8-34 Burr의 생성

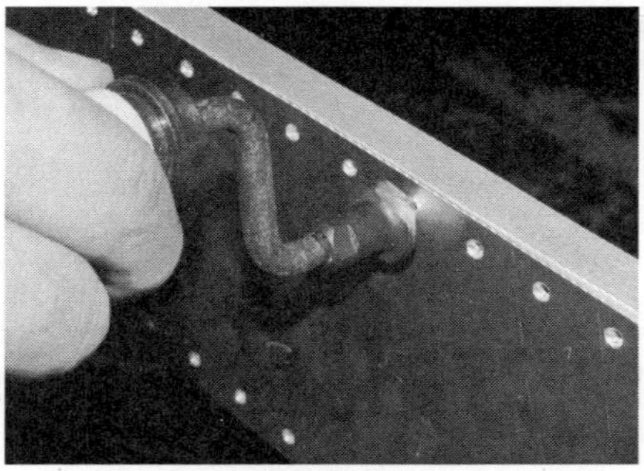

그림 8-35 디버링

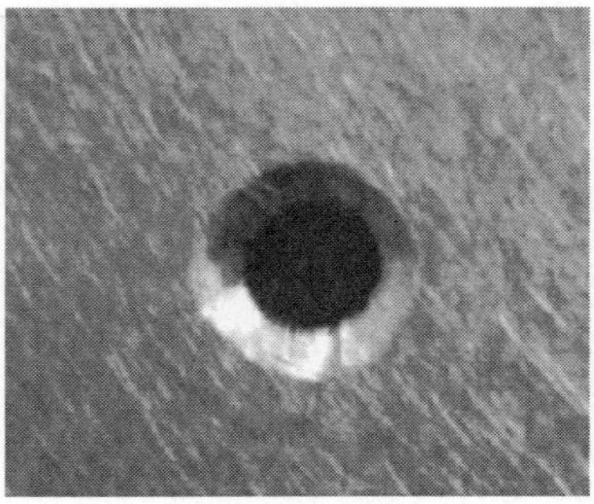

그림 8-36 오버 디버링

8.2.5 카운터싱크 작업(Countersinking)과 딤플 작업(Dimpling)

기체의 가장 외곽 부위는 공기가 흐르면서 발생하는 항력을 줄이기 위해 패스너가 기체의 외곽 표면 위로 노출되지 않도록 플러쉬 머리 리벳을 장착하는데, 플러쉬 머리 리벳을 장착하기 위해서 그림 8-37과 같이 카운터싱크 작업이나 딤플 작업을 수행한다. 그림에 보인 것처럼 원론적으로 플러시 머리의 높이보다 결합하는 판재가 더 두꺼운 경우 카운터 싱크 작업을 할 수 있고, 판재의 두께가 플러시 머리 높이보다 작은 경우는 딤플링 작업을 적용한다. 두께가 리벳머리보다 얇은 상태에서 카운터싱크 홀을 가공하면 홀 주위가 날카로운 상태(knife edge)가 되어 부재에 균열이 발생하기 쉽기 때문이다.

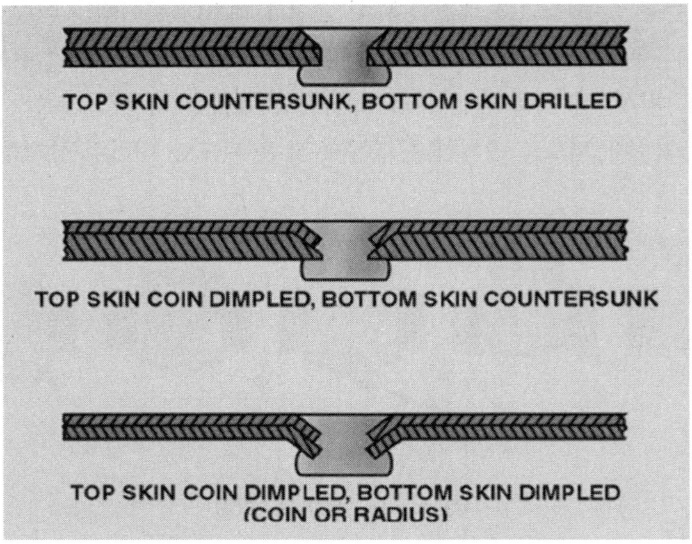

그림 8-37 카운터싱크 작업과 딤플 작업

카운터싱크 홀 가공은 일반적으로 그림 8-38과 같은 마이크로 스톱 카운터싱크 커터(micro stop countersink cutter)를 사용하여 적절한 깊이만큼 깎아낼 수 있도록 한다. 마이크로 스톱은 카운터싱크 가공 깊이를 1/1000in(0.001″) 단위로 조절해 주며, 커터는 원뿔형의 홀을 가공하는 것으로 재질 및 가공하고자 하는 형상에 맞게 선택한다. 그림 8-39는 카운터싱크 작업 방법을 보여주고 있다.

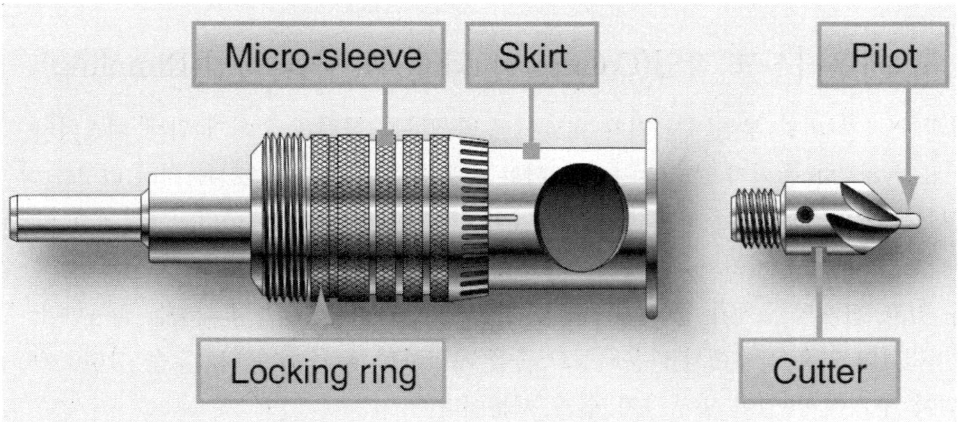

그림 8-38 마이크로 스톱 카운터싱크 커터

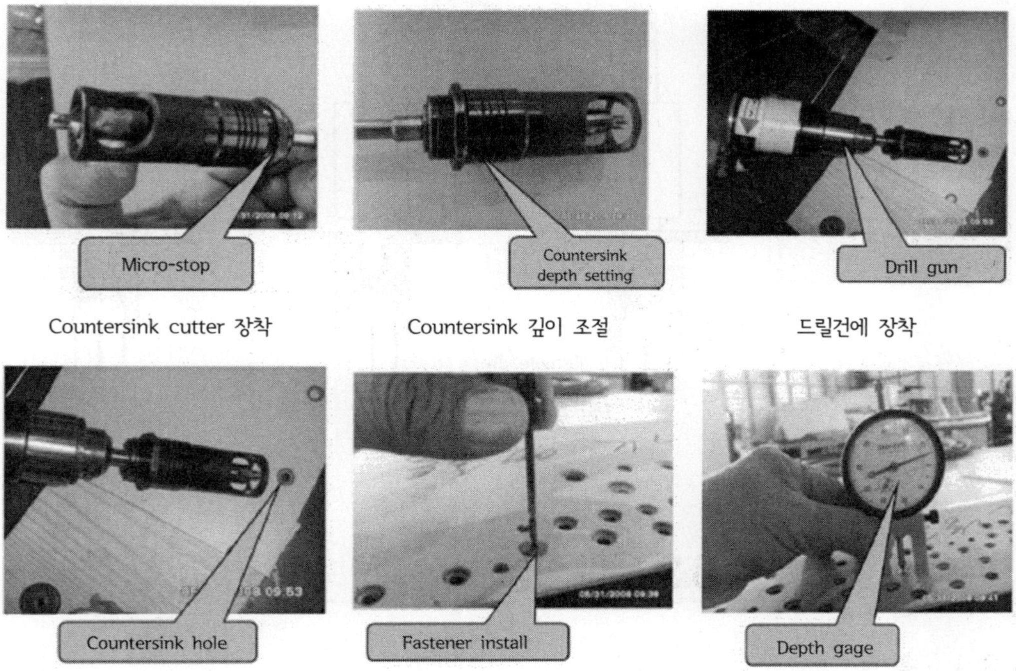

Countersink cutter 장착 / Countersink 깊이 조절 / 드릴건에 장착

Countersink hole 가공 / 패스너 장착 / Flushness 확인

그림 8–39 카운터싱크 작업

딤플 작업 시 유의 사항은 다음과 같다.

* 판재 두께가 너무 얇은 경우(0.040″이하)에는 카운터싱크 작업을 하지 않고 딤플 작업을 하게 된다.
* 7000 시리즈의 알루미늄 합금, 마그네슘 합금, 티타늄 합금은 홀 딤플링(hole dimpling)을 적용한다.
* 판을 2개 이상 겹쳐서 동시에 딤플링하는 것은 삼가 한다.
* 반대 방향으로 다시 딤플링 해서는 안 된다.

딤플 작업은 그림 8-40과 같이 펀치와 다이를 사용하여 수행한다. 연질의 알루미늄합금은 상온에서 딤플작업이 가능하나 강도가 높은 알루미늄합금을 상온에서 딤플링하면 작업 부위에 균열이 발생할 수 있으므로 열을 가한 상태에서 딤플 작업을 수행한다.

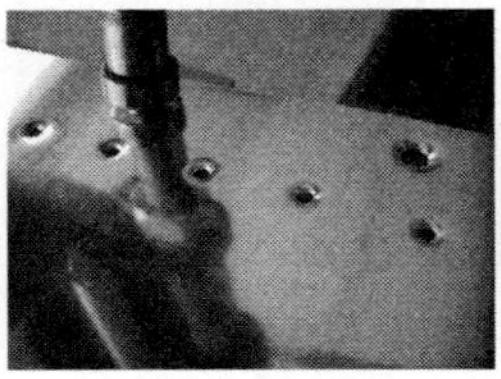
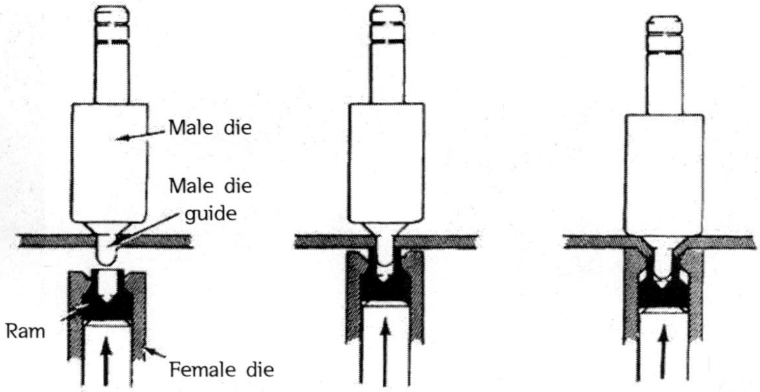

그림 8-40 딤플 작업

8.3 패스닝

8.3.1 볼트

항공기용 볼트는 큰 인장이나 전단 하중을 받는 부재를 결합하는 데 사용하는 것으로 사용 중 분해와 조립이 반복되는 곳이나 리벳이 부적당한 곳에 사용된다. 볼트는 사용되는 곳에 따라 강도, 내식, 내열에 적합한 것을 사용한다. 이질 금속 간 부식이 발생하지 않도록 모재와 동일한 볼트를 사용하는 것이 바람직하다. 알루미늄 합금부에 강철 볼트를 사용하는 경우 부식방지를 위해 카드뮴 도금된 볼트를 사용한다.

(1) 볼트 장착

볼트 체결 시에는 도면에 규정된 토크치로 조여야 한다. 도면에 규정되지 않은 경우에는 볼트 규격에 맞는 표준 토크치를 적용한다. 규정 토크치로 조임으로서 장착 후 볼트에 적절한 인장하중을 발생시켜 볼트의 내구성을 향상 시킬 수 있다. 볼트 장착 시 유의할 사항은 다음과 같다.

① 그립의 길이는 두께와 같거나 약간 길어야 한다.

② 볼트를 완전히 죄었을 때 나사산은 너트 위로 2~3산정도 나오도록 한다.

③ 그립 길이의 조정은 와셔를 이용하는데 한쪽에 2개, 양쪽에 3개까지 사용이 가능하며 그 이상의 경우에는 길이가 다른 볼트로 교환한다.

④ 전단력이 걸리는 부재에 사용되는 전단볼트는 그림 8-41과 같이 나사산이 부재 안에 들어가서는 안 된다.

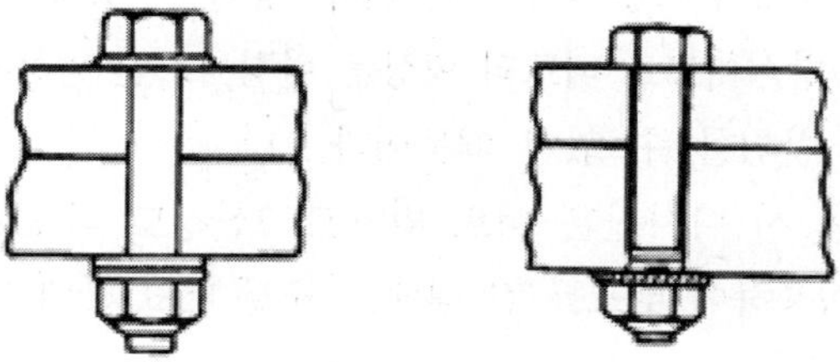

양호　　　　　　　불량

그림 8-41　볼트 길이의 결정

⑤ 볼트의 장착 방향은 너트가 빠져도 볼트가 빠지지 않도록 위에서 아래로(중력을 고려), 볼트머리를 비행방향으로(공기의 저항), 회전부품에 장착할 때는 볼트머리를 회전방향으로 한다.

⑥ 인터널 렌칭볼트의 경우 강철 부품에 사용할 때는 볼트머리 아래의 라운드에 맞도록 볼트구멍 입구를 그림 8-42와 같이 약간 접시모양으로 넓혀서 머리와 생크(shank) 사이의 곡률 부분이 안착될 수 있도록 하거나 카운터 싱크 와셔를 사용하여 볼트의 내구성이 저하되지 않도록 유의한다. 볼트 머리부와 생크가 만나는 부위에서 힘이 집중되어 피로균열이 발생하기 쉬우므로 이를 방지하기 위해 코너를 완만하게 하여 힘의 집중 정도를 완화시킨 것이다. 두랄루민(duralumin) 재질에서는 머리에 작용하는 하중을 분산시키고 부품을 보호하기 위해 열처리된 특수 와셔(washer)를 사용해야 한다.

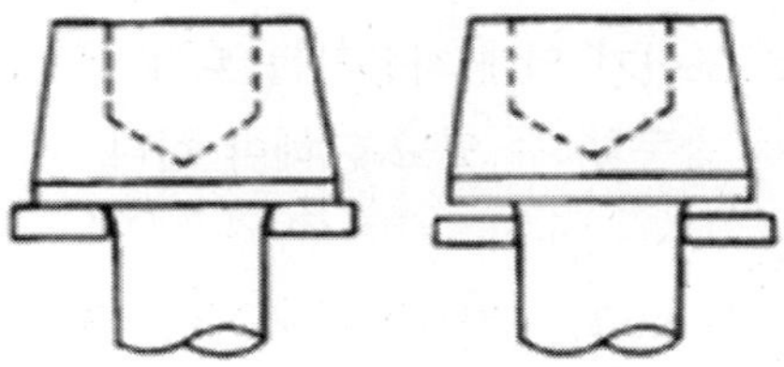

양호　　　　　　　불량

그림 8-42　내부 렌치 볼트 장착

(2) 너트 장착

너트의 장착 시 유의할 사항은 다음과 같다.

① 일반 너트는 안전결선, 코터 핀 등의 외부고정 장치를 이용하여 안전 고정 작업을 한다.

② 자동고정너트(self locking nut)는 제한된 횟수만큼 사용이 가능하다. 화이버형 자동고정너트는 약 15회, 나일론 계통의 경우는 약 200회 정도 사용한다.

③ 자동고정너트는 가공해서 사용해서는 안 된다. 장착 시 강제 변형을 일으키면서 볼트와 너트의 마찰력을 높이는 방식이므로 너트의 형상을 변경시키면 원하는 마찰력을 얻을 수 없어 자동잠금기능을 제대로 발휘할 수 없기 때문이다.

④ 자동고정너트 사용 시 나사산은 너트 밖으로 2산정도 나오도록 한다.

⑤ 자동고정 너트를 이용하여 토크를 걸 때에는 규정 토크 값에 고정 토크 값을 더한 값을 사용한다.

⑥ 다음과 같은 곳에 셀프락킹너트를 사용해서는 안 된다.

- 셀프락킹너트의 느슨함으로 인한 볼트의 결손이 비행의 안전성에 영향을 받는 장소
- 회전력을 받는 곳(풀리, 벨크랭크, 레버, linkage, 힌지핀, 캠, 롤러 등)
- 너트, 볼트, 스크류가 느슨해져 엔진흡입구 안으로 떨어질 우려가 있는 곳
- 비행 전후 정기적으로 정비를 위해 수시로 여닫는 access panel 등

(3) 토크 작업

각 체결 부품의 토크 값은 제작 및 정비 지침서에 명시되어 있다. 규정된 토크치가 없는 경우에는 별도로 마련된 표준 토크치를 적용한다. 조임 토크 값이 기준 토크 값보다 크게 되면 볼트, 너트에 큰 하중이 걸려 나사가 손상되거나 볼트가 절단될 수 있고, 작으면 진동에 의한 마모나 볼트의 피로 손상이 조기에 발생될 수 있다. 토크 작업 시 처음에는 목표 토크 값의 80% 정도로 조이고, 이후 목표 토크 값으로 최종 조임 작업을 하면 된다. 드라이(dry) 토크의 경우 기름이나 그리스가 묻으면 너무 조여지게 되므로 주의한다. 반대로 wet torque의 경우 볼트에 기름이나 그리스를 바르지 않으면 조임력이 매우 약해지므로 주의해야 한다. 체결부품을 정확한 토크치로 조이기 위해 사용하는 토크 렌치는 일정한 기간마다 검교정을 받아서 토크렌치가 정확하게 작동할 수 있도록 해야 한다. 사용기간이 경과한 토크렌치는 사용하지 말아야 한다.

볼트와 너트를 결합하는 경우 토크는 너트 쪽에 가해야 한다. 부득이하게 볼트 쪽에서 토크를 가하는 경우는

i) 도면에서 볼트 쪽 명시를 한 경우

ii) 토크렌치의 접근이 불가하여 너트 쪽에서 토크를 줄 수 없는 경우

볼트 머리 접촉부의 마찰력과 너트 접촉부의 마찰력이 다르므로 볼트에 토크를 가하는 경우에는 볼트와 부재의 마찰을 고려해 규정치보다 좀 더 큰 값으로 조이게 되는데, 제작사에 따라 다음과 같이 변경된 토크치를 적용한다.

* 보잉사 ; 너트 최대토크치에서 ±10%를 가산하여 적용한다. 예를 들어 토크치가 300~500 in-lb인 경우 토크치는 450~550 in-lb 적용

* 맥도널더글러스사 ; 너트의 최대 토크값 적용 (500 in-lb)
* 에어버스사 ; 너트 토크의 1.2배 (360~600 in-lb)

토크렌치의 종류와 사용법은 다음과 같다.

① **빔식 토크렌치(Beam type torque wrench)**

빔식 토크렌치는 디프렉팅 빔 토크 렌치(deflecting beam troque wrench) 라고도 하며 그림 8-43과 같이 토크가 걸리면 레버가 휘어져 지시 바늘의 끝이 토크의 양을 지시하도록 되어 있다. 사용 방법은

i) 해당 볼트나 너트에 맞는 치수의 소켓을 장착한다.
ii) 토크 렌치를 서서히 당기면서 조인다.
iii) 목표 토크 값까지 서서히 조인 후 지시계를 확인 후 떼어낸다.

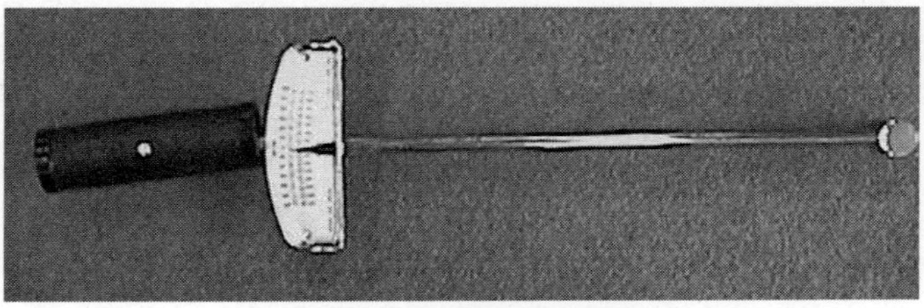

그림 8-43 빔식 토크렌치

② **다이얼식 토크렌치(Dial type torque wrench)**

다이얼식 토크렌치는 리지드 프레임 토크렌치(rigid frame torque wrench)라고도 하며 그림 8-44와 같이 토크가 걸리면 다이얼에 토크의 양이 지시되도록 되어 있다.

사용 방법은,

i) 지시계 테두리를 손으로 돌려 노란색 기준바늘을 사용 단위의 0점에 일치시킨다.
ii) 하늘색 지시바늘을 돌려 2개의 바늘을 0점에 일치시킨다.
iii) 목표 토크 값까지 회전시키고 물체에서 떼면, 지시바늘은 토크값을 지시하고 기준바늘은 0점으로 돌아온다.

그림 8-44 다이얼식 토크렌치

③ **제한식 토크렌치(Limit type torque wrench, Ratchet type)**

제한식 토크렌치는 오디블인디케이팅 토크렌치(audible indicating torque wrench)라고도 하며 그림 8-45와 같이 규정된 토크 값이 걸리면 소리가 나도록 되어 있다.

사용방법은

i) 소켓을 장착한 후 체결방향을 세팅한다.

ii) 손잡이 부분의 토크 값을 세팅한다. 이때 요구되는 토크 값의 단위를 확인해야 한다.

iii) 토크 값이 걸리는 소리가 나면 떼어내고, 작업이 끝나면 "0"세팅을 한 후 보관한다.

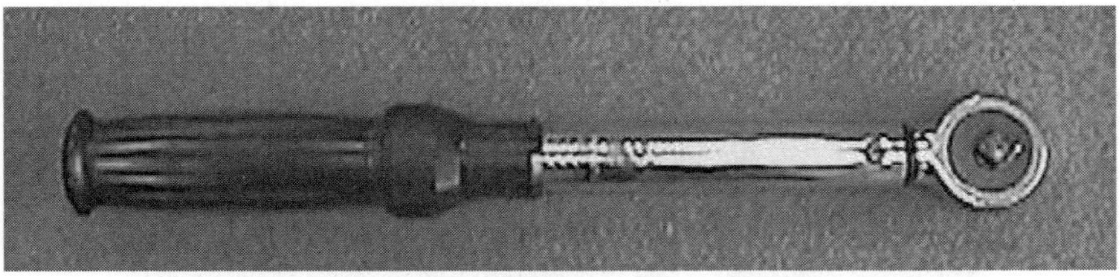

그림 8-45 제한식 토크렌치

④ **프리셋 토크 드라이버(Pre-set torque wrench)**

프리셋 토크 드라이버는 작은 볼트와 너트, 스크루 등에 사용되며 구조와 작동방법은 제한식 토크렌치와 같다. 규정된 토크를 미리 드라이버에 고정시켜 놓고 작업을 한다. 작업 중 규정치 이상의 토크가 걸리면 헛돌게 된다.

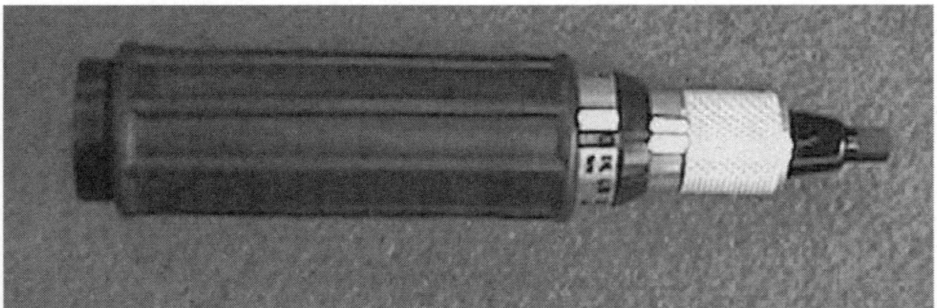

그림 8-46 프리셋 토크 드라이버

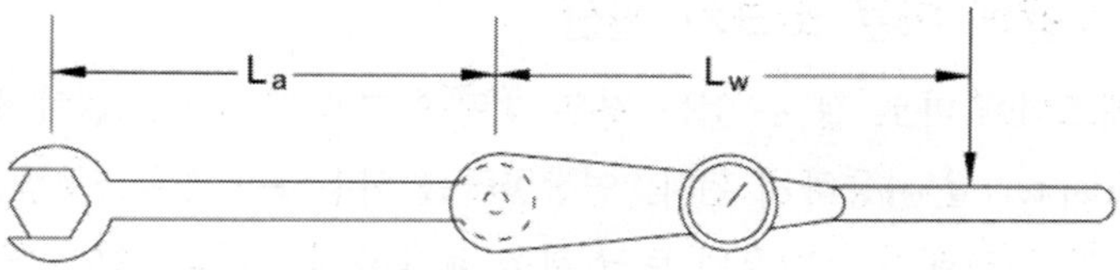

(a) 연장공구가 일직선 상에 있는 경우, $L_e = L_a$

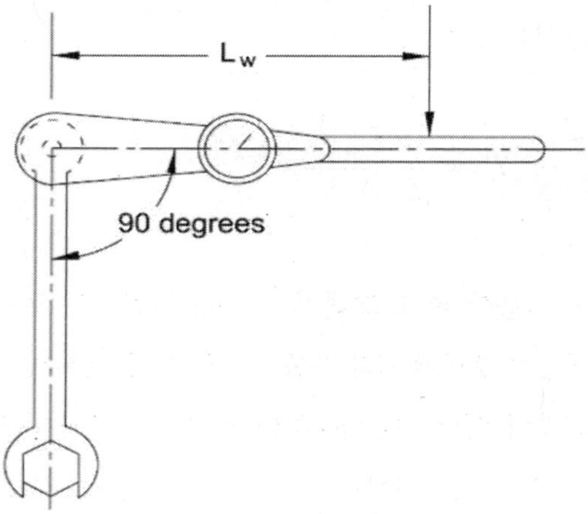

(b) 연장공구가 토크렌치와 수직인 경우, $L_e = 0$

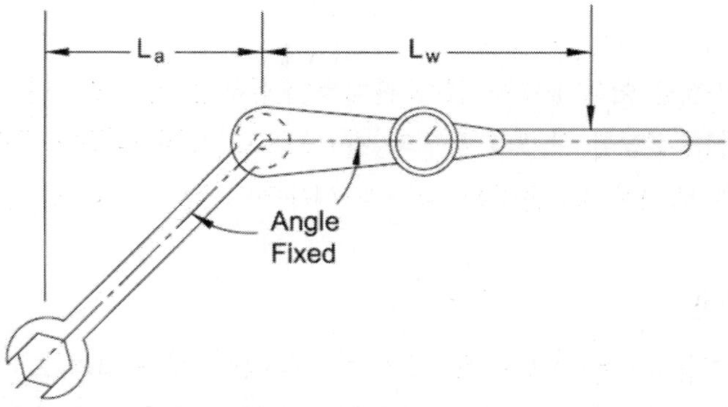

(c) 연장공구와 토크렌치가 경사진 경우, $L_e = L_a$

(d) 토크렌치 손잡이 부분에 연장바를 사용하는 경우

그림 8-47 연장공구 사용 시 토크치 변경

(4) 연장공구 사용에 따른 토크치 계산

토크렌치를 패스너에 바로 걸 수 없는 경우 그림 8-47과 같이 토크렌치에 연장 바(extension bar)나 어댑터(adapter)를 사용하게 된다. 연장공구를 사용하는 경우, 규정된 토크치로 볼트를 장착하기 위해서는 토크렌치에 변경된 토크 값을 적용하여야 한다. 연장공구를 사용하는 경우 볼트에 걸리는 토크치와 토크렌치가 지시하는 토크치에 차이가 발생하기 때문에 이를 고려하여 토크 값은 다음과 같이 계산한다.

$$T_w = \frac{L_w}{L_w + L_e} \times T_b \tag{8-3}$$

식에서 T_w는 연장공구를 사용할 때 토크렌치에 적용할 변경된 토크치, T_b는 연장공구가 없을 때 적용하는 토크치, L_w는 토크렌치의 유효 길이, L_e는 연장공구의 유효 길이로 그림 8-47에 나타냈다. 그림 (d)와 같이 연장바를 사용하는 경우 토크렌치가 지시하는 값은 연장바의 유무와 관계가 없으므로 $T_w = T_b$와 같다.

8.3.2 리벳

리벳 작업은 리벳을 이용하여 두 금속 판재를 결합하는 것을 말한다. 리벳 작업을 올바르게 수행하기 위해서는 결합할 부재의 치수와 재질을 고려하여 적합한 규격의 리벳을 선정하고, 리벳을 정확하게 배치한 뒤 올바른 공구를 사용하여 작업을 해야 한다.

(1) 리벳의 선택

리벳의 크기(지름)는 부재의 두께, 부재가 감당해야 하는 힘의 크기에 맞추어 결정한다. 무게가 가벼운 소형 비행기의 경우 스킨이 감당해야 할 하중이 작기 때문에 두께가 매우 얇으므로 두께에 비해 상대적으로 큰 지름의 리벳을 사용한다. 대형 여객기나 고속 전투기와 같이 구조부재가 감당하는 하중이 큰 항공기의 경우는 구조부재의 두께가 두꺼우므로 두께에 비해 상대적으로 적은 지름의 리벳을 사용한다.

미국 연방 항공국(FAA)에서 출판된 'Aviation Maintenance Technician Handbook'에서는 다음과 같이 리벳의 치수를 결정한다.

i) 도면에 지정되지 않은 경우 리벳 지름(D)의 선택은 결합하고자 하는 판재 중 두꺼운 판재두께 (T)의 3배를 선택한다.(D=3T) 지름이 3/32 inch 이하인 리벳은 응력을 받는 구조부재에 사용할 수 없다. 보통 여객기에는 두께에 비해 이보다 적은 크기의 리벳이 사용됨을 부언한다.

ii) 리벳의 길이(L)는 결합되는 판재의 전체 두께 + 1.5D
iii) 리벳 작업 후 벅테일의 최소지름은 리벳지름의 1.5배(1.5D)이다.
iv) 리벳 작업 후 벅테일의 높이는 리벳 지름의 0.5배(0.5D)이다.

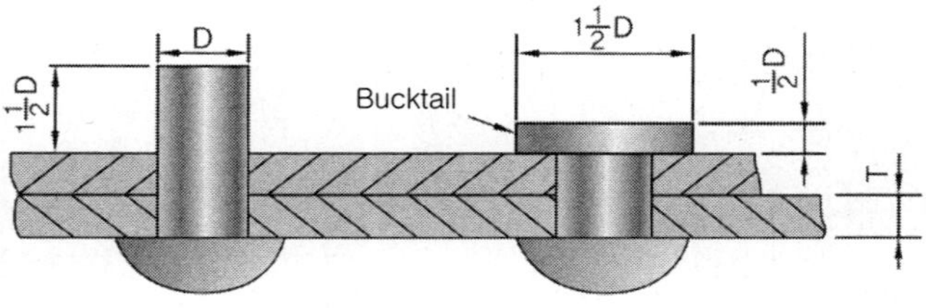

그림 8-48 리벳의 치수

(2) 리벳의 배치

리벳의 간격이나 연거리는 부재가 감당할 하중의 크기와 관계가 깊다.

미국 연방 항공국(FAA)에서 출판된 'Aviation Maintenance Technician Handbook'에서는 다음과 같이 리벳의 간격과 연거리를 결정하는 것으로 서술되었는데, 무게가 가벼운 소형기에 적당한 느낌이다.

① 연거리(Edge distance)

그림 8-49와 같이 판재의 끝에서 첫 번째 리벳 구멍 중심까지의 거리를 말한다. 2D~4D 사이에 위치하나 보통은 2.5D 정도가 적당하다. 반면에 접시머리 리벳의 경우에는 카운터싱크에 의한 영향을 고려하기 위해 최소 2.5D로 한다.

여객기나 전투기의 경우 대부분 2D를 적용하고 있다. 연거리가 크면 결합되는 두 부재에서 겹치는 부위가 넓어져 무게를 증가시키므로 연거리를 크게 적용하지 않으려 한다. 그러나 연거리가 너무 작으면 구멍 주위에 응력집중이 크게 증가해 균열이 쉽게 발생해 내구성이 매우 저하될 수 있으므로 유의해야 한다.

② 리벳 피치(Pitch)

그림에서 인접하는 리벳 중심 사이의 거리를 말한다. 3D~12D 사이에 위치하나 보통은 6D~8D가 적당하다. 여객기의 경우 보통 4D~6D 사이 값을 적용한다.

③ 횡단 피치(Row spacing, Row pitch)

그림에서 리벳 열과 열 사이의 거리를 말한다. 보통은 리벳간격의 75% 정도인 4.5D~6D가

적당하며, 최소 2.5D 이상이어야 한다. 간격이 크면 동일한 수량의 리벳을 배치할 부재의 면적(결합되는 부재가 겹쳐지는 면적)이 증가해 무게를 증가시키므로 역시 큰 값을 적용하지 않으려 한다.

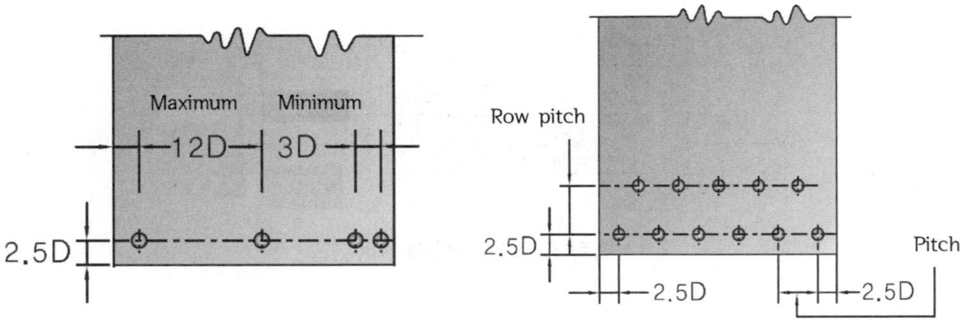

그림 8-49 리벳의 배치

④ **리벳 수 계산**

연결하는 두 판재가 감당해야 할 하중을 고려해 다음 식으로 계산한다. 식에서 분자는 판재가 감당할 수 있는 인장하중, 분모는 리벳 하나가 감당할 수 있는 전단하중의 크기이며, 1.15는 안전에 대한 여유를 주기 위한 계수이다. 결국 리벳 수량은 판재가 감당할 수 있는 하중을 리벳 하나가 감당할 수 있는 하중으로 나눈 값에 안전계수를 곱한 것이 된다.

$$n = 1.15 \times \frac{t\,l\,\sigma_{\max}}{\left(\dfrac{\pi D^2}{4}\right)\tau_{\max}} \qquad (8\text{-}4)$$

식에서, n은 리벳의 갯수, 1.15는 안전계수, t는 판재의 두께, l은 판재의 폭, $\sigma_{\max}$는 판재의 인장강도, D는 리벳의 지름, $\tau_{\max}$는 리벳의 전단강도이다.

(3) 리벳 작업 공구

① **리벳건(Rivet gun)**

그림 8-50에 보인 리벳 건(rivet gun)은 압축공기를 사용하는데 사용 적정 압력은 90~100 psi 이다. 리벳에 적합한 크기의 리벳셋트를 리벳건에 장착하여 리벳 머리를 타격하고 반대편에 버킹바를 사용해 벅 테일(buck tail)을 성형한다.

리벳건 리벳 세트 버킹 바

그림 8-50 리벳건과 부속 공구

② **쉬트패스너(Sheet fastener)**

그림 8-51에 보인 쉬트패스너는 리벳 작업 시 판재를 임시로 고정시키기 위하여 사용하는 것으로 클레코형(cleco)형, 스프링 클램프형(spring clamp), 헥스 너트형(hex nut), 윙 너트형(wing nut) 등이 있으며, 사용되는 지름에 따라 쉽게 구별하기 위하여 표 8-1과 같이 크기를 색상으로 표시한다. 그림 8-52와 같은 쉬트패스너 플라이어(sheet fastener plier)를 사용하여 쉬트패스너를 장착한다.

i) 클레코 형 : 빠른 작업과 여러 개를 자주 교환하는 곳에 사용

ii) 스프링 클램프 형 : 작업 초기에 두 판재를 고정할 경우에 사용

iii) 헥스너트형, 윙너트형 : 큰 장력이 요구되는 곳에 사용

클레코형 헥스너트형 나비너트형 스프링 클램프형

그림 8-51 쉬트패스너 종류

표 8-1 쉬트파스너의 색상별 구분

색상	드릴 지름	색상	드릴 지름
은색	2.4mm(3/32in)	구리색	3.2mm(1/8in)
흑색	4.0mm(5/32in)	황색	4.8mm(3/16in)

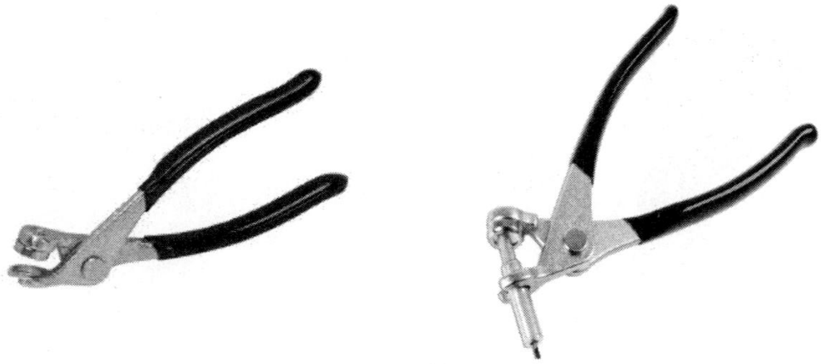

그림 8-52 쉬트패스너 플라이어(Sheet fastener plier)

(4) 리벳 장착 작업

① 리벳 건을 사용하는 방법

리벳 건에 리벳 세트를 끼워 리벳 머리에 타격을 가하고 반대쪽은 버킹 바로 벅 테일을 생성하는 방법이며, 항공기에서 사용하는 대부분의 리벳은 리벳 건으로 작업한다. 그림 8-53과 같이 버킹 바와 리벳건이 면에 수직이 되도록 대고 리벳의 중심에 힘이 집중되도록 작업한다.

② 리벳 스퀴저(Rivet squeezer)를 사용하는 방법

리벳 스퀴저는 타격에 의한 방법과는 달리 압력을 가하여 리벳 작업을 하는 방법이다. 일반적으로 주위 구조물로 인하여 공기 해머 사용이 곤란한 경우에 사용된다. 항공기 구조 작업에서는 리벳 장착 시 벅 테일을 일정하게 하고 균형있게 만들며 연속적인 작업이 가능하다는 장점을 가지고 있다.

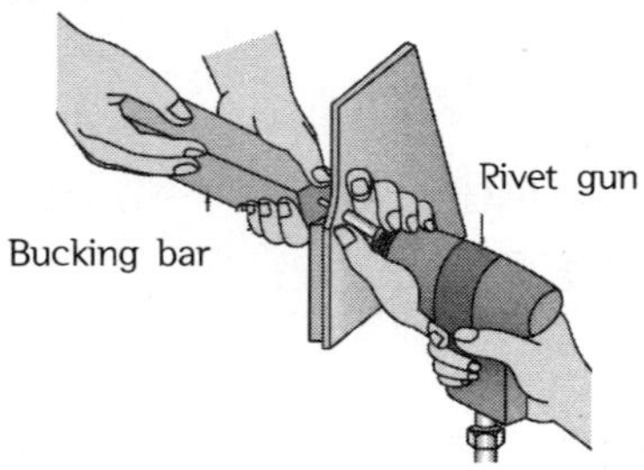

리벳 건을 이용한 장착

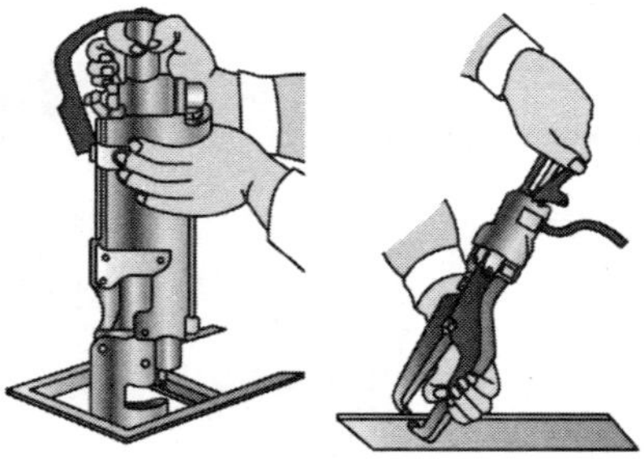

리벳 스퀴저를 사용한 장착

그림 8-53 리벳 장착

(5) 리벳 쉐이빙 작업(Rivet shaving)

리벳 쉐이빙이란 그림 8-54와 같이 접시머리 리벳 작업 후 표면의 평면도(flushness) 조건을 맞추기 위하여 허용 범위 내에서 리벳 머리를 면삭하는 작업을 말한다.

작업 전 작업 후 마이크로 세이버

그림 8-54 리벳 쉐이빙과 공구

(6) 리벳 제거 작업

리벳을 제거하고 다른 리벳으로 교환하고자 할 때에는 판재에 손상이 발생하지 않도록 주의하여 작업한다. 리벳 제거 순서와 방법은 그림 8-55와 같다.

i) 리벳머리를 펀치 작업이 용이하도록 평평하게 줄질한다.

ii) 리벳 머리 중심에 펀치 작업을 한다. 부정확한 펀치 작업은 원래 구멍에 손상을 입힐 수 있다.

iii) 펀치 자국에 맞춰 드릴 작업을 한다. 이때 사용되는 드릴은 원래 구멍보다 0.8mm(1/32in) 작은 것을 선택한다.

iv) 리벳 머리를 핀 펀치를 이용하여 제거한다.

v) 생크부분에 핀 펀치를 대고 해머로 두들겨 리벳 생크를 제거한다.

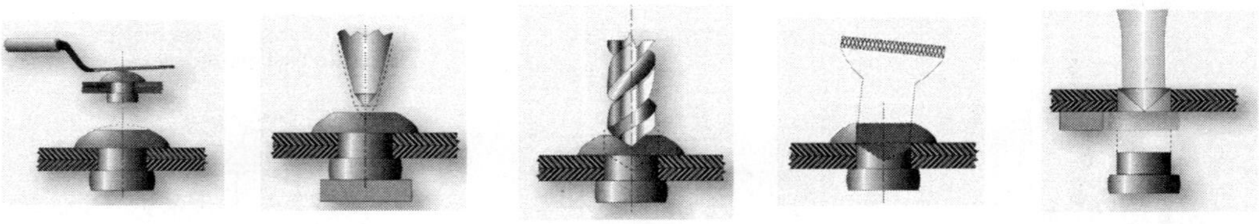

줄질 펀치 작업 드릴 작업 머리 제거 생크 제거

그림 8-55 리벳 제거 작업

8.3.3 기타 체결작업

(1) 블라인드 리벳 체결 작업

블라인드 리벳은 버킹 바를 사용할 수 없는 곳에 사용한다. 리벳 건에 리벳의 스템(stem) 부분을 장착하여 그림 8-56과 같이 스템을 잡아 당겨주면 스템콘이 안으로 당겨져 생크를 확장하게 되고 스템에 작용하는 인장력이 한계에 다다르면 스템이 끊어지게 된다.

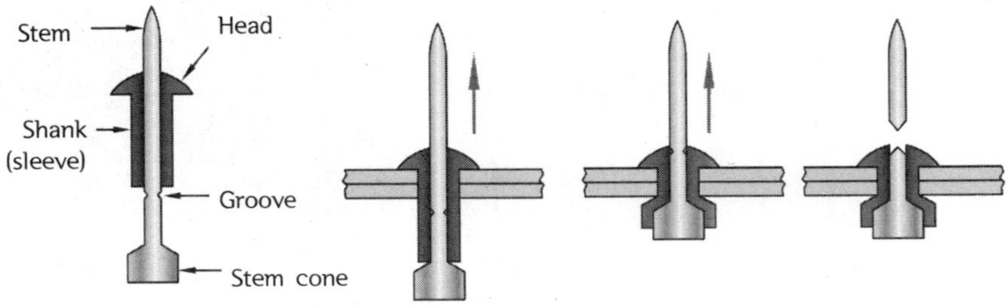

그림 8-56 체리 리벳 작업

(2) 고전단 리벳 체결 작업

그림과 같이 구멍에 고전단 리벳을 끼우고 핀 끝에 칼라를 끼운 뒤 적절한 리벳셋을 장착한 리벳건을 사용하여 장착한다. 알루미늄 칼라가 핀의 홈 부위 형상에 맞게 변형되며 장착되도록 한다. 올바르게 장착된 경우와 그러지 못한 경우에 대한 것을 그림에 간단히 나타냈다. 잘못 장착된 경우 칼라를 깨서 제거한 후 다시 장착을 한다. 핀의 길이가 미세하게 긴 경우 0.032인치 와셔를 끼우는 것은 허용된다. 핀의 길이가 맞지 않아 장착상태가 적당하지 못한 경우 적합한 길이의 핀으로 교체하여 장착해야 한다.

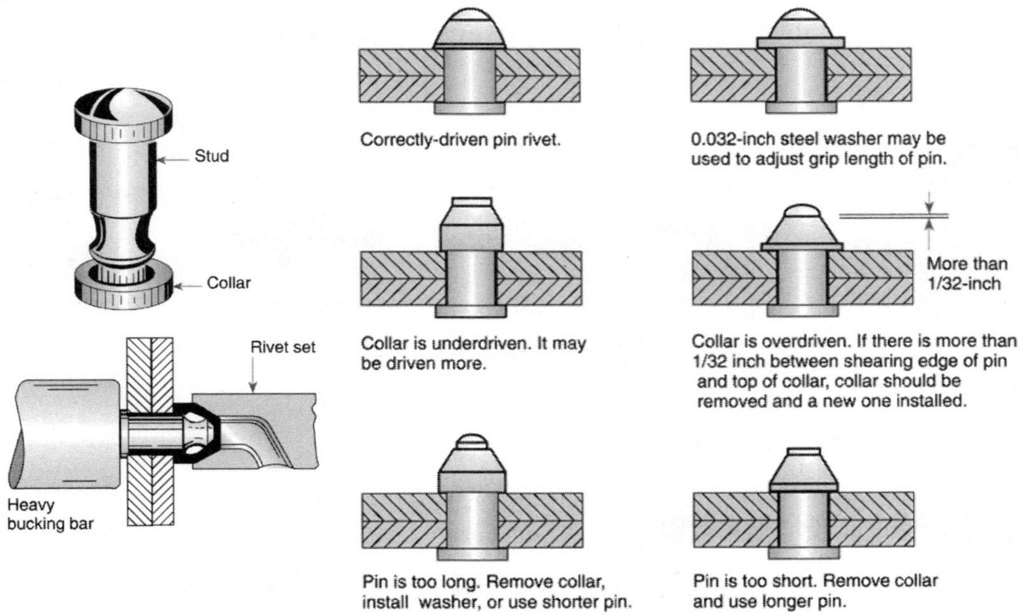

그림 8-57 고전단 리벳 체결 작업

(3) 하이락 체결 작업

그림 8-58과 같이 나사산이 있는 핀(pin)과 칼라(collar) 두 부분으로 구성되어 있는데, 칼라가 조여지는 동안 핀의 회전을 막기 위하여 알렌 렌치(allen wrench)로 핀을 고정한다. 장착은 하이락(hi-lok)을 판재에 삽입한 뒤, 칼라의 렌칭 헤드(wrenching head)가 절단될 때까지 렌치를 조인다. 이때 미리 정해진 토크(torque)값에 도달하면 렌칭 헤드(wrenching head)가 떨어져 나간다. 렌칭 헤드가 제거된 후 칼라 위로 나사산이 2~3개가 나와 있으면 정상이다.

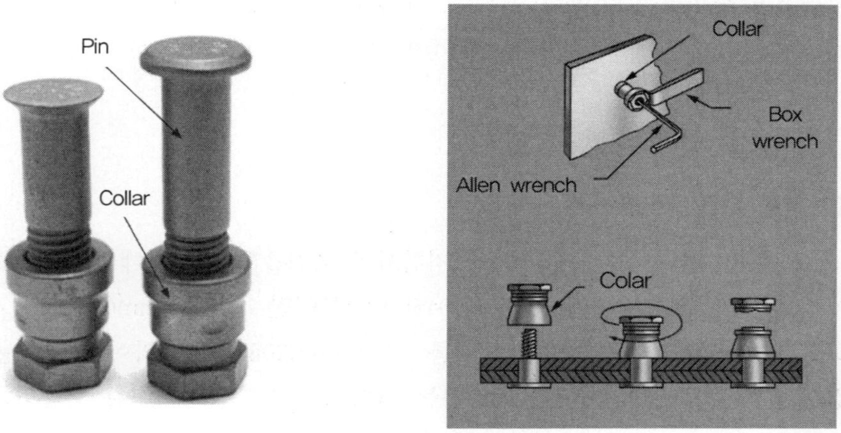

그림 8-58 하이락 체결 작업

(4) 락볼트 체결 작업

높은 응력을 받는 부위에 많이 사용되며 진동과 피로에 강하다. 그림 8-59와 같이 홈이 파인 핀(grooved pin)과 칼라(collar)로 구성되어 있는데, 장착은 그림에 보인 것처럼 핀(pin)을 구멍에 삽입하고 칼라를 끼운 다음 칼라를 압착하고 핀이 끊어질 때까지 당긴다.

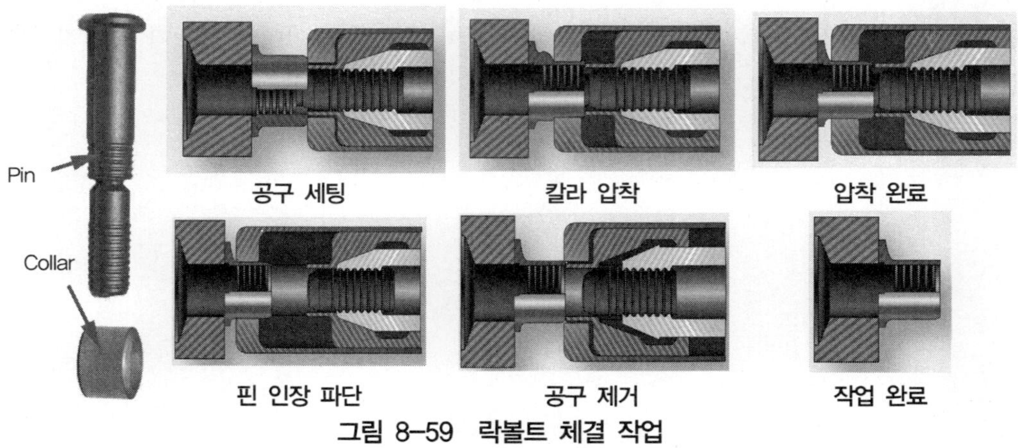

그림 8-59 락볼트 체결 작업

8.4 안전결선(Safety Wire)

안전 결선 작업은 항공기에 체결된 부품들이 항공기 운항 중에 발생되는 진동과 하중에 의하여 헐거워지거나 풀리는 것을 방지하기 위하여 수행하는 작업이다.

안전 결선 작업에는 부품을 고정 방향으로 당겨서 고정시키는 고정 와이어(lock wire)와 비상구, 소화기, 스위치 등이 잘못 조작되는 것을 방지하고 조작 시 쉽게 작동할 수 있도록 사용되는 전단와이어(shear wire)가 있다. 고정와이어의 안전결선 방법에는 단선식(single wire method)과 복선식(double wire method)이 있다.

8.4.1 볼트 안전결선 작업

(1) 와이어 지름 선택

안전 결선용 와이어의 지름은 작업 지침서의 조건을 만족시켜야 한다. 복선식 안전결선 작업에서 부품의 구멍 지름이 11mm(0.045in) 이상이면 지름 0.8mm(0.032in, #32) 와이어를 사용하고, 11mm(0.045in) 미만이면 지름 0.5mm(0.020in, #20) 와이어를 사용한다. 단선식 안전결선의 경우 구멍의 지름이 허용하는 가장 큰 지름의 와이어를 사용한다.

(2) 볼트 구멍의 선택

볼트를 규정된 토크 값까지 죄고 나서 볼트 머리에 나 있는 구멍의 위치를 조정하는데 구멍의 위치는 그림 8-60에서 보는 바와 같이 수직선에 대하여 왼쪽으로 45° 기울어진 위치가 이상적이다. 이런 상태에서는 항상 2개의 볼트를 조이는 방향으로 인장력이 작용하기 때문에 확실한 고정이 이루어지게 된다. 구멍의 위치가 적당하지 않으면 볼트를 풀었다 다시 장착한다. 규정 토크치에 맞추어 장착된 볼트를 조금 더 조이거나 풀어 구멍 위치를 맞추면 안 된다. 먼저 규정 토크치에 맞추어 볼트를 장착하는 것이 중요하고 이어서 볼트가 풀리지 않도록 결선을 해야 한다.

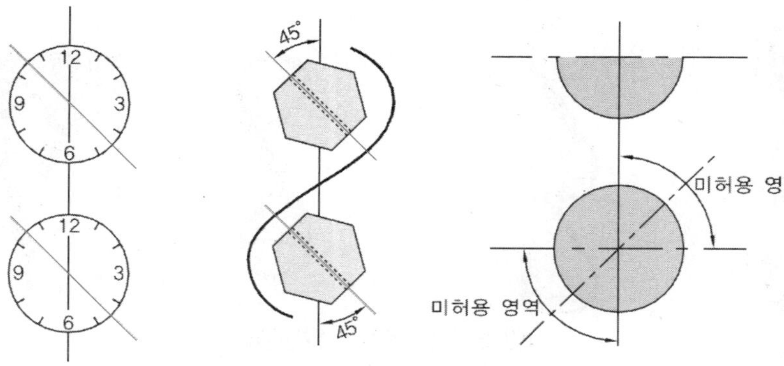

그림 8-60 안전결선 구멍 선택

(3) 단선식 안전결선법(Single wiring method)

단선식 안전 결선법은 그림 8-61과 같이 3개 이상의 체결 부품이 기하학적으로 밀착되어 복선식으로 작업이 불가능할 경우에 적용된다.

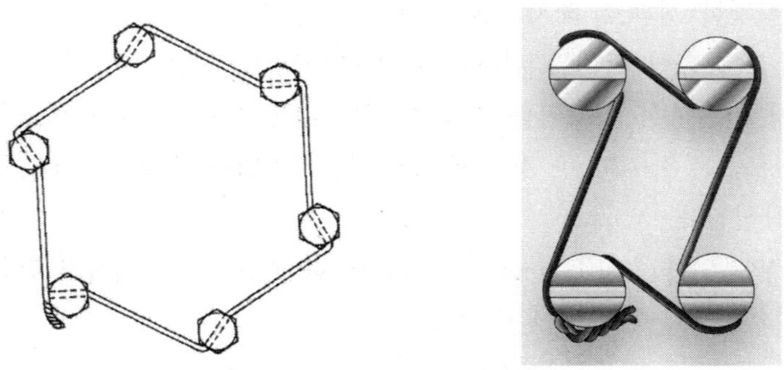

그림 8-61 단선식 안전결선

(4) 복선식 안전결선법(Double wiring method)

복선식 안전 결선법은 그림 8-62와 같이 가장 일반적으로 사용하는 방법으로서, 두 가닥의 와이어를 이용하여 작업하는 것으로 체결 부품이 4~6인치 정도의 넓은 간격으로 떨어져 있을 때 적용하는 방법이며 결합 가능한 최대부품의 수는 3개이다.

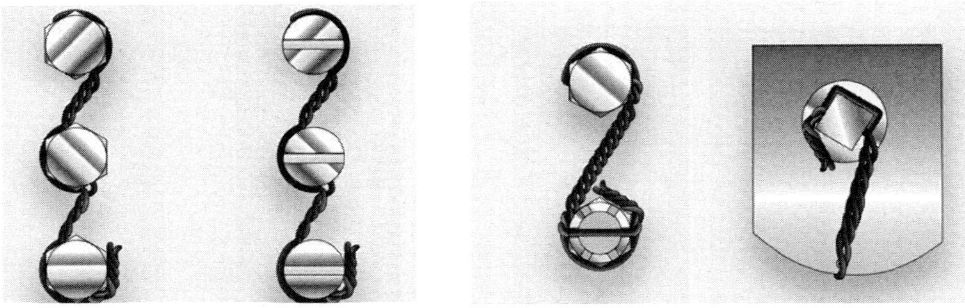

그림 8-62 복선식 안전결선

(5) 안전결선 작업 시 유의 사항

i) 한 번 사용한 와이어는 재사용하지 않는다.

ii) 복선식의 경우 길이 1인치 당 6~8회 정도 꼬아준다.

iii) 와이어의 지름은 볼트 머리 구멍의 75% 정도 되도록 선택한다.

iv) 1회의 안전결선에 사용되는 와이어의 총 길이는 24인치 이내가 되도록 한다.

v) 와이어를 팽팽한 상태로 해서 꼬아준다.

vi) 꼬임 시작점에 응력 방지를 위하여 과도하게 당기지 않는다.

vii) 부상 방지를 위하여 와이어를 자를 때에는 자른 면이 직각이 되도록 한다.

viii) 끝마무리 부분은 3~4회 꼰 것을 볼트에 밀착시키거나 돼지 꼬리(pig tail) 모양을 만들어 볼트에 밀착시킨다.

ix) 외부 이물질에 의한 손상(Foreign object damage, FOD)을 방지하기 위하여 와이어 부스러기 처리를 확실히 한다.

8.4.2 코터 핀 작업

코터 핀 고정 작업은 캐슬 너트(castle nut), 핀(pin) 등이 풀리는 것을 방지할 필요가 있는 부품에 사용한다. 작업 방법에는 그림 8-63과 같이 우선 방법(preferred method)과 대체 방법(alternate method)이 있다. 특별한 지시가 없는 한 우선 방법으로 작업을 하나 코터 핀 끝이 다른 부품과 닿거나 걸릴 경우에는 대체 방법을 사용한다.

먼저 규정된 토크치로 볼트와 너트를 장착한다. 볼트 나사부의 구멍과 캐슬너트의 홈이 일치하면 코터핀을 끼워 장착한다. 만일 홈이 맞지 않으면 너트, 볼트를 교환하거나 와셔를 이용하여 조절한다. 코터 핀 작업 시 다음 사항에 유의하여야 한다.

i) 한 번 사용한 코터 핀을 재사용하지 않는다.

ii) 코터 핀 지름의 50% 이상이 너트 윗면으로 나와서는 안 된다.

iii) 부상 방지를 위하여 코터 핀을 자를 때에는 자른 면이 직각이 되도록 한다.
iv) 절단된 코터 핀 끝을 가볍게 두드려 볼트 밑면에 완전히 밀착시킨다.
v) 코터 핀을 아래쪽으로 구부릴 때에는 와셔나 부품에 닿지 않도록 한다.

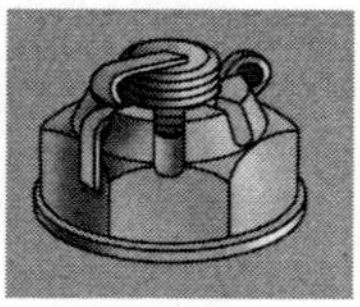

우선 방법

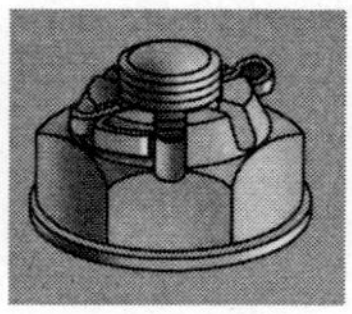

대체 방법

그림 8-63 코터 핀 작업

8.5 배관

조종계통이나 착륙계통 등에 사용하는 유압의 공급, 기내의 산소 공급, 연료 공급 등에 사용되는 호스나 튜브, 피팅(fitting)을 성형하고 연결하여 기체에 장착하는 과정을 항공기 배관 작업이라 한다.

상대 운동을 하지 않는 두 지점 사이의 배관은 튜브를 사용한다. 움직임이 있거나 진동이 심한 곳은 두 연결 지점에 미세한 변화가 자주 발생하여 강성이 큰 튜브로 연결하는 경우 변위에 의한 응력 발생과 이로 인한 피로 균열이 발생할 수 있으므로 유연성이 좋은 호스를 사용하는 것이 좋다. 대부분 항공기에 사용되는 튜브는 알루미늄 합금이나 스테인리스강을 사용하고 있다.

알루미늄 합금 튜브는 2,000psi 이하에 사용하며, 2,000psi 이상에서는 스테인리스 튜브를 사용한다. 튜브는 장착 전 압력시험이 필요하며 정상작동 압력의 2~3배를 견딜 수 있어야 한다.

튜브의 호칭 치수는 바깥지름(분수) × 두께(소수)로 나타낸다.

모든 유체 배관은 그림 8-64와 같이 내용물 식별을 위하여 다음과 같이 색 코드를 이용하여 표시한다. 유관의 용도에 따른 색깔은 다음과 같다.

연료계통 ; 붉은색　　유압계통 ; 푸른-노란색
윤활계통 ; 노란색　　산소계통 ; 초록색

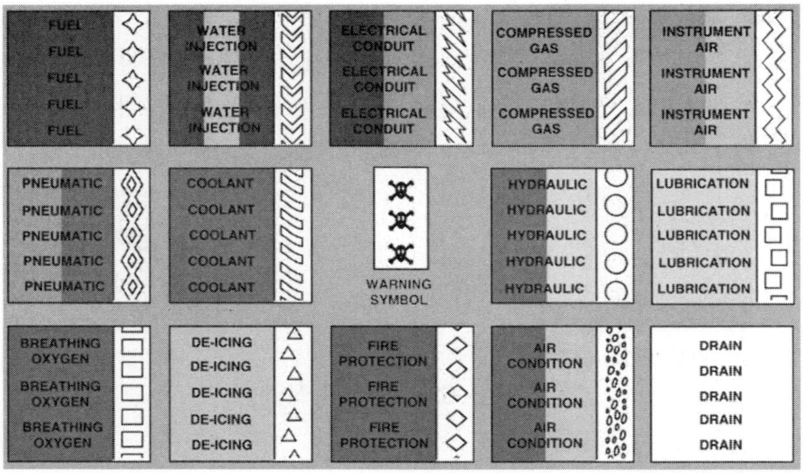

그림 8-64 유체 배관의 식별

대부분 작동유 라인의 경우 1인치 테이프나 데칼(decal)로 표시하는데, 부착위치는 튜브의 양쪽 끝이며 최소한 작동유 라인이 지나는 격실에 한 개씩 부착한다. 엔진 부분의 작동유 라인에는 테이프, 데칼 태그 등이 엔진 흡입계통으로 빨려들어 갈 가능성이 있으므로 페인트를 칠한다.

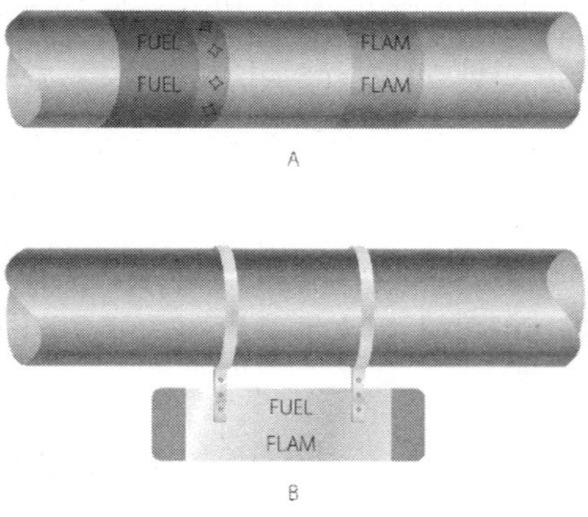

그림 8-65 테잎이나 데칼에 의한 식별

작동라인 부품을 교환하는 경우 원래의 작동라인과 크기, 두께 및 재질이 동일한 것으로 교환해야 한다.

8.5.1 튜브 작업

(1) 튜브 절단

튜브를 절단할 때는 그림 8-66과 같이 튜브의 끝이 직각이 되도록 매끄럽게 절단하는 것이다. 튜브커터(tube cutter)를 이용하여 절단작업을 한 뒤 절단면에 발생한 버(burr)를 제거하여 매끄러운 상태가 되도록 한다.

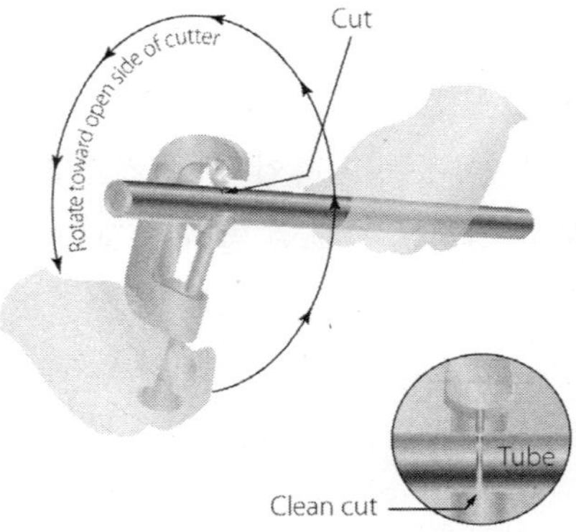

그림 8-66 튜브 컷터를 사용한 절단

(2) 튜브 굽힘

튜브 굽힘은 튜브의 지름이 작아지지 않고 순조로운 굽힘이 이루어지도록 해야 한다. 지름이 1/4인치 이하의 튜브는 공구를 사용하지 않고 손으로 굽힐 수 있다. 지름이 1/4~1/2인치일 때는 그림 8-67과 같이 굽힘공구(tube bender)를 사용하여 원하는 각도만큼 어렵지 않게 작업할 수 있다. 굽힘 작업 후 튜브에 주름이 생기거나 찌그러진 곳이 발생하지 않도록 해야 하며, 굽은 부위의 지름이 원래 바깥지름의 75%보다 작으면 안 된다. 튜브에 주름이 생기거나 찌그러지는 것은 굽힘공구를 사용하지 않고 작업을 하는 경우 발생할 수 있다.

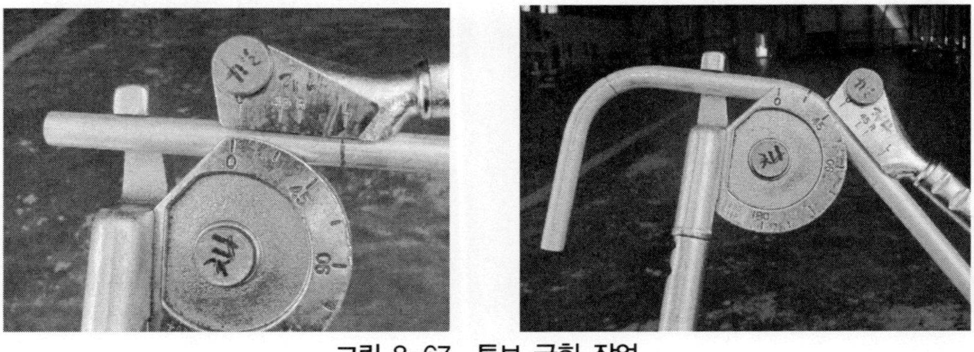

그림 8-67 튜브 굽힘 작업

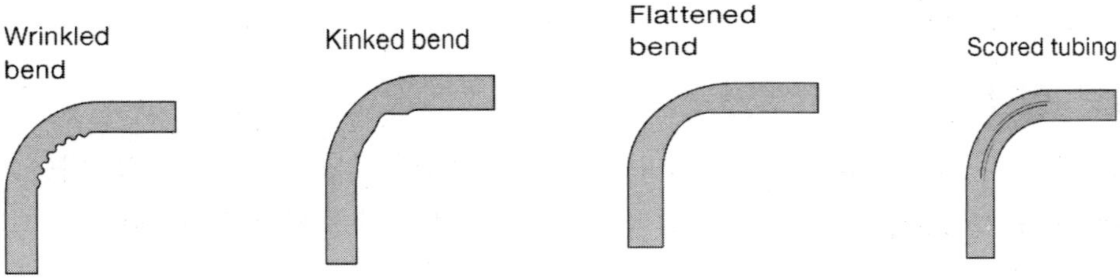

그림 8-68 튜브 외형 검사

(3) 플레어링(Flaring) 작업

튜브 플레어링이란 연결부의 누설을 방지하기 위한 것으로 그림 8-69와 같은 플레어(flare) 공구를 이용하여 튜브 끝 부분을 일정한 각도로 벌리는 것을 말하며, 플레어 작업에는 튜브의 끝부분을 한번만 벌려주는 싱글(single) 플레어 작업과 겹쳐진 형태의 더블(double) 플레어 작업이 있다. 더블 플레어는 지름이 1/8~3/8인치까지의 알루미늄 튜브에 적용되며 그 이외에는 싱글 플레어 방식을 적용한다. 더블 플레어는 심한 진동을 받는 곳이나 계통의 압력이 높은 곳에 사용되는 관의 플레어 부분이 파손되거나 연결 부분이 누설되는 것을 방지하기 위해 사용된다. 더블플레어는 싱글플레어보다 더 매끈하고 동심이어서 훨씬 밀폐 특성이 좋고 토크의 전단작용에 대한 저항력이 크다. 플레어링 작업 후 튜브의 벌어진 정도는 그림에서

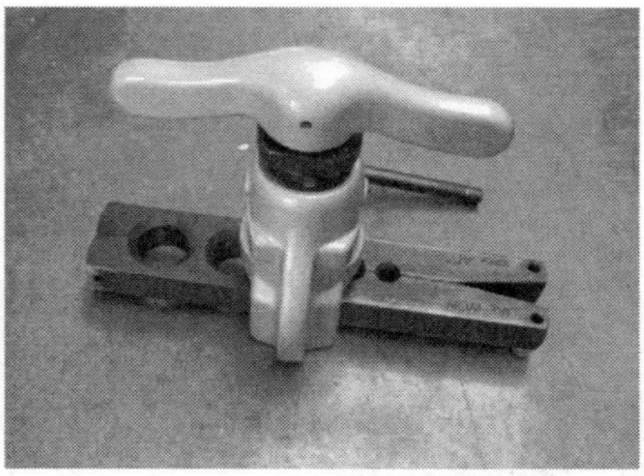

그림 8-69 플레어링 공구

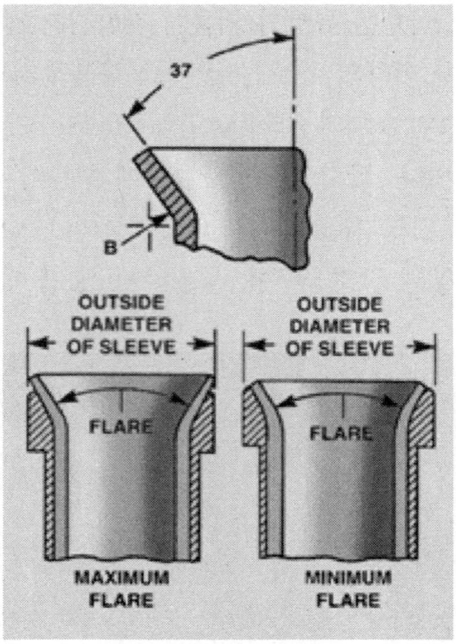

그림 8-70 싱글 플레어링

보는 것처럼 튜브 결합 시 튜브 외측에 끼워지는 슬리브의 형태를 기준으로 튜브 끝이 슬리브 외경을 초과하지 않아야 하고, 작더라도 튜브 끝이 슬리브의 경사진 부분 안쪽으로 들어가지 말아야 한다.

그림 8-71과 그림 8-72에 공구를 사용하여 수행하는 단일 플레어링 작업 과정과 더블 플레어링 작업 과정을 보였다.

튜브 삽입 몸체와 튜브 일치 핸들 회전 완료 후

그림 8-71 싱글 플레어링 작업

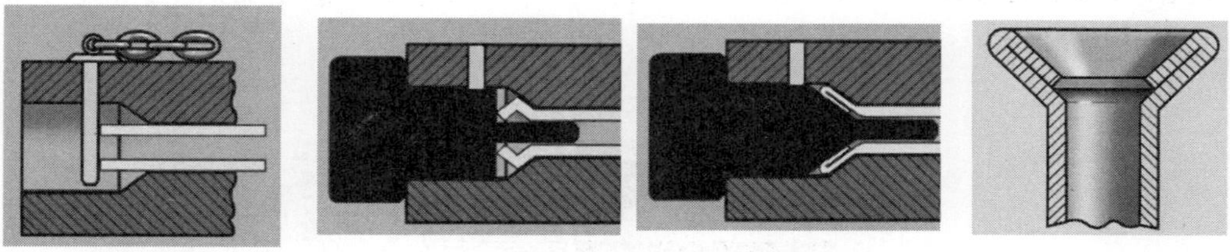

튜브 삽입 업셋툴 타격 플레어링 콘 타격 작업 완료

그림 8-72 더블 플레어링 작업

(4) 비딩(Beading)

튜브 비딩은 튜브를 연결하기 위해 그림 8-73과 같이 튜브의 끝단을 둥그렇게 성형하는 것이다.

튜브 고정 바이스 회전하며 성형 작업 완료

그림 8-73 비딩 작업

(5) 튜브 연결 방법

튜브 연결용 피팅(fitting)을 사용하여 결합을 하는데 연결 전 튜브 표면의 청결상태, 균열, 긁힘, 찍힘 등에 대한 검사가 이루어져야 한다. 알루미늄 합금 튜브의 긁힘이나 찍힘이 두께의 10%를 초과하는 경우 튜브를 교환한다. 피팅과 튜브는 같은 재질이어야 하며 연결방법은 다음과 같다.

① 플레어에 의한 방법

플레어 튜브 피팅(flared tube fitting)은 보통 관의 지름이 19mm(3/4in) 이하의 관에 사용되는데, 그림 8-74와 같이 슬리브(sleeve)와 너트로 되어 있어 슬리브 위에 너트를 끼우고 너트를 죄게 되면 슬리브가 튜브를 피팅 쪽으로 끌어당겨 튜브가 완전히 밀폐된 상태로 결합된다.

결합 시 토크렌치로 규정된 토크만큼 피팅을 조인다. 피팅을 너무 세게 조이면 튜브 플레어 및 결합 너트가 손상될 수 있고, 충분히 조이지 않으면 배관이 분리되거나 작동유가 누출될 수 있으니 유의한다.

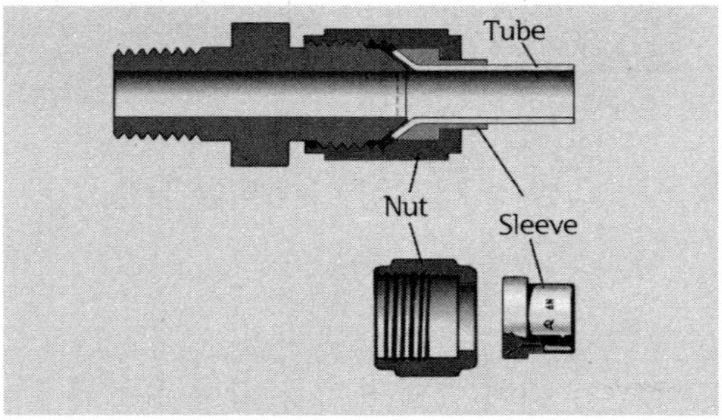

그림 8-74 플레어에 의한 연결

② 플레어리스(Flareless) 튜브 연결 방법

항공기 유압계통이나 공기압 계통에 사용되는 두꺼운 튜브는 플레어 가공이 곤란하므로 플레어 없이 튜브를 연결한다. 그림 8-75와 같이 우선 너트를 슬리브 튜브에 밀어 넣고 끼운 다음 슬리브의 절단 모서리가 확실히 자리를 잡을 때까지 너트를 죄어줌으로써 연결이 완성된다. 체결 작업은 먼저 손으로 너트를 돌려 저항이 커서 돌릴 수 없을 때까지 조인 후 렌치로 너트를 1/6바퀴 더 조인다. 연결부를 조인 후 누출이 있으면 1/6바퀴 더 돌리고 누출 여부를 다시 조사하고 누출이 없으면 마무리 한다.

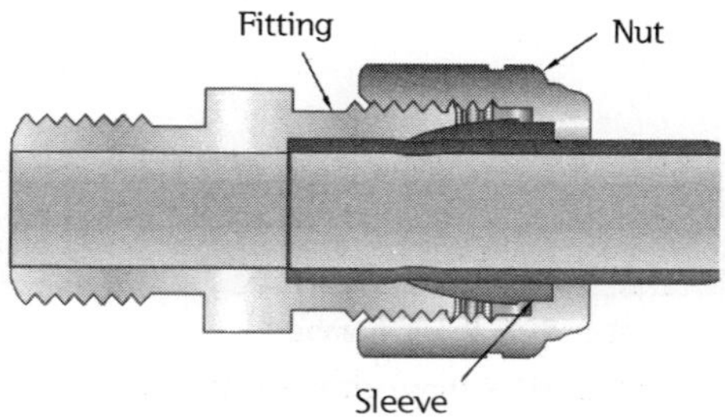

그림 8-75 플레어리스 연결

③ **비딩에 의한 연결**

냉각 공기나 엔진 귀환 오일과 같은 저압 유체가 흐르는 큰 직경의 튜브는 튜브 끝 사이에 호스를 접속하여 연결한다. 그림 8-76과 같이 고무호스를 튜브의 비드(bead) 위로 끼운 다음 호스 끝과 비드 사이에 클램프를 설치한 후 처음에는 손으로 조이고 이후 렌치나 플라이어를 이용하여 완전히 조인다. 이때 클램프를 과도하게 조이면 고무가 압착되어 호스가 손상되는 현상이 발생하여 유체가 흘러나올 수 있으니 유의한다.

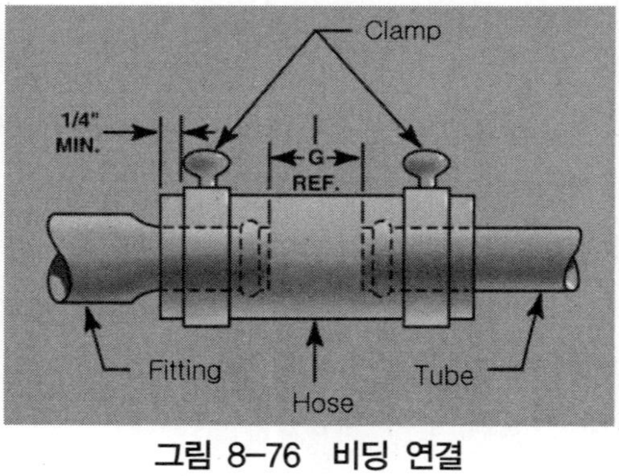

그림 8-76 비딩 연결

③ **신속 분리 커플링(Quick Disconnect Coupling)**

자체 밀폐(self-sealing)형으로 유체 계통에 주로 사용되며 검사와 정비를 위해 작동 유 라인을 자주 분리하는 경우에 사용한다.

8.5.2 호스 작업

항공기 호스를 식별하는 방법으로 색깔, 문자, 그림 등을 사용하고 이러한 표시 내용에는 호스의 제작연도, 호스의 기능, 호스 안을 흐르는 유체의 종류, 유로의 방향 및 주의사항 등이 포함되어 있다. 그림 8-77과 같은 가요성 호스(flexible hose)의 크기는 호스의 안지름을 1/16

인치(inch) 단위 크기로 표시한다. 예를 들면 No.9인 호스는 안지름이 9/16in 인 호스를 말하는 것이다.

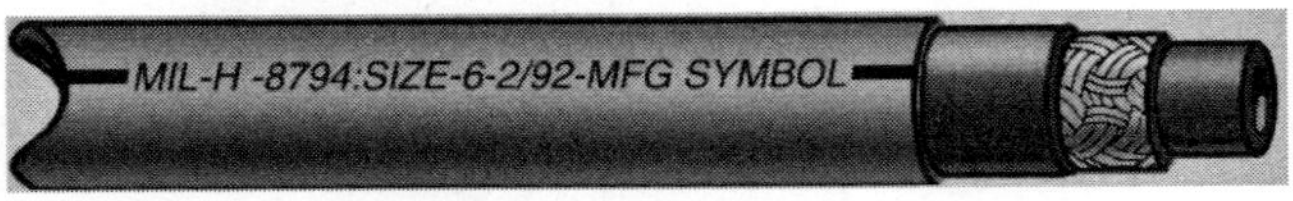

MIL-H-8794	호스 번호 (hose number)
-6	호스 사이즈(hose size) - 6/16(3/8인치)
2/92	제조 년/분기(92년 2/4분기)

그림 8-77 가요성 호스

(1) 가요성 호스(Flexible hose)

가요성 호스는 움직이지 않는 부품에 움직이는 부품을 연결하거나, 진동이 심한 부위, 혹은 특별히 유연성이 크게 필요한 곳에 사용한다. 가요성 호스로는 고무호스나 테플론 호스가 사용된다.

고무호스는 면으로 짠 끈과 철사끈의 층으로 싸인 이음매 없는 인조 고무의 내부 튜브와 면으로 짠 끈이 들어있는 외부 고무 튜브로 구성되어 있다. 고무호스는 연료 윤활유, 냉각 및 유압계통에 적합하다.

테플론 호스는 그림 8-78과 같이 호스 위에 스테인리스강 철사로 감싸져 있는데 사용 온도 범위가 넓으며, 거의 모든 액체류에 사용이 가능하다. 또한 유체의 흐름에 저항을 주지 않으며, 고무보다 부피의 변형이 적고 수명도 반영구적이다.

호스는 사용하는 압력에 따라 그림과 같이 저압용, 중압용, 고압용으로 나뉜다.

i) 저압용 호스 : 300 psi 이하의 압력 배관용(연료, 계기계통)
ii) 중압용 호스 : 1500psi~3000 psi 압력 배관용
iii) 고압용 호스 : 3000psi 이상의 압력 배관용

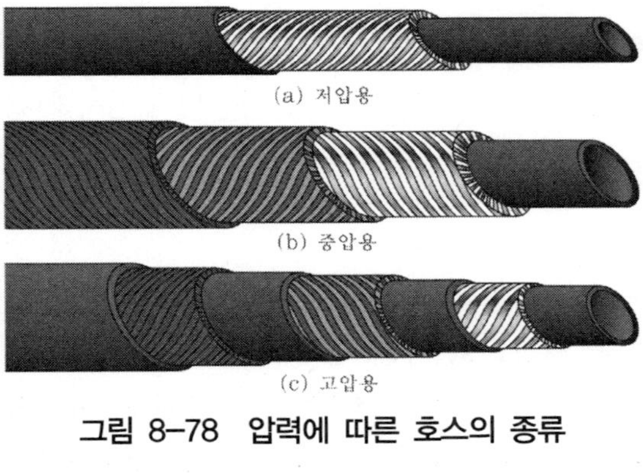

그림 8-78 압력에 따른 호스의 종류

(2) 호스의 장착

연성 호스를 장착할 때는 압력을 가했을 때 호스가 지름이 커지면서 길이가 수축되는 것을 고려해 처음 장착 시 길이에 여유가 있도록 한다. 그림 8-79에 보인 것처럼 호스를 장착할 때 다음과 같은 점을 유의하여 작업한다.

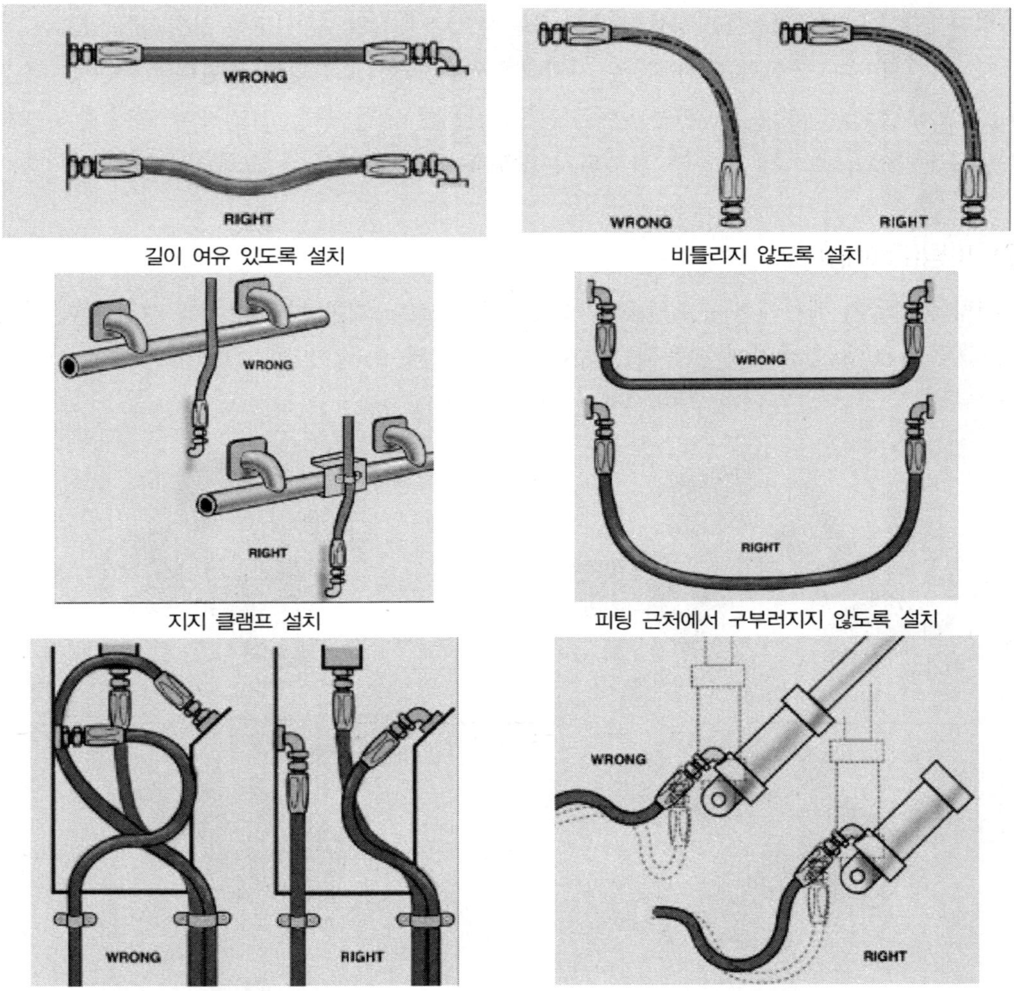

길이 여유 있도록 설치 / 비틀리지 않도록 설치 / 지지 클램프 설치 / 피팅 근처에서 구부러지지 않도록 설치 / 간결하게 설치, 엘보 피팅 사용 / 급격한 굽힘 방지

그림 8-79 호스의 설치 방법

i) 호스 어셈블리가 심한 진동 상태에 놓이거나 굽힘을 받을 때는 무리가 가지 않도록 충분히 느슨한 상태로 장착되어야 한다.

ii) 호스 끝단에 있는 피팅 부위의 호스는 피팅으로부터 호스 직경의 2배 정도까지는 구부러지지 않고 직선을 이루도록 한다.

iii) 호스의 파열 가능성을 예방하거나 장착된 너트의 풀림을 방지하기 위해 호스가 꼬인 상태로 장착되지 않도록 한다.

iv) 호스 어셈블리에서 급격한 굽힘을 피하기 위해 엘보(elbow) 피팅을 사용하고 적당한 굽힘 반경을 갖도록 작업한다.

v) 호스 어셈블리는 모든 작동 조건에서 다른 튜브, 장비와 인접한 구조물에 닿지 않아야 한다. 연성호스는 작동조건에서 조금은 유동적으로 움직일 수 있도록 장착되어 있으며 적어도 24인치마다 클램프 등과 같은 지지대를 장착하여 고정되어야 한다.

vi) 가요성 호스(flexible hose)는 압력, 진동, 기체의 팽창 등을 고려하여 길이에 5~8%의 여유를 두고, 호스가 비틀려 장착되지 않도록 한다.

(3) 피팅(Fitting)

피팅은 항공기 배관에서 튜브의 한쪽 끝을 다른 튜브나 계통 접합 장치에 연결할 때 사용한다. 그림 8-80에 항공기에 사용되는 AN 표준 피팅의 여러 형태를 보였다.

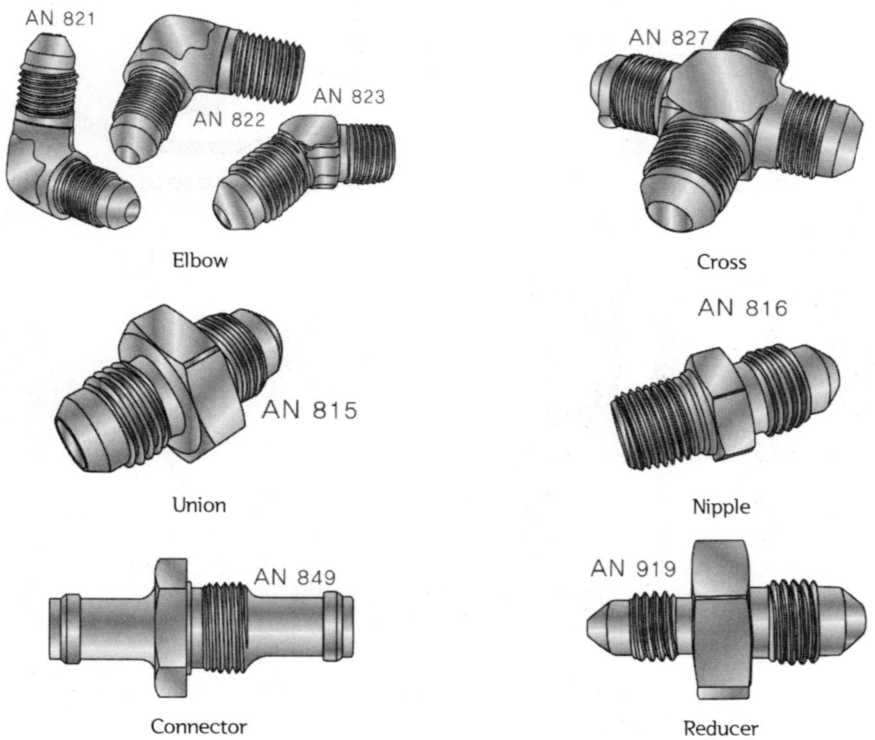

그림 8-80 각종 피팅

8.6 케이블

8.6.1 케이블 설치

케이블(cable)은 항공기의 작동 계통을 조작하기 위한 동력을 전달하는 역할을 한다.

조종케이블이 연결된 상태에서 기체가 선회나 기수의 방향 전환으로 기체에 관성력이 발생하는 경우, 관성력에 의해 그림 8-81과 같이 케이블이 처지면서 조종 면이 오작동을 할 수 있기 때문에 케이블은 항상 왕복으로 사용한다.

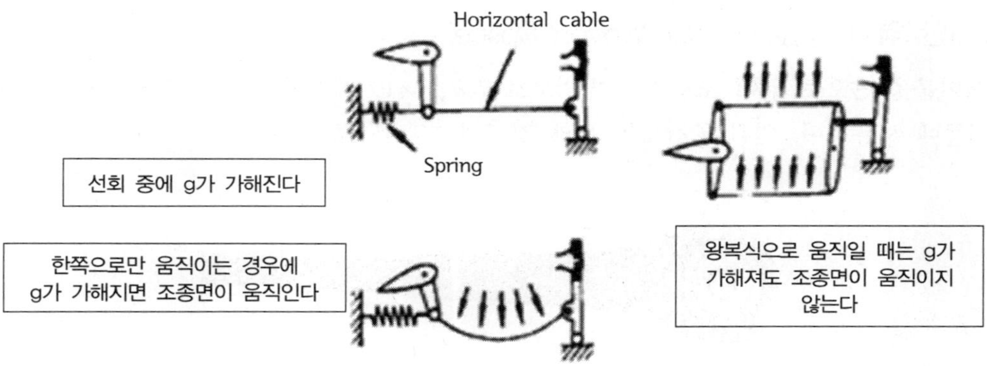

그림 8-81 케이블의 설치

8.6.2 케이블 단자 연결 작업

(1) 스웨이징 방법(Swaging method)

그림 8-82와 같이 스웨이징 케이블 단자 속에 케이블을 끼우고 압착하여 케이블을 조립하는 방법으로 대부분의 항공기 조종케이블에 적용되며 연결부 강도는 케이블의 원래 강도 100%를 보장한다.

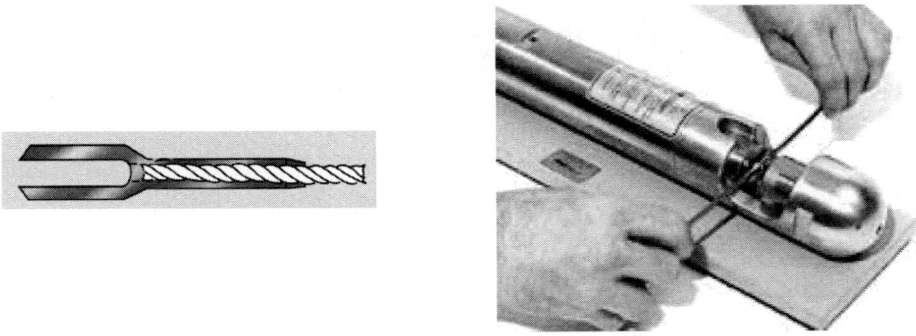

그림 8-82 스웨이징 방법

(2) 5단 엮기 방법(5-Tuck Woven Splice)

케이블을 손으로 엮어 조립하는 방법으로 7×7, 7×19 케이블로서 직경 3/32인치 이상의 케이블에 사용하며, 연결부 강도는 원래 강도의 75%를 보장한다.

그림 8-83 5단 엮기 방법

(3) 납땜 이음 방법(Wrap solder cable splice)

납땜액이 케이블 사이에 스며들게 하는 방법으로 3/32인치 이하의 유연 케이블이나 1×19 케이블에 적용하며 연결부 강도는 원래 강도의 90%를 보장하지만 고온 환경에서는 사용할 수 없다.

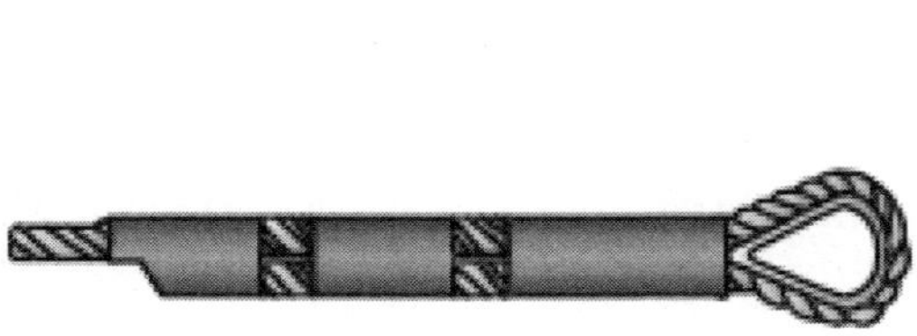

그림 8-84 납땜 이음 방법

(4) 니코프레스 방법(Nico press method)

케이블 주위에 구리로 된 니코프레스 슬리브(sleeve)를 특수공구로 압착하여 케이블을 조립하는 방법으로 연결부 강도는 케이블 강도의 100%를 보장한다.

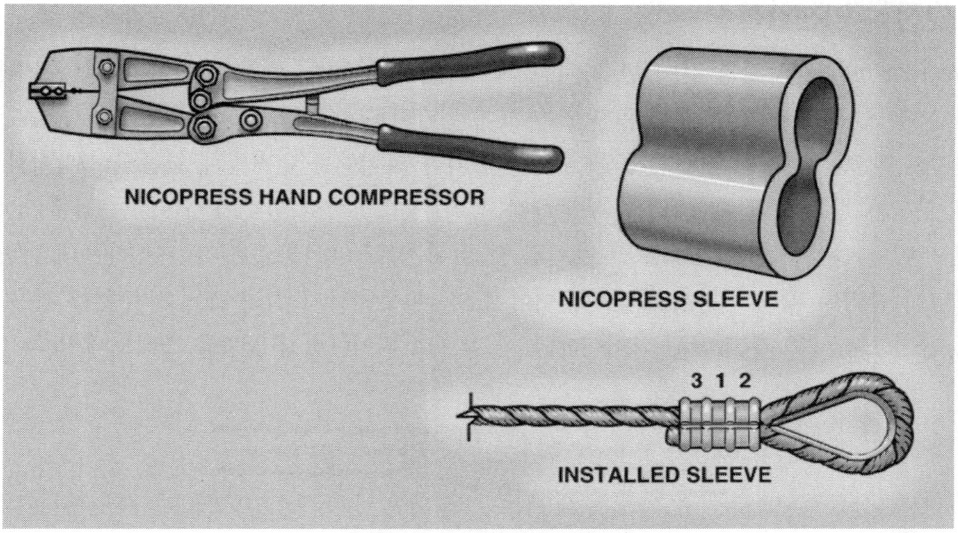

그림 8-85 니코프레스 방법

8.6.3 턴버클 안전결선

그림 8-86에 보인 턴버클(turnbuckle)은 케이블을 연결해 주는 부품으로서 조종케이블(control cable)의 장력(tension)을 조절해 주는 역할을 한다. 턴버클 배럴(barrel)의 양 끝에 각각 오른나사와 왼나사로 된 2개의 단자로 구성되어 있어 배럴을 회전시키면서 케이블의 장력을 조절할 수 있다. 적절한 케이블 장력을 맞춘 다음 조종간을 3~4회 작동시켜 케이블 장력변화가 없음을 확인한 뒤 턴버클이 풀리지 않도록 안전결선 작업을 한다.

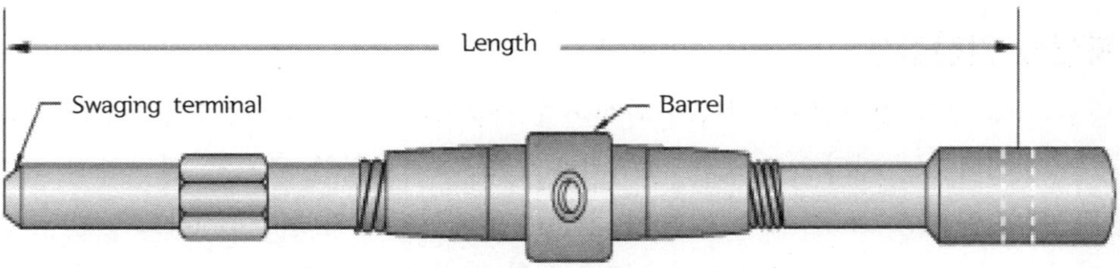

그림 8-86 턴버클

와이어를 이용한 턴버클의 안전 결선 방법은 일반적으로 케이블의 지름이 1/8인치 미만일 경우는 단선식(single wrap method)을, 그 이상일 경우에는 복선식(double wrap method)을 적용한다.

(1) 단선식 안전결선

그림 8-87에 보인 것과 같이 한 가닥의 와이어로 결선하는 것을 말한다. 그림에서 턴버클 배럴의 한 쪽 끝에 홈이 있는데, 홈이 있는 곳이 왼나사부이다.(그림에서 턴버클 배럴의 오른쪽) 안전결선 작업은 턴버클 배럴의 중앙 구멍을 통과한 와이어를 턴버클과 결합된 스웨이징 터미널의 구멍에 통과시킨 후 스터드 부분에서 감아주는 것으로 완료가 된다. 주의할 것은 두 구멍 사이의 와이어를 그림에 보인 것처럼 반 바퀴 정도 나선형으로 감아야 하는데 턴버클과 터미널이 풀리지 않는 방향으로 감아주어야 한다. 마무리하기 위해 스터드 주위를 감을 때는 4~6회 정도 감아준 후 절단된 와이어의 끝이 밖으로 튀어나오지 않도록 스터드에 밀착시킨다.

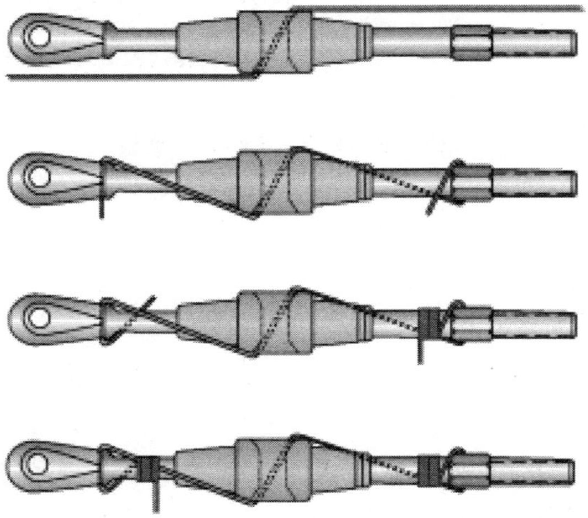

그림 8-87 단선식 안전결선

(2) 복선식 안전결선

그림 8-88에 보인 것처럼 두 가닥의 와이어를 사용하여 턴버클과 터미널이 풀리지 않도록 묶어주는 것이다. 두 가닥으로 묶는 것이기에 결합력이 충분한 것으로 판단하여 와이어를 단선식과 같이 나선형으로 감지 않고 두 구멍 사이를 직선으로 와이어가 지나도록 한다. 그림에 보인 것처럼 턴버클 중앙 구멍에서 나온 와이어와 터미널 구멍에서 나온 와이어를 매듭지은 후 자연스레 스터드 주위를 감는 것으로 마무리한다. 감는 횟수는 단선식과 같이 4~6회 감고 와이어 끝을 스터드에 밀착시킨다.

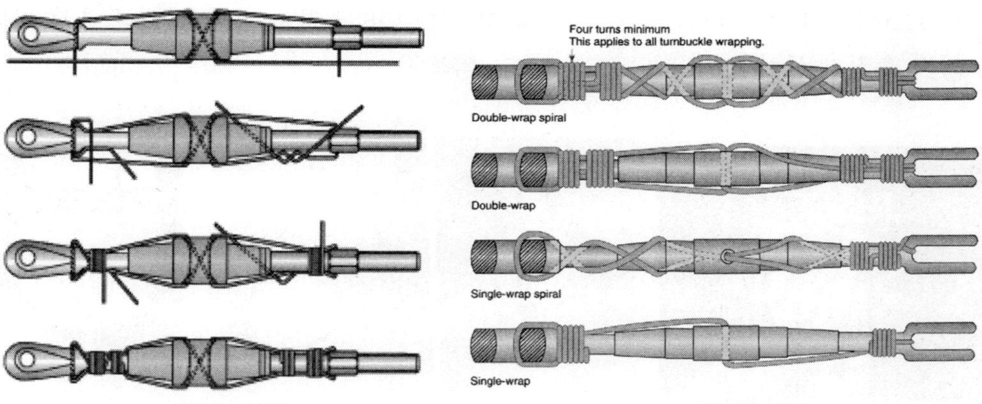

복선식 결선 다양한 결선

그림 8-88 다양한 안전결선 방법

(3) 고정 클립을 사용하는 방법

그림 8-89와 같이 턴버클 배럴과 턴버클 단자에 홈이 있는 경우 고정 클립을 이용하는 방법으로 간단하고 설치가 빠르며 안전하다는 장점을 가지고 있다. 공구를 사용하여 작업할 경우 고정 클립에 변형을 발생할 가능성이 있으므로 반드시 손으로 작업한다.

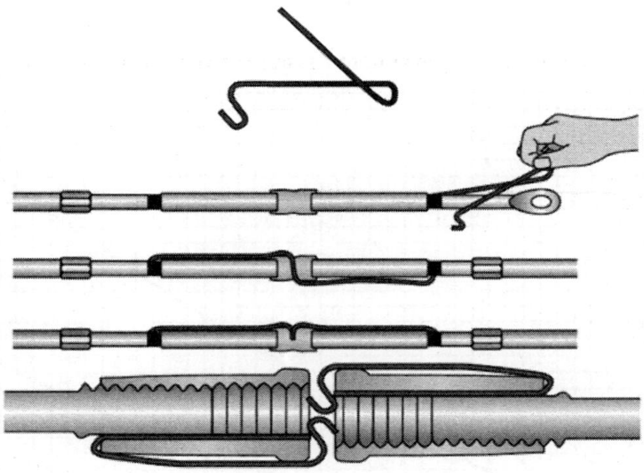

그림 8-89 고정 클립 사용법

8.6.4 케이블 장력 측정

케이블 작업에 사용되는 장력 측정기(cable tension meter)로는 그림 8-90과 같이 측정한 장력값이 디지털로 나타나는 전자식 장력 측정기(electrical tension meter)와 케이블의 지름

(cable diameter)과 장력(tension)을 측정할 수 있는 C-8 장력 측정기, 장력만 측정 가능한 C-5 장력 측정기 등이 있다.

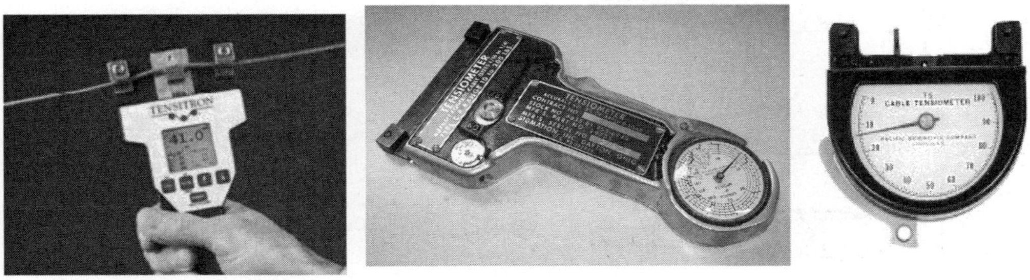

전자식 장력측정기 C-8 장력측정기 C-5 장력측정기

그림 8-90 장력측정기의 종류

그림 8-91에 보인 케이블 장력 조절표(cable tension chart)는 주위 온도에 따라 케이블과 기체에 변형이 발생한 것을 고려하여, 적절한 케이블 장력을 조절하기 위한 것이다. 예를 들어 주위온도가 85°F, 7×19 형식의 케이블 크기가 1/8인치인 경우를 생각하자. 그림에 보인 것처럼 85°F 지점에서 위로 올라가며 7×19 케이블, 굵기 1/8인치 곡선의 값을 읽으면 70파운드가 된다.

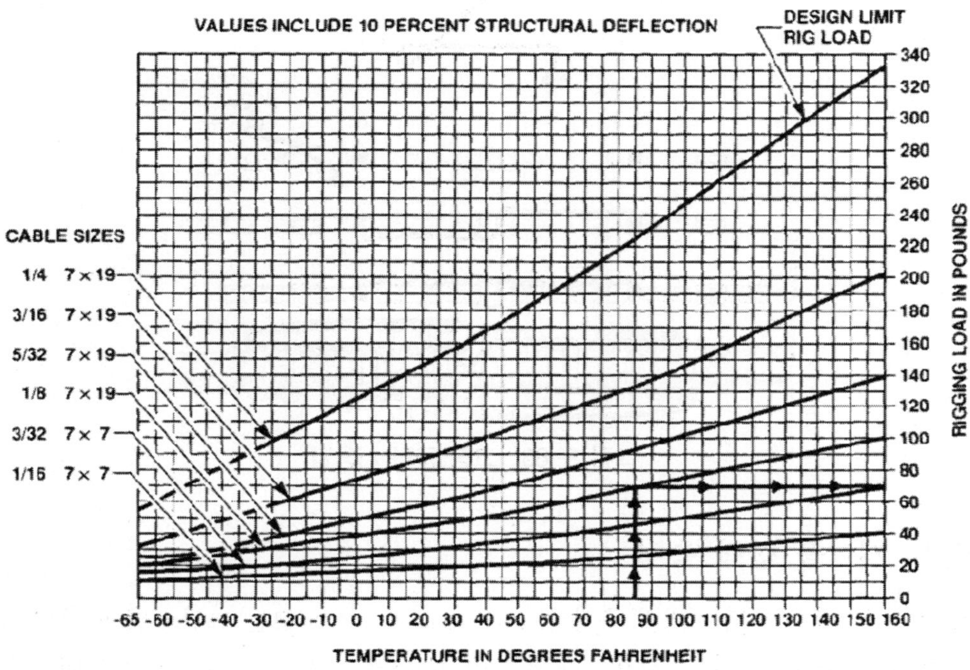

그림 8-91 케이블 장력 조절표

그림 8-92에 C-8 장력 측정기를 구성하는 각 부분의 명칭을 보였는데 사용방법은 다음과 같다.

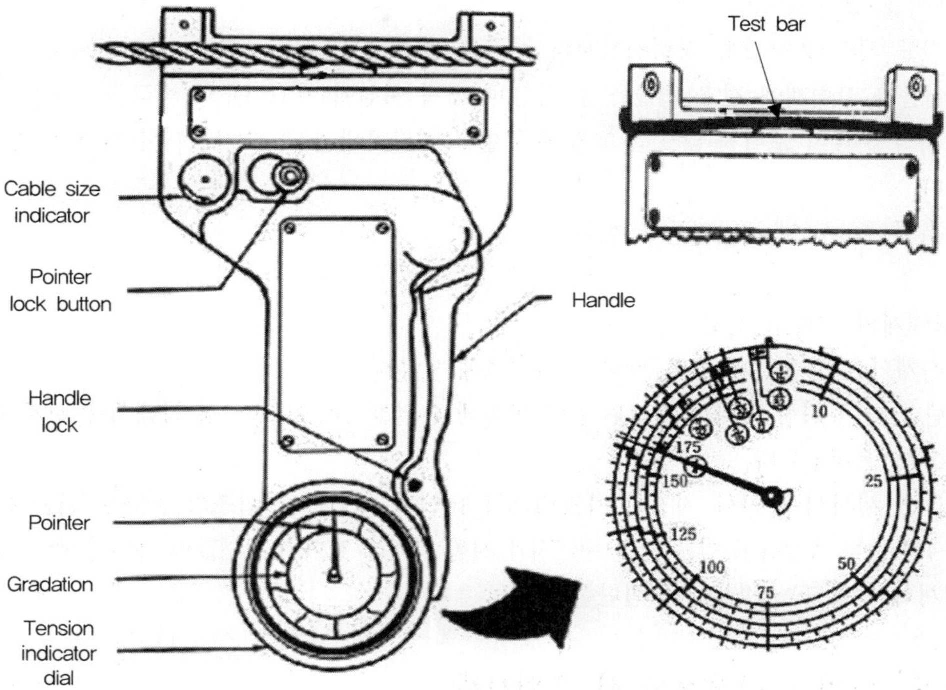

그림 8-92 C-8 장력측정기 각부 명칭

〈C-8 장력측정기 사용법〉

1) 사용상 주의 사항

- 텐션미터 사용 전에 검사 합격 라벨의 유효기간이 적절한지 확인한다.
- 고정 버튼(pointer lock)은 '0' 점 조절이나 핸들(lock handle)을 풀어줄 때 반드시 'OFF' 위치에 있어야 한다.
- 장력의 측정 범위는 10～200 파운드이다.
- 측정 가능한 케이블의 사이즈는 1/16, 3/32, 1/8, 5/32, 6/16, 7/32, 1/4 인치이다.
- 장력측정은 터미널이나 턴버클 등에서 6인치 이상 떨어진 곳에서 측정한다.

2) 케이블 사이즈 측정법

- 핸들을 고정시키고 케이블 치수 지시계(cable size indicator)를 반시계 방향으로 정지할 때까지 돌린다.

- 케이블을 장력계에 걸고 핸들을 푼다.
- 케이블 치수 지시계에 표시된 'I' 표시가 지시하는 케이블 사이즈를 읽는다.

3) 케이블 장력 측정법
- 케이블 치수에 맞도록 장력지시계의 눈금을 돌려 '0'점을 맞춘다.
- 케이블을 장력계에 걸고 핸들을 푼 다음 지시계 지침이 가리키는 장력값을 읽는다. 만약, 지시계의 눈금이 보이지 않으면 고정 버튼을 'ON'위치에 놓고 케이블에서 빼내어 장력값을 읽는다.
- 3~4회 측정하여 평균값을 취한다.

4) 장력계의 정확도 점검
- 지시계의 눈금을 1/16인치 케이블 사이즈에 맞춘다.
- 그림과 같이 시험 막대에 표시된 'L'이 왼쪽에 위치하도록 하고 시험 막대의 플랜지가 위로 향하도록 올려놓는다.
- 핸들을 서서히 풀면서 지침이 가르키는 1/16인치 케이블 사이즈의 눈금을 읽는다.
- 3~4회 반복 측정하여 얻은 값의 평균치와 시험 막대에 표기된 장력값의 차이가 2% 이내이면 장력계의 정확도는 정상이라 판단한다.

8.6.5 턴버클 안전결선 시 유의사항

턴버클 안전결선 작업 시 유의할 사항은 다음과 같다.

i) 단선식 결선법 마무리 단계에서 단자의 생크 주위에 와이어를 4회 이상 감아준다.
ii) 복선식 결선법 마무리 단계에서 2개의 와이어 중 최소 1개의 와이어를 턴버클 단자에 4회 이상 감아준다.
iii) 와이어 절단 후 결선된 와이어는 손에 걸리지 않도록 끝부분을 안쪽으로 밀어준다.
iv) 장력 측정기(tension meter)는 검교정(calibration) 합격품을 확인 후 사용한다.
v) 장력 측정은 턴버클 단자로부터 6인치 이상 떨어진 곳에서 측정한다.
vi) 장력 측정은 3~4회 정도 측정한 후 평균값을 구한다.
vii) 장력이 조절된 상태에서 배럴 양끝 턴버클 단자의 나사가 3산 이상 보이면 배럴을 교환하거나 턴버클을 교환한다.

8.7 조립과 리깅

8.7.1 구조의 얼라인먼트(Alignment)

기체의 조립과 얼라인먼트 점검은 기본적으로 실내에서 수행한다. 보통 비행기 날개의 상반각이나 장착각은 기체 조립 시 도면에 맞도록 작업하는 것으로 종료되며 사용 중 조절할 수 없게 되어 있다. 일부 경비행기에서는 날개의 기울기를 수정하기 위해 날개의 장착각을 조절할 수 있도록 한 경우도 있다. 이런 비행기에 비정상적 하중이 작용한 경우에는 구조부분의 변형여부를 확인하여 장착각이 규정 범위 내에 있는가를 확인한다. 구조 얼라인먼트 점검 사항으로는 다음과 같은 것들이 있다.

① 날개 상반각(wing dihedral angle)
② 날개 장착각(취부각) (wing incidence angle)
③ 엔진 얼라인먼트(engine alignment)
④ 착륙장치 얼라인먼트(landing gear alignment)
⑤ 수평안정판 장착각(horizontal stabilizer incidence angle)
⑥ 수평안정판 상반각(horizontal stabilizer dihedral angle)
⑦ 수직안정판의 수직도
⑧ 대칭도

날개 상반각은 그림 8-93에 보인 것처럼 날개 길이방향으로 기울어진 형태로 제작된 것을 말하는데, 선회 시 균형선회(coordinated turn)를 벗어나 스키드(skid)나 사이드 슬립(side slip)이 발생하여 기체가 옆으로 미끄러질 때 측풍을 맞아 균형선회 상태가 되도록 해준다. 그림 8-94는 뱅크각이 과대하여 사이드슬립이 발생한 경우를 나타낸 것이다. 사이드 슬립이 발생하여 기체가 선회반경의 중심을 향해 미끄러져 들어오기 때문에 기체는 그림과 같은 측풍을 받게 된다. 측풍으로 인해 좌우 날개의 양력에 차이가 발생해 과도한 뱅크각을 줄이는 방향으로 기체를 회전시켜 균형을 맞출 수 있게 된다.

날개 장착각은 그림 8-95에 보인 것처럼 날개의 앞부분이 뒤보다 올라간 상태로 동체에 장착된 상태를 말한다. 수평비행 시 양력이 원활하게 발생하도록 해준다.

수직안정판의 수직도는 수평안정판의 기준선에 대한 수직안정판의 직각 정도를 확인하는 것이다. 비행기에 따라서는 엔진의 토크를 상쇄하기 위해 세로중심선에 편심된 상태로 설계되기도 하므로 유의할 필요가 있다.

착륙장치의 경우는 바퀴의 토인(toe-in)이나 토아웃(toe-out), 캠버(camber)가 규정치와 일치하는가를 확인하는 것이다.

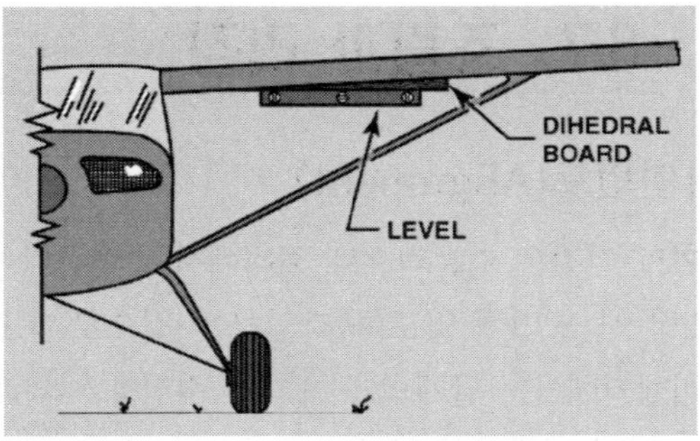

그림 8–93 날개 상반각

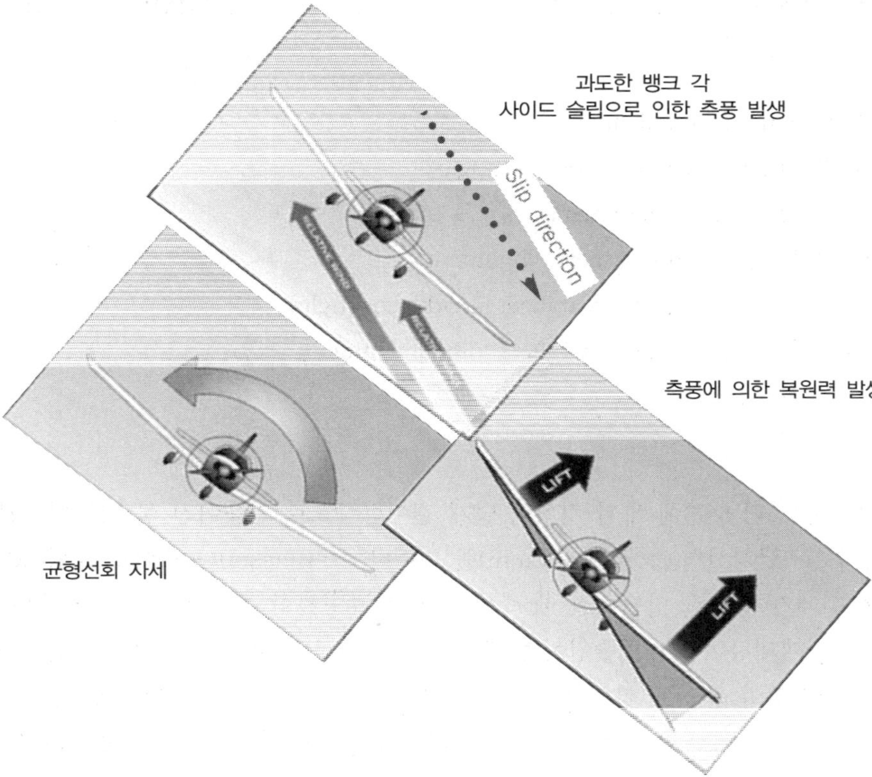

그림 8–94 상반각 효과

그림 8–95 날개 장착각

8.7.2 케이블 리깅(Rigging)

조종 케이블의 장력이 너무 크면 조작의 확실성은 증가하나 조작에 필요한 힘도 증가하고 장력이 너무 작으면 조작의 확실성을 잃는다. 따라서 정비 매뉴얼에 의거해 조종 기구의 조작에 맞도록 조종면이 정확한 위치에 있도록 하는 것과 적당한 장력을 케이블에 부여하는 것을 리깅이라 하며 다음과 같이 작업한다.

i) 조종장치가 중립일 때 : 조종면이 중립 위치에 오도록 케이블의 길이, 장력을 조절한다.
ii) 조종간의 움직임에 따라 조종면이 규정된 각도로 움직이도록 조절한다.
iii) 기본 조절작업으로
* 조종실의 조종장치, 벨크랭크 및 조종면을 중립위치에 놓는다.
* 조종케이블의 장력을 조절한다.
* 리그 핀(rig pin)은 풀리, 레버, 벨크랭크 등을 중립위치에 고정시키기 위해 사용한다.
* 최종적인 얼라인먼트와 계통의 조절이 바르게 되었을 때는 리그핀을 쉽게 빼낼 수 있다. 핀이 빡빡하면 장력에 이상이 있거나 조절이 잘못된 것이다.

8.7.3 조종면 작동 점검

다음과 같은 사항을 유의하여 점검한다.

i) 조종면의 정확한 작동을 도모하기 위하여 각종 조종기구를 조절하고, 조종케이블의 장력을 규정값으로 유지시켜야 한다.
ii) 모든 조종기구의 조절이 완료되면 조종계통의 작동상태 및 작동범위를 확인하기 위해 작동 점검을 수행한다.
iii) 조종기구의 조절 목적은 조종장치를 작동시킴에 따라 조종면의 정확한 작동이 이루어지도록 하고, 조종면의 작동범위 및 평형상태를 맞추어 주며 조종케이블의 장력을 정확하게 조절하는 데 있다.
iv) 모든 조종기구가 작동범위 전반에 걸쳐 원활하게 움직이면서 헐겁지 않은가를 점검하며 아울러 조종면의 작동 방향이 올바른지를 검사한다.
v) 조종면의 작동 상태는 각도기나 형판 등을 이용하여 조종면의 각도를 측정하여 점검할 수 있고, 조종면의 작동한계는 조종면이나 조종기구에 부착된 정지 기구를 조절하거나 조종로드의 길이를 변화시켜 조정할 수 있다.

8.7.4 케이블 정비

(1) 케이블 세척

i) 쉽게 제거할 수 있는 녹이나 먼지를 마른수건 또는 고운 사포로 제거한다.

ii) 케이블 표면에 고착된 방청유나 오물의 제거는 솔벤트나 케로신으로 적신 수건으로 닦아 낸다. 과다한 케로신 사용으로 인해 케이블 안에 스며들어있는 윤활유가 빠져 나오지 않도록 주의한다. 윤활유가 제거되면 부식되기 쉽다.

iii) 세척한 케이블은 깨끗하게 마른 헝겊으로 닦아낸 다음 부식에 대한 방지를 한다.

(2) 케이블의 손상

① 와이어 절단

i) 케이블은 정기 점검 시에 케이블의 방향에 맞추어 청소용 천으로 문지르고 천이 걸린 부분을 조사하여 와이어가 끊어졌는지 검사한다. 페어리드, 풀리 등과 같이 케이블이 접촉되는 부위에 손상이 발생하기 쉬우므로 케이블을 완전히 조사하려면 조종 장치를 최대 작동 범위까지 움직이며 풀리, 페어리드, 드럼 부근의 케이블 상황을 조사해야 한다.

ii) 풀리, 페어리드, 드럼, 롤러, 압력시일 주위에 절단 부분 발견 시 케이블을 교환한다.

iii) 기타 부위 와이어 절단에 따른 케이블 교환 여부 판단 기준은 다음과 같다.

* 7×7 케이블의 경우 와이어 단선이 3개에 이르기 전에 교환
* 7×19 케이블의 경우 와이어 단선이 6개에 이르기 전에 교환

② 케이블 외부 마모 교환기준(1인치 길이이내)은 다음과 같다.

i) 외측와이어 마모 한계치 : 40-50 %

ii) 7×7 케이블의 경우 와이어 6개 이상이 마모되었을 때 교환

iii) 7×19 케이블의 경우 12개 이상 와이어가 마모되었을 때 교환

③ 부식

케이블의 부식을 검사하기 위해서는 케이블 장력을 느슨하게 한 상태에서 꼬임을 반대로 비틀어 내부의 부식을 조사한다. 내부 부식이 발견되면 케이블을 교환해야 하나 외부에만 부식이 있는 경우는 거친 천이나 화이버 브러쉬로 부식을 제거하고 방청 윤활유를 케이블에 바른다. 케이블을 손질할 때 금속재 울이나 와이어 브러쉬, 솔벤트 등을 사용하는 경우는 이들로 인해 케이블에 추가 손상이나 부식이 발생하지 않도록 주의를 요한다.

④ 킹크 케이블(Kink cable)

와이어가 구부러져 영구 변형된 상태를 말하며 이러한 케이블은 교환해야 한다.

⑤ 버드 케이지(Bird cage)

보관, 취급 불량으로 발생하는데 새 둥지 형태로 부풀어진 것을 말하며, 사용할 수 없으므로 교환해야 한다. 항공기에 장착된 상태에서는 장력으로 인해 이러한 결함이 발생하지 않는다.

8.8 착륙장치

8.8.1 완충장치 점검

올레오 완충장치가 효율적으로 작동하기 위해서는 작동유의 양과 압축 공기의 압력이 규정된 범위에 있어야 한다.

i) 공기압력이 부족하면 완충 버팀대의 높이가 낮아진다.

ii) 작동유가 부족하게 되면(압축성 공기가 차지하는 공간이 많은 상태) 착륙 접지 시 지나치게 많이 수축하게 된다.

iii) 완충 버팀대의 팽창 길이를 점검하기 위해서는 완충버팀대 속의 작동유체의 압력을 측정한다. 규정 압력에 해당되는 최대 및 최소 팽창 길이를 표시해주는 완충버팀대 팽창도표를 이용하여 팽창 길이가 규정범위에 해당하는지 확인한다. 팽창 길이가 규정 값에 들지 않을 때에는 압축공기(질소)를 가감하여 맞춘다.

iv) 올레오 스트럿의 적당한 팽창 길이를 알아내는 방법은 스트럿의 노출된 부분의 길이를 측정한다.

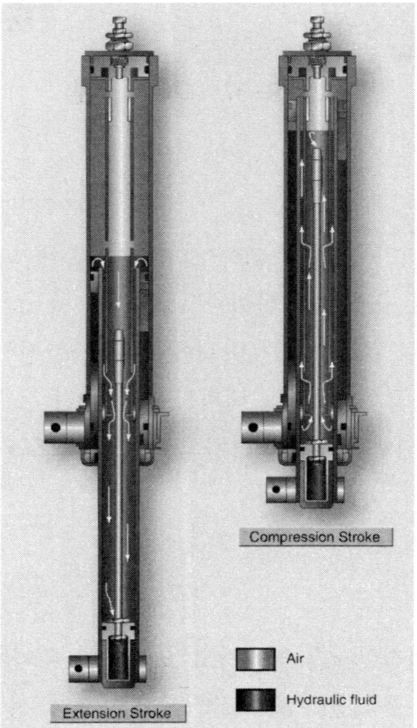

그림 8-96 올레오식 완충장치

8.8.2 주바퀴의 정렬

주바퀴의 정렬이 적절하지 못하면, 항공기가 지상 활주를 할 때 타이어가 심하게 마멸되는 현상을 초래하고 진동으로 인한 조종력의 불균형을 초래할 수 있다.

(1) 캠버(Camber)

i) 바퀴의 아래쪽이 위쪽보다 좁은 것을 말하며, 위쪽이 넓은 경우를 정(+)의 캠버, 아래쪽이 넓은 경우를 부(-)의 캠버라 한다.

ii) 활주 중 방향 조정을 쉽게 하기 위해 약간의 (+) 캠버를 적용한다.

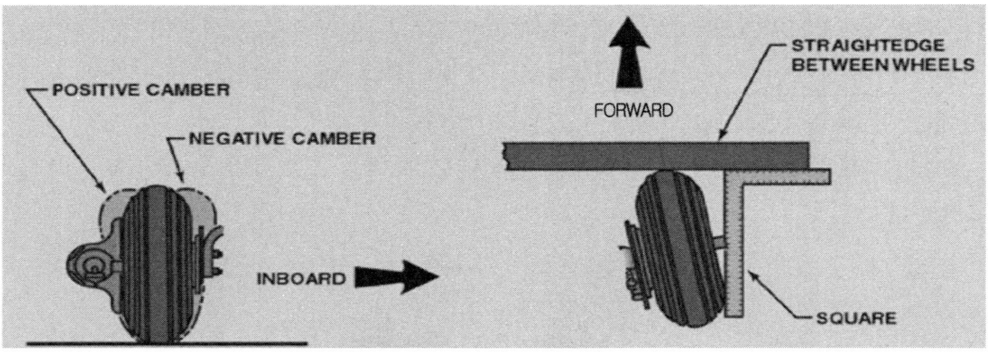

그림 8-97 타이어 정렬

(2) 토인(Toe-in)

i) 좌우의 바퀴가 평행이 아니라 앞쪽이 뒤쪽보다 조금 좁게 되어 있는 상태를 말하며, 반대 현상의 경우를 토아웃(toe-out)이라 한다.

ii) (+) 캠버에 의해 바깥쪽으로 굴러가려는 바퀴에 토인을 설정하여 안쪽으로 구르도록 함으로서 바퀴가 미끄러지지 않고 똑바로 굴러가도록 해준다.

iii) 토인의 필요성은 바퀴를 평행하게 회전시키고, 옆 방향으로의 미끄러짐을 방지해 타이어의 마모를 방지하는데 있다.

8.8.3 제동장치 점검

브레이크 계통의 압력이 적절한지를 점검하고 오일이 누유되는 곳은 없는지 확인하고, 브레이크 라이닝의 마모 상태와 유격을 점검하고, 브레이크의 정상 작동 상태를 확인한다.

(1) 브레이크 마스터 실린더(Brake master cylinder)

브레이크 페달을 밟으면 그림 8-98에 보인 것처럼 페달 뒤에 연결된 마스터 실린더의 유압이 증가하고, 증가된 압력으로 브레이크가 작동된다. 그림과 같이 페달과 연결된 마스터 실린더의 피스톤 로드가 내려가면서 실린더 안의 작동유를 압축시켜 유압이 상승한다. 상승된 유압은 작동유를 통해 브레이크로 전달된다. 페달에서 발을 떼면 리턴 스프링(return spring)에 의해 피스톤이 올라오면서 브레이크 압력이 감소하게 된다.

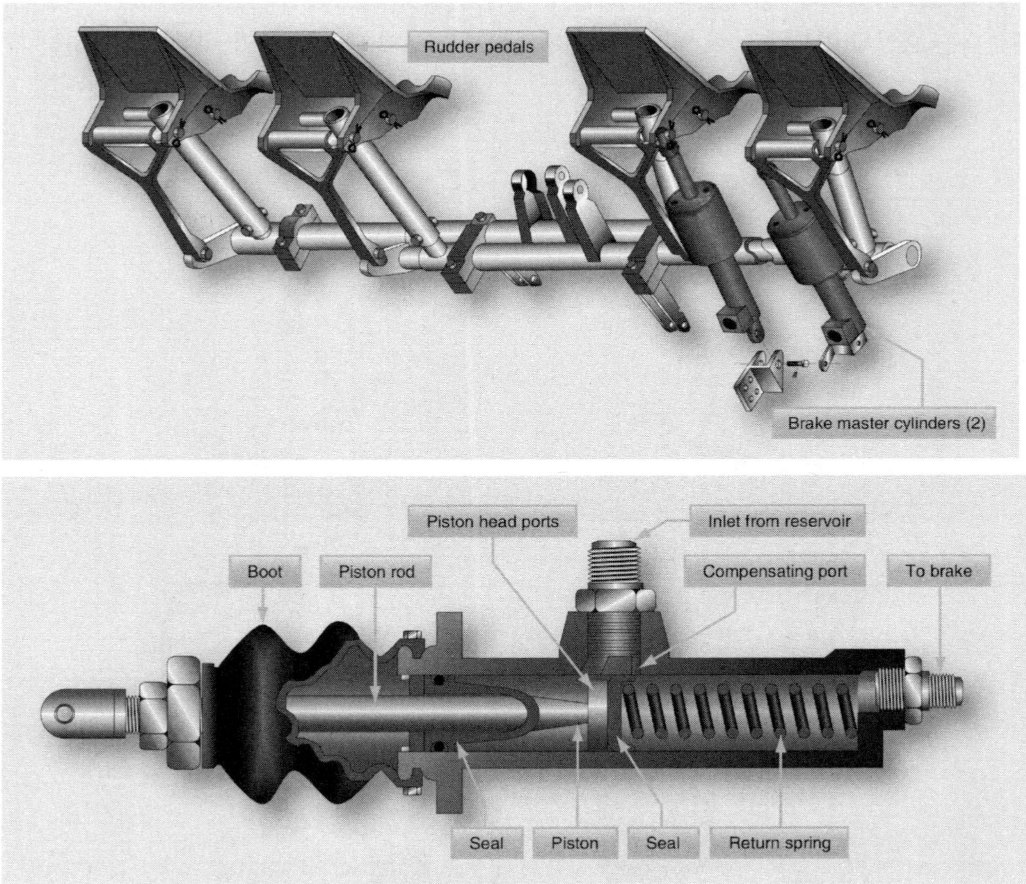

그림 8-98 브레이크 마스터 실린더

(2) 에어 블리딩(Air bleeding)

브레이크 계통에 공기가 차 있으면 브레이크 페달을 밟아도 공기가 수축되면서 브레이크 유압의 상승이 원활하지 않아 정상적인 브레이크 작동이 이루어지지 않는다. 이러한 스펀지

현상을 제거하기 위해 브레이크 오일 속에 섞여 있는 공기를 완전히 제거해야 한다.

에어 블리딩 작업은 압력식과 중력식 배출의 2가지 방법이 수행된다. 압력식 방법은 그림 8-99에 보인 것처럼 오일을 바퀴에 장착된 브레이크 포트를 통해 지속적으로 압력을 가하면서 공급을 해준다. 압력에 의해 오일은 그림처럼 페달이 있는 마스터 실린더로 밀려 올라가게 된다. 이렇게 올라온 오일은 마스터 실린더를 통과해 밖으로 배출되는데 배출되는 오일에 기포가 섞여 있는지를 관찰하면서 기포의 완전한 제거 여부를 확인하는 방법이다. 중력식 방법은 압력식과 반대 방향으로 오일을 공급한다. 그림에 보인 것처럼 마스터실린더에 오일을 지속적으로 공급하면 중력에 의해 오일이 바퀴에 장착된 브레이크 포트를 통해 배출된다. 배출되는 오일에 기포가 섞여 있는지를 관찰하면서 기포의 완전한 제거 여부를 확인하는 방법이다.

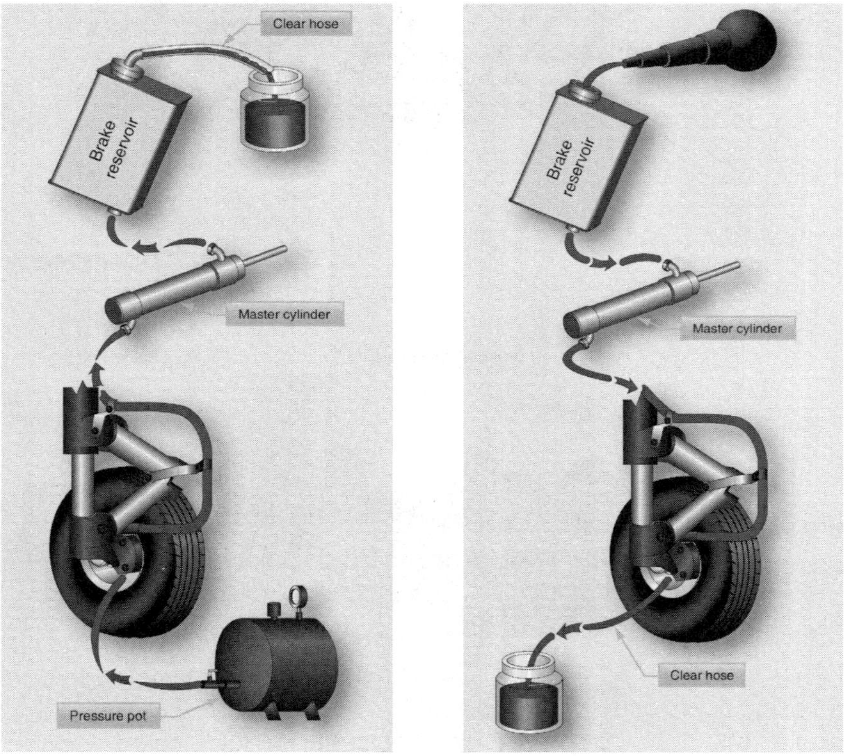

압력식 중력식

그림 8-99 브레이크 계통 에어 블리딩

(3) 라이닝 유격 점검

브레이크가 작동되면 바퀴와 함께 회전하는 브레이크 디스크의 양면에 정지해 있는 라이닝 패드가 달라붙으면서 패드와 디스크 사이에 마찰력이 발생해 제동력을 얻게 된다. 오랜 기간 사용하는 동안 라이닝 패드가 마모되고 유격이 증가하므로 주기적으로 라이닝 패드의 마모 상태와 유격을 점검할 필요가 있다. 그림 8-100과 같이 브레이크 디스크에 접촉하는 라이닝 패드의 마모 상태와 유격을 점검하여 적절한지를 점검한다.

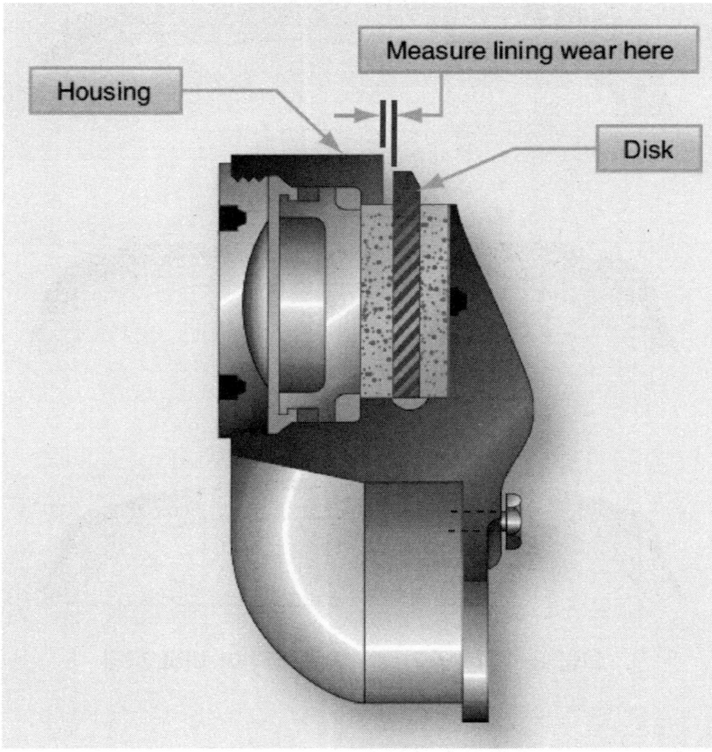

그림 8-100 라이닝 유격 점검

8.8.4 타이어

(1) 타이어 관리

i) 항공기 타이어의 가장 심각한 문제는 착륙시의 강한 충격이 아니라 지상에서 원거리를 운행하는 동안 타이어 내부 온도가 급격히 상승하는 것이다

ii) 항공기 타이어의 과도한 온도 상승을 방지하기 위해서는 짧은 지상 활주, 느린 택싱 속도, 최소한의 제동, 적절한 타이어 인플레이션(inflation) 상태를 유지해야 한다.

iii) 인플레이션 압력은 규정된 크기를 유지해야 하는데, 인플레이션 상태에 따라 타이어의 마모 상태가 그림 8-101에 보인 것처럼 다르게 나타난다. 타이어의 양쪽 모서리 부분이 과도하게 마모되는 것은 타이어 압력이 부족하여 타이어 중앙 부위가 안으로 많이 눌려 들어간 상황에서 활주를 했다는 것을 말한다. 트레드의 중간 부분이 심하게 닳은 것은 타이어 압력이 규정치보다 높아 타이어 중앙이 부풀어 오른 상태에서 활주한 것을 의미한다.

iv) 브레이크 작동 후 타이어의 공기압 점검은 열이 식은 후 측정한다.

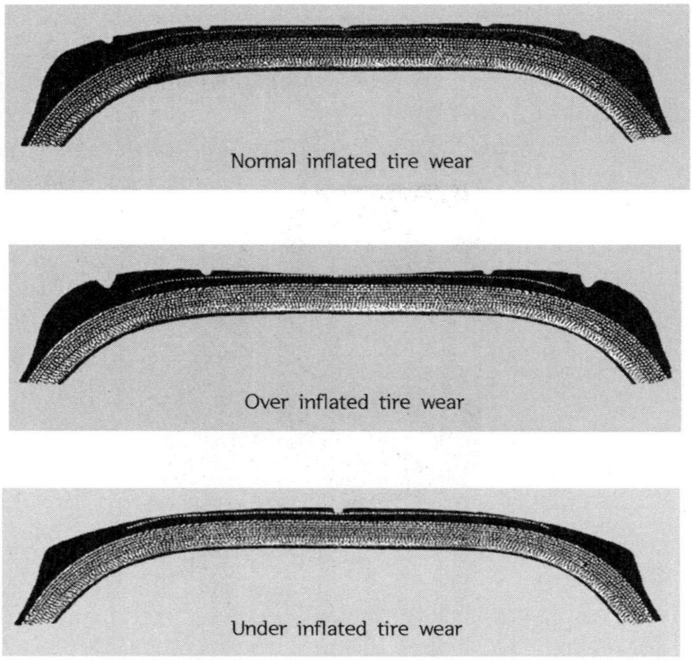

그림 8-101 공기압에 따른 타이어 마모 형태

(2) 타이어 점검 시기와 방법

i) 타이어의 트레드와 사이드 월의 마모 및 손상 상태를 점검한다.

* 트레드의 마모는 트레드 홈의 형태가 없어질 때까지 허용된다.

* 트레드를 관통하지 않은 손상은 허용되지만 트레드가 벗겨지거나 끊어지고 트레드를 가로지르는 깊은 손상이 있으면 타이어를 교환해야 한다.

* 제동에 의해 트레드가 부분적으로 과도하게 마멸된 경우에도 플라이의 속이 보이지 않고 타이어가 불평형 상태에 있지 않는 한 타이어는 사용할 수 있지만 플라이 속이 보이거나 불평형 상태가 되면 교환해야 한다.

ii) 수리 불가능한 타이어
* 사이드 월 또는 숄더 부분이 손상된 경우
* 16 플라이 이상의 타이어에서는 3플라이 이상의 손상이 있을 경우, 기타 타이어는 플라이 수의 25%가 손상되었을 경우
* 플라이 사이가 떨어져 버렸거나, 트레드가 분리된 경우
* 비드 부분이 손상되었거나 비드 와이어가 튀어나온 타이어
* 기타 내부 보강을 해야 하는 손상이 생겼을 경우

iii) 타이어 예방 정비 체크 리스트
* 일주일에 최소 한번씩, 매 비행 전에 게이지로 타이어 압력 측정
* 새로 장착한 타이어와 튜브는 수일간 매일 점검

(3) 타이어의 보관

i) 신선하고 건조한 장소, 태양의 직사광선을 피한 어두운 곳, 공기의 흐름이나 불순물로부터 격리된 장소에 보관한다.
ii) 습기나 오존을 피하고 상온 0-29℃ 범위에 보관한다.
iii) 각종 오일 및 그리스가 접촉되지 않도록 한다. 유압유가 타이어에 묻으면 비눗물로 세척한다.
iv) 그림 8-102와 같이 타이어 랙(rack)에 수직상태로 보관한다.

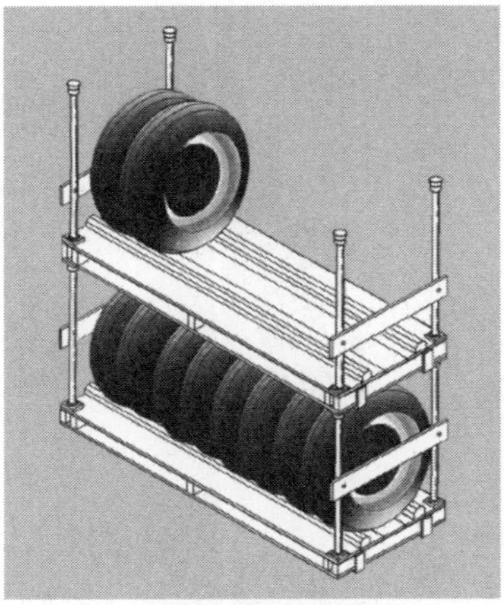

그림 8-102 타이어의 보관

8.9 용접

용접이란 재료의 접합하려는 부분을 녹이거나 녹인 금속을 서로 융합시켜 금속을 접합시키는 방법으로 융접(fusion welding), 압접(pressure welding), 납땜(soldering) 등이 있다. 본서에서는 가스 용접과 아크 용접에 대해서 간단히 서술하고자 한다.

8.9.1 가스 용접

가스 용접은 아세틸렌가스나 수소 가스와 같은 가연성 가스에 산소를 혼합시킨 혼합가스에 의한 연소열로 금속을 용융시켜 접합하는 용접법을 말한다. 여기서는 산소-아세틸렌가스 용접에 대해 간단히 서술하기로 한다.

(1) 용접 장치

그림 8-103과 같이 산소 가스통과 아세틸렌 가스통, 두 가스의 압력 조절기, 용접 토치로 구성되어 있다. 가스와 연결된 호스는 색깔로 구분되는데, 아세틸렌은 적색, 산소는 녹색으로 구분된다. 가스 용접봉은 용접할 모재의 보충 재료로서 보통 모재보다 좋은 재질이거나 동일한 재질을 사용하고 용접봉의 굵기는 모재의 두께에 따라 선택한다.

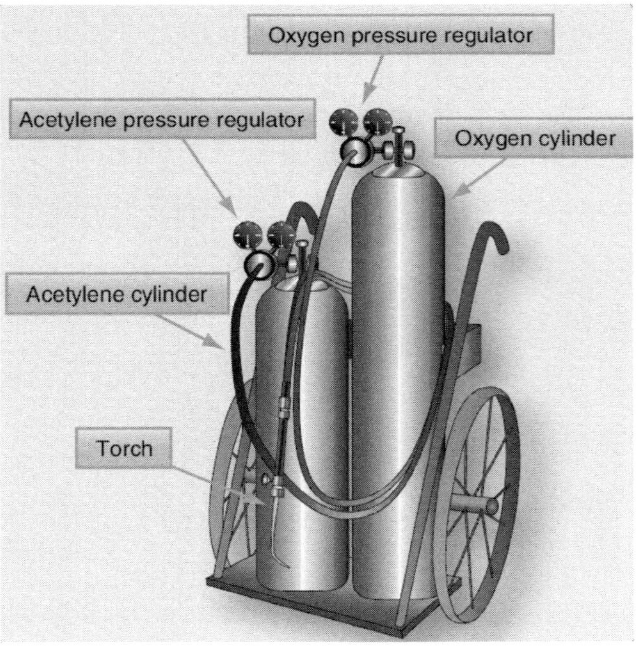

그림 8-103 산소-아세틸렌 가스 용접 장치

(2) 가스 불꽃

산소와 아세틸렌가스를 적절한 비율로 혼합된 가스를 분사시켜 얻은 화염으로 용접을 한다. 산소-아세틸렌가스 혼합 비율에 따른 불꽃 상태는 다음과 같다.

① **중성 불꽃 (표준 불꽃)**

산소와 아세틸렌의 혼합비가 1:1인 상태의 불꽃으로 연강, 구리, 고탄소강 등의 일반 용접에 사용한다.

② **탄화 불꽃(아세틸렌 과잉 불꽃)**

아세틸렌이 많은 상태로 불완전 연소로 인하여 온도가 낮으며 스테인리스강, 알루미늄 등의 용접에 사용한다.

③ **산화 불꽃(산소 과잉 불꽃)**

중성 불꽃보다 산소량이 많은 상태로 산화성이 강하여 황동, 청동의 용접에 사용한다.

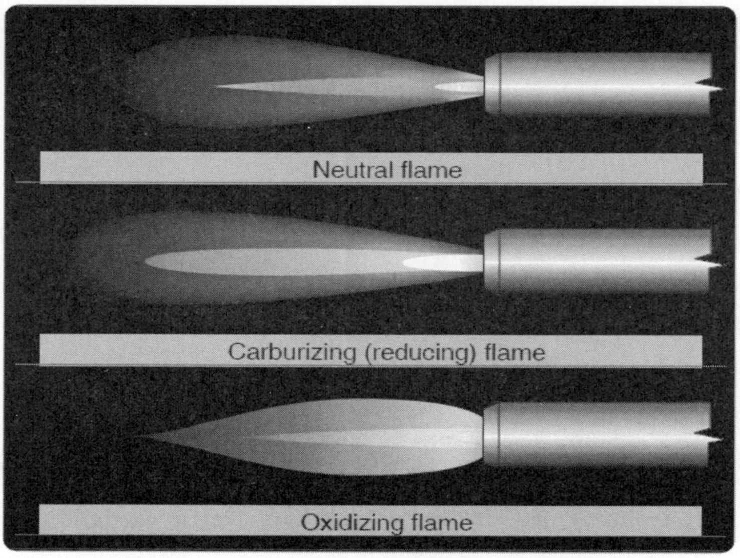

그림 8-104 산소-아세틸렌 가스 불꽃

(3) 용접 작업

가스 용접 시 토치를 잡는 방법과 진행해 나가는 방법은 모재의 두께에 따라 다르며, 용접 시 토치와 용접봉을 어느 방향으로 움직이느냐에 따라 좌진법과 우진법으로 나뉜다.

① **좌진법(Leftward method)**

왼쪽 방향으로 용접을 진행해 나가는 것으로 용접봉이 앞서서 진행해 나가기 때문에 전진법이라고도 한다. 두께 5mm 이하의 맞대기 용접, 비철금속이나 주철의 덧붙임 용접에 적용하며 다음과 같은 특성이 있다.

i) 비드와 용접봉 사이에 팁이 있어 불꽃이 용융지의 앞쪽을 가열하기 때문에 용접부가 가열되기 쉽다.

ii) 모재는 변형이 심하여 기계적 성질이 떨어지게 되고 불꽃 때문에 용입이 방해되지만 비드 표면은 매끈하게 된다.

iii) 용접봉의 소비가 적고 용접 시간이 짧다.

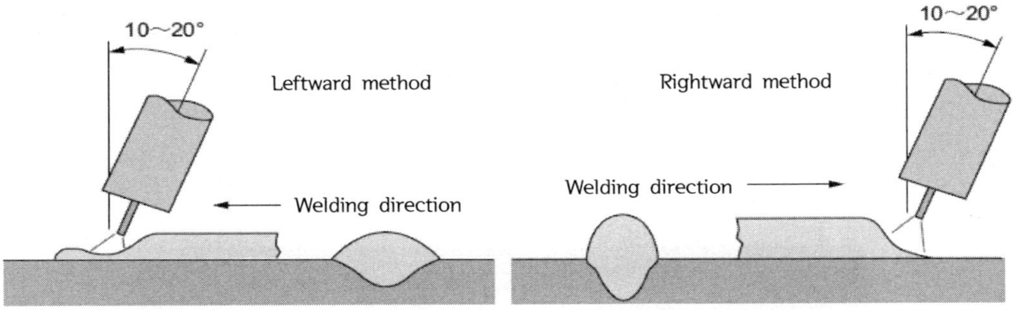

그림 8-105 용접 방법

② **우진법(Rightward method)**

용접봉이 팁과 비드 사이에 있어 토치의 뒤를 용접봉이 따라가기 때문에 후진법이라고도 한다. 불꽃의 끝 부분이 홈의 밑 부분에 닿게 되어 용입이 깊은 관계로 5mm 이상의 두꺼운 판재의 용접에 적당하며 다음과 같은 특성을 가진다.

i) 용융지를 가열하는 시간이 짧으므로 과열이 되지 않아 용접부의 기계적 성질이 우수하고 가스 소비량이 적다.

ii) 비드 표면은 좌진법과 같이 매끈하게 되기 어렵고 비드의 높이가 커지기 쉬운 단점이 있다.

iii) 용접봉의 소비가 비교적 많고 용접 시간이 길다.

8.9.2 전기 아크 용접

교류나 직류를 이용하여 모재와 용접봉 사이에 아크를 발생시키면 3,500~6,000도에 이르는 열이 발생하는 것을 이용해 용접하는 방법이다.

(1) 피복 아크 용접(Shielded Metal Arc Welding, SMAW)

피복 용접봉을 사용하는 용접법으로 주로 저탄소강이나 저합금강에 사용하며 알루미늄 합금에도 적용할 수 있다. 피복 용접봉에서 피복제의 역할은 다음과 같다.

i) 아크를 안정시켜 준다.

ii) 용접물을 외부와 차단시켜 산화를 방지한다.

iii) 용착 금속을 피복하여 급랭에 의한 조직변화를 방지시킨다.

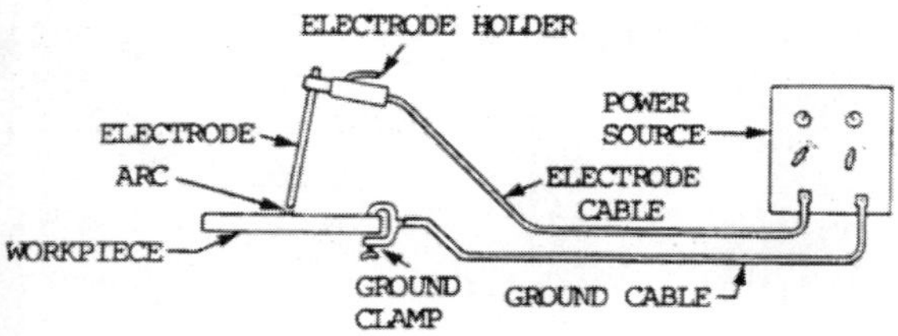

그림 8-106 피복 아크 용접

(2) 텅스텐 불활성 가스 용접(Tungsten Inert Gas Welding, TIG)

가스 텅스텐 아크 용접(Gas Tungsten Arc Welding, GTAW)이라고도 하며, 비소모식 텅스텐 전극을 사용하여 아르곤, 헬륨 등의 불활성 가스를 분사하면서 용접하는 방법으로 금속 산화물의 발생이나 불순물의 혼입이 적다. 일반 구조물은 물론 박강판(2㎜ 이하)에 적합하고 비철금속의 용접에 사용된다. 아크의 안정성이 좋고 용착부는 아름다운 금속면을 얻을 수 있으며 용착금속의 특성이 대단히 우수하다.

(3) 금속 불활성 가스 용접(Metal Inert Gas Welding, MIG)

가스 금속 아크 용접(Gas Metal Arc Welding, GMAW)이라고도 하는데, 용해물질을 산소로부터 보호하기 위해 코팅이 안 된 전선 전극이 토치를 통해 안으로 흘러 들어가서 아르곤, 헬륨 또는 이산화탄소와 같은 불활성 가스가 전선을 둘러싸고 흘러나오기 때문에 피복 아크 용접에 비해 개선된 방식이다. 전원 장치가 토치와 공작물에 연결되어 있고 아크가 공작물과 전극을 녹여 주는 데 필요한 열을 발생시킨다.

8.9.3 용접 이음 형태

그림 8-107에 보이는 것처럼 두 소재의 가장 자리를 맞대어 접합시키는 맞대기 이음(butt

joint), 두 부재의 일부분을 겹쳐 놓고 접합시키는 겹치기 이음(lap joint), 두 부재의 가장자리를 평행하게 겹쳐놓은 상태에서 연결하는 변두리 이음(edge joint), 두 부재의 모서리를 'ㄱ'자 모양으로 연결하는 모서리 이음(corner joint), 한 부재의 넓은 면에 다른 부재의 모서리를 접촉시켜 연결하는 'T'형 이음(T joint) 등이 있다.

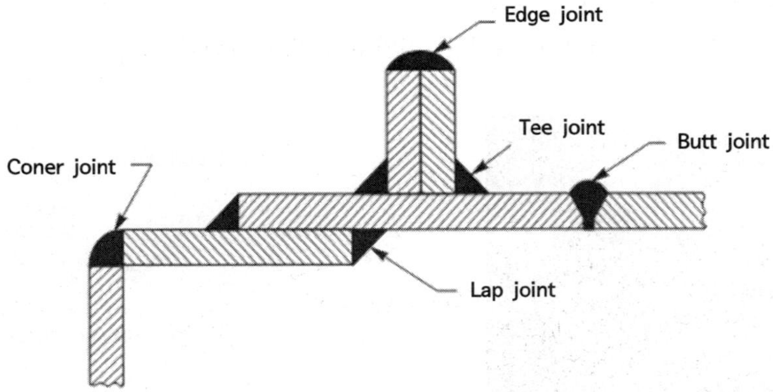

그림 8-107 용접 이음 형태

9 기체구조 수리

9.1 구조 손상의 종류

(1) 균열(Crack)

① 피로 균열

기체 구조의 결함으로 인해 발생하는 사고의 대부분이 금속의 피로현상과 관련되어 있다. 그림 9-1에 보인 바와 같이 피로 손상으로 인한 파단면에는 피로파괴의 특징이 잘 나타나 단순 인장 파괴와 구별된다. 그림에서 블레이드의 아래 부분에서 피로균열이 발생하여 조금씩 지속적으로 성장하다 마지막 순간에 남은 부분이 일순간에 파괴에 이르게 되는데, 그림에서 밝은 부분과 어두운 부분의 경계(점선 표시 구간)가 일순간에 파괴가 일어나는 순간이 된다.

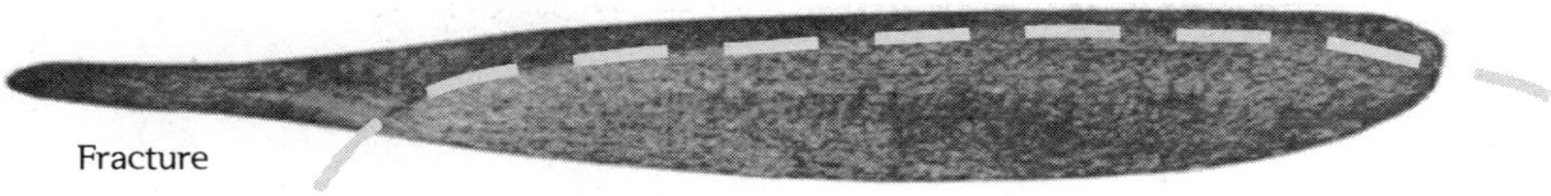

그림 9-1 피로균열 파단면

② 응력부식에 의한 균열

부재가 지속적으로 인장응력 상태에 놓이게 되면 부식이 더욱 활성화되고 균열이 발생하여 파괴에 이르는 현상을 응력부식 균열에 의한 파괴라 한다. 이를 방지하기 위해서는 제작 시 예하중(pre-load)으로 인한 인장 잔류응력이 발생하지 않도록 주의한다. 그림 9-2에 보인 것처럼 무리해서 부재와 볼트를 결합하게 되면 부재는 굽힘모멘트로 인해 바깥쪽은 인장응력이 발생한 상태에서 사용하게 되므로 응력부식에 의한 균열 발생 가능성이 커지게 된다.

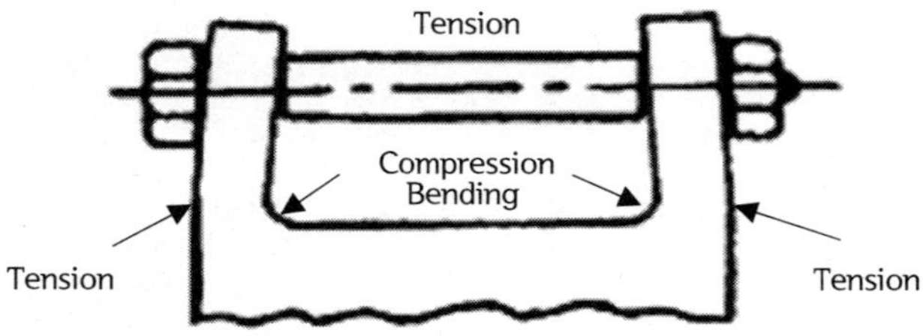

그림 9-2 Pre-load에 의한 인장과 압축

그림 9-3 기체 손상의 종류

(2) 눌림(Dent)

표면이 눌려 원래의 외형에서 변형된 현상으로 부재의 단면적에는 변화가 없다. 손상 부위와 비 손상 부위의 경계가 완만하다.

(3) 찍힘(Nick)

물체끼리의 충돌에 의해 표면이나 모서리에서 소량의 재료가 떨어져 나갔거나 찍힌 형태의 손상을 말한다.

(4) 오일캔(Oil can)

외판이 가볍게 구부러져 부풀어 올라온 것으로 손으로 한 쪽을 누르면 들어가고 주위 다른 부분이 튀어 나오는 형태의 손상으로 외판의 길이, 나비 등이 규격에 맞지 않거나 불균등한 리벳작업으로 발생한다. 압축 하중에 의한 스킨의 좌굴이나 주름(wrinkle) 형태의 손상을 총칭하며, 단면적의 변화는 없고 외형의 변화가 완만하다.

(5) 구김(Crease)

눌리거나 뒤로 겹쳐 손상부위와 비손상부위의 경계가 날카로우며, 선이나 이랑으로 확연히 구분되는 형태의 손상을 말한다.

(6) 굽음(Bent)

외부에서 가해지는 힘에 의해 원래의 면 또는 선이 꺾여 구부러지는 형태로 나타난다.

(7) 마모(Abrasion)

재료 표면에 외부 물체가 끌리거나 비벼지거나 긁혀져서 표면이 거칠고 불균일하게 된 형태로 단면적의 변화가 나타난다.

(8) 파괴(Fracture)

외부 또는 내부 응력에 의하여 2개 이상의 파편으로 부스러지는 것을 말한다.

(9) 가우징(Gouging)

비교적 날카로운 물체와 접촉되어 재료에 연속적인 골이 형성되어 나타나는데, 단면적의 변화가 수반되는 손상이다.

(10) 전단(Shear)

물체가 전단 작용에 의하여 분할되는 것을 말한다.

(11) 긁힘(Scratch)

외부 물체에 의해 얕게 긁혀진 손상을 말한다.

(12) 부식(Corrosion)

화학적 또는 전기화학적 반응에 의해 재료의 성질이 변화 또는 퇴화되는 현상을 말한다.

(13) 뒤틀림 또는 찢어짐(Distortion)

비틀림이나 구부러짐과 같이 외형이 원래의 모양으로부터 영구 변형된 현상으로 주로 외부 물체의 충격이나 주변에 장착된 부품의 진동에 의해 발생한다.

9.2 기체구조 검사

9.2.1 기체구조 검사방법의 종류

항공기 검사는 어떤 장비도 사용하지 않고 눈으로만 관찰하는 육안검사, 광학기계를 이용한 검사, 각종 장비를 사용하는 비파괴 검사 등이 있다.

(1) 육안 검사(Visual inspection)

육안 검사는 주로 표면의 결함을 찾아내는 데 균열이나 표면의 불규칙한 결함, 층의 분리와 표면이 부푼 결함 등을 찾아낼 수 있다.

(2) 광학기계를 이용한 검사(보어스코프 검사)

보어스코프(borescope)는 광원을 가지고 있는 정밀한 광학 기계로 그 종류가 다양하며 직접 눈으로 확인할 수 없는 기체의 구조부나 엔진의 내부 등을 검사하는 데 효과적이다. 이 장치는 렌즈의 초점거리를 조절하여 상을 선명하게 볼 수 있고, 조절핸들을 이용하여 대물렌즈의 방향을 상하좌우로 조절함으로서 검사구역의 모든 곳을 검사할 수 있다.

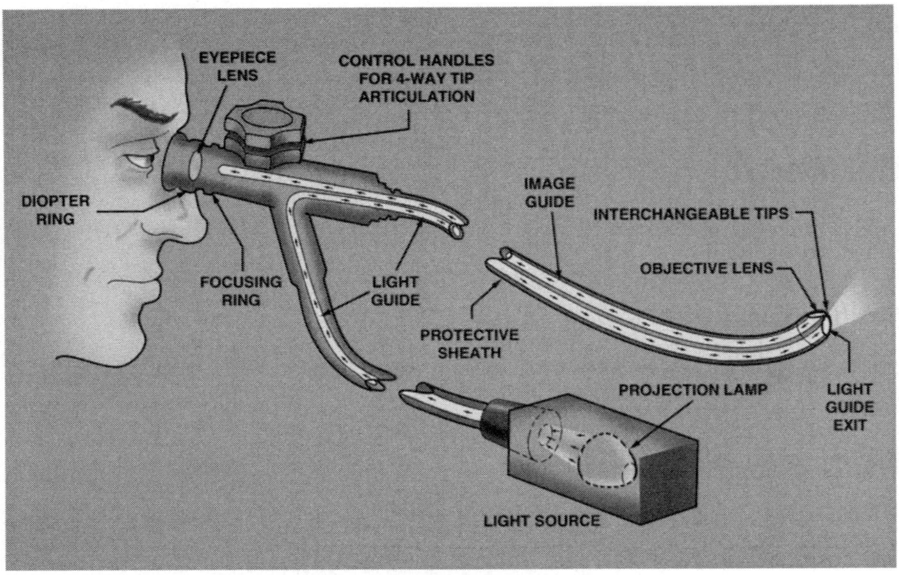

그림 9-4 보아스코프 검사

(3) 탭 테스트(Tap test)

샌드위치 구조 부재의 스킨과 코어의 분리 여부, 적층 복합소재의 층간분리(delamination) 여부를 알아보는 손쉬운 방법이다. 접착이 완전한 경우 동전 같은 것으로 두드리면 상대적으로 맑은 소리가 나는데 비해, 접착부가 분리되면 탁한 소리가 나는 것을 활용한 방법이다. 복합소재의 층간분리 여부를 손쉽게 알아볼 수 있는 방법이다.

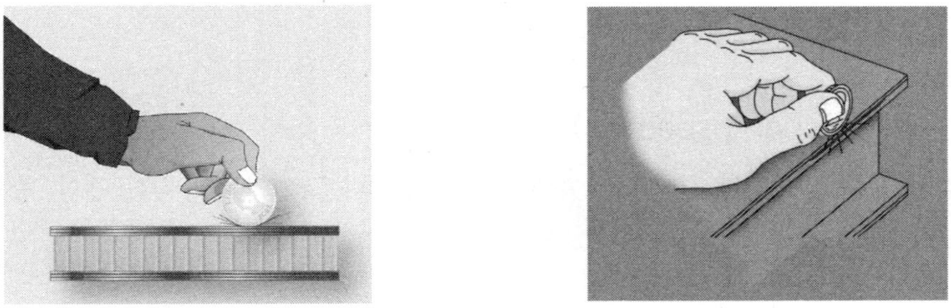

그림 9-5 탭 테스트

9.2.2 비파괴 검사(Non-destructive inspection, NDI)

비파괴검사란 재료를 파괴하지 않고 검사하는 방법으로 침투탐상검사, 자분탐상검사, 와전류 검사, 초음파검사, 방사선 검사 등이 있다.

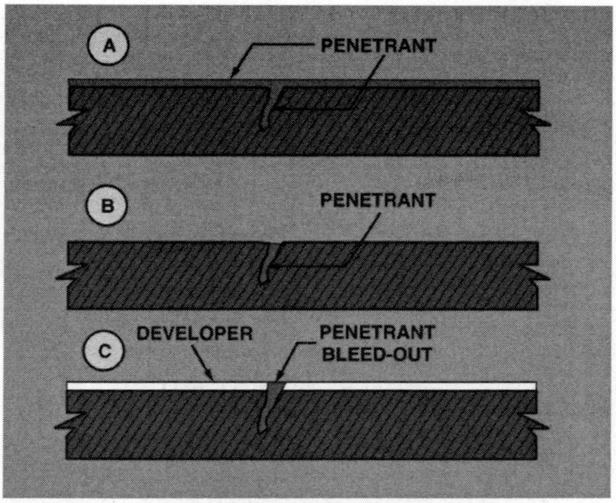

그림 9-6 침투탐상 검사

(1) 침투 탐상 검사(Liquid penetrant inspection, LT)

침투 탐상검사는 금속, 비금속의 표면 검사에 적용하는데 검사비용이 적다는 장점이 있다. 그림 9-6과 같이 균열이 있는 소재 표면에 액체를 바르면 균열의 미세한 틈새로 모세관 현상에 의해 액이 침투한다. 적정 시간이 경과한 다음 표면의 액을 닦아내더라도 균열 속으로 침투한 액은 잔류 상태가 되어 현상 물질을 표면에 뿌리면 균열 부위가 드러나는 현상을 응용한 검사방법이다.

① 색조 침투 검사(Dye check inspection)

색조침투 검사(다이체크검사 : dye-check inspection)는 전처리(세척), 침투(적색), 세척, 현상(백색), 검사, 후처리 순으로 진행하며, 적색 침투제와 백색 현상제를 사용한다.

② 형광 침투 검사

형광 침투 검사는 형광 침투제를 사용하고 블랙라이트(black light)를 이용하여 결함을 찾는 검사방법으로, 전처리(세척), 침투(형광액), 세척, 검사(블랙라이트), 후처리 순으로 진행한다.

(2) 자분 탐상 검사(Magnetic inspection, MT)

자분 탐상 검사는 그림 9-7과 같이 시험체를 자화시켜 시험체 표면이나 표면 바로 밑에 존재하는 불연속부(결함)에 의해 자속이 누설되는 현상을 이용한 것으로 표면이나 표면 바로 밑에 존재하는 결함의 존재 유무 및 위치를 확인하는 방법이다. 이 검사는 검사비용이 비교적 싸고 검사원의 높은 숙련이 필요 없으나 강자성체에만 적용 될 수 있다. 검사절차는 전처리(세척), 자화, 자분적용(습식, 건식), 검사, 탈자, 후처리(세척) 순으로 진행한다.

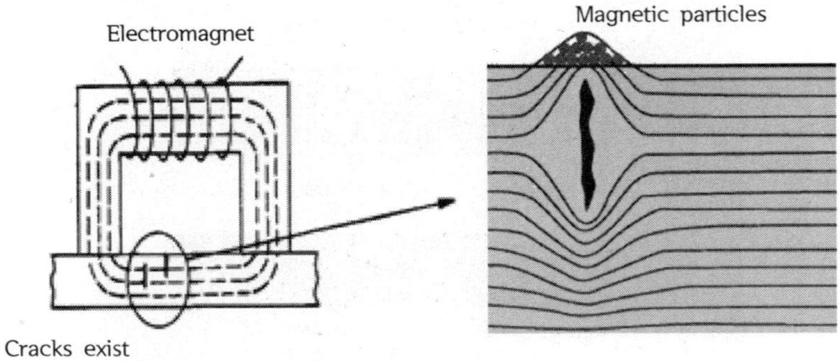

그림 9-7 자분탐상 검사

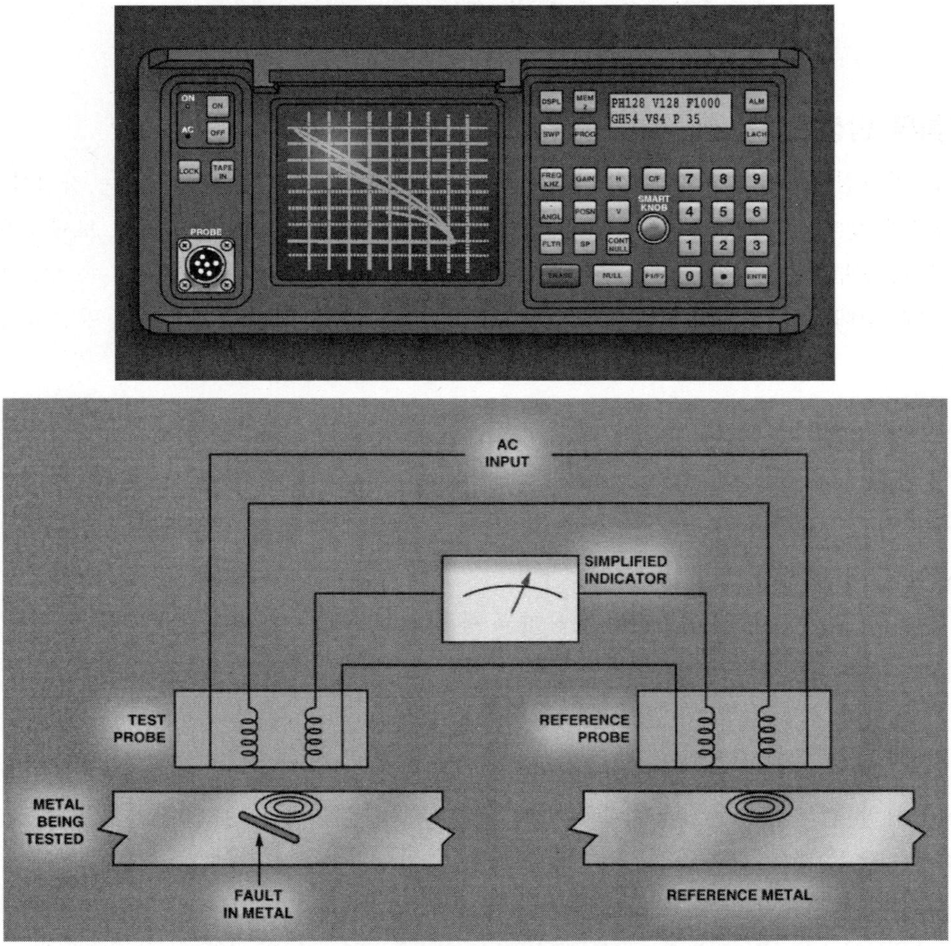

그림 9-8 와전류 검사

(3) 와전류 검사(Eddy current inspection, ET)

코일에 고주파 전류를 흘려 피검사물체의 탐상부분에 와전류를 발생시키면 결함에 의하여 와전류의 분포상태가 변화하는 것을 감지하는 비파괴 탐사법이다. 검사결과가 직접 전기적 출력으로 얻어지므로 형상이 간단한 시험체에 대해서는 자동화 검사가 가능하며, 검사 속도가 빠르고 검사 비용이 싸다. 표면이나 표면 바로 아래에 있는 결함을 검출하는데 적합하며 표면에서 깊이 떨어진 곳의 결함은 탐지할 수 없다. 와전류를 발생시킬 수 있는 철강, 비철금속 및 흑연과 같은 전도성 재료에 적용할 수 있으며, 유리, 합성수지 등의 비전도성 재료에는 적용할 수 없다.

(4) 초음파 검사(Ultrasonic inspection, UT)

초음파검사는 가청음역을 넘는 음파(sound wave)인 초음파를 피검사물에 보내어 내부의 결함으로 인한 초음파의 혼란 현상을 응용하여 결함을 검출하는 방법이다. 그림 9-9와 같이 투과된 초음파를 수신하여 그 강도를 정상 부위 초음파 강도와 비교함으로써 결함 존재여부를 판단하게 된다. 초음파 검사는 소모품이 거의 없으므로 검사비가 싸고 균열과 같은 평면적인 결함 검사에 적합하다. 검사 대상의 한 쪽에서 초음파를 발산하고 반대쪽에서 초음파를 수신하는 투과법, 초음파를 발사시킨 쪽에서 부재를 통과했다 되돌아 온 초음파를 수신하는 반사법이 있다.

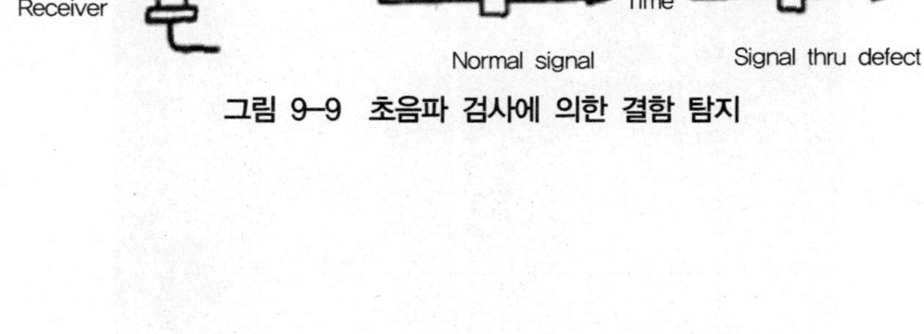

그림 9-9 초음파 검사에 의한 결함 탐지

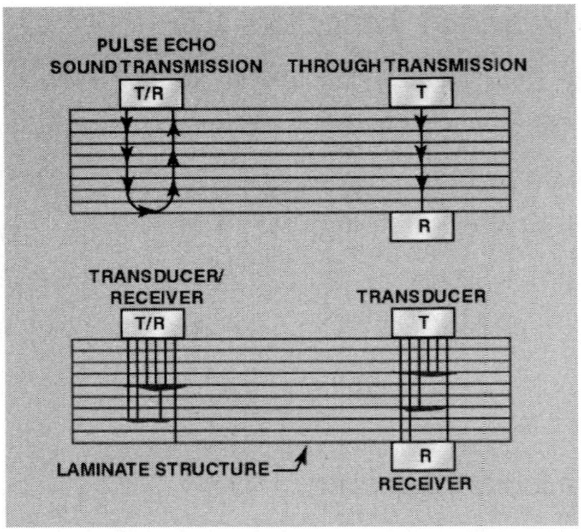

그림 9-10 초음파 검사법의 종류

(5) 방사선 검사(Radiographic inspection, RT)

방사선 검사는 시험체 뒤에 필름을 부착시키고 방사선을 시험체에 투과시키면, 시험체 내에 불연속이 존재하는 곳은 방사선 투과량이 달라진다. 이를 현상하면 필름에 영구적인 상이 나타나게 되므로 이를 관찰하여 시험체 내의 불연속의 모양, 크기 및 위치 등을 검출하는 방법이다. 그림 9-11과 같이 방사선이 투과되면 결함 부위나 부식이 발생된 곳은 투과율이 높아 필름에 어둡게 나타난다. 자성체와 비자성체에 사용하며 내부 균열검사에 사용하고 모든 구조물의 검사에 적합하다. 방사선 검사절차는 필름, 노출, 현상, 정지, 정착, 물세척, 약품 용액 처리, 건조 순으로 진행된다.

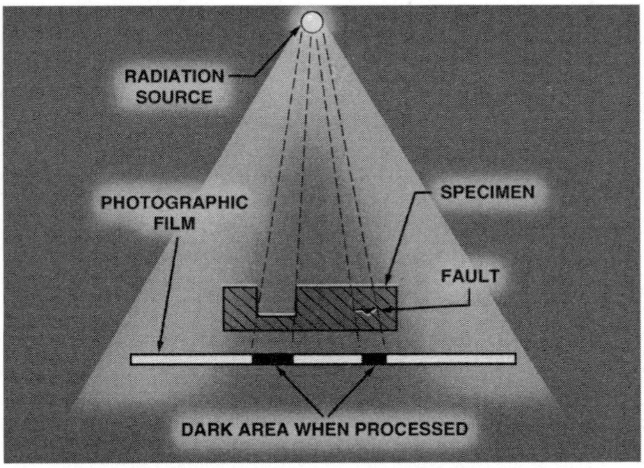

그림 9-11 방사선 검사법

9.3 측정기

9.3.1 버니어 캘리퍼스

버니어 캘리퍼스는 그림 9-12와 같이 어미자와 아들자에 각각 눈금이 새겨 있으며, 물체의 외경, 내경, 홈의 깊이를 측정하는데 사용한다. 아들자에 새겨진 눈금은 어미자의 한 눈금을 세분화해서 표시한 것이다. 그림에 보인 것은 어미자의 한 눈금 1mm를 아들자에서 20등분하여 표시한 것이다. 따라서 아들자 한 눈금의 크기는 1/20mm, 즉 0.05mm가 된다. 측정물의 크기는 다음과 같이 읽는다.

i) 먼저 아들자의 영점이 시작되기 직전의 눈금을 읽는다. 본 그림의 경우 10mm이다.
ii) 어미자와 아들자의 눈금이 일치하는 곳의 눈금을 읽는다. 그림의 경우 아들자의 7번째 눈금에서 일치하므로 7*0.05=0.35mm
iii) 어미자와 아들자에서 읽은 눈금값을 합산한 것이 측정물의 크기가 된다. 그림의 경우 10.35mm

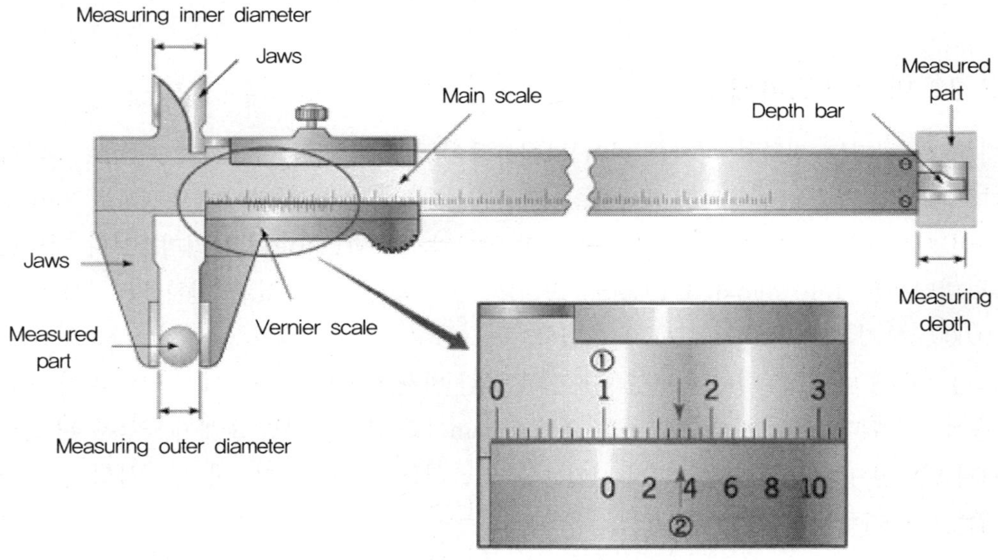

그림 9-12 버니어 캘리퍼스

다음 그림을 보면서 캘리퍼스가 지시하는 측정값을 읽어보도록 한다.

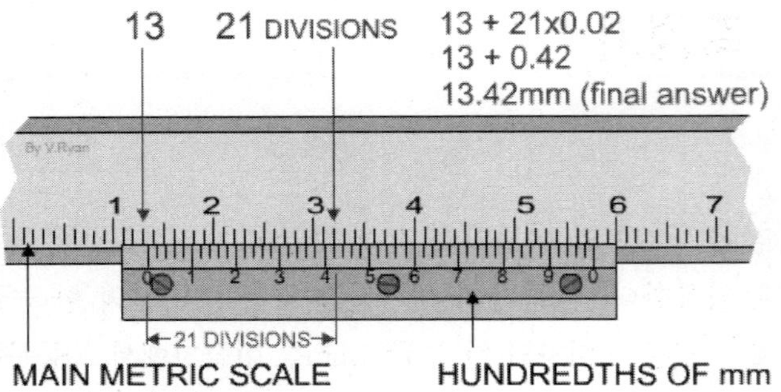

어미자 : 13mm
어미자 한 눈금 크기 : 1mm
아들자 한 눈금 크기 : 1/50=0.02mm
어미자와 아들자 눈금 일치점 : 21번째 눈금
아들자 : 21*0.02=0.42mm
측정치 : 13.42mm

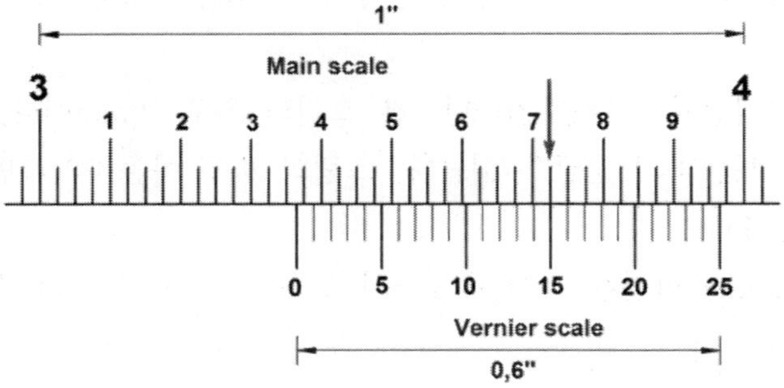

어미자 : 3.350″
어미자 한 눈금 크기 : 0.025″
아들자 한 눈금 크기 : 0.025/25 =0.001″
어미자와 아들자 눈금 일치점 : 15번째 눈금
아들자 : 15*0.001=0.015″
측정치 : 3.350+0.015=3.365″

그림 9-13 버니어 캘리퍼스 측정 예

9.3.2 마이크로미터

마이크로미터는 정확한 피치의 나사를 이용하여 실제 길이를 측정하는 기기로 수나사와 암나사의 끼워 맞춤을 이용하여 측정물의 안쪽과 바깥쪽의 길이와 깊이를 측정하는 기기이다.

마이크로미터는 용도에 따라 여러 형태 및 종류가 있는데, 버니어 캘리퍼스보다 정밀도가 높아 미터용은 1/100mm와 1/1000mm 단위까지를 측정할 수 있고 인치용은 1/1000in와 1/10,000in까지 측정할 수 있는 것이 있다.

그림 9-14에 마이크로미터를 보였는데 심블을 한 바퀴 돌리면 스핀들이 슬리브의 한 눈금만큼 움직이게 된다. 만일, 슬리브의 한 눈금이 0.5mm이고 심블의 바깥 둘레에 50등분 된 눈금이 새겨져 있으면, 스핀들 나사를 1회전 시키는 동안 스핀들은 0.5mm 이동하고, 심블의 한 눈금의 크기는 0.5/50=0.01mm가 된다.

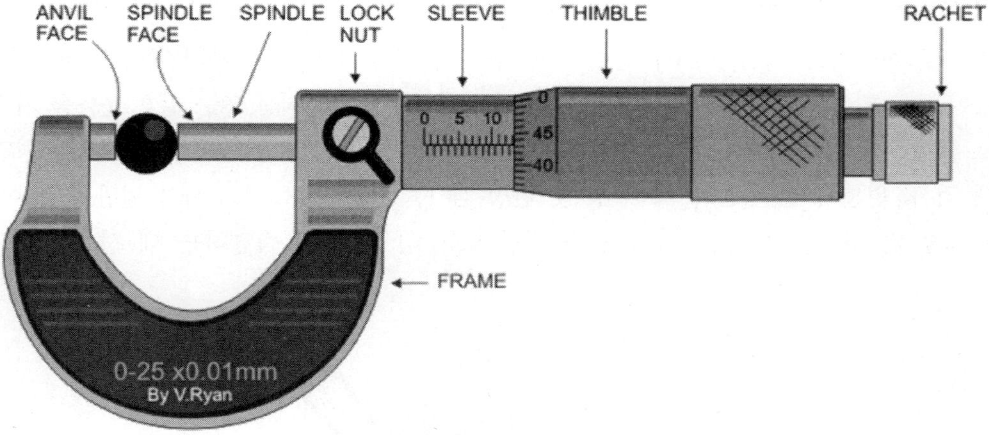

그림 9-14 마이크로미터

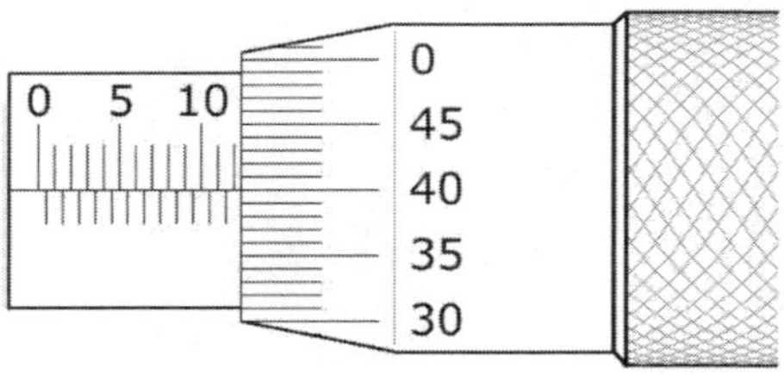

슬리브 : 12.0mm
슬리브 한 눈금 크기 : 0.5mm
심블 한 눈금 크기 : 0.5/50=0.01mm
심블 : 0.01*40=0.40mm
측정치 : 12.40mm

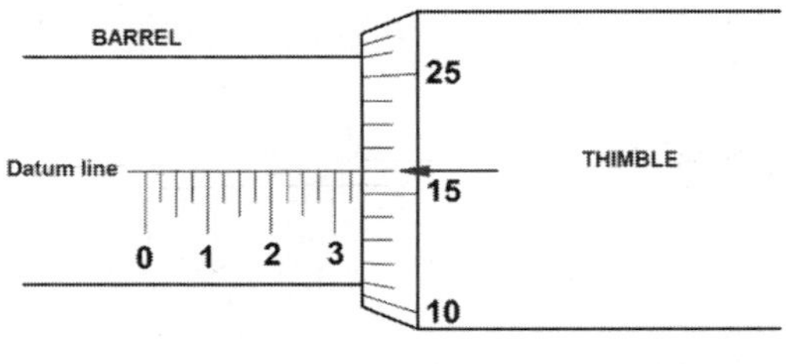

슬리브 : 0.325″
슬리브 한 눈금 크기 : 0.025″
심블 한 눈금 크기 : 0.025/25=0.001″
심블 : 0.001*15=0.015″
측정치 : 0.325+0.015=0.340″

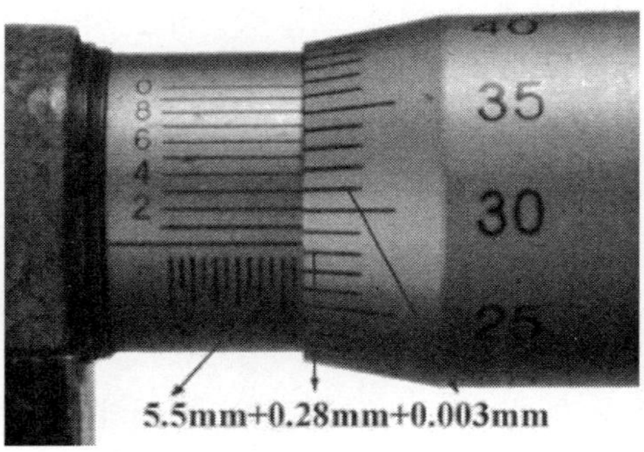

슬리브 : 5.5mm
슬리브 한 눈금 크기 : 0.5mm
심블 어미자 한 눈금 크기 : 0.5/50=0.01mm
심블 어미자 : 0.01*28=0.28mm
심블 아들자 한 눈금 크기 : 0.01/10=0.001mm
심블 어미자와 아들자 눈금 일치점 : 3번째 눈금
심블 아들자 : 0.003mm
측정치 : 5.5+0.28+0.003=5.783mm

그림 9-15 마이크로미터 측정 예

9.3.3 다이얼 게이지

다이얼 게이지는 그림 9-16과 같이 보통 한 눈금이 1/100mm를 가리키는 긴 바늘과 한 눈금이 1mm를 가리키는 짧은 바늘로 구성되어 있다. 측정자의 직선 또는 원호 운동을 기계적으로 확대하여 그 움직임을 바늘의 회전 변위로 변환시켜 눈금을 읽는데, 일반적으로 평면의 상태 검사, 원통의 진원 검사, 축의 휨 및 편심 검사, 기어의 흔들림 검사와 원판의 런 아웃, 크랭크축 및 캠축의 움직임, 크기 등을 직접 또는 간접적으로 측정하는 데 사용한다.

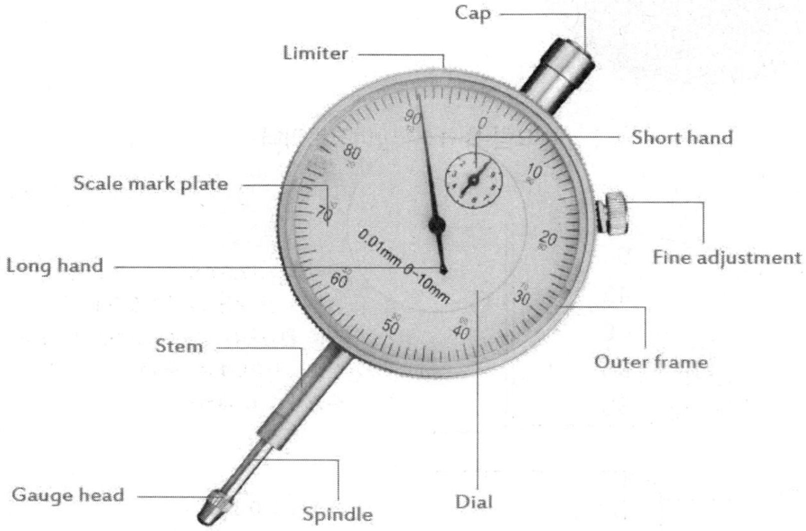

그림 9-16 다이얼 게이지

(1) 직접 측정

직접 측정은 그림 9-17과 같이 기준면에서의 깊이 또는 높이를 직접 측정하는 것을 말한다. 즉, 기준면이 되는 정반 위에다 측정 기구를 설치하고 다이얼 게이지의 눈금을 0에 맞춘 다음, 측정물을 기준면과 측정자 사이에 넣어 측정하는 것이다. 다이얼 게이지의 눈금이 그림의 경우 부품의 높이가 된다.

(2) 비교 측정

비교 측정은 기준 게이지와 비교하여 그 값을 측정하는 것을 말한다. 그림과 같이 기준 게이지에 0점을 맞춘 후 부품을 측정했을 때 다이얼 게이지의 눈금은 기준값과의 차이가 된다.

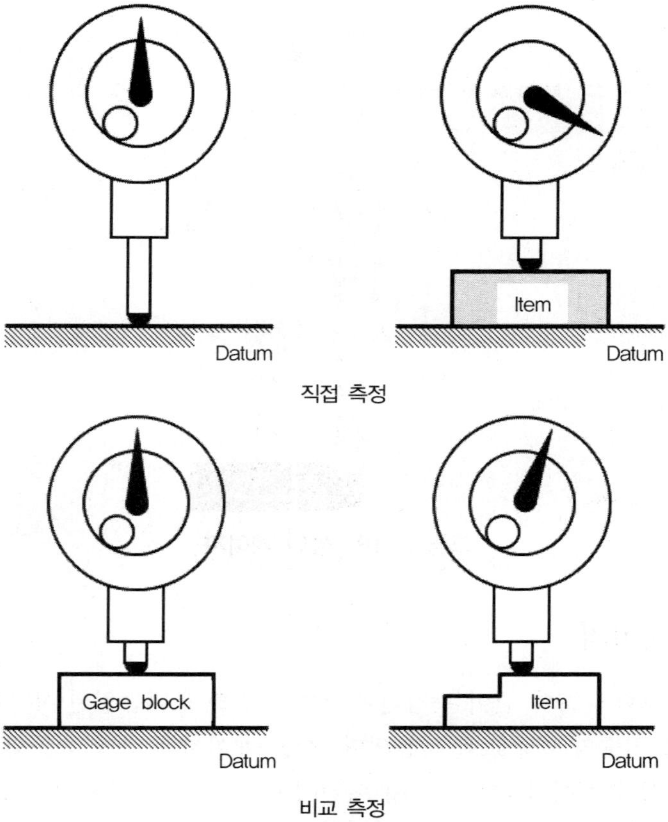

그림 9-17 다이얼 게이지 측정

9.3.4 높이 게이지

높이 게이지는 대형 부품, 복잡한 모양의 부품 등을 정반위에 올려놓고 정반면을 기준으로 하여 높이를 측정하거나, 스크라이버 끝으로 금 긋기 작업하는데 사용한다. 높이 게이지의 기본 구조는 그림 9-18과 같이 자(scale)와 베이스(base)및 표면 게이지(surface gauge)를 한데 묶은 형태로서, 일종의 버니어 캘리퍼스와 같다.

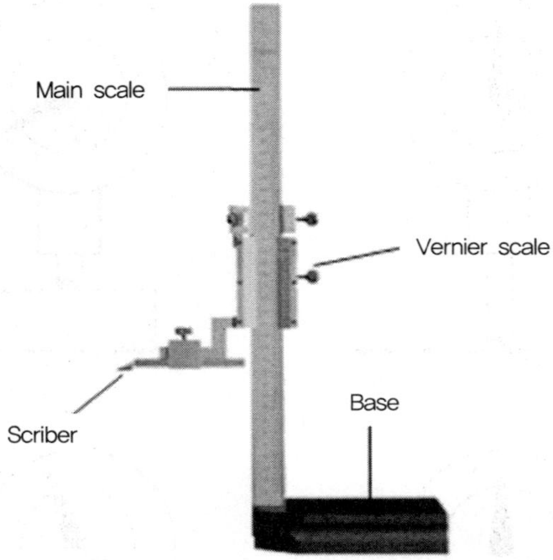

그림 9-18 높이 게이지

9.3.5 블록 게이지

블록 게이지는 그림 9-19와 같이 측정면이 극히 정밀하게 다듬질된 사각형의 블록들이다. 이 게이지는 주로 치수의 기준으로 사용되며, 각종 게이지나 측정 기구와 함께 여러 가지 측정에 이용된다. 블록 게이지에는 그 사용 목적에 따라 여러 가지 등급이 있으며, 5~85개의 서로 다른 치수의 블록들이 하나의 세트로 되어 있다. 재질은 특수 합금강이며, 측정면은 래핑(lapping)과 표면 연마한 광학적 평면으로 되어 있고, 그 치수의 범위는 0.01~20 in까지이다. 블록 게이지는 공구 다이, 부품 등의 정밀도 측정, 기계 조립과 제작 중인 부품과 제작된 부품의 점검, 조정 계기와 지시 계기의 기준 설정, 검사 계기의 점검, 플러그 게이지, 링 게이지 및 스냅 게이지 등 특수 게이지의 정밀도와 마멸 상태의 점검, 그리고 마름질할 때의 가공 상태 점검 등에 사용된다.

그림 9-19 블록 게이지

그림 9-20 두께 게이지

9.3.6 두께 게이지

두께 게이지는 강으로 된 얇은 편으로 되어 있으며, 접점 또는 작은 홈의 간극 등의 점검과 측정에 사용된다. 두께 게이지는 그림 9-20과 같이 서로 두께가 다른 강편 9~26매를 1조로 하여 나사로 조립된 것이고, 각 강편에는 각각의 두께가 표시되어 있다.

9.3.7 나사 피치 게이지

그림 9-21과 같은 나사피치 게이지는 나사의 피치를 측정할 때에 사용되는 것으로 두께 게이지처럼 여러 개의 묶음으로 되어 있고, 각각의 게이지 편에 1인치 당 나사골의 수가 새겨져 있다. 이 게이지는 그림과 같이 게이지의 나사골이 측정하는 나사와 알맞게 물리는지를 살펴보아 가장 알맞게 물리는 게이지의 값을 읽는다.

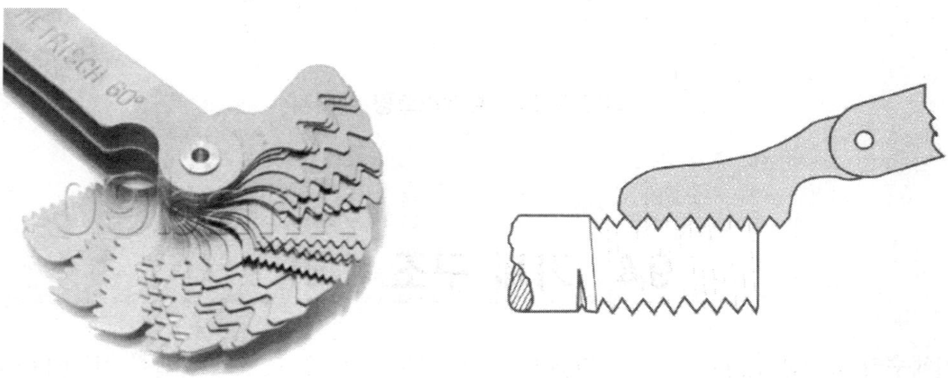

그림 9–21 나사 피치 게이지

9.3.8 텔레스코핑 게이지

그림 9-22와 같은 텔레스코핑 게이지는 내측 마이크로미터로 측정할 수 없는 작은 안지름이나 홈을 측정하기 위한 보조 측정 기구이다. 안지름을 측정하기 위해서는 측정물의 안지름이나 폭보다 조금 큰 치수의 게이지를 플랜지와 슬리브의 접촉면을 비스듬하게 하여 측정면 안에 넣고, 핸들을 이용하여 플랜지를 움직여서 측정면과 알맞게 접촉시킨 다음 핸들의 스크루를 들려서 플랜지를 고정한 다음에 꺼내어 마이크로미터로 게이지의 길이를 측정한다.

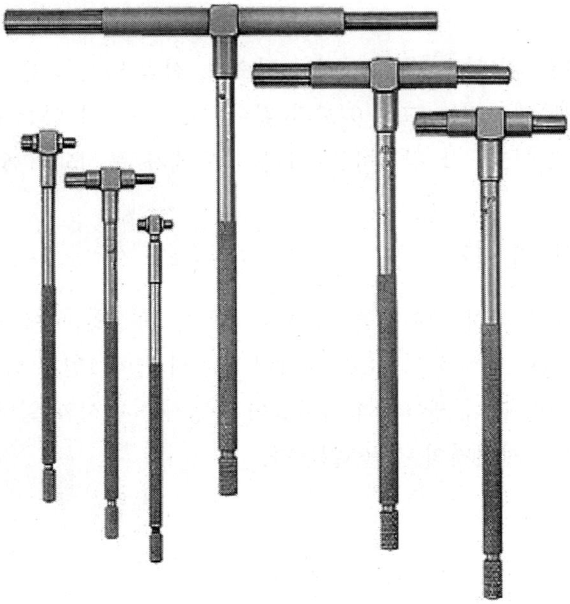

그림 9-22 텔레스코핑 게이지

9.4 기체 구조 수리

기체수리 작업은 손상된 부분을 원래의 상태로 회복시킬 수 있도록 작업이 이루어져야 하고, 수리가 가능할 때에는 구조부재의 본래의 강도와 재질 및 치수를 그대로 적용하여 수리해야 한다. 구조부재를 부분적으로 수리하는 것이 어려울 때는 구조부재를 전부 교환하는 것도 효과적인 수리방법 중의 하나가 될 수 있다.

9.4.1 품질불량에 대한 조치

기체 부품의 제작이나 조립 작업을 수행하는 동안 여러 가지 형태의 잘못된 결과물을 접하게 된다. 설계 도면을 벗어난 작업물(불합치품)에 대한 처리 방법은 크게 다음과 같이 분류할 수 있다.

① **Use as is**

도면과 일치하지 않는 결과물이지만 기능과 역할, 강도 등 모든 면에서 사용하는데 아무 문제가 없는 것으로 확인되었기 때문에 잘못된 결과물 형태 그대로 사용할 수 있다고 판정이

된 것을 말한다.

② **Rework**

도면이나 작업공정의 중간 검사에서 승인 범위를 벗어난 결과물이지만 추가 작업을 수행함으로서 도면이나 표준 규격에 맞는 결과물로 만들 수 있는 것으로 확인된 경우를 말한다. 통상 이런 판정을 받은 것은 고객사의 승인 없이 작업을 수행할 수 있다.

③ **Repair**

불합치된 결과물에 추가 작업을 수행하더라도 도면이나 표준규격을 맞출 수는 없지만 기능이나 역할, 강도 등 엔지니어링 승인을 얻어서 사용할 수 있는 것으로 판정받은 것을 말한다. 이러한 판정을 받은 것들은 고객사의 승인을 얻은 후 작업을 수행한다.

④ **Scrap**

불합치된 결과물을 폐기 처분하라는 판정을 말한다.

9.4.2 구조수리의 기본 원칙

구조부재의 수리 방법은 매우 다양하므로 항상 이러한 방법을 적용해야 한다고 말할 수는 없다. 구조부재의 수리 시 반드시 지켜야 할 원칙을 한 마디로 표현한다면 다음과 같이 말할 수 있을 것이다.

'모든 구조부재는 현재 그곳에 있어야 하는 목적이 있다. 그것을 알기 전에는 어떤 작업도 함부로 해서는 안 된다.'

구조부재의 고유 목적이 구조물의 형상 유지와 구조적 안전성 확보, 충분한 내구성을 확보하는 것이 중요하므로 구조부재의 수리 시에도 이러한 특성을 충분히 고려해야 한다. 구조적 안전성을 확보하는 측면에서 1차 구조부재는 주의를 더해야 하고, 구조부재의 사고에 가장 큰 원인인 피로파괴가 예상되는 부위는 더욱 신중하게 다루어야 할 것이다. 안전이나 내구성을 확보하기 위해서는 해당 부재가 감당해야 하는 하중의 크기를 알아야 하므로 기본적으로 중요한 수리 방법은 항공기 개발회사에서 제시하는 방법을 따라야 한다. 그러나 2차 구조부재나 상대적으로 중요도가 덜한 부재들의 경우는 제작사에서 제시하는 표준 수리 설명서(structural repair manual)에 따라 작업할 수 있을 것이다.

구조부재를 수리하는 경우 구조안전성을 확보하고 수리에 필요한 시간과 비용, 운용 중 발생하는 비용 등을 최소화하기 위해 다음과 같은 사항을 고려한다.

i) 원래의 강도 유지
ii) 원래의 형상 유지
iii) 중량의 최소화
iv) 부식에 대한 방지

(1) 원래의 강도 유지

손상으로 인해 강도가 저하된 경우에는 본래의 강도를 회복할 수 있도록 보수가 되어야 한다. 이를 위해서 수리재는 원래 재질과 동일한 것을 사용해야 한다. 부득이 소재를 바꾸는 경우 부식이 발생하지 않도록 주의하고, 원래 부재의 요구 강도에 맞도록 수리재의 두께를 변경하여 적용한다. 수리재의 두께는 다음과 같이 결정하는 것이 좋다.
* 본래의 판 두께나 한 치수 두꺼운 것을 사용한다.
* 형재 수리 시 스플라이스(splice)의 실제 단면적은 본래 형재의 단면적보다 크게 한다.
* 본래의 재료보다 약한 재료를 대용하는 경우 강도를 환산하여 두꺼운 재료를 사용한다.
* 본래의 재료보다 강한 소재를 사용하더라도 손상부 재료보다 얇은 것은 사용하지 않도록 한다.

(2) 원래의 형상 유지

기체의 외곽면은 공기 저항을 최소화하고 설계 시 항공역학적 성능을 유지하기 위해서는 수리로 인해 표면 윤곽선이 변경되지 않도록 플러쉬 패치(flush patch)를 적용하도록 한다.

그림 9-23과 같이 손상된 스킨을 도려내고 기체 내부에 패치를 부착하고 스킨을 도려낸 부위에 충진재(filler)를 추가하고 틈새는 실런트로 메꿔 주도록 한다. 부득이하게 기체 외부에 돌출된 패치를 보강하는 경우(over patch 부착)에는 그림과 같이 모서리 부위 두께가 서서히 변화하도록 하여 기체 표면의 공기 흐름이 원활할 수 있도록 한다.

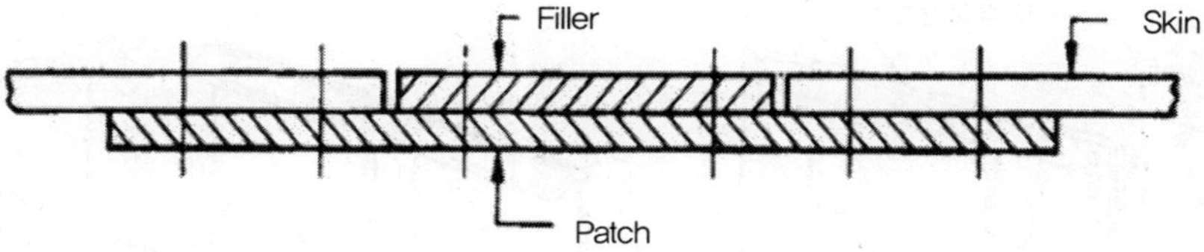

Flush patch 부착

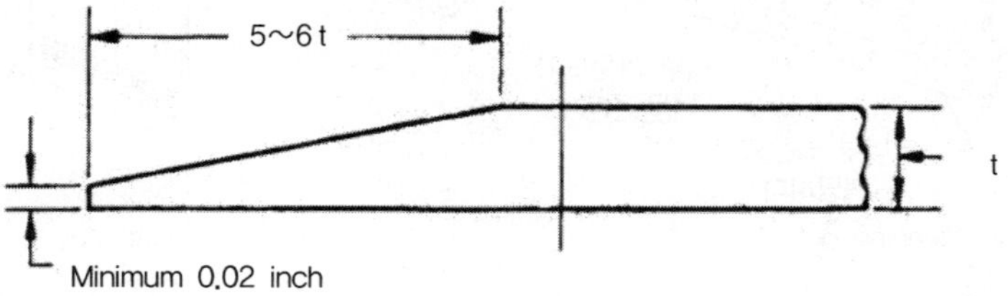

Over patch 부착

그림 9-23 외곽 형상의 유지

(3) 중량의 최소화

요구 강도를 만족할 수 있는 범위 안에서 보강재의 크기를 최소로 하고, 리벳과 같은 패스너의 사용량을 최소화한다.

(4) 부식에 대한 방지

표면이나 수리에 따른 접촉면은 부식을 방지하기 위해 규정된 부식방지 처리를 한다.

9.4.3 기체구조 수리 사례

손상을 받은 부재를 수리함에 있어 가장 먼저 조치할 것은 손상부에 발생하는 응력집중을 최소화 하는 것이다. 단면 형상이 변화하는 곳에서는 늘 응력집중현상이 발생하고, 이로 인해 구조물의 내구성이 크게 저하되므로 단면의 변화가 완만하도록 함으로써 응력집중을 최대한 낮출 수 있다. 그림에 보인 것처럼 손상부를 도려내는 cleaning out, 날카롭거나 울퉁불퉁한 모서리부를 일직선으로 잘라내는 clean up, 손상을 입은 표면을 완만하고 부드러운 표면으로 만드는 smooth out, 균열 선단에 구멍을 뚫어 균열의 급속한 성장을 막는 crack stop hole 가공 작업이 먼저 수행된 후 적절한 후속 작업이 이어지게 된다.

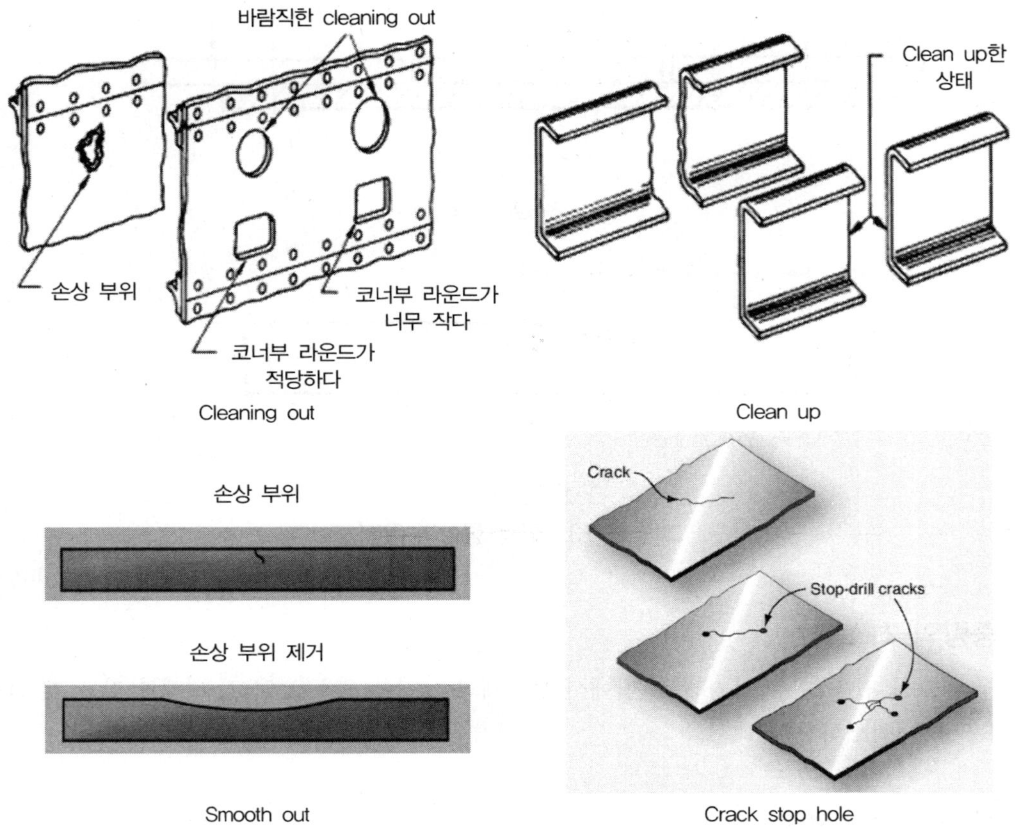

그림 9-24 손상 부위 기본 조치

(1) 스킨 표면에 손상이 발생한 경우

매끄러운 스킨 표면에 손상이 발생한 경우 첫 번째 수리단계는 손상을 제거하는 것이다. 원형, 타원형, 또는 직사각형 모양으로 손상 부위를 도려낸다. 도려낸 부위 주위에 발생하는 응력집중을 완화시키기 위해서 가능한 원형으로 도려내는 것이 좋으나 부득이한 경우 타원형이나 다각형 형상으로 도려낼 수도 있다. 다만 응력집중을 완화시키기 위해 코너 부분은 둥글게 도려낸다. 리벳의 최소 연거리는 직경의 2배로 하고 리벳간격은 직경의 4~6배가 적당하다. 재료는 손상된 외판과 동일한 재료로 하고, 보강재의 크기는 필요한 리벳의 수량과 보강재가 감당해야 할 하중에 알맞도록 정한다. 삽입물은 동일한 재료로 손상된 부분을 잘 메꿀 수 있도록 한다. 리벳의 크기와 유형은 손상 부위 주위에 사용한 것과 동일한 것이 적당하다.

이와 같은 스킨의 수리 시 가장 먼저 고려할 것은 손상부위 스킨의 기능과 역할을 먼저 이해해야 한다. 1차 구조부재의 역할을 하는 스킨이면 손상부위 스킨이 감당하던 하중을 보강재가 충분히 넘겨받아 감당할 수 있도록 해야 한다. 특히 인장하중을 주로 받는 부위라면 보강재의 형상과 리벳 배치에 따라 응력의 집중 정도가 크게 변화하므로 하중의 방향에 알맞도록 보강재의 형상과 크기, 리벳의 배치를 결정해야 한다. 그러나 날개의 앞전이나 뒷전의 스킨과 같이 감당할 하중은 그다지 크지 않고 기체의 외곽 형상을 유지하는 것이라면 강성을 충분히 확보하는 범위에서 통상적으로 적용하는 보강재의 형상과 크기에 맞추는 정도로 적당할 것이다.

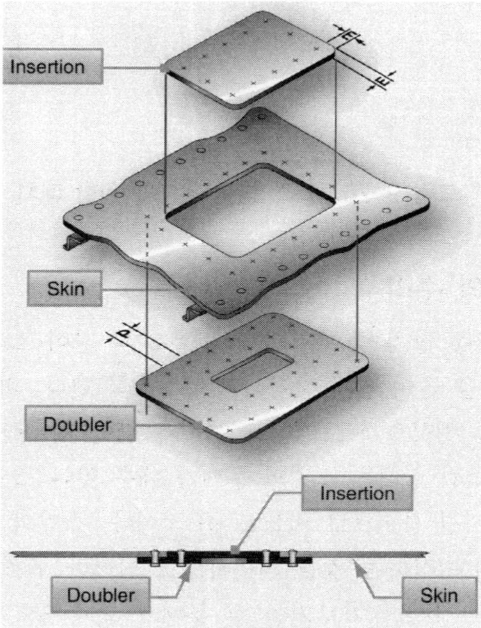

그림 9-25 삽입재에 의한 수리

(2) 날개 앞전 스킨에 손상이 있는 경우

기체의 외곽 표면은 항공역학적 특성이 양호하도록 공기의 흐름이 원활해야 하므로 수리 시 원래의 외곽형상이 유지되도록 해야 한다. 그림 9-26과 같이 스킨에 손상이 발생했을 때 날카로운 손상부위에 하중이 집중되므로 응력집중을 완화시키기 위해 손상부위를 도려내고 스킨의 내부에 더블러를 부착해 놓고 도려낸 스킨 부위를 메꿀 부재(filler)를 부착한다.

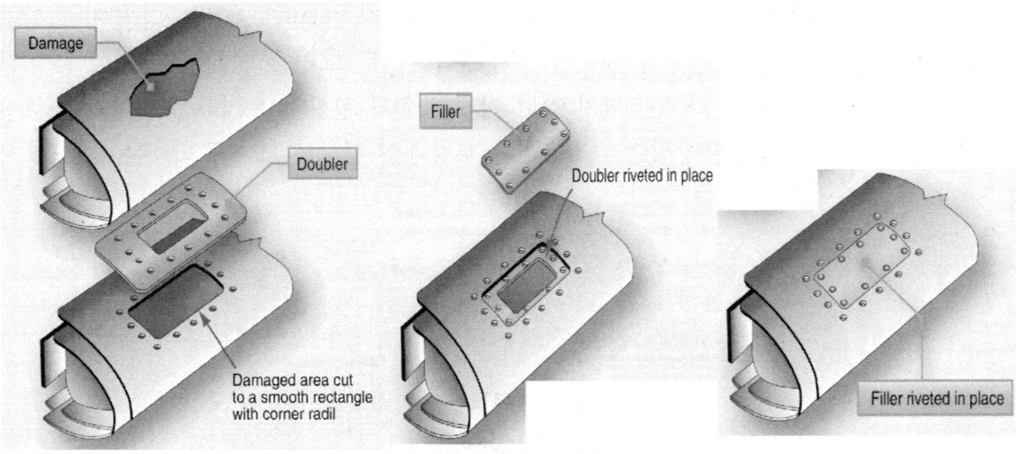

그림 9-26 외곽 형상 유지를 위한 패치

(3) 비드가 있는 스킨의 수리

소형 일반 항공기의 조종 장치 중 일부는 그림 9-27과 같이 스킨에 비드선을 갖고 있다. 비드는 얇은 외판에 강성을 높여 쉽게 변형되지 못하도록 한다. 비드를 가진 스킨에 결함이 발생했을 때 결함 부위를 깨끗하게 도려내고 그림과 같이 패치를 덧대어 수리할 수 있다. 이와 같은 비드를 가진 스킨 형태는 스킨의 두께가 매우 얇아 스킨이 쉽게 좌굴될 수 있어 스킨에 굽힘강성을 증가시킬 목적으로 비드를 준 것이다. 스킨의 두께가 매우 얇다는 것은 스킨이 감당할 하중이 매우 작다는 것을 의미하므로 이러한 구조부재는 사용 중 하중으로 인한 파손 가능성은 작고 강성만 확보되면 별 문제가 되지 않는다.

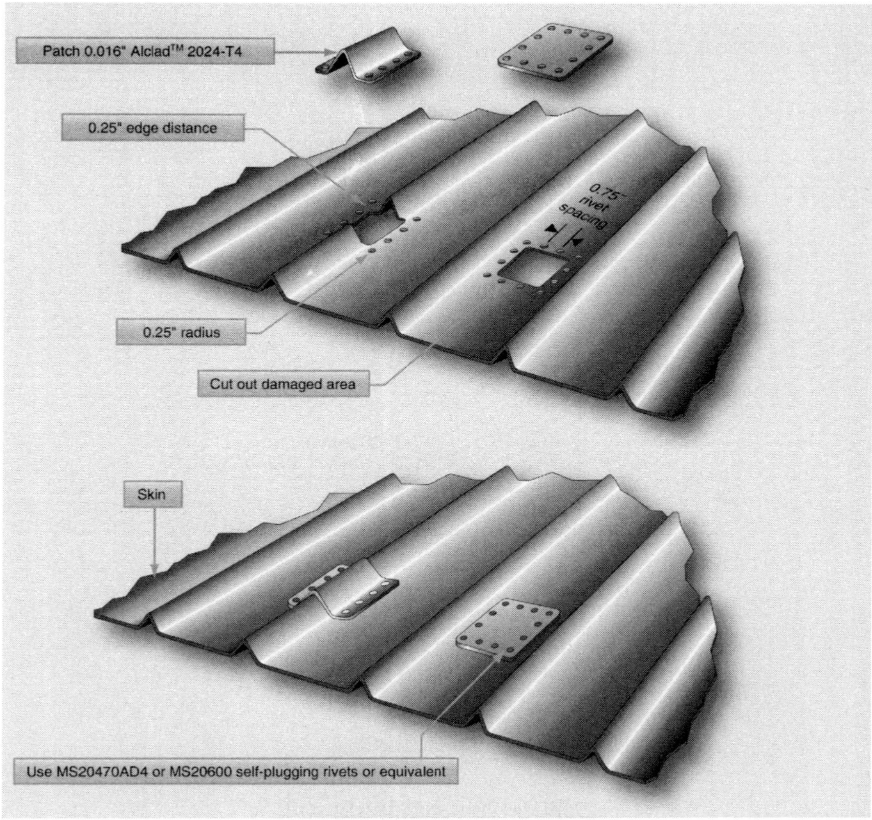

그림 9-27 패치에 의한 수리

(4) 스트링거에 손상이 있는 경우

스트링거에 손상이 발생한 경우에는 먼저 손상의 규모를 판단하고 어느 정도 영역까지 수리를 할 것인가를 결정하게 된다.

① 스트링거에 자그마한 손상이 있는 경우

스트링거는 날개나 동체 스킨의 좌굴을 예방하기 위한 보강재이다. 그림 9-28과 같이 손상의 범위가 작은 경우 부분 보수에 의한 스트링거 수리를 보여준다. 이 수리는 손상이 스트링거 한쪽 폭의 2/3를 초과하지 않을 때 적당하다. 손상 부위를 도려내고 보강재를 추가하여 수리할 수 있다.

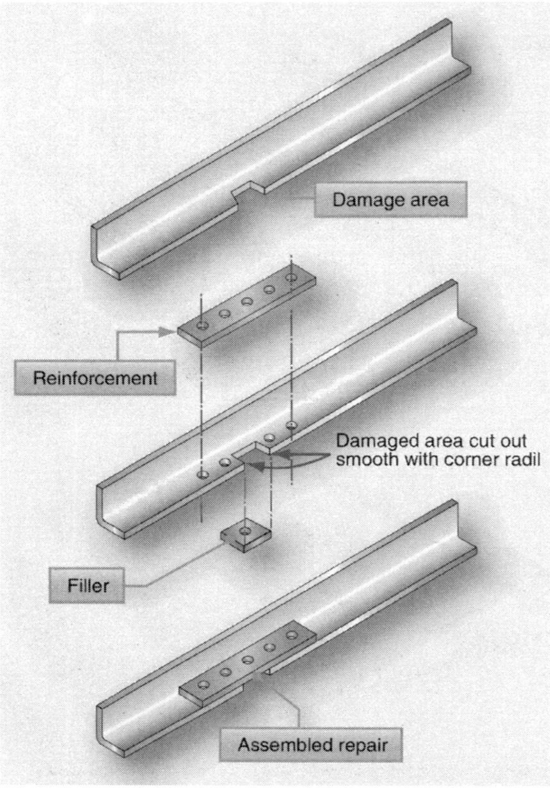

그림 9-28 스트링거의 수리

② **손상의 크기가 스트링거 폭의 2/3를 초과하는 경우**

손상이 한 변의 2/3의 폭을 초과하는 곳에서는 스트링거가 손상된 부위를 그림 9-29와 같이 절단해서 떼어내고 충진재(filler)와 앵글(angle)형태의 보강재를 덧대어 수리할 수 있다.

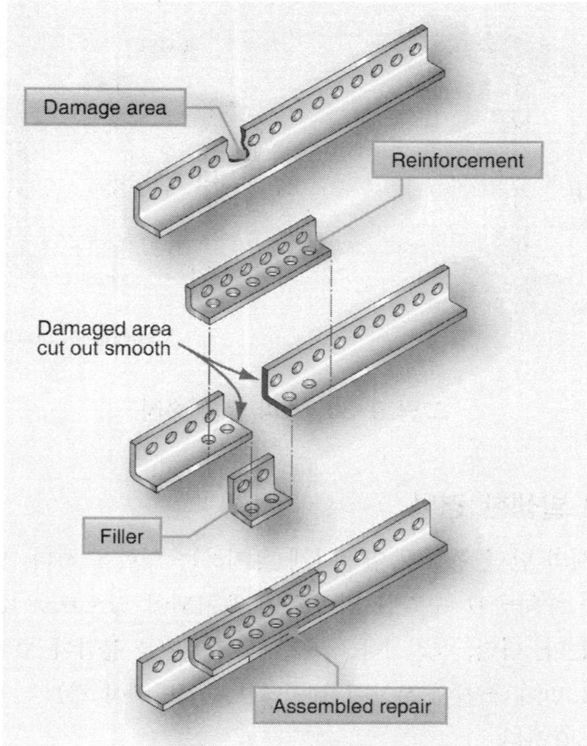

그림 9-29 스트링거의 수리

(5) 스파에 손상이 있는 경우

스파는 날개의 굽힘하중과 전단하중을 감당하는 매우 중요한 부재이다. 굽힘하중은 스파의 상부 캡(cap)과 하부 캡이 주로 감당하고, 날개의 전단이나 비틀림으로 발생한 전단하중은 스파 웹이 감당하게 된다. 따라서 스파 웹을 설계하거나 수리할 때는 전단하중을 효과적으로 감당하도록 유의해야 한다.

그림 9-30과 같이 스파 웹에 손상이 발생한 경우 손상 부위를 도려낸 후 패치로 보강하여 수리할 수 있다.

스파 웹의 높이나 수직보강재의 간격과 비교했을 때 손상의 크기가 작은 경우는 손상부위를 원형으로 도려내고, 손상이 큰 경우에는 직사각형 모양으로 웹을 도려냄으로서 웹에서 도려내지는 영역의 크기를 작게 할 수 있다. 사각형 형태로 도려낼 때 코너 부위는 하중이 집중되는 것을 완화하기 위해 둥글게 해야 하는 것은 잊지 말아야 한다.

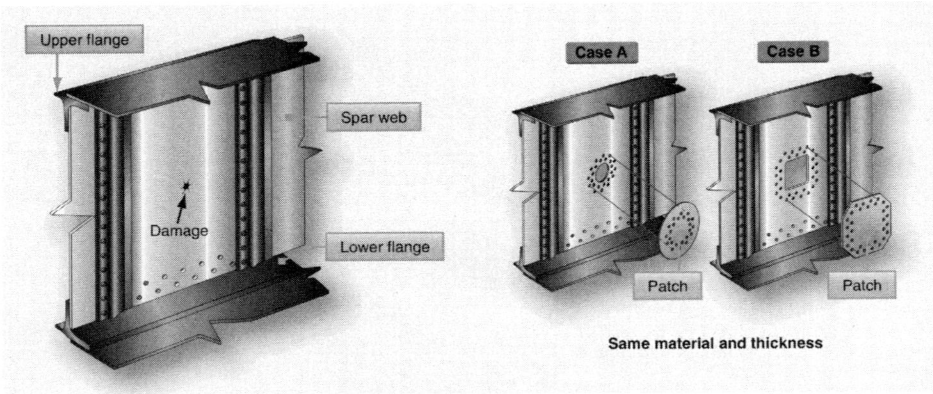

그림 9-30 스파 웹의 수리

(6) 리브에 손상이 발생한 경우

날개의 리브는 날개의 단면 형상이 일정하게 유지하는 역할을 한다. 날개의 주하중 방향이 스팬방향이고 리브는 주하중과 수직한 방향으로 배치되어 있으므로 대개의 리브는 그다지 큰 힘을 감당하지 않는다. 다만, 엔진이나 착륙장치, 조종면을 붙잡아 주는 역할을 하는 리브는 외부로부터 큰 하중을 받아 스킨에 분산시키는 역할을 감당해야 하므로 이러한 리브는 다루는 데 특별한 주의가 필요하다.

그림 9-31과 같이 중량경감 홀을 가진 리브의 웹에 균열이 있는 것을 수리한 형태를 그림에 보였다. 중량경감 홀이 있다는 것은 해당 리브는 단지 날개 단면 형상을 유지하는 역할만을 감당하는 것으로 판단할 수 있으므로 균열로 절단된 부위에 패치를 덧붙이는 정도로 간단히 마무리할 수 있다.

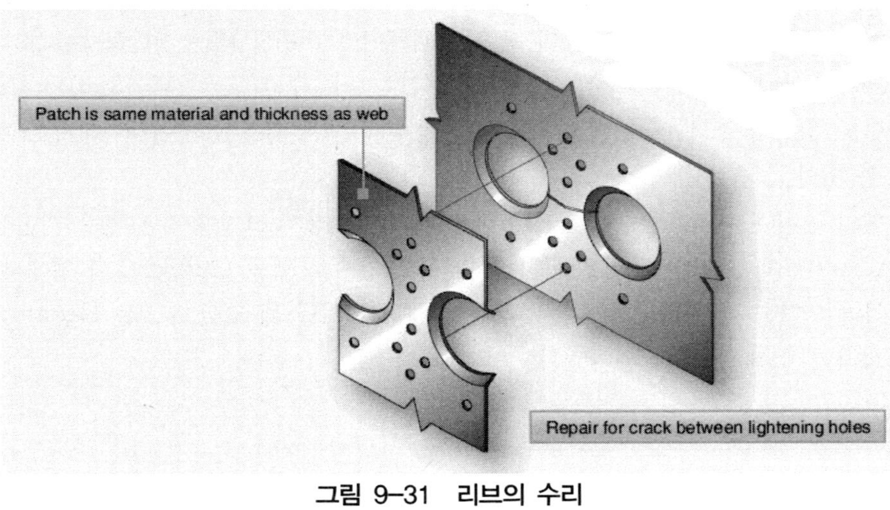

그림 9-31 리브의 수리

(7) 샌드위치 구조재 수리

샌드위치 구조재에 발생하는 손상의 종류로는 우그러짐, 균열, 뚫림, 스킨 분리(delamination), 모서리의 박리(edge separation) 등이 있다. 이와 같은 손상은 육안이나 동전을 사용한 탭테스트 또는 X-선 검사, 초음파 검사를 통해 접착 부위의 분리 등을 알 수 있다.

스킨의 한 쪽 면과 코어 일부만 손상을 받은 경우 손상 부위에 대한 수리 방법은 그림 9-32와 같이 손상부위 스킨과 코어를 도려낸 후 빈 공간에 가벼운 충진재(foam filler)를 채워 넣고 패치를 부착한다.

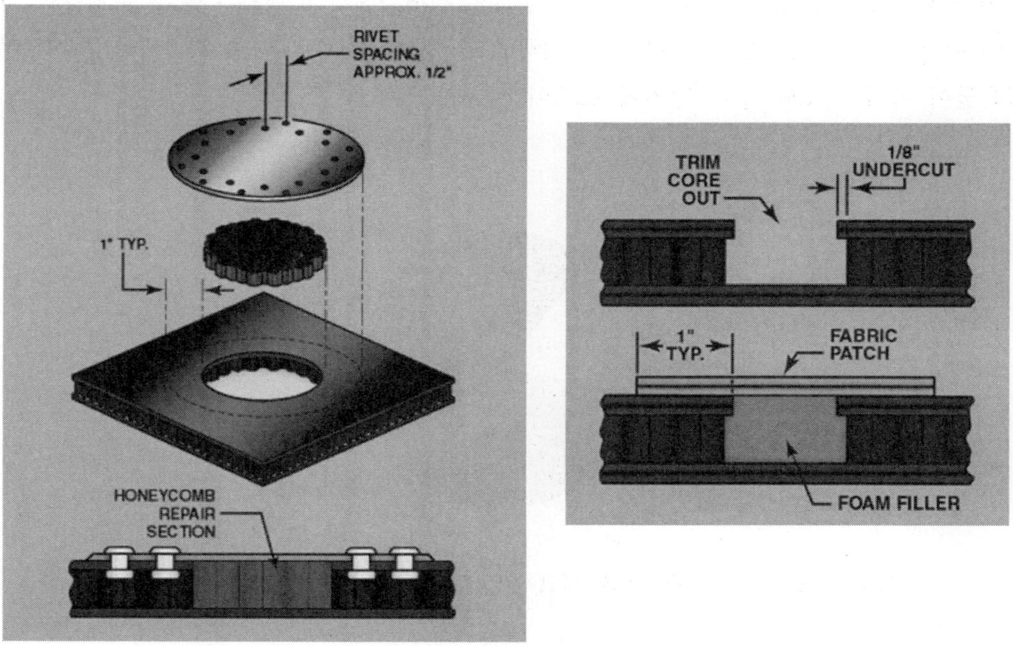

그림 9-32 샌드위치 구조재의 수리

9.5 기체구조 파손 사례와 교훈

9.5.1 기체구조 파손 사고 원인

항공기는 다른 운송 수단과는 달리 사용 중 이상이 발생한 경우 대처하는데 한계가 있어 치명적 사고로 이어지기에 사고를 예방하기 위해 매우 많은 노력을 해왔다. 다양한 사고 원인 가운데 기체구조의 파손이 원인이 되어 발생했던 사고에 대해 살펴보고 이들로부터 깨우침을 얻고 이후에는 동일한 사고를 방지하기 위한 노력을 지속적으로 하면서 설계 개선을 이루어 왔다.

그림 9-33은 1954년부터 1996년 사이에 발생한 67건의 사고로 1차 구조부재의 파손이 원인이 되었던 것들로 그 세부 원인들에 대한 자료이다. 그림에서 보는 것처럼 피로와 부식이 44%를 차지하고, 과도한 하중을 받은 경우가 28%, 이외에 설계 오류, 정비가 잘못된 경우로 나타났다. 그림 9-34는 1971년 미국 공군에 보고된 1226건의 구조부재 균열과 파손의 원인에 대한 자료인데 피로가 60%에 조금 못 미치고, 피로와 부식이 함께 나타난 것이 20%를 초과하고, 응력부식이 20%에 조금 못 미치는 것으로 나타났음을 확인할 수 있다.

가장 큰 사고 원인으로 지목된 피로와 부식은 실생활에서 발생하는 모든 구조물의 사고 원인 중에서도 가장 큰 비중을 차지한다. 기체구조 설계와 제작, 사용 중 정비에 쏟는 대부분의 항목들이 결국 피로와 부식 방지에 초점이 맞춰져 있다.

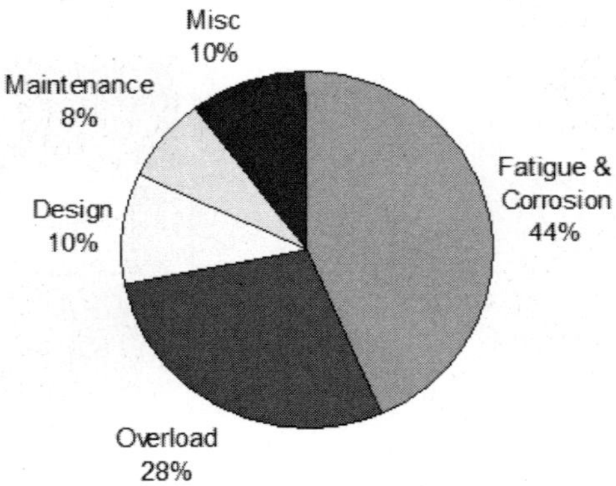

그림 9-33 기체 구조 파손 사고 원인(Reference: H. Terada, ICAF 97)

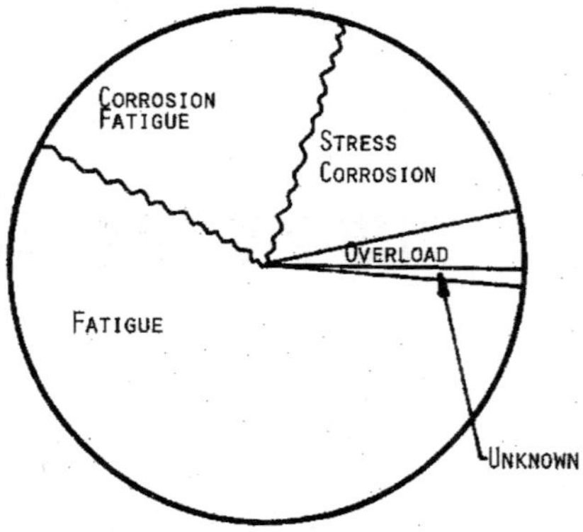

그림 9-34 기체구조 균열/파손 사고

(Reference : 1971 internal USAF report on aircraft structural integrity)

9.5.2 기체구조 파손 사례와 교훈

(1) 수평 꼬리 날개의 파손으로 인한 사고

그림 9-35는 1977년에 발생한 보잉 707 사고로 수평 꼬리 날개의 스파에 피로균열이 발생하여 일어난 것이다. 수평 꼬리 날개에는 두 개의 스파가 있는데 16,723회의 비행(47,621 비행시간) 시 피로균열이 발생하였는데, 이를 모른 채 7,200회의 추가 비행이 있었고 그 사이 다른 스파캡(spar cap)에도 균열이 발생하였다. 여전히 스파의 이상 상태를 모르는 채 100회의 추가 비행 끝에 사고가 발생한 것이다.

그림 9-35 Dan Air 사고

(2) 동체의 여압으로 인한 파손

그림 9-36은 1988년 4월 Aloha airline 소속 보잉 737기의 동체 상부 일부가 비행 중 떨어져 나가는 사고가 발생하였으나 기체 파손 후에도 20분간 비행을 하다가 지상에 안착하여 승객 1명만 사망하고 대형 참사로 이어지지는 않았던 사고이다. 동체가 매우 크게 파손된 상태에서도 무사히 착륙할 수 있었다는 것이 기적이라 할 수 있다.

그림 9-36 Aloha Airline 사고

그림 9-37은 1985년 일본에서 발생한 여객기 사고로 동체 후방부에 설치된 벌크헤드가 여압을 견디지 못하고 터지면서 수직 꼬리 날개가 떨어져 나가서 추락한 사고로 탑승객 524명 중 520명이 사망하여 단일 기체 사고로는 가장 인명 피해가 큰 사고이다. 꼬리날개가 떨어져 나간 후에도 어느 정도 비행은 하였지만 착륙까지는 이르지 못하고 결국 급속히 낙하하면서 산 속에 추락하였다. 사고기는 1978년 후방동체가 활주로에 닿는 테일 스트라이크(tail strike) 사고가 있었고, 당시에 벌크헤드 일부를 수리한 일이 있었다. 동체 폭발 사고 후 벌크헤드 잔해를 수거해 조사해보니 사고 충격으로 벌크헤드는 여러 조각으로 분리된 상태였고, 이전에 수리된 곳 외에도 벌크헤드 여러 곳에 다수의 균열이 존재함을 확인하였다.

그림 9-37 747 동체 파손

(3) F-100 착륙장치 연결부 파손

그림 9-38은 미 공군 F-100 사고 사례로 날개에 장착된 착륙장치 연결부 피팅(fitting)에 발생한 균열이 원인이 되어 발생한 사고이다. 착륙장치 피팅은 알루미늄 7075-T6를 단조 가공해 제작한 것으로 착륙장치 연결부인 피팅의 트러니언 주위에 응력부식균열이 발생하여 상당한 크기에 이르기까지 성장하다 결국 파단에 이른 것이다.

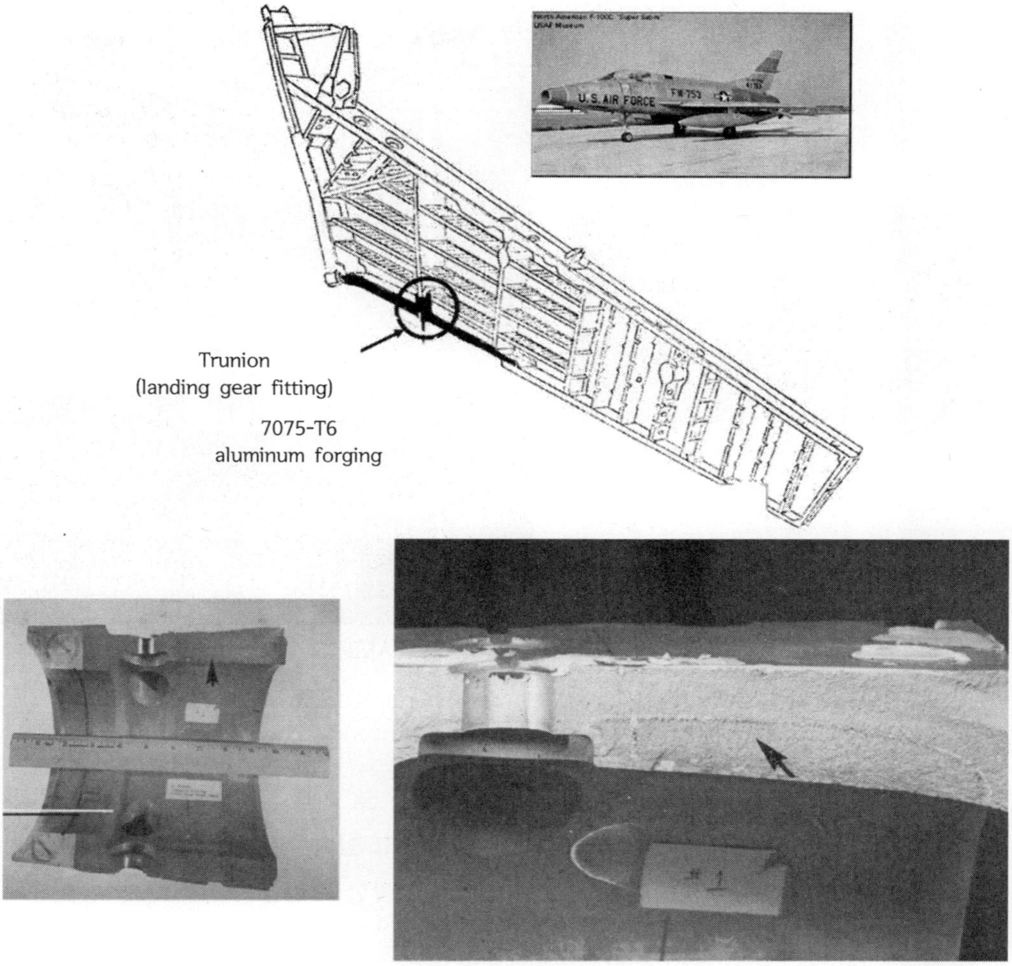

그림 9-38 F-100 사고

(4) F-111 날개 연결부 피로 파괴

그림 9-39는 1969년 발생한 F-111 전투기의 피로 사고로 단조 가공된 날개 연결 구조 부품에 제작 초기부터 결함이 존재하였는데 발견하지 못한 상태로 사용하다 결함이 피로균열로 성장하다 결국 파단되면서 날개가 떨어져 나간 사고이다. 그림에서 보이는 것처럼 제작 당시부터 0.9인치 정도 크기의 결함이 있었음에도 발견하지 못하고 피로균열로 발전하여 성장하다 100시간 비행 만에 파괴에 이른 것이다. 이 항공기 해당 부위에 대한 설계 시 피로수명은 40,000시간이었다.

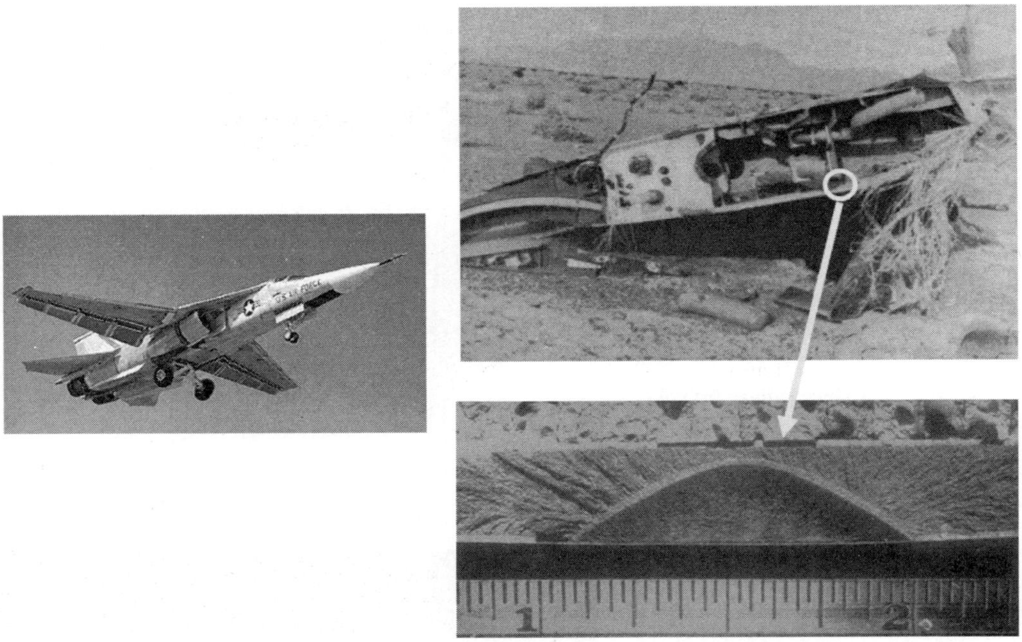

그림 9–39 F–111 사고

(5) 사고로부터 얻는 교훈

기체구조의 파손 원인이 대부분 금속의 피로 현상이므로 피로파손의 방지를 위해 설계 단계부터 매우 노력을 해왔지만 아직도 사고가 끊이지 않고 있다. 금속의 피로 특성을 살펴보면 피로균열의 발생이나 성장 거동을 완벽히 이해하고 정확한 계산을 통한 구조물의 사용기간을 확정한다는 것은 불가능하다.

나름대로 피로사고를 예방하기 위해 노력했지만 여전히 발생하는 사고로 인한 인명피해를 조금이라도 줄여보고자 파손안전 설계도 적용하였고, 현재는 손상허용설계라는 개념을 적용하여 기체 제작 초기부터 미소한 균열이 존재한다고 가정하고 이들이 성장하여 최종 파단에 이르는데 소요되는 시간을 계산하고, 계산된 시간보다 짧은 시간 동안만 사용함으로서 안전을 확보하려 하고 있다.

앞에서 서술한 Dan Air 사고기의 경우 파손안전설계 개념이 적용된 것으로 꼬리날개에 설치된 두 개의 스파 중 하나의 스파가 파손되더라도 다른 스파와 상부와 하부의 스킨이 하중을 분담해 안전을 확보한 것으로 설계되었는데 결국 사고를 피하지는 못하였다. 파손안전설계로 안전을 확보하기 위해서는 기체 일부에 파손이 발생하였을 때 그 상황을 빨리 인지할 수 있어야만 한다. 기체 일부 파손에서 최종 사고에 이르기까지 그다지 길지 않은 시간동안 잔여 구조부재가 견딜 수 있도록 설계된 것이므로 사고가 발생하기 전에 기체의 파손상태가 확인되어져야 한다는 전제를 깔고 있는 것이다. 사고기의 스파는 날개 후방에 설치된 조종면 등으로 인해 사용 중 균열을 발견하기 어려운 위치였기에 인지를 못하고 계속 사용하다 결국 사고로 이어졌다. 파손안전설계(fail-safe design) 개념이 실패(fail)한 사례가 된 것이다. 이로부터 파손안전설계를 적용할 때 구조부재의 파손을 쉽게 인지할 수 있는 부재에 제한적으로 적용해야 함을 알 수 있다.

F-111 사고의 경우 날개 연결 구조 부품에 제작 당시부터 비교적 큰 결함이 있었는데도 발견하지 못해 100시간의 짧은 비행시간 만에 사고로 이어졌다. 기체 제작 중에는 다양한 형태의 결함이 발생할 수 있고 결함이 없는 항공기를 제작한다는 것은 현실적으로 불가능하므로 제작 시 발생하는 결함의 크기를 한정하고 제한된 크기보다 작은 결함은 초기부터 있다고 가정하는 손상허용설계로 발전하게 되었다.

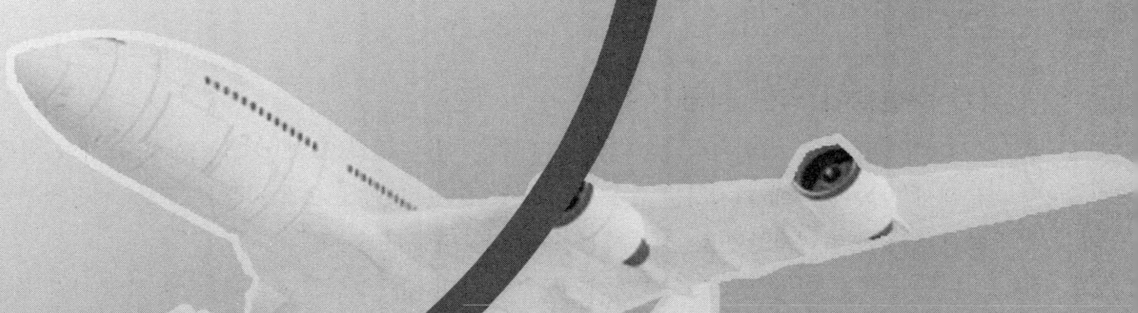

10 항공기 취급과 점검

10.1 항공기 지상 취급

항공기 지상 취급이란 항공기를 운항이나 정비의 목적으로 지상에서 다루는 일련의 작업을 말한다. 항공기의 지상 취급 작업으로는 항공기 지상 유도, 견인 작업, 계류 작업, 잭 작업 등이 있다.

10.1.1 항공기 지상 유도(Marshalling)

항공기 지상 유도란 지상에서 수신호나 지상 유도 차량으로 항공기를 안전하게 지정된 장소로 이동시키는 행위를 말한다.

(1) 수신호에 의한 항공기 유도

유도 신호원은 그림 10-1과 같이 조종석에 있는 기장이 확인 가능한 항공기의 왼쪽 날개 끝에서 앞쪽 방향에 위치하는 것을 원칙으로 한다. 그림 10-2에 지상 유도 시 사용하는 수신호를 나타냈으며 유도 신호 시 주의할 사항은 다음과 같다.

* 유도 신호는 동작을 크고 명확하게 해야 하며, 유도 신호수의 신호를 조종사가 정확하게 이해할 수 있어야 한다.
* 조종사가 신호에 따르지 않을 경우에는 '정지' 신호를 한 다음, 다시 신호를 시작해야 한다.
* 조종사와 유도신호수는 계속 일정한 거리를 유지해야 하며, 뒷걸음질 시 장애물에 넘어지지 않도록 한다.
* 야간 유도 신호 시에는 등화봉을 사용하며, 정지 신호를 제외하고는 주간에서의 유도 신호와 같은 방법으로 한다.
* 야간에 사용되는 정지 신호는 '긴급 정지' 신호이며, 등화봉을 머리 위에서 '×'자로 그려서 가능한 빨리 교차시킨다.

그림 10-1 수신호에 의한 항공기 유도

그림 10–2 지상 유도 수신호

(2) 차량에 의한 항공기 유도

그림 10-3과 같이 항공기 도착 5분 전에 유도로 입구에 대기하다가 항공기가 유도로에 진입하면 차량의 전광판을 점등하고 지정된 정지장소로 유도한다.

그림 10–3 차량에 의한 유도

10.1.2 항공기 견인 작업(Towing)

항공기 견인은 그림 10-4에서 보는 바와 같이 견인 차량을 이용하여 항공기를 이동시키는 것을 말하며, 인원은 감독자, 조종실 감시자, 주변 감시자, 견인차량 운전자 등으로 구성된다. 견인 시 주의사항은 다음과 같다.

* 해당 항공기에 적합한 견인 차량을 선정한다.
* 견인봉을 견인 차량에서 분리해서 항공기에 장착한 뒤, 다시 견인 차량에 견인봉을 연결한다.
* 항공기의 모든 촉(chock)을 제거하고 파킹 브레이크를 푼 다음 주변 감시자를 배치하고 나서 견인을 시작한다.
* 견인 속도는 5 mph(시속 8km)를 초과해서는 안 된다.
* 견인차량에 탑승할 수 있으나 견인봉 위에 탑승해서는 안 된다.
* 항공기 타이어 앞에서 항공기와 같이 보행해서는 안 된다.
* 고정된 물체에 근접하여 견인할 때에는 항공기의 최소 회전 거리를 정확히 확인해야 한다.
* 견인 차량 운전자 및 탑승 요원은 견인 중 급격한 조작을 하지 않도록 하며, 긴급한 상황인 경우를 제외하고는 항공기의 제동장치를 사용해서는 안 된다.

그림 10–4 항공기 견인과 견인봉 연결

10.1.3 항공기 계류 작업(Mooring)

계류 작업은 그림 10-5와 같이 심한 바람이 불 때 항공기를 보호하기 위한 작업이다. 항공기 형식별로 지정된 허용 풍속 이상의 강풍이 예상되면 항공기를 계류해야 한다. 소형 항공기는 강풍으로 인한 파손을 방지하기 위하여 매 비행 종료 시마다 계류시켜야 한다. 항공기를 계류할 때에는 항공기의 기수가 가능한 바람의 방향을 향하도록 한다.

그림 10-5 항공기 계류 작업

10.1.4 항공기 잭 작업(Jacking)

잭 작업은 항공기 정비 및 점검 작업 절차상 항공기를 들어 올리는 작업으로, 단일 잭이나 삼각 잭을 사용하는 잭 작업이나 호이스트 작업 등이 있다.

잭 작업 시 주의사항은 다음과 같다.

* 잭 작업은 격납고 내에서 실시한다. 부득이 실외에서 실시할 경우에는 항공기 정면이 바람 방향을 향하도록 한다(제한 풍속 준수).
* 잭을 잭 포인트에 맞추고 잭 패드에 도달할 때까지 올린다.
* 항공기를 수평으로 유지하면서 잭 작업을 실시한다.
* 항공기는 최소 높이로 올린다(잭 제한 길이 고려).
* 항공기가 들린 상태에서 항공기에 올라가는 것을 가능한 삼가하고 항공기에 심한 움직임을 주지 않는다.

삼각잭 작업　　　　단일잭 작업　　　　호이스트작업

그림 10-6 항공기 잭 작업

10.2 항공기 지상 보급

(1) 연료 보급

항공기용 연료는 왕복기관 항공기용 연료와 가스터빈 기관 항공기용 연료가 있다. 항공기용 연료는 인화성이 강하므로 화재가 발생하지 않도록 취급 시 세심한 주의를 해야 하며 연료 보급 시 다음 사항을 주의한다.

* 항상 소화기를 비치하고 연료 취급 장소로부터 15m 이내에서는 발화요인이 되는 어떠한 행위도 해서는 안 된다.
* 모든 동력장치를 정지시키고 항공기와 연료보급 차량 및 지면과의 전기적인 3점 접지를 하고 항공기와 연료보급차량은 최소 3m 이상을 띄워야 한다.
* 항공기 연료보급은 격납고 등 밀폐된 장소에서 하지 않도록 한다.

(2) 윤활유 보급

왕복기관의 경우는 광물성 윤활유를 사용하고, 가스터빈 기관의 경우는 점도가 낮은 합성유 계통의 윤활유를 사용한다. 윤활유는 비폭발성이며 인화되기 어려우나 일단 인화되면 가솔린보다 더 뜨거운 화염을 일으킬 수 있으므로 주의한다. 윤활유 저장탱크에 있는 윤활유의 양을 알아보기 위해서는 기관이 정지되고 기체가 안정되어 윤활유 속에 공기가 충분히 배출된 후 윤활유 지시계기를 확인한다.

(3) 작동유 보급

작동유는 넓은 온도 범위에서 물리화학적 안전성을 가져야 하고 불연성 및 부식에 대한 방청성이 있어야 한다. 광물성 작동유는 빨간색으로 착색되고 합성유는 자주색으로 착색된다.

작동유는 깨끗하게 취급되어야 하고 다른 작동유가 섞이거나 이물질이 들어가면 안 되며 취급 시 유의사항은 다음과 같다.

* 한번 사용한 작동유는 다시 사용할 수 없으며, 보급하고 남은 작동유를 다음번에 사용하지 않도록 한다.
* 유압계통에 잘못된 작동유를 보급한 경우는 작동유를 배출시키고 솔벤트로 세척한 후에 계통 내의 모든 실을 교환하고 올바른 규격의 작동유를 보급하여야 한다.
* 보통 작동시간 100시간 이내에는 다시 보급할 필요가 없다.

(4) 산소 보급

산소를 다룰 때에는 폐쇄된 공간을 피하고 통풍이 잘되는 장소를 선택하며 최소 15m 이내에서는 흡연이나 화기를 취급하여서는 안 된다. 액체산소를 취급할 때는 동상의 우려가 있으므로 인체에 접촉되지 않도록 주의한다.

10.3 항공기 세척과 부식 처리

항공기는 시간이 지남에 따라 여러 이물질로 인해 오염되고, 이로 인해 각종 작동 기구의 기능을 저하시키거나 고장을 유발하기도 하고 기체 표면의 균열을 숨기기도 한다. 먼지나 모래 입자는 연결부를 마모시키고 염분을 함유한 오염 물질은 기체를 부식시킨다. 오염물질이 기체 표면에 달라붙어 항공역학적 특성을 저하시켜 경제적인 운항에 장애가 되기도 한다. 이러한 문제들을 없애기 위해 적합한 세척제를 사용하여 항공기를 수시로 세척할 필요가 있다.

(1) 세척법

① 알카리 세척법

알카리 세제를 이용하는 방법으로 작업에 대한 위험성이 없고 세척의 효과가 좋아 널리 이용된다.

② 솔벤트 세척법

추운 날씨나 심하게 오염되어 알카리 세척법만으로 어려운 경우 건식 세척용 솔벤트를 사용한다. 헝겊이나 스펀지에 솔벤트를 묻혀 세척 표면에 바르고 약간 시간이 지난 후 세척 표면을 잘 문지른다. 이때 페인트를 칠한 표면이나 플라스틱, 전자장비나 고무제품에 솔벤트를 너무 많이 칠한 채 오래 방치하면 손상을 입으므로 주의한다. 솔벤트를 제거할 때는 깨끗한 헝겊을 이용하여 닦아내며 세척된 표면은 철저하게 건조하여야 한다. 건식 세척용 솔벤트는 산소와 혼합되면 고폭발성의 혼합가스를 형성하므로 산소저장탱크나 산소계통에는 사용하지 않는다.

(2) 부식처리

부식 부위는 신속히 제거하고 손상된 부분을 전기도금이나 용융금속을 분사시켜 원형을 재생하는 방법이나 화학적 처리방법으로 부식 방지 처리를 한다.

10.4 항공기 점검

항공기의 정상적인 작동과 상태를 확인하고, 기능 시험 등을 하는 작업을 항공기 점검이라 한다. 이는 부품의 결함 여부 상태를 확인하는 검사와 유사한 의미로 사용된다. 종류는 크게 기본점검(운항정비)과 정시점검(정시정비)으로 나뉜다.

10.4.1 기본 점검

비행 전·후 항공기 운항을 목적으로 수행되는 점검, 액체 및 기체의 보급, 비행 시 발생한 결함 교정 등 기본적으로 수행하는 정비행위를 기본점검 또는 운항정비(line maintenance)라 한다.

(1) 비행 전 점검

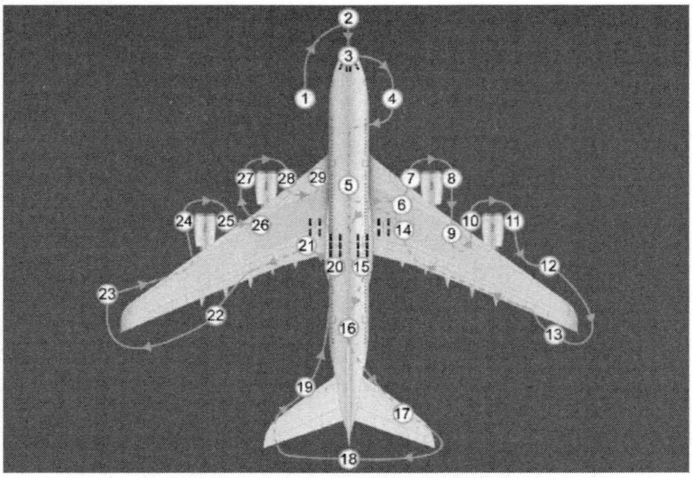

그림 10-7 비행 전 점검 절차

표 10-1 비행 전 점검 항목 (A380)

점검 부위	점검 항목
조종실	이전 비행 구간에서 발생한 결함사항을 확인
	조종실의 각종 계기 상태와 조종 장치의 트림상태를 확인
	비상 장비 작동 상태를 점검
	엔진 오일량, 보조동력장치(APU)오일량, 유압 시스템의 유량, 연료량 및 산소 시스템이 정상인지를 확인
	인터폰 스위치 켜서 무선통신장치와 기내 방송 상태를 확인
엔진 나셀 파일론	엔진 입구 및 출구의 일반적인 육안 점검
	나셀 및 파일론의 육안 점검, 작동유의 누출 유무를 점검
	엔진 카울의 장착 상태를 점검
동체 날개	동체 전방의 레이돔, 동체 표면을 육안 점검
	각종 점검창의 상태, 각종 프로브(probe)상태를 점검
	비행 조종 장치의 작동 부위 및 작동유의 누출 상태를 점검
	수평 꼬리 날개, 수직 꼬리 날개 및 방향타, 보조 동력장치의 상태 육안 점검
	날개 앞전, 끝단 부분과 날개 뒷전의 손상을 점검
	화물칸 도어 및 내부 상태를 육안 점검
	동체 및 날개에 장착되어 있는 각종 외부 등을 육안 점검
착륙장치	착륙 장치의 상태를 육안 점검
	브레이크 상태 및 유압 계통의 누출 상태를 점검
	바퀴 및 타이어 상태를 점검
	타이어의 공기압 및 브레이크의 마모 상태를 점검
출발 전 최종 점검	착륙 장치에 설치된 안전핀이 제거되었는지 확인
	각종 서비스 도어 및 점검창이 닫혀있는지 확인
	엔진 주위의 이물질 제거

항공기가 하루 중에 최초 비행을 하기 전에 외부점검과 세척, 운항 중에 소비할 액체 및 기체의 보충, 기관 및 필요한 부분의 작동 점검, 항공기 시동 지원 및 지상 동력장비의 지원 등으로 항공기의 출발을 준비하는 것이다. 그림 10-7과 표 10-1은 최신 민간 대형 비행기의 비행 전 점검 절차와 점검 항목이다.

(2) 비행 중간 점검

비행 가능 상태에서 중간 기착지에 착륙하였다가 다시 비행하기 전에 행하는 상태 확인 점검을 말한다.

(3) 비행 후 점검

하루 중 최종 비행을 마치고 수행하는 점검으로 항공기 내부와 외부의 세척, 탑재물의 하역, 액체 및 기체의 보급, 운항 중 발생한 결함 교정 등을 수행하여 다음 날의 비행을 준비하는 것이다.

(4) 기본 점검 항목

기본 점검 항목은 다음과 같다.

i) 기본적으로 항공기 주기 상태와 지상 안전 상태를 점검한다.
ii) 비행 일지를 점검하여 결함 사항을 수정한다.
iii) 항공기 출발 전에 착륙장치의 안전 고정 핀이 제거되었는지 확인한다.
iv) 액체 및 기체류의 탑재량을 확인한다.
v) 점검 창, 서비스 패널 장착 및 잠금 상태를 확인한다.
vi) FOD(foreign object damage)를 유발시킬 이물질이 없는지 확인한다.
vii) 작업대, 장비, 접지선, 촉(chock) 등이 제거되어 항공기 출발 상태가 준비되었는지 확인한다.

10.4.2 정시 점검

항공기의 각 계통에 대한 예방 정비 및 감항성(airworthiness)의 확인을 위해서 항공기 비행 시간을 기준으로 주기적으로 수행하는 점검을 정시 점검(schedule maintenance)이라 하며 항공기 기종에 따라 점검 간격이 다르다.

(1) A 점검(A check)

항공기의 소모성 액체류나 기체류를 보급하고 비행 중에 손상되기 쉬운 장비품을 교환하는 정비 작업이다(주기 : 250~500시간).

(2) B 점검(B check)

B 점검에서는 A점검을 포함해 실시할 수 있으며, 항공기 내·외부의 육안검사, 특정 구성품의 상태점검, 작동점검, 액체 및 기체류의 보충을 하는 점검이다.

(3) C 점검(C check)

C 점검에서는 A점검, B점검 사항을 포함해 실시할 수 있으며, 제한된 범위 내에서의 기체 구조의 외부 점검, 착륙장치 및 브레이크 계통의 윤활유 주입, 시한성 부품(time regulated parts, TRP) 교환 등 항공기의 감항성을 유지하는 기체 점검이다(주기 : 3000~5000시간, 10~15개월).

(4) D 점검(D check)

항공기의 감항성을 유지하는 기체 검사의 최고 단계로 항공기의 각종 구조와 구성품을 오버홀(overhaul) 수준으로 정비하기 위해 실시되는 점검이다(주기 : 12000~25000시간, 5년).

(5) 내부 구조 검사(Internal structure inspection, ISI)

감항성에 1차적인 영향을 끼칠 수 있는 기체 구조를 중점적으로 검사하여 감항성을 유지하도록 행해지는 기체 내부의 표본 검사이다.

10.4.3 특별 점검

항공기 제작 회사 및 당국의 지시에 의해 수행하는 점검으로 다음과 같다.

(1) 정비 개선 회보에 의한 검사

정비 개선 회보(SB : service bulletin)는 항공기 감항성 유지 및 안전성 확보, 신뢰성 개선 등을 위하여 제작회사에서 발행하며 대부분 일회성으로 수행된다.

(2) 감항성 개선 지시에 의한 검사

감항성 개선 지시(AD : airworthiness directives)에 의거하여 수행되는 검사 또는 정비로서 그 내용은 다음과 같다.

i) 항공기의 안전성 및 기능을 향상시키기 위한 개조 및 검사

ii) 특정 기간을 정하여 실시되는 특별 작업 및 검사

iii) 특정 항공기에 대하여 특정한 조건을 만족시키기 위하여 수행하는 특별작업 및 검사

iv) 특별 점검 지시에 의거 수행되는 검사

10.5 항공기 정비 용어

항공기 정비와 관련된 용어를 표에 소개하였다.

표 10-2 항공기 정비 용어

용어	내용
항공기 검사 (inspection)	부품의 결함 여부 상태를 확인하는 작업
항공기 점검 (check)	항공기의 정상적인 작동과 상태를 확인하고, 기능시험 등을 하는 작업
항공기수리 (repair)	항공기의 고장이나 파손된 것을 원래 상태로 회복시키는 작업
표본검사 (sampling inspection)	정비 인력, 물자, 시간을 절약하기 위해서 소수의 부품을 임의로 추출하여 신뢰도를 판단하는 검사 방법
항공기 비행시간 (flight time)	항공기가 비행을 목적으로 주기장에서 자력으로 움직이기 시작한 순간부터 착륙하여 정지할 때까지의 시간
항공기 사용시간 (time in service)	항공기가 이륙하기 위하여 바퀴가 지면에서 떨어지는 시간부터 착륙하여 착지하는 순간까지의 시간
항공기 시험비행 (test flight)	항공기 정비 작업을 실시한 후 감항성과 비행 성능 등을 확인하기 위한 비행
시한성 품목(TRP) (time regulated parts)	항공기 부품의 사용 한계 시간을 정하여 제한 시간이 도달하면 항공기에서 떼어내어 오버홀을 하여야 하는 부품
기능 점검 (function check)	항공기가 정상 기능을 발휘하고 허용 한계치 내에 잇는지를 검사하는 점검
작동 점검 (operation check)	항공기 계통이나 구성품이 정상적으로 작동하는가를 검사하는 점검의 종류
항공기 지상 지원정비 (line maintenance)	항공기 운항에 따른 일차적인 지원 정비로서, 항공기의 취급, 소모성 액체류의 보급 등을 수행하는 정비
항공기 보급 (servicing)	항공기에 쓰이는 소모성 액체류, 엔진의 연료, 오일, 유압계통의 작동유, 산소, 압축 공기 등을 공급하는 것
벤치 체크 (bench check)	항공기의 구성품을 떼어내어 전문공장에서 수리하기 위해 1차적으로 수행되는 작업
최종기회점검 (end of run-way inspection)	항공기가 이륙하기 위하여 활주로 끝 부분의 지정된 장소에서 최종 이륙 전에 수행하는 점검

11 헬리콥터

항공기는 공기보다 가벼운 항공기와 공기보다 무거운 항공기로 분류할 수 있고, 공기보다 무거운 항공기는 고정익 항공기(fixed wing aircraft)와 회전익 항공기(rotor craft)로 분류된다. 회전익 항공기에는 헬리콥터, 오토자이로(autogyro), 자이로콥터(gyrocopter), 수직 이착륙 항공기 등으로 분류되는데, 가장 널리 사용되는 회전익 항공기는 헬리콥터이다.

11.1 헬리콥터 종류

그림 11-1과 같이 회전날개의 형태에 따라 분류할 수 있다.

단일 회전날개 헬리콥터 / 동축 회전날개 헬리콥터 / 병렬식 회전날개 헬리콥터 / 직렬식 회전날개 헬리콥터

그림 11-1 헬리콥터의 종류

(1) 단일 회전날개 헬리콥터

단일 회전날개 헬리콥터는 현재 사용되고 있는 헬리콥터의 기본형으로 하나의 주 회전날개(main rotor)와 꼬리 회전날개(tail rotor)로 구성되어 있다. 그림 11-2에 보인 것처럼 하나의 주 회전날개에 의하여 발생하는 토크(torque)를 꼬리 회전날개로 상쇄시키고, 꼬리 회전날개의 피치 각을 바꿔줌으로서 헬리콥터의 방향 조종을 가능케 한다. 주 회전날개가 회전하는 동안 각운동량 보존을 만족시키기 위해 동체는 반대 방향으로 회전하려 하므로 이를 없애기 위해 꼬리 회전날개의 양력으로 동체가 회전하지 않도록 한다.

단일 회전날개 헬리콥터의 장점은 주 회전 날개가 하나이므로 조종계통이 간단하고, 출력 전달 계통의 고장이 적고, 조종성과 성능이 비교적 양호하며 가격이 싸다는 장점이 있다. 단점으로는 꼬리 회전날개가 토크의 보정을 위해서만 사용되고 양력 발생에 도움이 되지 않는다는 것이다.

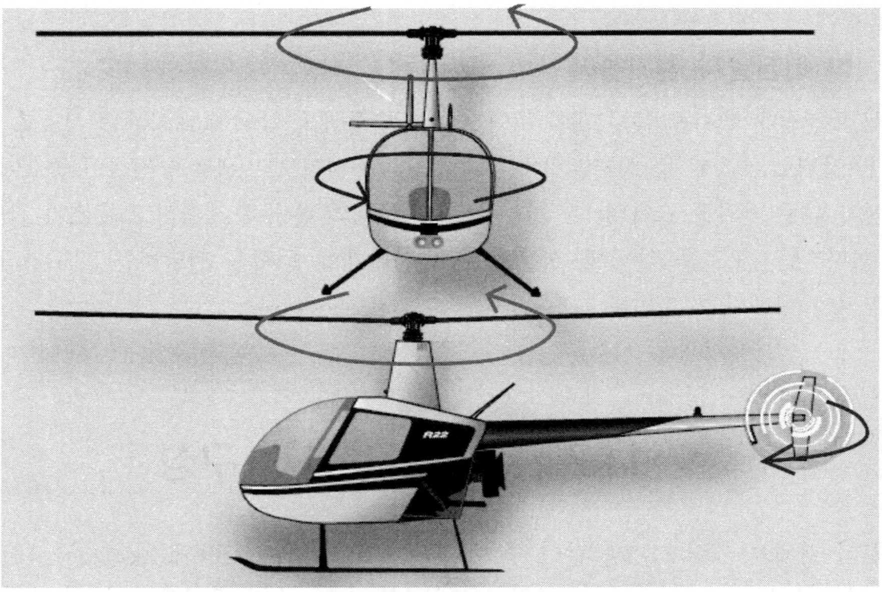

그림 11-2 회전날개로 인한 토크와 반-토크 발생

(2) 동축 회전날개 헬리콥터

동축 역회전 회전날개 헬리콥터는 초기 헬리콥터에 많이 사용한 형식으로 동일한 축 위에 2개의 회전날개를 겹쳐서 설치한 것이다. 2개의 주 회전날개가 서로 반대 방향으로 회전하므로 각각의 회전날개에 의해 발생되는 토크(torque)가 서로 상쇄되어 조종성이 좋고 주 회전날개에 의해 발생되는 양력이 크다는 장점이 있다. 단점으로는 동일한 축에 2개의 주 회전날개가 장착되어 조종기구가 복잡해지고, 2개의 주 회전날개의 회전으로 발생하는 와류(vortex)로 인해 성능이 저하될 수 있다. 또 2개의 주 회전날개가 충돌하는 것을 방지하기 위해 상하 간격을 두어야 하므로 기체 높이가 증가하는 단점이 있다.

(3) 병렬식 회전날개 헬리콥터

병렬식 회전날개 헬리콥터는 가로 안정성을 좋게 하기 위하여 기체의 좌우에 2개의 회전날개를 배치하여 서로 반대 방향으로 회전함으로서 토크를 상쇄시킬 수 있다. 가로 안정성이 좋고 동력장치의 동력을 두 회전날개에 온전히 사용함으로서 양력을 효과적으로 발생시킬 수 있다. 동체에서 좌우 회전날개가 장착된 곳까지의 기체구조를 날개 형상으로 제작하면, 고속 수평비행 시 추가 양력을 얻을 수 있다는 장점이 있다. 단점으로는 헬리콥터의 앞에서 본 단면적의 크기가 커 고속비행 시 항력이 크고, 세로 안정성이 좋지 않기 때문에 꼬리날개를 가지는 경우가 많다는 것이다.

(4) 직렬식 회전날개 헬리콥터

직렬식 회전날개 헬리콥터는 2개의 주회전 날개를 동체의 앞뒤에 배치한 형식으로 대형화에 적합하다. 앞뒤로 배치된 두 회전날개에서 양력을 발생시키므로 세로 안정성이 좋으며, 기체의 무게중심의 이동 범위를 크게 할 수 있어 무거운 물체의 운반에 적합하고 구조가 간단하다는 장점이 있다. 단점으로는 앞뒤에 배치된 주 회전날개에 동력을 전달하는 기구가 복잡하고 가로안정성이 나쁘다는 것이다.

11.2 헬리콥터 기체 구성

헬리콥터 기체는 그림 11-3과 같이 주 회전 날개(main rotor), 동체(fuselage), 테일 붐(tail boom), 착륙장치(landing gear), 꼬리회전날개(tail rotor), 수평 안정판(horizontal stabilizer), 수직 핀(vertical fin) 등으로 구성되어 있다.

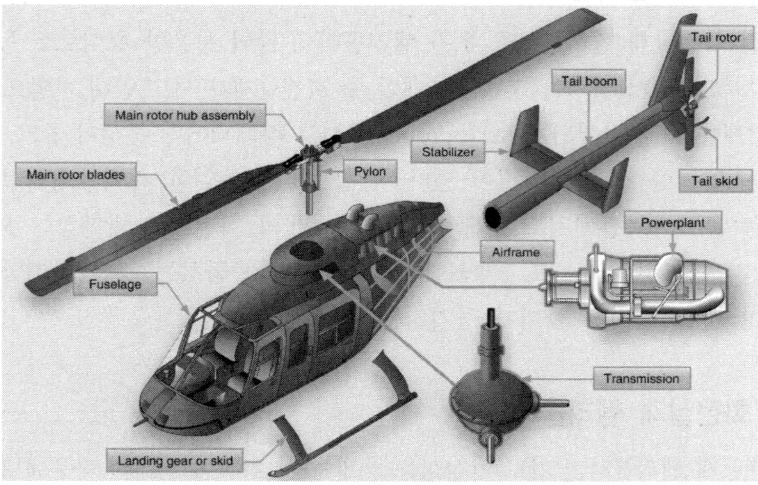

그림 11-3 헬리콥터 기체의 구성

11.2.1 동체(Fuselage)

동체는 조종실과 객실을 제공하고 엔진, 착륙장치, 변속기, 연료탱크, 전기계통과 유압계통 등이 장착된다.

초기의 헬리콥터는 강관을 접합하여 만든 트러스 구조 형식의 기체 구조가 많이 사용되었으나 현재는 주로 세미 모노코크나 모노코크 구조 형태로 제작되는데, 용도와 사용 재료에 따라 적합한 형식을 적용한다.

(1) 트러스 구조

트러스 구조는 그림 11-4와 같이 강관을 삼각 형태로 용접하여 만든 구조물로서, 길이 방향의 세로대와 가로대가 있다. 이 구조는 무게에 비해 비교적 높은 강도의 구조물을 만들 수 있으므로 외관보다는 높은 강도가 요구되는 곳에 사용한다. 이 구조에서는 동체에 작용하는 하중을 구조부재가 담당하고 외피는 공기 흐름을 유도하는 역할만 한다. 정비는 용이하나 유효 공간이 적고, 정밀한 제작이 어렵다.

그림 11-4 트러스 구조

(2) 모노코크 구조

모노코크 구조 동체는 그림 11-5와 같이 링(ring), 정형재(former), 벌크헤드(bulkhead) 등에 의해 동체의 형태를 유지하며, 그 위에 응력 외피(stressed skin)를 입힌 것이다. 외피는 동체에 작용하는 하중의 대부분을 담당한다. 이 구조형식은 충분한 강도를 유지하기 위하여 외피가 두꺼워야 하므로 동체가 무거우나 유효공간을 크게 확보할 수 있고 곡선 형상을 정밀하게 가공할 수 있다. 최근에는 복합소재의 개발로 인하여 우수한 중량 강도를 가진 부품을 일체형으로 제작할 수 있고 제작비용도 절감되는 추세라 많이 사용되고 있다.

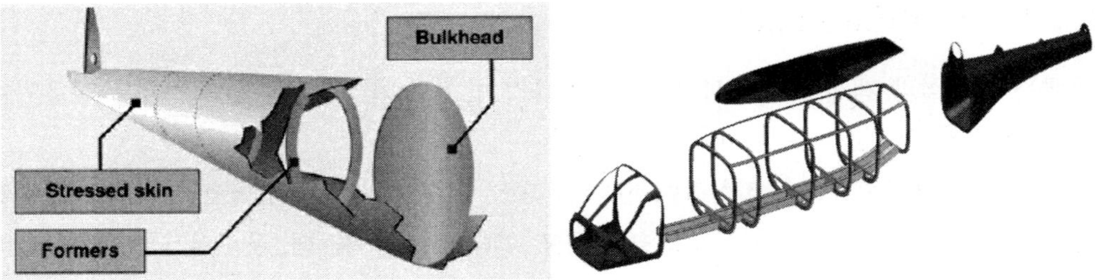

그림 11-5 모노코크 구조

(3) 세미 모노코크 구조

세미 모노코크 구조 동체는 그림 11-6과 같이 링(ring), 정형재(former), 벌크헤드(bulkhead)와 같은 수직 구조 부재에 론저론과 같은 수평 구조 부재가 추가된 형태로 만들어지고 그 위에 외피를 입힌 것으로 모노코크 구조 보다 무게가 가볍고 강도가 크다. 골격과 외피가 함께 하중을 감당한다.

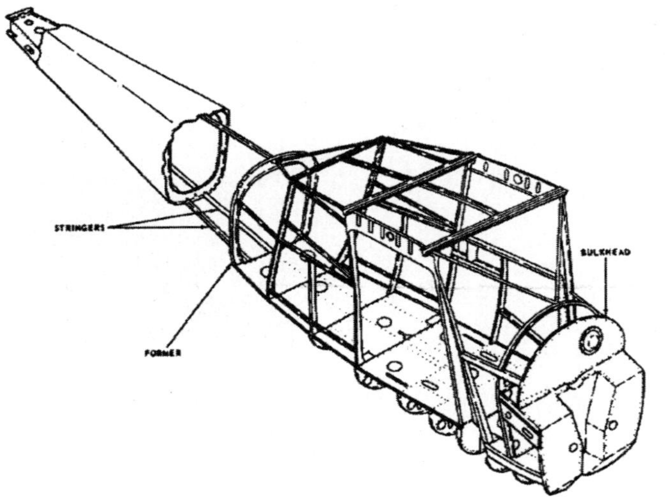

그림 11-6 세미 모노코크 구조

11.2.2 테일 붐(Tail boom)

동체 후미에서 꼬리 날개로 연결되는 테일 붐에는 테일 로터와 수평 안정판이 부착되는 파일론이 부착되어 있다. 테일 붐은 보통 세미 모노코크 형과 모노코크 형식으로 제작된다. 세미 모노코크형식의 테일 붐은 원형의 정형재(former), 스트링거, 스킨 등으로 구성된다.

11.2.3 주 회전날개(Main rotor)

엔진의 출력을 받은 변속기에 의해서 구동되는데, 변속기는 테일 붐의 외측에 지지된 축을 이용하여 꼬리 회전날개도 함께 구동시킨다.

헬리콥터의 주 회전날개는 양력을 발생시키고 방향을 조정하는 역할을 한다. 주 회전날개가 회전하면서 동체는 반대 방향으로 회전하려는 토크(torque)가 발생하는데, 꼬리 회전날개를 이용하여 토크와 반대 방향으로 양력을 발생시켜 토크를 상쇄한다.

(1) 코닝과 회전면

회전날개가 회전을 하게 되면 회전날개에는 양력과 원심력이 발생하는데, 두 힘의 합력으로 회전날개의 블레이드(blade)는 그림 11-7과 같이 바깥쪽이 들려진 형태가 되는데 이러한 현상을 회전날개의 코닝(coning)이라 한다. 그림 11-8과 같이 회전날개가 회전을 하면서 회전날개의 블레이드 끝단(blade tip)으로 만들어지는 원형 곡면을 회전날개의 회전면(rotor disk)라 한다.

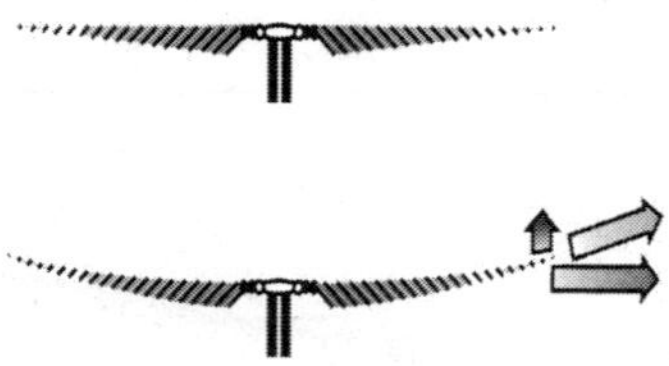

그림 11-7 코닝 현상

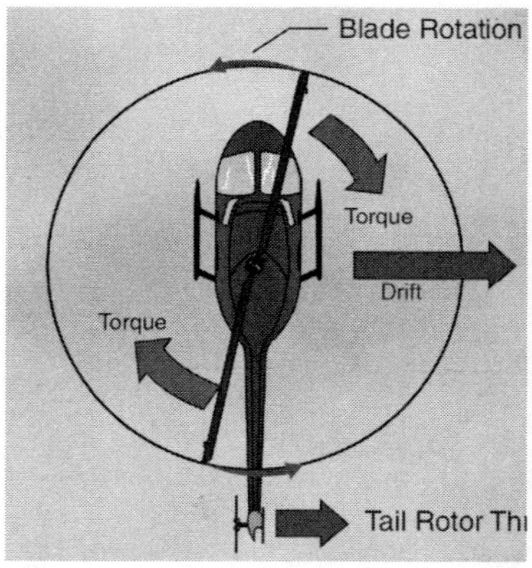

그림 11-8 회전날개의 회전면

(2) 플래핑 힌지(Flapping hinge)

정지 비행 시 회전 날개에 발생하는 양력은 회전날개의 위치에 관계없이 동일하나, 헬리콥터가 전진 비행을 하는 경우는 다르다. 그림 11-9에 보인 바와 같이 회전 날개가 반시계 방향으로 회전하면, 오른쪽 회전면(전진 회전면)을 지나는 회전날개는 왼쪽 회전면(후진 회전면)을 지나는 회전날개보다 상대속도가 빠르다. 이때 블레이드의 피치각(angle of pitch)이 같다면 전진 블레이드에서 발생하는 양력이 후진 블레이드에서 발생하는 양력보다 크기 때문에 양력의 불균형이 발생하게 된다. 이러한 현상을 해소하기 위해 그림 11-10과 같은 플래핑 힌지가 결합되어 있다. 플래핑 힌지는 수평 방향의 힌지로 회전날개가 위아래로 움직일 수 있도록 하는데 회전날개가 위 아래로 움직이는 운동을 플래핑 운동이라 한다. 전진 블레이드가 위로 움직이면 받음각이 감소하게 되어 상대속도가 증가하더라도 양력의 증가를 억제할 수 있다. 반대로 후진 블레이드가 아래로 움직이면 받음각이 증가하여 상대속도의 저하로 인한 양력의 감소를 억제할 수 있다.

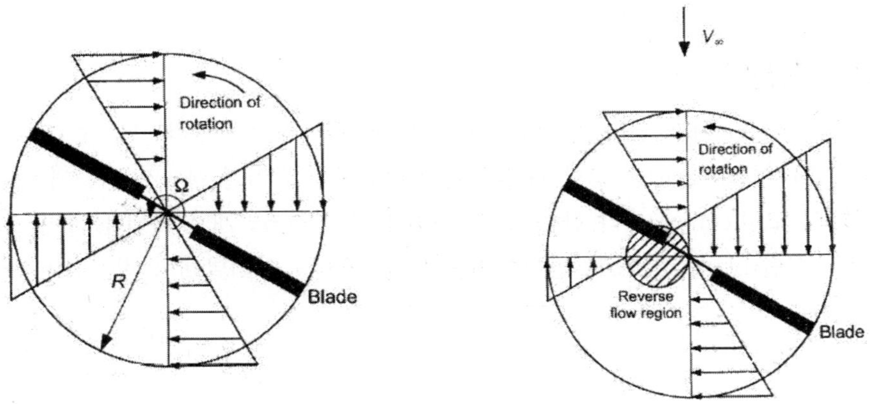

그림 11-9 블레이드에 들어오는 공기의 상대 속도

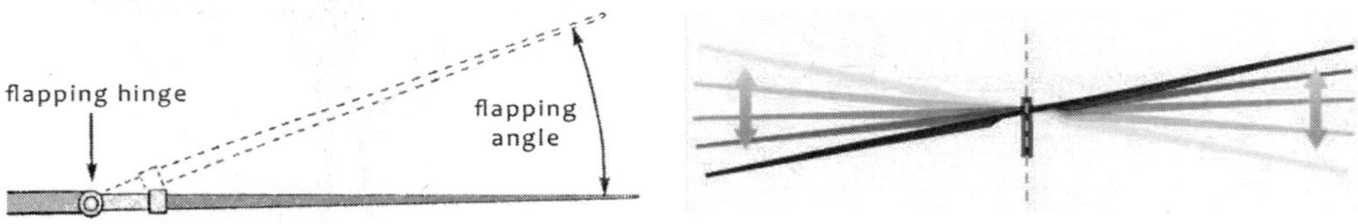

그림 11-10 플래핑 힌지

(3) 항력 힌지(Drag hinge)

전진비행을 하는 헬리콥터의 주 회전날개가 플래핑 운동을 하면, 전진 블레이드는 상승하므로 전진 블레이드의 질량중심은 회전날개 구동축에 가까워지고, 반대로 후진 블레이드는 하강하므로 후진 블레이드의 질량중심이 회전날개 구동축에서 멀어진다. 이러한 현상으로 코리올리 효과에 의해 상승하는 전진 블레이드에는 가속력이 생기고(leading), 하강하는 후진 블레이드에는 감속력이 발생한다(lagging). 이러한 힘은 헬리콥터 주 회전날개에 진동을 발생시키므로 이러한 힘을 감쇠시키기 위해 주 회전날개 허브에는 그림 11-11과 같은 리드-래그 힌지(lead-lag hinge)를 부착하는데 이것을 항력힌지라고도 한다.

그림 11-11 항력 힌지(lead-lag hinge)

(4) 회전날개 허브 시스템(Rotor hub system)

그림 11-12 회전날개 허브 시스템

헬리콥터 로터 시스템은 그림 11-12와 같이 블레이드(rotor blade)와 허브(hub)로 구성되어 있다. 블레이드가 허브에 결합되어 있어 블레이드에서 발생한 힘과 모멘트는 허브를 통해 동체로 전달된다. 회전하는 로터 블레이드의 대표적인 운동은 그림 11-13에 보인 것과 같이 회전면이 상하로 움직이는 플래핑 운동, 회전면이 전후로 움직이는 리드-래그 운동, 블레이드 피치각 방향으로 움직이는 피칭 운동(또는 페더링 운동이라고도 함) 등이다.

현재 사용하는 회전날개의 허브시스템은 다음과 같다.

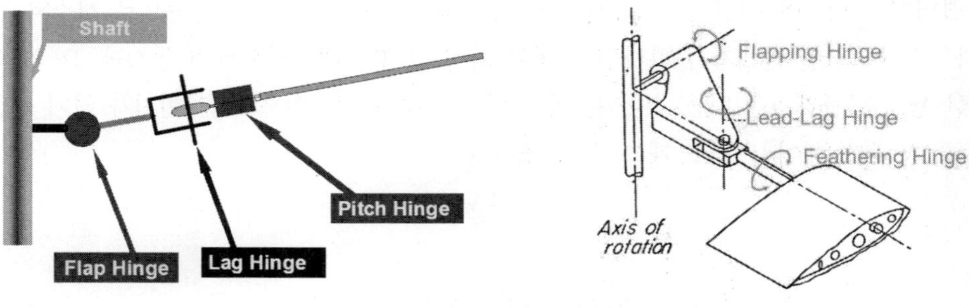

그림 11-13 회전날개의 운동 및 장착 단면

① **관절형 회전날개(Articulated rotor)**

관절형 회전날개는 그림 11-14와 같이 블레이드가 3개의 힌지(hinge)와 함께 허브에 연결되는 형식이다. 블레이드는 플래핑 힌지(flapping hinge)를 축으로 플래핑 운동을 하고, 페더링 힌지(feathering hinge)를 축으로 블레이드의 피치각이 변화하고, 항력 힌지(drag hinge)를 축으로 리드-래그 운동을 하며 리드래그 운동을 제한하는 댐퍼가 설치되어 있다.

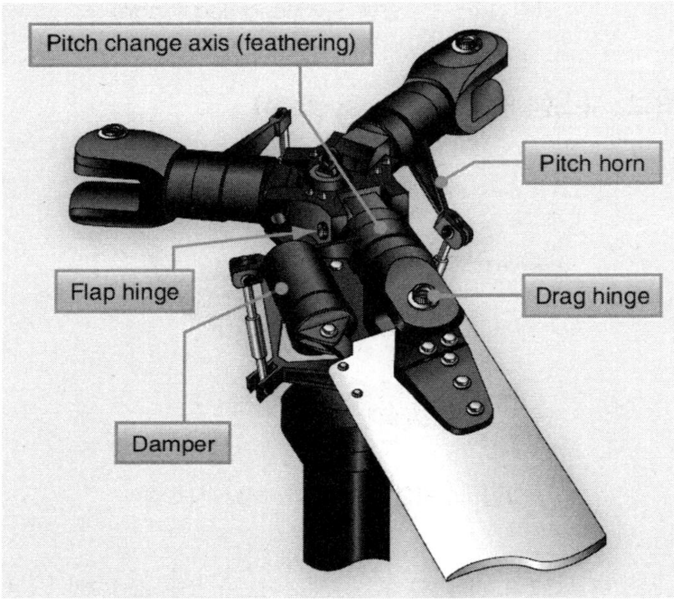

그림 11-14 관절형 회전날개

② **반고정형 회전날개(Semi-articulated rotor)**

반고정형 회전날개는 그림 11-15와 같은 부분 관절형 회전날개로 허브에 플래핑 힌지와 페더링 힌지만 가지고 있고 항력 힌지는 없다. 2개의 블레이드를 가진 회전날개는 대부분이 형식을 사용하고 있다. 블레이드는 페더링 힌지와 유니버셜 조인트(universal joint)로 회전축에 연결되어 있다. 마주보는 2개의 블레이드는 회전 날개 회전축을 기준으로 시소와 같이 움직인다. 즉, 한 회전 날개가 올라가면 반대편 회전 날개가 내려감으로써 동시에 2개의 회전 날개가 한 쌍으로 플래핑을 하는 것이다. 이 장치에는 수직 힌지인 드래그 힌지가 없기 때문에 회전 날개 자체가 휘어져 리드-래그 힘을 흡수한다.

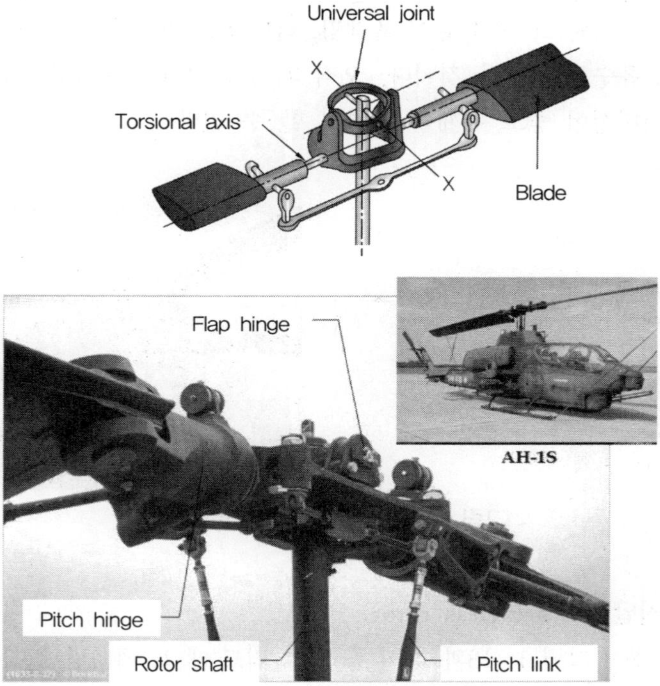

그림 11-15 반 고정형 회전날개

③ **고정형 회전날개(Fixed rotor)**

고정형 회전 날개는 그림 11-16과 같이 회전 날개와 중심축, 회전축이 서로 고정되어 있다. 수평 방향이나 수직 방향에 아무런 힌지가 없어 오직 페더링만 할 수 있다. 플래핑과 리드-래그 힘은 모두 회전 날개가 자체적으로 흡수해야 하는데 초기 헬리콥터에 많이 적용되었다.

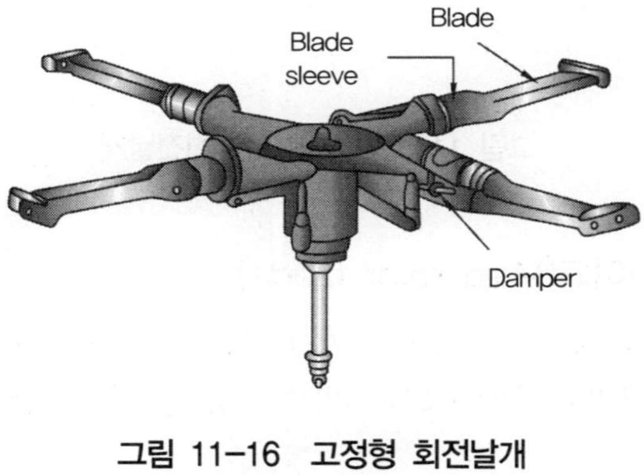

그림 11-16 고정형 회전날개

④ **무힌지 회전날개(Hingless rotor)**

무힌지 회전날개는 그림 11-17과 같이 플래핑, 리드-래그 운동을 위한 2개의 힌지 역할을 구조적 유연성으로 흡수하도록 한 것이다. 오직 페더링 힌지만 존재하므로 부품수가 적고 구조가 단순하여 정비성이 좋고 무게를 가볍게 할 수 있다.

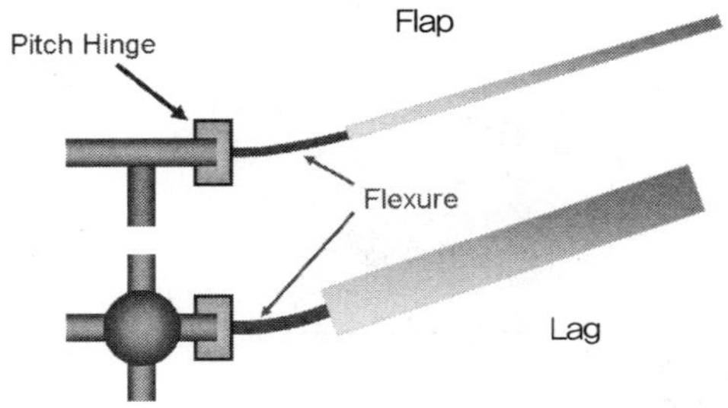

그림 11-17 무힌지 회전날개

⑤ **무베어링 회전날개(Bearingless rotor)**

무베어링 회전날개는 그림 11-18과 같이 플래핑, 리드-래그, 페더링 힌지 등을 모두 없앤 것이다. 구조적으로 유연한 보(flexbeam)가 모든 운동을 탄성 변형으로 가능하도록 한 것으로 허브에 힌지가 없으므로 구조가 단순하고 무게가 가벼우며 안전성, 정비성이 좋다.

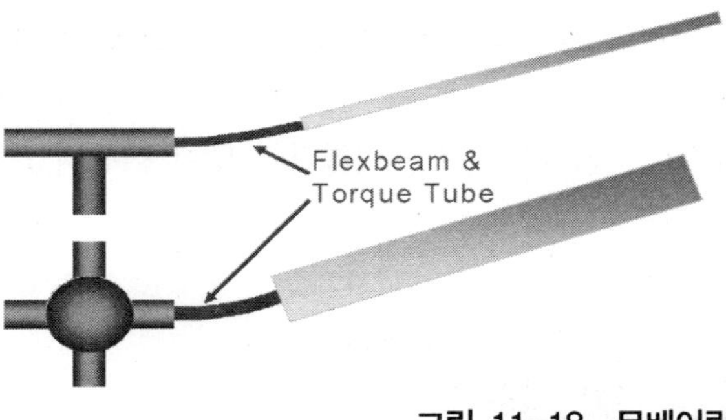

그림 11-18 무베어링 회전날개

(5) 주 회전날개 블레이드(Main rotor blade)

주 회전날개 블레이드는 초기에는 주로 목재를 사용하였으나 현재는 금속 블레이드를 많이 사용하고 있다. 그러나 가벼운 복합재료의 개발로 점점 복합재료 블레이드의 사용이 증가하고 있다.

① **금속 블레이드(Metal blade)**

금속 블레이드는 그림 11-19와 같이 알루미늄 합금, 합금강, 스테인리스강, 티타늄 합금 등으로 제작된다. 금속 블레이드는 자동회전(autorotation)에 필요한 관성력을 얻을 수 있도록 블레이드에 충분한 무게를 줄 수 있으며, 블레이드의 특성을 향상시키기 위하여 제작 중에도 추가로 무게를 늘릴 수 있다.

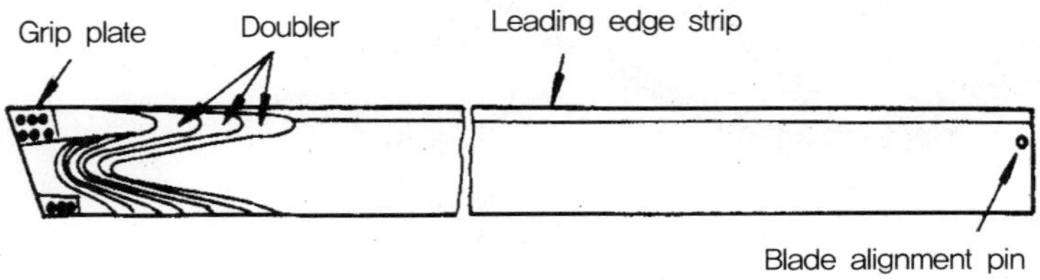

(a) 블레이드(Blade)

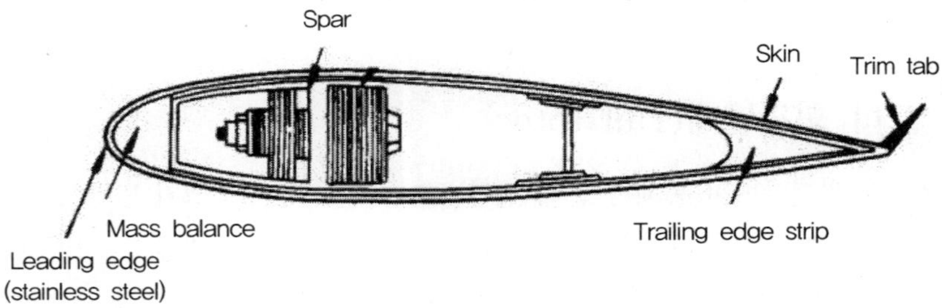

(b) 블레이드의 단면

그림 11-19 금속 블레이드

② **복합 재료 블레이드**

복합재료 블레이드는 그림 11-20과 같이 여러 가지 형식의 재질로 만들어졌지만 외피는 주로 유리섬유로 제작된다. 유리 섬유는 수명이 길고 부식이 없으며 노치(notch) 형태의 손상을 잘 견디는 장점을 가지고 있다. 복합재료 블레이드는 제작사마다 차이는 있지만, 유리섬유나 케블라를 외피로 사용하고 티타늄을 앞전 재료로 사용하며 블레이드 내부는 여러 재질의 허니콤 구조로 제작한다.

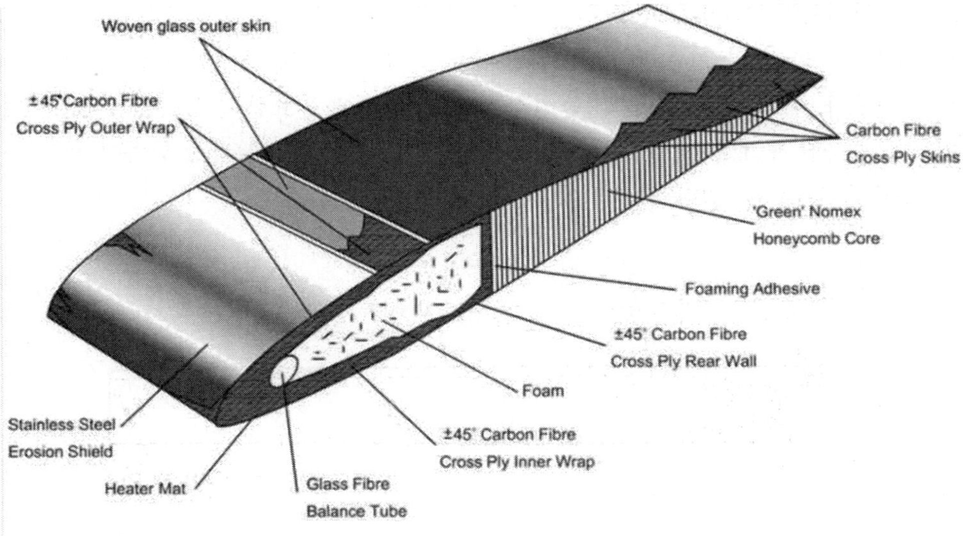

그림 11-20 복합재료 블레이드

11.2.4 꼬리 회전날개(Tail rotor)

주 회전날개가 회전하면서 동체는 반대 방향으로 회전하려는 토크가 발생하는데, 이 토크는 꼬리 회전날개의 추력으로 상쇄하게 된다. 꼬리 회전날개는 조종석에 있는 방향 페달로 피치각을 변화시켜 꼬리 회전날개의 추력을 변화시킨다. 비행 중 꼬리 회전날개도 동력을 사용하므로 주 회전날개는 상대적으로 양력과 추력을 만드는 동력이 줄어들게 되므로 꼬리 회전날개에 걸리는 부하를 줄일 필요가 있다. 그 방법으로 그림 11-21과 같이 비대칭형 날개골 형태의 수직 핀(vertical fin)을 사용하거나, 덕트형 꼬리 회전날개를 장착하는 방법과 노타를 사용하는 방법이 있다. 노타 헬리콥터는 꼬리 회전날개 대신에 제트 가스를 분사해서 주 회전날개의 토크를 상쇄시킨다.

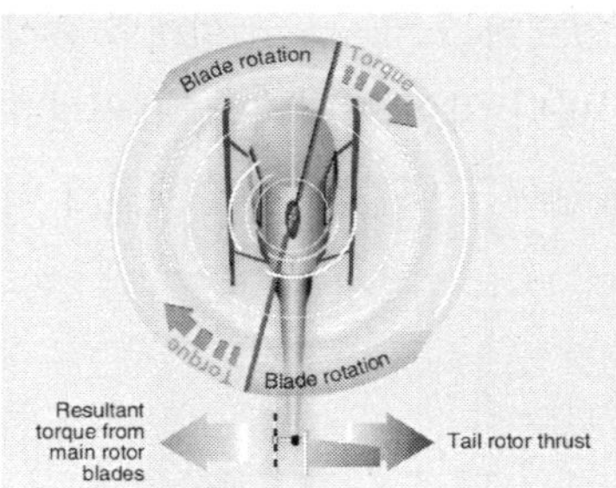

일반형

덕트형

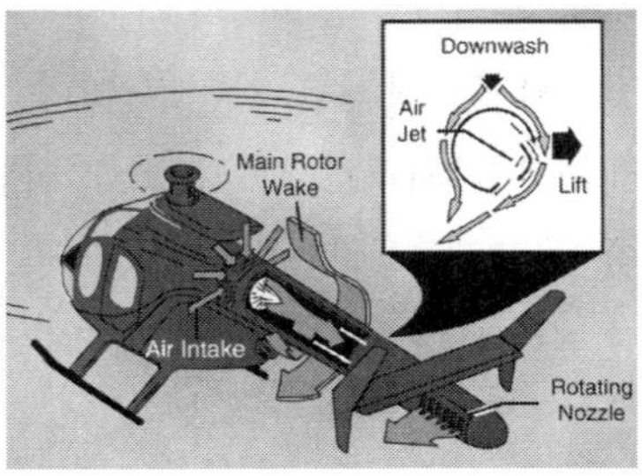

노타(NOTAR)

그림 11-21 각종 꼬리날개

(1) 꼬리 회전날개 계통과 구성(Tail rotor drive system)

꼬리 회전날개 구동 장치는 그림 11-22와 같이 주 트랜스미션(main transmission)으로부터 동력을 전달 받는 꼬리 회전날개 구동축과 테일 붐 끝에 장착되어 있는 꼬리 회전날개 트랜스미션으로 구성되어 있다. 꼬리 회전날개 트랜스미션은 꼬리 회전날개가 적정한 속도를 낼 수 있도록 한다. 꼬리 회전날개는 주 회전날개와 마찬가지로 블레이드의 피치각을 변화시키고 플래핑도 가능하지만 리드-래그 운동은 불가능하다. 꼬리 회전날개의 방향 조종은 고정익 항공기처럼 페달로 한다.

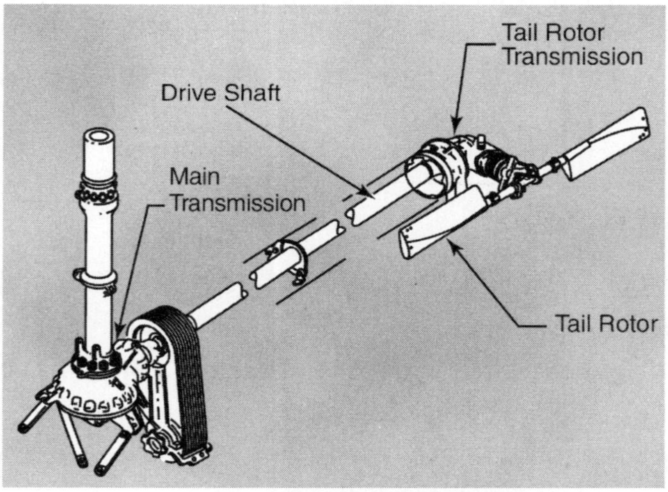

그림 11-22 꼬리 회전날개 계통과 구성

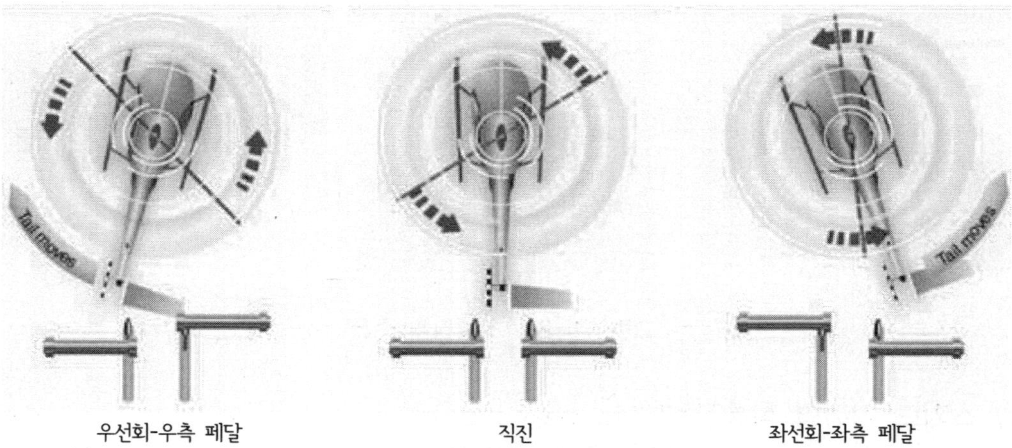

그림 11-23 헬리콥터의 방향 조정 - 페달

11.2.5 안정판(Stabilizer)

안정판은 수직 핀과 수평 안정판으로 구성되어 있다.

① **수직핀(Vertical fin)**

수직 핀은 비행 중 발생한 토크를 상쇄시키는 역할을 한다. 테일 붐 아래쪽의 수직 핀은 날개 리브(rib) 형태로 대칭형으로 되어 있으며 위쪽 수직 핀은 비대칭형으로 되어 있다. 이것은 전진 비행 중에 발생하는 토크를 줄어들게 함으로써 꼬리 회전날개의 부하를 줄여준다.

② **수평안정판(Horizontal stabilizer)**

주기 조종 장치(cyclic control system)의 변위를 받아 받음각이 변하도록 설계되어 있고, 헬리콥터가 전진 비행할 때에 공기력이 아래로 작용하여 기체가 수평을 유지할 수 있도록 해 준다.

11.2.6 헬리콥터 착륙장치

기체의 몸체 구조에 연결되어 있으며 지상에서 기체를 지지해 주고, 회전날개가 회전 중일 때에는 진동을 완화시켜주는 역할도 한다.

헬리콥터의 착륙 장치에는 그림 11-24와 같이 지상착륙을 위한 스키드 기어(skid gear)형과 바퀴 기어(wheel gear)형이 있고, 수상착륙을 위한 플로트형이 있다. 헬리콥터는 수직 이·착륙이 가능하기 때문에 활주 거리가 필요 없고 착륙 하중도 고정 날개 항공기보다 작아 스키드 기어형 착륙 장치를 많이 사용하고 있다.

스키드형 바퀴형 플로트형

그림 11-24 착륙장치 종류

(1) 스키드 기어형 착륙장치(Skid gear type)

스키드 기어형 착륙장치는 구조가 간단하고 정비가 용이하여 주로 소형 헬리콥터에 많이 사용되고 있다. 지상운전 및 취급을 위하여 수동식 유압 펌프에 의해 작동되는 바퀴를 장착할 수 있다.

(2) 바퀴형 착륙장치(Wheel gear type)

바퀴형 착륙장치는 지상에서 취급이 어려운 대형 헬리콥터에 주로 사용되며, 자신의 동력으로 지상 활주가 가능하다. 바퀴형 착륙장치는 완충 버팀대(shock strut), 바퀴(wheel), 타이어(tire)로 구성되어 있으며 작동 원리는 고정 날개 항공기와 동일하다.

(3) 플로트 장착(Float type)

플로트는 주로 높은 스키드 기어에 장착하여 물위에 이 · 착륙할 때 사용하는데 필요시 압축공기가 공급되어 부푼다.

11.3 헬리콥터 조종 계통

11.3.1 헬리콥터 비행

(1) 호버링(Hovering)

그림 11-25와 같이 회전날개의 회전면이 수평이고 양력(추력)과 무게(항력)가 평형을 이루면서 헬리콥터가 제자리 비행을 하는 것을 말한다.

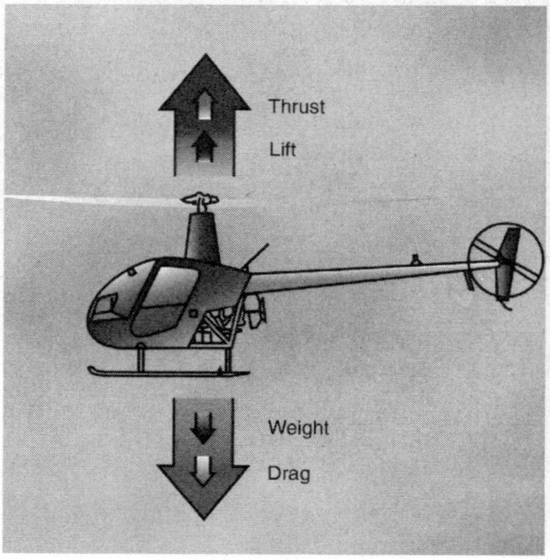

그림 11-25 호버링

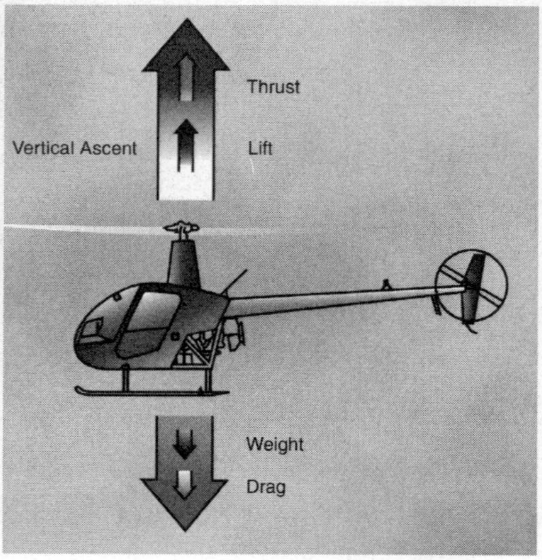

그림 11-26 수직 상승 비행

(2) 수직 상승 및 하강

그림 11-26과 같이 위쪽으로 작용하는 양력(추력)이 아래쪽으로 작용하는 무게 및 항력의 합보다 크면 헬리콥터는 수직으로 상승하고, 반대가 되면 수직 하강하게 된다. 헬리콥터 양력의 변화는 동시 피치 레버(collective pitch lever)로 조절한다. 동시 피치 레버는 주 회전날개 블레이드의 피치 각을 변화시켜 양력을 변화시킨다.

(3) 전진 비행 및 후진 비행

그림 11-27과 같이 회전날개의 회전면이 앞쪽으로 기울면서 회전면에 수직한 힘은 앞 방향 추력과 양력의 합력이 된다. 이렇게 발생한 전진 방향의 추력으로 헬기는 전진비행을 하게 되고, 전진 비행에 따른 항력이 발생하게 된다. 추력이 항력보다 클 때는 전진 속도가 증가하게 되고, 항력의 크기가 추력과 같게 되면 등속 비행을 하게 된다. 회전면의 각도를 변화시켜 항력이 추력보다 크면 감속하게 된다.

그림 11-28과 같이 회전날개의 회전면이 뒤쪽으로 기울면서 회전면에 수직한 힘은 후진 방향 추력과 양력의 합력이 되고, 후진 방향 추력으로 인해 헬기는 후진비행을 하게 된다.

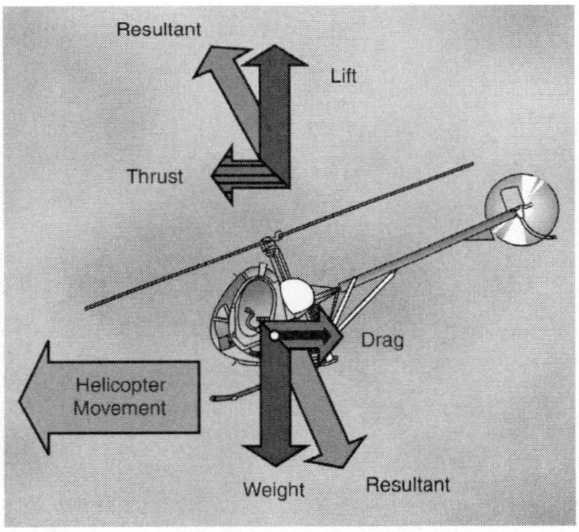

그림 11-27 전진 비행

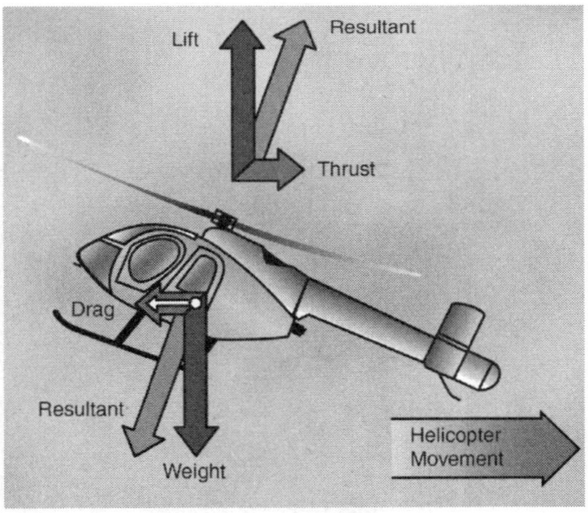

그림 11-28 후진 비행

(4) 좌 · 우 측면 비행

그림 11-29와 같이 회전날개의 회전면이 측면 방향으로 기울어지면, 회전면에 수직으로 발생한 힘은 양력과 측면 방향의 추력을 발생시킨다. 이렇게 발생된 추력으로 측면 비행을 할 수 있게 된다.

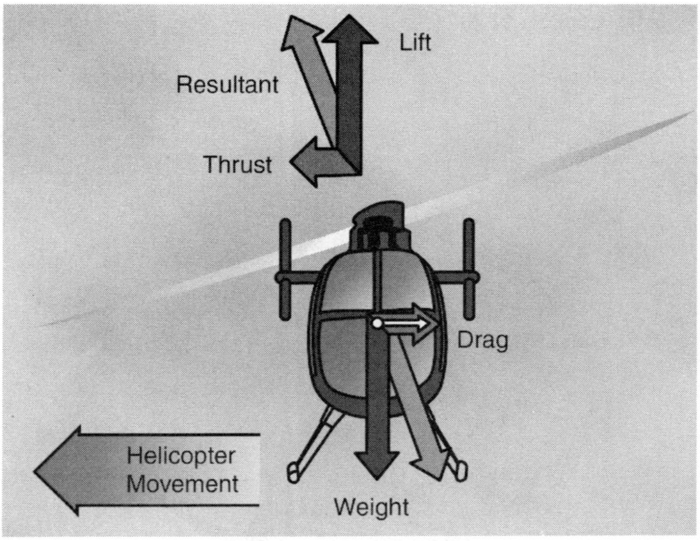

그림 11-29 측면 비행

(5) 자동 회전 비행(Autorotation)

동력이 없는 고정익 항공기가 활공비행을 할 수 있는 것처럼 헬리콥터의 엔진이 동작하지 않을 때는 주 회전날개가 자동으로 회전하면서 양력을 발생시켜 천천히 하강 비행을 할 수 있는데 이것을 자동 회전 비행이라 한다. 그림 11-30에 보인 것처럼 동력에 의한 비행은 주 회전날개의 회전으로 공기를 위에서 아래로 빨아들여 양력을 발생시키지만, 동력이 없는 경우에는 헬기가 중력으로 하강하면서 공기가 주 회전날개의 아래에서 위로 통과하면서 주 회전날개를 회전시키고 주 회전날개가 회전하면서 양력을 발생시키게 된다. 이러한 비행은 엔진의 고장과 같은 위급한 상황에서 헬리콥터를 무사히 착륙시킴으로서 안전을 확보하는 비행이므로 헬리콥터의 형식승인 시 그 성능에 대한 입증을 요구하고 있다.

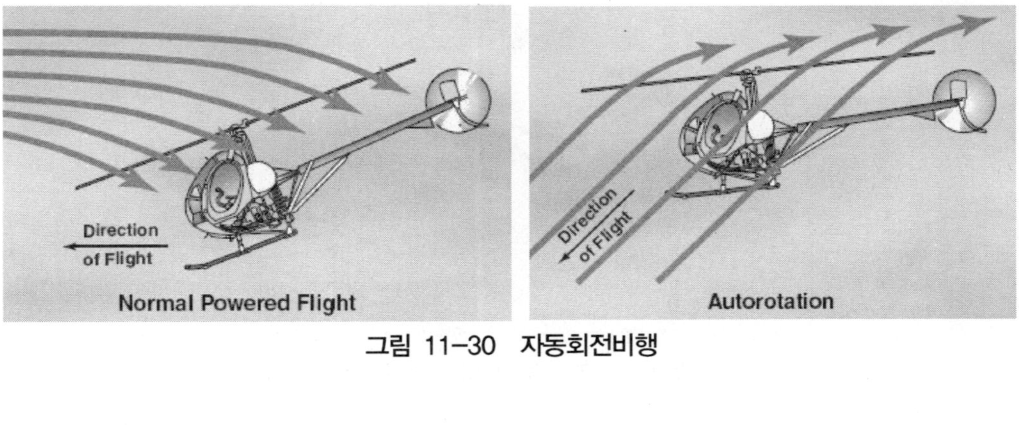

그림 11-30 자동회전비행

11.3.2 헬리콥터 조종 장치

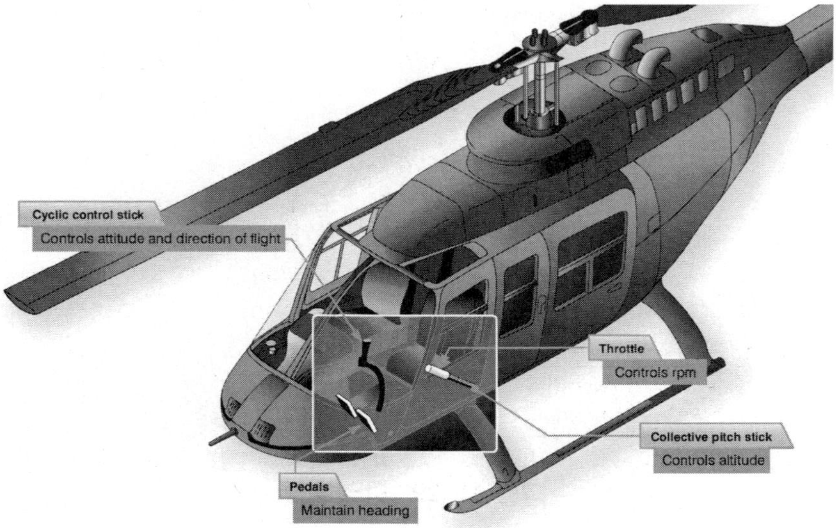

그림 11-31 헬리콥터 조종 기구

(1) 주기 조종간(Cyclic control stick)

그림 11-31에 보인 주기 조종간은 주 회전날개가 회전하는 동안 기계적 연결 장치에 의해 블레이드의 피치를 블레이드의 위치에 따라 주기적으로 변화시키는 장치이다. 주 회전날개는 그림 11-32와 같이 경사판(swash plate)에 연결되어 있고, 조종간에 의해 주 회전날개의 회전면을 원하는 방향으로 기울여 헬리콥터를 전후좌우 원하는 방향으로 비행할 수 있게 한다.

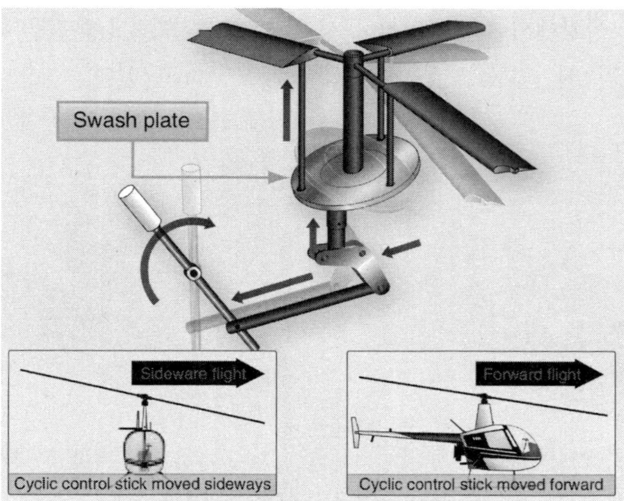

그림 11-32 주기 피치 조종 계통

(2) 동시 피치 레버(Collective pitch stick)

동시 피치 조종간은 조종사의 왼쪽에 위치하여 왼손으로 조작하는 것으로 헬리콥터를 상승 또는 하강 운동을 하게 한다.

그림 11-33에서 보는 바와 같이 위아래로 움직여 주 회전날개의 모든 블레이드의 피치 각을 동시에 증감시킴으로써 양력이 변화하고, 헬리콥터는 상승 또는 하강을 하게 된다. 동시 피치 조종 계통에 의해 피치 각을 크게 한 상태에서 주기조종 계통으로 회전면을 기울이면 추력 성분이 많아져서 전진속도가 빨라진다.

주 회전날개의 피치 각이 증가하면 회전날개의 항력도 증가하므로 회전속도가 감소하게 된다. 회전속도를 일정하게 유지하기 위해서는 엔진의 출력을 증가시켜야 한다. 반대로 피치 각이 감소할 때는 엔진의 출력을 감소시켜야 한다. 이러한 이유로 동시 피치 조종간의 변위와 엔진 출력을 조절하는 스로틀(throttle)의 변위를 연동시키는 것이 바람직하다 볼 수 있다.

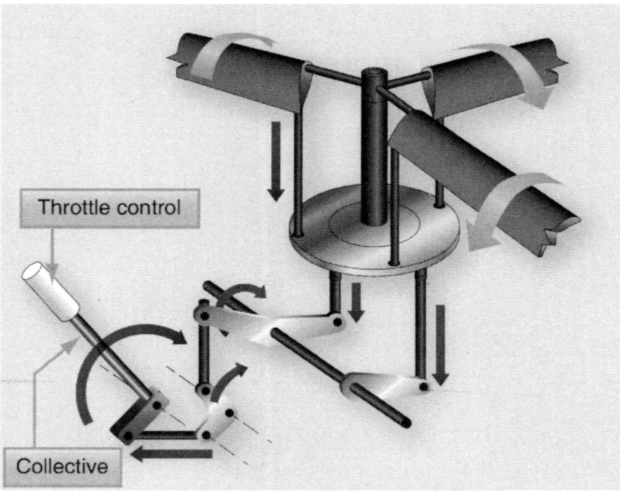

그림 11-33 동시 피치 조종 계통

(3) 페달(Pedal)

조종석 하단의 페달을 밟게 되면 그림 11-34와 같이 페달 밟는 정도에 따라 꼬리 회전날개의 피치를 변화시켜 헬리콥터 중심축을 기준으로 꼬리부분이 움직여 헬리콥터 기수의 방향이 변화된다. 오른쪽 방향으로 기수를 돌리고자 할 때 오른쪽 페달을 밟는다.

꼬리 회전날개의 추력은 주 회전날개의 회전에 따른 반-토크를 발생시키는 것인데, 꼬리 회전날개의 피치를 조절하여 추력이 변화하여 반-토크가 증가 또는 감소하면서 기수의 방향이 좌우로 바뀌게 된다.

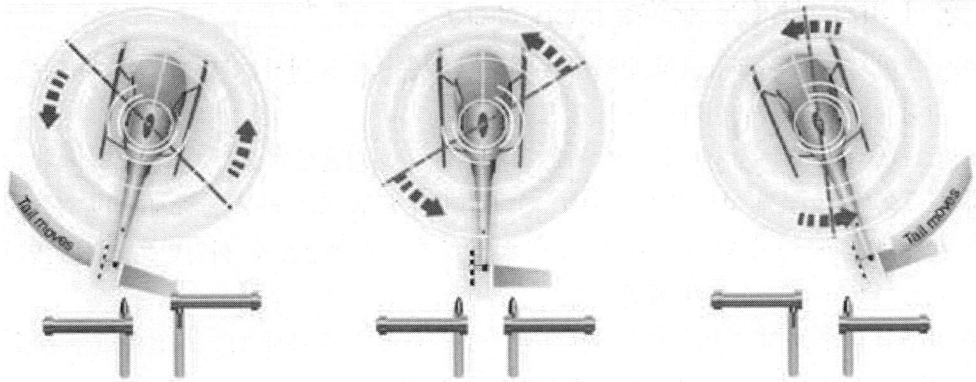

그림 11-34 페달에 의한 방향 조종

찾아보기

(ㄷ)

(ㄹ)

(ㅁ)

(ㅂ)

(ㅈ)

(ㅊ)

(ㅋ)

(ㅌ)

저자와의
협의에 의해
인지 생략

항공기 기체

2판 1쇄 2021년 8월 20일

저 자 이시중
발행인 송광헌
발행처 복두출판사
주 소 서울특별시 영등포구 경인로82길 3-4
센터플러스 807호
(우) 07371
전 화 02-2164-2580
FAX 02-2164-2584
등 록 1993. 11. 22. 제 10-902 호

정가 : 25,000원

ISBN : 979-11-6675-059-5 93550

한국과학기술출판협회 회원사